CB031905

TEORIA
DIGITAL

TEORIA DIGITAL

DEZ ANOS DO FILE – FESTIVAL INTERNACIONAL DE LINGUAGEM ELETRÔNICA

BIBLIOTECA DA IMPRENSA OFICIAL DO ESTADO DE SÃO PAULO

FILE – Festival Internacional de Linguagem Eletrônica

Teoria digital: dez anos do FILE – Festival Internacional de Linguagem Eletrônica/ [Concepção editorial Paula Perissinotto e Ricardo Barreto]. – São Paulo: Imprensa Oficial do Estado de São Paulo : FILE. 2010.
424p. : il.

Coordenação/Paula Perissinotto.
Vários autores.
ISBN 978-85-7060-850-5.

1. Arte eletrônica 2. Arte tecnológica 3. Multimídia interativa 4. Hipermídia 5. Linguagem eletrônica 6. Festival Internacional de Linguagem Eletrônica I. Barreto, Ricardo. II. Título.

CDD 700.105

Índices para catálogo sistemático:

1. Linguagem eletrônica: ciência da computação 004.1
2. Arte eletrônica 700.105

Nesta edição, respeitou-se o Novo Acordo Ortográfico da Língua Portuguesa.

Impresso no Brasil 2010

Imprensa Oficial do Estado de São Paulo
Rua da Mooca, 1.921 – Mooca
03103-902 – São Paulo – SP
Sac: 0800-01234 01
sac@imprensaoficial.com.br
livros@imprensaoficial.com.br
www.imprensaoficial.com.br

TEORIA DIGITAL

DEZ ANOS DO FILE – FESTIVAL INTERNACIONAL DE LINGUAGEM ELETRÔNICA

FILE | imprensaoficial

FILE TEORIA DIGITAL

DEMOCRATIZAR A INFORMAÇÃO

HUBERT ALQUÉRES

A Imprensa Oficial do Estado de São Paulo, graças a uma parceria de sucesso com o FILE - Festival Internacional de Linguagem Eletrônica, vem registrando e produzindo desde 2003 publicações e materiais gráficos específicos para o evento, que contribuem para a sua maior visibilidade e importância.

Agora, por ocasião das comemorações do décimo aniversário do FILE, a Imprensa Oficial apresenta, nesta coedição de mais de 400 páginas, uma seleção de textos produzidos por pensadores da arte e de projetos de profissionais especializados na área de informação, suas reflexões sobre os impactos e as conseqüências dessa nova linguagem digital, reunidos ao longo desses anos. Como acontece sempre quando nova tecnologia se torna disponível ao grande público, a comunicação digital – visual, escrita e verbal – traz novos caminhos, modifica comportamentos e impõe transformações.

A Imprensa Oficial é testemunha desse processo e dos seus benefícios, sobretudo para a preservação de informações e multiplicação do acesso. O site www.imprensaoficial.com.br recebe mensalmente mais de um milhão de acessos, ultrapassando a marca dos 15 milhões anuais.

O acervo completo dos 118 anos do Diário Oficial está digitalizado e livre para consulta gratuita pela internet. Idealizada para registrar, preservar e difundir a história dos protagonistas das artes cênicas brasileiras, a Coleção Aplauso também está disponível gratuitamente na Internet, com 170 títulos para download.

A Imprensa tem também contribuído com instituições como o Museu da Imagem e do Som e Arquivo do Estado, digitalizando acervos para exposição na Internet.

A democratização da informação e dos acervos é um fato a se comemorar nesse mundo digital. Os maiores e mais importantes museus do mundo já incorporam visitas virtuais; uma nova arte surge também dos bits e bites, revolucionando linguagens e conceitos.

Além dos textos e profundas reflexões reunidas nessa coletânea, os leitores poderão conhecer e apreciar belíssimos exemplos da produção gráfica realizada pelo Festival Internacional de Linguagem Eletrônica ao longo desses 10 anos, com todas as inovações asseguradas pelas ferramentas digitais.

Boa leitura!

Hubert Alquéres
Presidente da Imprensa Oficial do Estado de São Paulo

TEORIA DIGITAL

PAULA PERISSINOTTO E RICARDO BARRETO

No percurso destes últimos dez anos, o FILE teve a contribuição da comunidade de artistas e de pensadores que lida com a transversalidade da arte, da ciência e da tecnologia. Foram eles indubitavelmente, ao longo deste período, que incrementaram e enriqueceram as exposições e os simpósios do Festival, garantindo ao evento a importância mundial que ele tem hoje. As exposições foram registradas por uma serie de publicações de livros-catálogos e materiais gráficos que hoje fazem parte de acervos nacionais e internacionais. Nada mais justo após dez anos do evento lançarmos o livro TEORIA DIGITAL cuja coletânea de textos expressa pensamentos, visões e antecipações vividos pelo FILE até este momento.

Desde o ano de 2003 o FILE, através de uma parceria cultural com a Imprensa Oficial do Estado de São Paulo e apoio do SESI-SP, iniciou uma série de publicações dos eventos realizados anualmente em São Paulo. Foram concebidas oito publicações bilíngues referentes aos eventos da capital paulista

Nesta coedição especial, TEORIA DIGITAL, produzida entre o FILE e a Imprensa Oficial buscamos reunir os textos referentes a essas publicações e cujos textos serão agora acompanhados de um índice onomástico e de um glossário de termos, que poderão auxiliar a aproximação de um público mais especializado fora do eixo Rio de Janeiro - São Paulo. Optou-se também por contemplar nesta edição a produção gráfica realizada pelo FILE nestes dez anos em que explorou-se e abriu-se possibilidades de novas experimentações e inovações no que tange a influencia das ferramentas digitais na área do design gráfico e do design digital interativo, uma vez que para cada ano de evento foram produzidos peças gráficas inéditas tais com: folders de programação, cartazes, convites, flyers e websites.

A missão do FILE é acima de tudo promover e estimular o universo estético na idade digital através da democratização de informação e da acessibilidade do público as produções culturais. Com a colaboração de vários parceiros (SESI-SP, FIESP, OI FUTURO e SANTANDER CULTURAL) conseguimos nos inserir na agenda internacional de eventos de arte eletrônica, e é com muita honra e orgulho que dividimos esta edição com um dos nossos grandes parceiros neste período: a Imprensa Oficial do Estado de São Paulo.

Paula Perissinotto & Ricardo Barreto
Fundadores do FILE

SUMÁRIO

PARTE 1

TEORIA

PENSAR, PRODUZIR, PRESERVAR E POTENCIALIZAR A ESTÉTICA **DIGITAL**

CULTURA DA IMANÊNCIA

RICARDO BARRETO

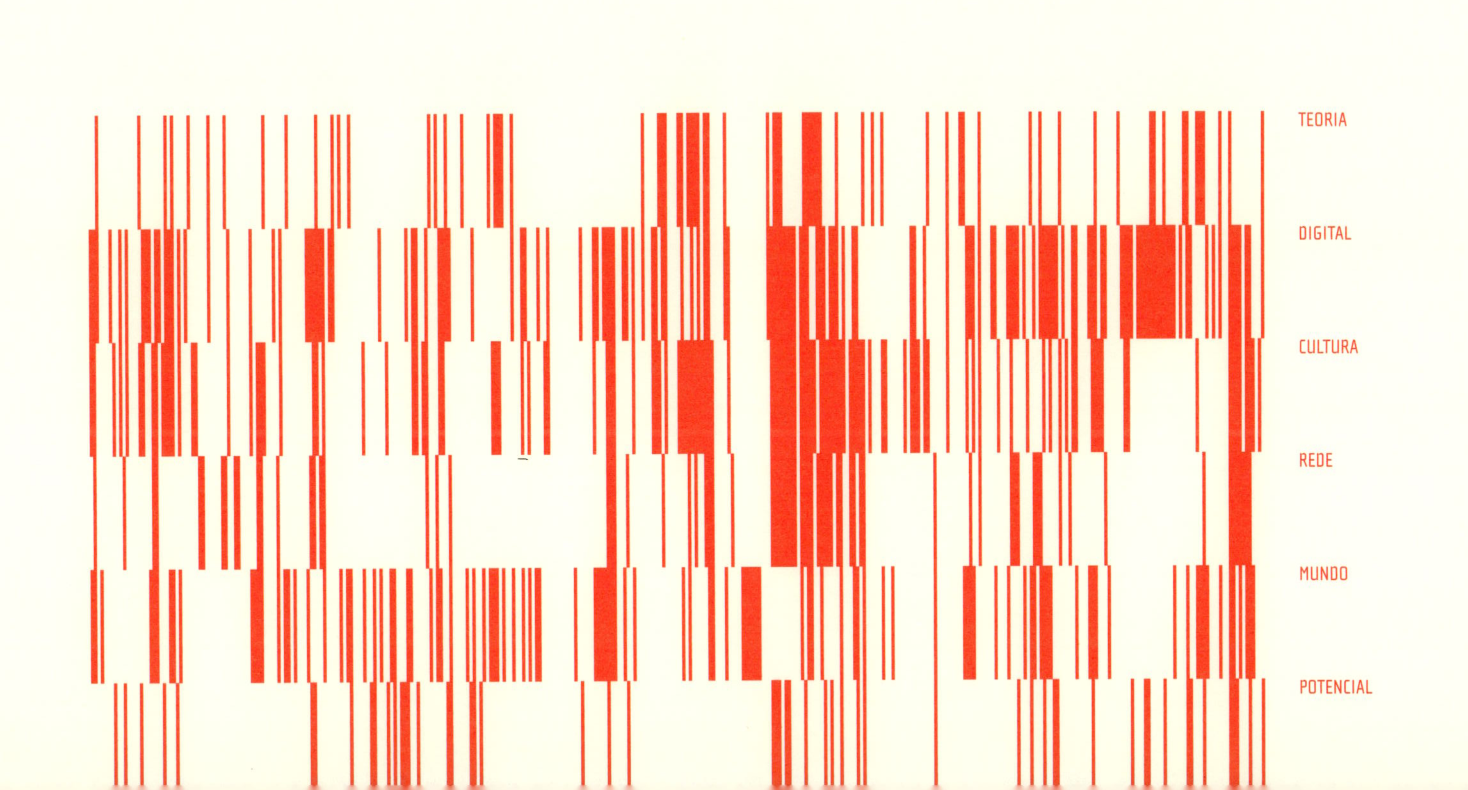
TEORIA
DIGITAL
CULTURA
REDE
MUNDO
POTENCIAL

Algo radical, para alguns ainda imperceptível, começa a surgir na cultura mundial deixando atônitos até os mais sábios. Tratam-se de mudanças profundas que vêm ocorrendo no seio das sociedades pós-modernas, ocasionando transformações onde as consequências são imprevisíveis e incomensuráveis. Vivessem no limiar de catástrofes cujas mudanças de paradigmas escapam quanto a sua definição; instituições até então sólidas pelo peso da tradição histórica poderão desaparecer pelo sopro das intempéries culturais. Em todas as disciplinas, das matemáticas às artes, da biologia à economia, notam-se modificações de sentimento profundo quanto às convicções até então adquiridas, ocasionando uma crise generalizada na cultura contemporânea. Permanece-se ainda sob o prisma histórico da cultura da transcendência, porém seu predomínio se mostra ameaçado. Das ideias platônicas, passando pela metafísica aristotélica, passando pelo leviatã hobbeseano, até os ideais teleológicos da modernidade, a cultura da transcendência havia imposto a univalência e a supercodificação às suas instituições e aos fluxos culturais que nela emergiram, produzindo assim o estriamento de todos os seus aspectos culturais. Compartilhou com todas as formas de soberania constituindo e consolidando seu poder através de suas instituições culturais: academias, museus, universidades. A cultura da transcendência era uma cultura para "poucos" em detrimento dos "muitos". Na sua versão moderna, entretanto, agora sob o interesse do capital, ela inventou uma simulação cultural, um engodo perverso que se chamou cultura da transcendência para as massas. Esta pseudocultura, através dos meios de comunicação de massa, sustentava a maioria dos comportamentos e princípios da cultura da transcendência dos "poucos", não havendo nenhuma modificação quanto aos procedimentos supercodificantes impostos aos "muitos" agora atomizados "culturalmente" e tragicamente desconectados entre si, ligados apenas ao media analógico de informação unilateral, na produção homogenizante de suas subjetividades. Tudo ocorria sustentado pelo desenvolvimento tecnológico que parecia corroborar com a despotencialização dos "muitos", contudo a aceleração tecnológica levou a uma dobragem catastrófica inesperada que rompeu com o sistema de linearidade na qual se fundamentava a cultura da transcendência. Sistemas não-lineares começaram a emergir por todos os lados. Matemáticas fractais, sistemas de complexidade dinâmica, física do caos, micronarrativas e agonística das linguagens anunciavam o fim do mundo linear provocando uma crise paradigmática no interior da cultura da transcendência. Esta crise chamou-se pós-modernidade, provavelmente o último movimento da cultura da transcendência. Apesar de sua polivalência, ela era impotente para romper com as axiomáticas transcendentes limitando-se a degladiar com a modernidade agonizante. Ela foi um grito de desespero, todavia um grito morto. A multiplicação dos sistemas não-lineares havia provocado um outro fenômeno paralelo à pós-modernização: um conjunto de procedimentos chamados de digitalização. Com ela a cultura da imanência pode proliferar no cenário mundial. Na história da cultura ocidental, diversas foram as tentativas de suplantação da cultura da transcendência em prol da cultura da imanência. Do Deus como mundo dos estóicos e do espinosismo ao espírito dionisíaco dos nietzscheanos, a tendência cultural da imanência havia ficado marginal e relegada às margens da história, mas com o advento das redes virtuais a tendência à imanência pode pela primeira vez constituir um mundo para a sua ação. As produções culturais on-line são as primeiras feitas num mundo virtual independente e paralelo ao mundo físico-cultural, fora de suas leis e fora de seus códigos, mas fora também da cultura das artes transcendentes tal como a entendemos. As redes virtuais constituem um plano de imanência. Elas são transcendentais. Tanto as produções digitais como a cultura digital fazem parte do plano de imanência cuja proliferação as precipitam numa potencialização sem precedentes. Há um processo constante de heterogenização que se dá principalmente por replicações livres e por procedimentos de alteridade através de devires descodificados. Disto advém o principal acontecimento da cultura da imanência que é o anarqui-culturalismo, ele é o jogo livre entre todas as performances que ocorrem no mundo da imanência, libertando-se das instituições transcendentes baseadas na autoridade e na unicidade provocando por todos os lados um descontrole que não se pode capturar. Deste modo, só podemos falar de "arte digital" no sentido metafórico, pois no anarqui-culturalismo a "arte digital" significa todas as demais disciplinas potencialmente intercruzadas num processo de transcodificação. O anarqui-culturalismo ocorre quando a autoridade cultural não pode mais exercer nenhum poder sobre as manifestações culturais ou sobre os seus produtores; quando os seus produtos não são mais comercializados; quando o valor do produto cultural não repousa sobre a sacralização ou sobre a propriedade, mas na sua capacidade de potencializar os agentes que com ele se conectam; quando o produtor cultural liberta-se de seu ego, liberta-se de seu nome, liberta-se da pretensão inócua de entrar para a história e, então, ao se desterritorializar pode participar de um plano mais complexo, onde o sentido construído pelo autor é substituído pelas estratégias de múltiplos sentidos em co-autoria com seus interagentes; quando o produto cultural deixa de ser linear e analógico e passa a ser um sistema ubíquo de complexidade interativa enfatizando seus aspectos imersivos e bioculturais, tornando-se portanto, máquina de transformação cultural; quando não há mais o mundo próprio das artes, das ciências ou de qualquer outra disciplina, mas o jogo livre entre seus códigos, o jogo livre das diagonais que atravessam todos os planos, todas as disciplinas e que entrelaçam as multiplicidades heterogêneas num jogo livre das conexões. A cultura da imanência procede por replicação. Este é um acontecimento que aproxima o mundo virtual das redes ao mundo da vida, tanto um quanto o outro são digitais. Os clones; a auto-poesis; os vírus, são comuns a ambos os mundos. A replicação é o seu modo de produção e de invenção. A noção de que toda a vida evolui pela sobrevivência diferencial de entidades replicadoras passa a ser comum à cultura digital. Não são as espécies, os gêneros ou as disciplinas que importam, mas os genes digitais pelas quais eles se replicam. Aqueles surgem dos códigos; a errância e a recombinação, pelas mudanças topológicas possibilitando a emergência de novos devires bioculturais, produzindo o fluxo inconstante da bio-digital-esfera. A vida na cultura não é mais uma metáfora, ela é no sentido literal. No mundo da biocultura imanente digital a fixidez e a constante são apenas transitórias. Não há constantes, mas variáveis de variáveis. Sua natureza tem o poder de esticar, deletar, cortar, torcer, recortar, estraçalhar, explodir, multiplicar, contaminar. Os instrumentais digitais foram elaborados para potencializar as capacidades transformadoras. A contemplação transcendente, seja do belo, seja do sublime, cede lugar à interação imanente participativa e transformadora. Toda produção cultural está ali para ser destruída, sua duração depende apenas de sua replicação, pois ela poderá ser alterada, dilacerada e esquartejada e quando isto acontece surgem novas produções digitais que por sua vez se conectam a outras, mas quando falamos de produções digitais falamos de redes. Cada produção digital, pela suas interconecções imanentes, se envolve numa rede, então pode-se considerar também que cada interagente possui uma rede de imanência. Redes digitais conectando-se com redes sinápticas. Imanência de ambas as redes. A cultura da imanência ultrapassa a relação sujeito-objeto. A rede é transcendental, porém sem sujeito. O objeto não é mais a coisa, mas apenas fluxos, performances. Não se trata portanto de fruição de uma obra de arte por parte do sujeito. O que é importante é que a performance esteja passando pelas redes não-lineares e que vá das redes digitais às redes sinápticas e vice-versa. Foi uma nova mentalidade não-linear que havia inspirado aos construtores e engenheiros digitais a construírem a interface entre ambas as redes a qual chamaram de hipertexto digital. Ele passou a ser a condição *sine qua non* sem a qual não haveria comunicabilidade não-linear. O hipertexto digital, no entanto, não é uma estrutura, esta é uma visão linguística transcendente e linear sobre a seu respeito. Ele é uma máquina, uma máquina digital de performance não-linear baseada na interface do mouse. Ele não tem nada a ver com texto, mas sim com

Cada produção digital, pela suas interconecções imanentes, se envolve numa rede, então pode-se considerar também que cada interagente possui uma rede de imanência.

gatilhos e performances, assim há dois procedimentos evolutivos nas hipermáquinas: os gatilhos que são botões que desencadeiam as performances e garantem a não-linearidade pela simultaneidade extensiva topológica. Os múltiplos gatilhos constituem assim os campos de comutação, porém no seu desenrolar tenderão a desaparecer, incorporando-se ao próprio desempenho das performances. As performances são as ações produzidas pelos interagentes e pelas programações, no caso desta última encontraremos atores e scripts, mas também outros gatilhos que executam estas ações. Assim, todas as medias passam a ser incorporadas às hipermáquinas digitais e também se tornam pela digitalidade outras máquinas não-lineares: máquinas imagéticas, máquinas textuais, máquinas musicais, mas também máquinas simuladoras, máquinas inteligentes, máquinas pensantes, máquinas emotivas, máquinas vivas. Com o crescimento das redes e a multiplicação das hipermáquinas digitais conectadas entre si surge a megahipermáquina digital por onde circulam as performances; os telecomandos, os valores, os conhecimentos, a educação, as aranhas. Este é o destino das produções culturais compartilhadas, que produzem uma desterritorialização nas produções culturais, ampliando a criatividade coletiva e aumentando a heterogenização cultural. Assim, tem-se uma megaprodução digital formada por múltiplas produções micrológicas concebidas por diversos artistas, cientistas, filósofos, ativistas culturais espalhados pelo mundo e que não se saberia onde uma produção cultural começa e a outra acaba: 1) compartilhamento com producões culturais já publicadas; 2) compartilhamento dos envolvidos para concepção de uma produção cultural inédita. Em ambos os casos criando uma rede de crescimento indeterminado. Além destas hipermáquinas e megahipermáquinas, há também as máquinas-arquivos que surgiram para preencher as necessidades de acessibilidade aos conteúdos que se encontram nas redes digitais. Existem centenas delas, mas apenas algumas são utilizadas pelos usuários digitais, contudo as máquinas-arquivos não preenchem sua função principal, deixam de cumprir aquilo a que se propõem: a acessibilidade sobre qualquer assunto, sobre qualquer matéria que se encontre conectada à rede. A inacessibilidade acontece pela dificuldade de se encontrar algo num mundo cujo número de conteúdos sobre vários assuntos é exponencial e astronômico, mas também pela forma de classificação e de prioridades que as máquinas-arquivos produzem, ainda que, para contornar estes limites, algumas funcionem com uma performance booleana, apesar da maior abrangência continuam sendo insuficientes. Assim, um volume enorme de materiais digitais está inacessível, apesar de estar conectado. Só a ponta do iceberg geralmente está disponível, a maior parte está na profundidade digital a qual poderíamos chamar de inconsciente digital. Por um lado, o inconsciente digital é importante, pois produz uma opacidade e um alisamento digital na rede que impossibilita o controle pelos aparelhos de estado. As polícias digitais só podem atingir a superfície da rede; por outro lado o inconsciente das redes digitais passa a ser vital no relacionamento com os agentes da cultura digital, pois novos mecanismos podem ser estabelecidos para o afloramento dos materiais inacessíveis, estabelecendo uma força transformativa de combate, não nos esqueçamos que os cripto-anarquismos deram condições para que as mensagens enviadas pela rede mantivessem sua privacidade.

Outra força que corrobora com isto é a força do gratuito, que vem desestabilizando o capital digital com consequências imprevisíveis para o mercado mundial. Para cada produto digital a ser comercializado, surge um fac-símile, às vezes melhor, porém gratuito. Não se tratam aqui de produtos piratas, mas ao contrário, de produtos elaborados por programadores ou agentes culturais que não querem vender ou distribuir seus produtos com alguma forma de pagamento, existem também programas que, além de nada custarem, têm seus arquivos abertos possibilitando assim que todos possam contribuir para o seu desenvolvimento, testemunhando a força da criatividade coletiva. Tudo isto revela a natureza anarqui-cultural das redes digitais. Outras formas estão sendo adotadas principalmente nas áreas da educação. Educação gratuita digital e mundial, educação a distância que se funda no autodidatismo e na auto-iniciativa de seus interagentes, desmobilizando ensinos acadêmicos baseados na disciplina e no controle e geralmente suportados pelo estado e pela igreja. Assim, o anarqui-culturalismo pode vir a fazer frente, não só à sociedade de controle, como também à sociedade do espetáculo. A cultura da imanência e da participação imersiva constituem a possibilidade de uma agonística com respeito aos *mass medias* analógicos que bestializam milhares de pessoas na introjeção de "memes" e de programas sígnicos com a finalidade perversa de comercialização de seus produtos. Lembremos que as redes virtuais podem absorver tudo. Não há um controle do que possa ocorrer, apesar das tentativas de controlá-la, mas sempre haverão meios e estratégias de escapar deste controle imposto pela cultura da transcendência, os hackers multiplicam-se à medida que são controlados. A natureza das redes é de imanência anárquica. Ela não pertence a nenhuma nação e a nenhum estado político. Ela é pura potencialidade. Os sistemas jurídicos não têm competência sobre ela, pois ela escapa do domínio dos estados, contudo ela pode absorver modos que lhe são estranhos sem alterar ou colocar em crise a sua natureza, podendo, desta forma ser tratada de maneira analógica (linear), neste caso há um achatamento de seu potencial, pois os tratamentos são lineares e sobrecodificados pelos seus autores ou produtores, o que ocorre: ou pelo desconhecimento das potencialidade das hipermáquinas, ou por simples reprodução dos comportamentos analógicos com a intenção de massificação. Em ambos os casos, todo o potencial que os instrumentos digitais oferecem são desprezados por uma mentalidade extemporânea que não rompeu com os processos lineares de pensar, permanecendo territorializados no mundo da transcendência; por outro lado, o avanço tecno-digital e a cultura da imanência trazem uma outra mentalidade. Ela só pode ocorrer se houver uma desconstrução nos procedimentos educacionais acadêmicos e uma desmemetização dos comportamentos e pragmáticas impostos à subjetividade contemporânea. É de importância vital que as pessoas saibam produzir as hipermáquinas, os hipertextos – e não apenas manipulá-los. Só haverá uma nova mentalidade, além da atual baseada na escrita, se houver um modo de pensar não-linear, e para isto é necessário uma pragmática hipertextual. Os hipertextos deveriam estar no currículo de todas as escolas primárias do mundo. Eles são a propedêutica para a cultura digital, daí a importância de uma política de imanência cultural que dê condições não apenas da inclusão digital àqueles que são desfavorecidos, mas principalmente, da inclusão na cultura digital e isto só pode acontecer pela pragmática das performances digitais que começam com o aprendizado dos hipertextos, e também com a acessibilidade às produções culturais que estão sendo desenvolvidas nas redes. Neste sentido, há vários eventos como os festivais digitais, que conseguem reunir um grande número de produções culturais envolvendo a multiplicidade de acontecimentos que atravessam as redes, oferecendo ao público acesso às problemáticas atuais que produtores, programadores e pesquisadores vêm desenvolvendo. Há outros, no entanto, que vêm expondo as produções digitais como mera novidade e geralmente do prisma da unicidade analógica da cultura da transcendência. Não nos iludamos ao achar que o grande público esteja participando destas grandes mudanças digitais, pois por um lado as condições econômicas impedem esta aproximação e por outro existe a massificação imposta a ele principalmente pelos meios de massa que obliteram a inclusão na cultura digital, apesar de muitas vezes estarem conectados à rede, mas não na cultura digital, fixos em programas que são produtos dos *mass medias*. Várias instituições culturais tradicionais tais como: galerias, museus, etc, vêm tentando expôr obras virtuais e quando isto acontece o fazem pelo ângulo transcendente da curadoria. Ora, estas instituições estão sobre a cultura da transcendência que opera com uma axiomática cultural, ou seja: com princípios e com conceitos, baseando-se na autoridade discursiva, nas metanarrativas e nas metalinguagens. Tanto a crítica de arte como a curadoria operam como aparelhos de captura cultural na medida em que seus discursos são sempre metalinguisticos, discursos transcendentes que subsumem aos conceitos, as obras de arte no intuito de submetê-las, semiotizá-las ao julgo da autoridade, ao julgo dos axiomas, estando assim as obras e os artistas sempre em segundo plano e o público submetido à contemplação passiva mediante de tal espetáculo cultural. A cultura da imanência opera de outro modo, ela é a cultura do virtual (potência), das redes digitais na agonística das micronarrativas; ela não opera por aparelhos, pois são máquinas culturais de guerra de transformação permanente de todos os códigos. Ao invés de curadorias e curadores a cultura da imanência opera com organizadores estratégicos que trabalham não com uma axiomática, mas com uma rede de performances, uma rede de problemáticas que incrementam a potencialização dos interagentes e do grande público; ao invés de exposições contemplativas, propõe-se um ecossistema digital constituído de estratégias para contextualizar o público nas problemáticas técnico-biodigitais. Uma rede de performance que entrelaça a apresentação dos trabalhos dos produtores culturais, da manipulação interativa e inteligente pelo público, da conversação do público com os produtores, da apresentação de trabalhos teóricos pelos produtores... Haveria assim um ambiente ecocultural de imersão interativa, oferecendo as condições para espectadores passivos poderem se transformar em interagentes ativos e assim produzirem a suas próprias conexões culturais. Os "muitos" atomizados tornando-se conectados culturamente entre si, formando uma nanotecnologia sociocultural.

Sobre o Autor

Ricardo Barreto é artista e filósofo. Atuante no universo cultural trabalha com performances, instalações e vídeos e se dedica ao mundo digital desde a década de 1990. Co-fundador e co-organizador do FILE Festival Internacional de Linguagem Eletrônica.

Texto publicado pelo File em 2002.

O SUJEITO--PROJETO: METAFORMANCE E ENDOESTÉTICA

CLAUDIA GIANNETTI

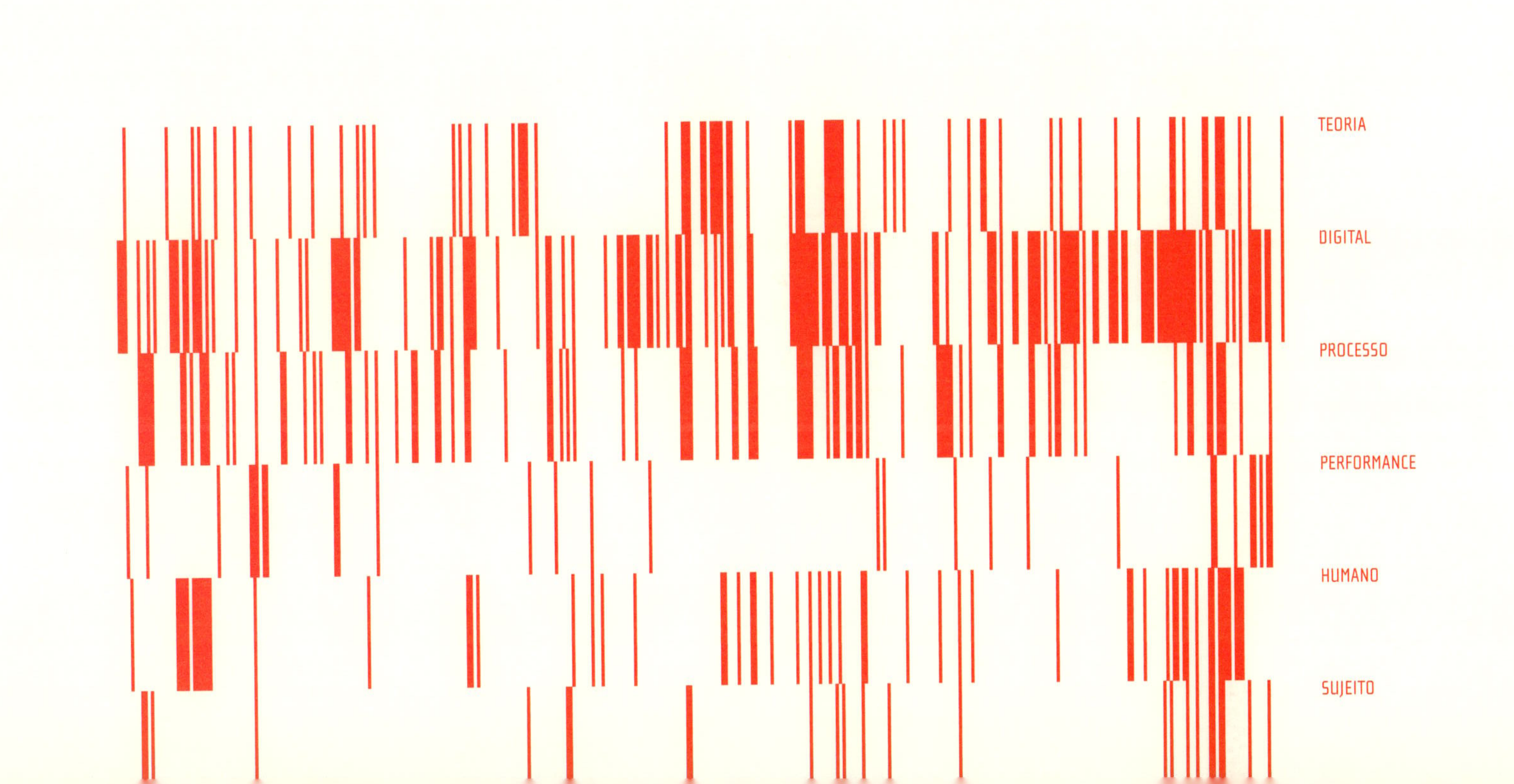
TEORIA
DIGITAL
PROCESSO
PERFORMANCE
HUMANO
SUJEITO

I. O corpo como máquina

Os remanescentes do pensamento humanista que sobrevivem em nossa sociedade corroboram para a manutenção de uma atitude nostálgica diante do que se costuma chamar de intromissão do mundo técnico na esfera do humano. A própria ideia de "intromissão", de invasão de um território que se pretende – ou se insiste em – conceber como delimitado e próprio, já delata a recusa *a priori* de uma inter-relação mais profunda entre pessoas e tecnologias. Essa tendência é até certo ponto inteligível, na medida em que ainda – apesar das próteses e das extensões – se mantém uma visão integral e individualista do corpo humano como entidade, como território, cujas fronteiras são definidas por nossa própria pele.

A atual obsessão pelo tema do corpo – que bem examinada não é tão original nem tão interessante – está na verdade intimamente relacionada à era pós-industrial e digital em que vivemos. Sem a história do corpo – afirmou Dietmar Kamper –, atualmente já não se pode discorrer com acerto sobre o futuro do espírito. Pelo menos nisso parece haver um consenso. O conflito surge no momento de adotar uma posição diante da relação entre corpo e técnica.

Uma corrente de pensamento propõe uma separação entre ambos, entre espírito e medialidade, o que divide o ser humano em tese (consciência, racionalidade, etc.) e pró-tese (tecnologia, meios de comunicação, etc.). Diante dessa "divisão essencial do corpo" (Manfred Faßler) se propõe a ideia do "corpo em processo de formação", uma teoria que já está presente nas formulações da Cibernética de Norbert Wiener, assim como na teoria de Jean Piaget. Dessa perspectiva, os processos humanos (físicos e mentais) não podem ser contemplados sem o entorno técnico, que determina cada vez mais intensamente o modo de vida do indivíduo e da sociedade contemporâneos. A própria evidência das mudanças causadas pelas novas tecnologias, como os processos de aceleração (cronocracia), simulação ou comunicação a longa distância em tempo real, entre outros, nos obriga a superar a concepção clássica das "polaridades", as "dicotomias" ou os "dualismos", seja em relação ao vínculo ser humano-máquina, seja na relação natureza-tecnologia. Essa renúncia é o único caminho para uma sinergia positiva entre o humano e o tecnológico.

Um dos antecedentes dessa concepção remonta ao século XVIII. Em seu ensaio ***L'Homme-Machine*** [O Homem-máquina], o médico francês Julien Offray La Mettrie desenvolveu, em 1784, o conceito mecanicista do ser humano, não só de seu corpo, mas também de sua alma. A partir de seus estudos de ciência natural e anatomia, La Mettrie defendeu a tese, especialmente ousada para uma época dominada pelo pensamento cristão, de que o corpo humano é uma máquina que funciona mediante uma mecânica metabólica. A ideia do ser humano transformado em artefato mecânico subverte a autonomia do espírito e da consciência, e põe em dúvida, por conseguinte, a própria existência divina. Essa redução materialista da alma humana lhe permite comparar explicitamente a máquina do corpo com a máquina do tempo (a mecânica do relógio), com a diferença de que esta possui seus mecanismos de acionamento no exterior, e aquela no interior. É a própria máquina que programa a vida do corpo: "Cada indivíduo desempenha um papel na vida que é determinado pelos mecanismos propulsores da máquina (com capacidade de raciocínio), que não foi construída pelo próprio indivíduo", afirmou La Mettrie. Os seres humanos deixam de ser personagens em um teatro divino para ser sistemas mecânicos autodeterminados.

A oposição ao monopólio divino sobre a criação se manifesta igualmente em outro âmbito de investigação: a ideia de assumir a própria posição de criador de processos vitais. Embora seja costumeiro identificar o florescimento do interesse pelos autômatos na literatura, no teatro ou na mecânica com o romantismo – e realmente durante essa época os exemplos se multiplicam vertiginosamente, desde as criaturas mecânicas de Jean Paul ou de E. T. A. Hoffmann até os seres "montados" como o Golem –, alguns casos concretos demonstram que o espírito da simulação humana vem de longe. O mais famoso relógio da Idade Média já desenvolvia a ideia do autômato. Na catedral de Estrasburgo foi instalado em 1352 um relógio polifacetado que dispunha de um astrolábio e de um calendário que mudavam continuamente; além disso, possuía as figuras mecânicas móveis dos três Reis Magos, que passavam diante de Maria com Jesus menino. Deus "em pessoa" descia das nuvens acompanhado de música de órgão e toque de sinos. E, como se não bastasse, um galo autômato batia as asas e cantava para evocar a traição cometida contra Jesus.

Quatro séculos depois, em 1769, o barão Wolfgang von Kempelen apresentou à corte da rainha Maria Teresa em Viena um acontecimento impressionante para a época: um andróide em tamanho real, que além de se mover podia jogar xadrez. A figura mecânica feminina, vestindo um exótico traje turco, era capaz de mover-se e também de mover sistematicamente as peças do xadrez. Pela primeira vez o público, em uma mistura de espanto, incredulidade e fascínio, pôde admirar a "habilidade" e "inteligência" de um autômato. A "turca" significou um passo fundamental na direção do que continua sendo uma obsessão dos pesquisadores: simular a capacidade de escolha do ser humano, simular sua capacidade de raciocínio, reproduzir as atividades do cérebro humano: em suma, produzir a inteligência artificial.

O salto do século XVIII para o século XX significa uma mudança profunda quanto aos meios e tecnologias disponíveis. No entanto, permanece constante a ideia fixa de criar autômatos inteligentes. Sobretudo, persiste a ideia de uma máquina que demonstre sua "inteligência" jogando xadrez. No início do século XX, Leonardo Torres y Quevedo, membro da Academia Real de Ciências de Madri, dedicou-se a construir aparelhos capazes de executar cálculos e, especialmente, autômatos eletromecânicos capazes de jogar xadrez, dos quais criou duas versões para a partida final contra o rei. O desenvolvimento do primeiro computador digital que possui um controle de programas, pelo alemão Konrad Zuse, em 1941, abriu caminho para uma nova geração de sistemas de informática que, entre outras coisas, podem vencer um jogador de xadrez profissional, já que não se limitam à reprodução mecânica do programado, mas são capazes de aprender com a "experiência".

Não só a tecnociência ocupou-se do desenvolvimento de autômatos. No campo da arte, um dos exemplos mais conhecidos é a criação do primeiro performer andróide da história, o Robô *K456*, construído por Nam June Paik em 1964. O robô podia simular funções humanas simples, como movimentar braços e pernas, caminhar, emitir sons ou expelir feijões. Controlado por um radar de 30 canais, esse robô participou ativamente de várias ações e concertos de Paik. Seu aspecto antitecnológico (é construído com peças usadas, madeira, ferros e diversos materiais de sucata) é coerente com a estética das obras de Paik desenvolvidas nessa época (como as *Electronic Television*), influenciadas pelo neodadaísmo e por Fluxus. Paik lhe dedicou em 1964 uma *Robot Opera*, que apresentou no 2º Festival de Vanguarda de Nova York; dela participou Charlotte Moorman, organizadora do festival. Enquanto Moorman cavalgava pelo cenário nas costas de Paik, o robô caminhava diante deles e determinava seus deslocamentos pelo cenário. Em outras ocasiões, *K456* foi utilizado em ações de rua, nas quais se misturava com os pedestres. Em 1982, por ocasião da retrospectiva de Paik no Museu Whitney de Arte Americana em Nova York, em seu trajeto pela Quinta Avenida até a exposição, *K456*, ao atravessar a rua, foi (premeditadamente) atropelado por um carro. Essa foi a última ação "experimentada" pelo robô.

II. *Wetware* e as estratégias de controle

O campo da inteligência artificial recebeu seu nome do pioneiro John McCarthy, organizador da famosa conferência de Dartmouth, em 1965, considerada o nascimento dessa disciplina junto com as precoces contribuições de Alan Turing à filosofia da IA. Por meio do gerador de números aleatórios do computador Mark I (1948), cuja série foi a primeira a ser comercializada, Turing transformou essa máquina no primeiro não-humano a escrever poemas.

Pela primeira vez o público, em uma mistura de espanto, incredulidade e fascínio, pôde admirar a "habilidade" e "inteligência" de um autômato.

Na década de 1960, grupos de pesquisadores do MIT – Instituto de Tecnologia de Massachusetts – e da Universidade Stanford começaram a acoplar câmeras de televisão e braços robóticos aos computadores, para que pudessem obter suas informações diretamente do mundo real à sua volta. O especialista em robótica Hans Moravec calculou na época que até 2010 seria construída a primeira geração de robôs universais, que além de poder mover-se no entorno poderiam manipular diversos objetos e resolver problemas de maneira "inteligente".

A consideração básica da IA e da robótica parte da ideia da simulação: se todos os cérebros são computadores e efetuam computação, é preciso descobrir como funciona realmente o cérebro humano para o simular com uma máquina digital. Esses aparelhos são tentativas de simulacros físicos e cognitivos que hoje estão a serviço dos seres humanos. No entanto, "desses sistemas humano-máquina surgirão uma inteligência e uma capacidade superiores às da mente humana", afirmam Edward Feigenbaum e Douglas Lenat. Não se deve esquecer que entre os nove objetivos finais que os pesquisadores estipularam para a IA inclui-se a "inteligência sobre-humana".

Do campo da tecnociência dá-se um passo adiante. Tecnociências como a biotecnologia, a nanotecnologia, a engenharia genética, a vida artificial, entre outras, partem da hipótese de que os seres humanos e o mundo natural são radicalmente transformáveis e manipuláveis. Da mesma maneira que se considera o cérebro um computador, hoje se entende o ser vivo – micro ou macroscópico – como máquina ou instrumento, tanto para captar, transformar e produzir energia ou outros seres complexos quanto para transmitir informação. Com isso se pretende superar definitivamente o conceito antropocêntrico tradicional baseado na crença de que a técnica (ou a biotécnica) deve ser desenvolvida unicamente como prolongamento externo dos órgãos humanos ou com o fim de ampliar suas capacidades físicas (próteses, ferramentas, etc.). A criação de novas interfaces diretas entre ser humano e máquina permitirá uma síntese entre ambos os sistemas. Pesquisas moleculares recentemente desenvolvidas no campo dos computadores químicos ou biológicos utilizam as propriedades lógicas das macromoléculas, sintetizadas por meio da engenharia genética assistida por computador, para decodificar os genes, criar sondas genéticas de informação, manipular o DNA, etc. Conseguir reproduzir artificialmente seres vivos mediante, por exemplo, a criação de cartões de identidade genética ou algoritmos genéticos é um dos objetivos e, sem dúvida, o grande desafio da tecnociência.

Da relação externa ser humano-máquina, passa-se a uma simbiose mais profunda entre o natural e o artificial. As pesquisas de telepresença propõem criar "um laço de união tão íntimo entre o ser humano e a máquina, que o técnico nem sequer perceba que o robô existe" (F. Harrois-Monin, em "L'Homme dans la peau du robot"). A interface direta e o enfoque invasor abrem horizontes que se aproximam da fronteira entre o imaginável e o possível.

Declarações um tanto apologéticas de que o corpo se tornou obsoleto transformaram-se em frases cotidianas, que passam a ser aceitas e assimiladas sem grande reflexão sobre o alcance de tal afirmação. Artistas como Orlan ou Stelarc demonstram, através de suas ações, a dessacralização do corpo e sua transformação em objeto de intervenção. Segundo palavras de Stelarc, "a pele foi, como superfície, o início do mundo e simultaneamente o limite do indivíduo. Expandida e penetrada por máquinas, a pele não é mais a superfície plana ou uma parede intermediária, já não denota encerramento. Atualmente o que tem sentido já não é a liberdade de ideias, mas a liberdade de formas: a liberdade de modificar e mudar o corpo. As pessoas montadas por fragmentos – comenta Stelarc – são experiências pós-evolutivas".[1]

As atitudes adotadas por Stelarc e outros artistas ou teóricos sobre a implantação ou o transplante da técnica para o interior do corpo, assim como sobre a possibilidade de manipular o processo vital, não são somente fruto de uma visão eufórica, ou meros reflexos dos mundos da ficção-científica. Antes de mais nada, essas atitudes apontam para a necessidade de refletir sobre as mudanças produzidas por determinados usos das tecnologias e suas consequentes ideologias, como a necessidade de controle e domínio, a colonização do corpo (que é a terceira etapa, depois da colonização do espaço e o domínio da relação espaço-temporal).

É claro que os sistemas de inteligência e vida artificiais, assim como as conexões em rede, podem nos permitir desfrutar de meios extraordinários de manipulação, transformação, conhecimento e ação. O otimismo de muitos pesquisadores, no entanto, parece ofuscar a visão para a questão essencial: o aumento do potencial humano através das máquinas conduz diretamente a um aumento da dependência humana das máquinas, um aumento do poder e do controle que poderão ter essas máquinas ou quem as dominar. É claro que só uma minoria terá acesso a esses tipos de tecnologias – da mesma maneira que hoje só uma minoria tem acesso ao telefone –, consequentemente, de que futuro para a humanidade estaremos falando?

O famoso efeito da globalização econômica já demonstra ostensivamente os objetivos do domínio absoluto do mercado mundial por supercorporações, em detrimento das economias locais, ignoradas e exploradas como mera fonte de matérias-primas e mão-de-obra barata. A convergência da ciência, da política, da economia e da tecnologia que experimentamos atualmente pode gerar a

1. STELARC. *Von Psycho- zu Cyberstrategien: Prothetik, Robotik und Tele-Existenz, in Kunstforum International*, Tomo. 132 Nov./Jan. 1996, p.74.

próxima etapa da humanidade escravizada por entidades ou corporações supra--individuais. O neocolonialismo pós-industrial, com seus mecanismos de exclusão competitiva e de concentração de poder, poderia chegar a ser também um neocolonialismo pós-humano, mediante uma espécie de domesticação invasiva dos corpos como nova forma de exercer o controle absoluto e a soberania sobre as sociedades dominadas e as populações marginalizadas. Já são realidade as práticas discriminatórias, cada vez mais disseminadas, que se baseiam na informação extraída da análise do DNA das pessoas para negar, por exemplo, no caso de empresas de seguros, o acesso a planos de saúde, ou em multinacionais a um posto de trabalho. Disso a uma possível utilização de dados genéticos para justificar outras práticas discriminatórias mais radicais, como o racismo, é apenas um passo.

Da teocracia passou-se à biocracia; o século XXI marca a transição desta para a tecnocracia e suas bifurcações (embora inter-relacionadas): cronocracia, telecracia e biotecnocracia. Do conceito de energia da mecânica de Newton passou-se ao conceito de informação (cibernética), para chegar ao atual conceito de código. Essas transformações radicais e complexas exigem uma revisão da maneira de enfocar e teorizar sobre suas consequências. As metadisciplinas que ligam filosofia, sociologia, ciências cognitivas, biologia ou neurociência, entre outras, cria uma nova plataforma de pesquisa que questiona os conceitos básicos até agora vinculados às chamadas ciências humanas. Muitos dos problemas e questões dos quais a filosofia ocidental se ocupou durante longo tempo, centrados em conceitos como verdade, racionalidade, realidade ou sujeito, veem-se radicalmente afetados pela mudança de paradigmas que experimentamos neste novo milênio. As categorias antropológicas e transcendentais já não são pertinentes.

Se nos concentrarmos no tema da relação corpo-sujeito-mundo, constatamos uma inversão fundamental na maneira de abordar a questão. A pergunta epistemológica tradicional sobre os objetos e conteúdos da percepção e da consciência é substituída pela questão de como se produz o processo de conhecimento, quais são seus efeitos e resultados (Siegfried Schmidt). Isso significa entender a relação sujeito-corpo e sujeito-meio de um ponto de vista neurofisiológico. Essa nova perspectiva da teoria cognitiva questiona a crença postulada pela filosofia de que o sujeito, ou seu sistema de percepção, está em contato direto com o mundo. O enfoque construtivista formula a tese contraposta de que o organismo real possui um cérebro que gera o mundo cognitivo, que gera uma realidade formada pelo mundo, o corpo e o sujeito, de tal maneira que esse sujeito assume esse mundo e esse corpo, como afirma o biólogo Gerhard Roth.

"Esse sujeito cognitivo não é evidentemente o criador do mundo cognitivo, já que o criador é o cérebro real. O sujeito é sobretudo uma espécie de 'objeto' da percepção, que experimenta e vive a percepção. O cérebro real não está presente no mundo cognitivo, da mesma maneira que não está a própria realidade nem o organismo real."[2] Isso significa que não se pode falar em uma realidade extracorporal nem em uma percepção extracerebral. O "espírito" fica reduzido ao funcionamento do *wetware* (o aparelho biológico), ao funcionamento das cerca de mil bilhões de conexões interneuronais existentes no cérebro.

2. SCHMIDT, Siegfried (ed.). *Der Diskurs des Radikalen Konstruktivismus.* Frankfurt a.M., Surhkamp, 1987, p.16.

3. FLUSSER, Vilém. *Vom Subjekt zum Projekt. Menschwerdung.* Düsseldorf, Bollmann Verlag, 1994, pp. 101-103.

4. Ibidem.

III. Sujeito-projeto

A ideia a que me referi no início deste texto sobre o "corpo em processo de formação", assim como a citada proposta de uma transformação tecno-estética do ser humano sugerida pelo artista Stelarc, encontram na teoria do filósofo Vilém Flusser seu curso mais interessante. Segundo a tese de Flusser, o processo de construção progressiva do corpo por meio das novas próteses tecnológicas produz um distanciamento indisfarçável da concepção do corpo dado: "O corpo dado é resultado de um jogo de dados cego que durou milhões de anos, e, examinado de perto, esse resultado não vem a ser convincente. Talvez existam métodos melhores de formação do corpo que o cego acaso? (...) Essa questão é o tema principal da atual revolução cultural".[3] Um dos aspectos mais inovadores da teoria de Flusser é a conexão que estabelece entre essa ideia de construção do corpo e a noção de processo estético. O propósito do engendramento do corpo seria oferecer ao sistema nervoso um envoltório estruturalmente simples, mas funcional. "Para isso, os critérios estéticos devem ser mais importantes que os metabólicos, já que em um desenho do corpo desse tipo a forma não deve seguir a função."[4]

Ora, esse tipo de corpo alternativo, desenhado esteticamente, deve ser configurado com tal complexidade que lhe permita expor-se à entropia, isto é, ao processo de morte. Provavelmente o problema da imortalidade se transferiu do âmbito do mítico para o do técnico. No entanto, a questão fundamental não concerne o corpo imortal, mas o inesquecível. Por conseguinte, a pergunta sobre a mortalidade ou imortalidade deve ser colocada, segundo Flusser, no contexto da memória, e isto vai muito além do corpo, irrompendo no âmbito da criação. Em resumo, Flusser defende a transformação do sujeito em projeto; em um projeto de fundamentos estéticos, mais que puramente práticos. O primordial não se encontra, portanto, no corpo como tal (na matéria), mas no processo de criação: no sujeito-projeto.

A orientação físico-corporal das performances e ações das décadas de 60 e 70 salientava frequentemente a função do corpo como elemento de coesão em uma cadeia de relações: arte e vida, vida e sociedade, sociedade e meio.

IV. Metaformance

Em 1994, quando propus agrupar as diversas manifestações performáticas que utilizam as novas tecnologias audiovisuais e sistemas interativos ou telemáticos sob o termo de Metaformance, indiquei a tendência geral da *media art* a potencializar o desenvolvimento da interface entre a obra e o espectador/usuário. Por um lado, o processo de interação entre máquina e performer, ou da aplicação das novas tecnologias, passa a ser um elemento inerente à obra. Por outro, o próprio emprego da técnica permite ao artista/performer prescindir de sua presença física no espaço da ação, muitas vezes substituída pela da imagem eletrônica. Mas também possibilita convidar o espectador a assumir seu lugar na consumação da (inter)ação. O resultado é uma espécie de hibridação entre a instalação ou environment plurimídia e a performance, baseada no princípio reativo: a existência da obra depende do cumprimento da ação, e ambas estão subordinadas à atuação do observador. O espectador como observador externo é assim não só transformado em performer como também em participante interno, mediante sua inserção no contexto potencial da obra.

Essa tendência não só se confirma, como ganha progressivamente peso e significado. A Metaformance não aponta exclusivamente, portanto, para a versão expandida da performance (expanded performance). Sua principal característica é sua capacidade de gerar um novo tipo de evento, no qual os conceitos da obra, performer, público, meio e procedimento estão em maior ou menor medida circunscritos à relação entre ser humano e máquina (digital, telemática, etc.). Por conseguinte, o dispositivo da interface torna-se cada vez mais preponderante.[5]

A orientação físico-corporal das performances e ações das décadas de 60 e 70 salientava frequentemente a função do corpo como elemento de coesão em uma cadeia de relações: arte e vida, vida e sociedade, sociedade e meio. Os artistas investigavam sobretudo as possibilidades do corpo como recipiente da identidade ou individualidade, como via de representação do discurso, como matéria ou objeto, como mediador no cruzamento de disciplinas, como destinatário e testemunha das estratégias do sistema; em suma, como elemento de identificação do sujeito em e com seu contexto.

A Metaformance não reduz a importância da referência ao corpo, da mesma maneira que não suspende a investigação sobre a relação entre arte e vida. No entanto, muda profundamente não só a maneira de abordar ambas as questões, como sobretudo os próprios conteúdos das colocações artísticas. Em estreita sintonia com as transformações ocorridas nos mais diversos âmbitos, resultantes da revolução digital e biotecnológica, o artista assume a difícil tarefa de gerar as novas ferramentas conceituais a partir das novas ferramentas materiais.

5. GIANNETTI, Claudia. *Estética Digital – Sintopia da arte, a ciência e a tecnologia.* Belo Horizonte, C/ Arte, 2006.

6. Ibidem, pp.175-195.

Diante de certos discursos escatológicos e especulativos sobre a chamada "desmaterialização" do corpo, defendo a tese de que não se trata de um "desaparecimento" do corpo/sujeito, tragado pelos meios eletrônicos e telemáticos, mas sobretudo do eclipse de determinados conceitos históricos de realidade, verdade e sujeito (corpo), responsáveis pela visão idealista que ainda se volta, embora de longe, para o horizonte cartesiano. Do ponto de vista da arte, a reestruturação e a recolocação dessas três concepções básicas – sujeito (corpo), realidade e verdade – são as premissas para uma abordagem da teoria da Endoestética.

IV. Endoestética

As noções de sistema e interatividade requerem que se entenda a estética hoje como uma categoria processual imersa no sistema social e no contexto da comunicação; em outras palavras, como processo comunicativo, contextual e relativista, que incide em um questionamento radical de nossa compreensão da realidade, da objetividade (verdade) e do observador (sujeito). Essas três concepções básicas são revisadas, desmitificadas e desconstruídas pela media art e pelas noções que se desenvolvem paralelamente ao uso de determinadas tecnologias, processo manifesto na emergência de novos paradigmas: ubiquidade, temporalidade, virtualidade, artificialidade, desmaterialização, simulação, hipertextualidade, interface, etc. Uma considerável ampliação de nossos parâmetros conceituais, como pressupõe a *media art*, implica em mudanças substanciais sobre a forma de percepção originada por esse tipo de obras, e dá lugar a um debilitamento e dissidência radicais das ideias estéticas modernas. Com base nas pautas de reflexão para a estética da auto-referencialidade, da virtualidade, da interatividade (da relatividade do observador em relação ao sistema e a proeminência do interator no contexto do mesmo) e da interface (o sistema mediador entre o mundo artificial e o sujeito), sugiro a Endoestética como modelo teórico pertinente para abranger essas diversas manifestações dos modelos interativos e artificiais.[6]

Dado que a *media art* resulta em uma relação de interdependência e complementaridade entre criador, obra/sistema, espectador/participante e contexto, ocorre a expansão dos conceitos de autor e observador para os de meta-autor e interator. Nesse processo, a interface humano-máquina funciona como elemento que permite manter a flexibilidade e equanimidade entre ação-reação, traduzir os dados e otimizar a distância e o tempo de comunicação entre sistema e interator. Isso demonstra a peculiar potencialidade da *media art* para superar as fronteiras do meramente instrumental e transformar-se em recurso do imaginário para a geração de ambientes (virtuais) experimentáveis de forma cognitiva e sensorial. A teoria da Endoestética permite, assim, abarcar todas essas novas práticas sistêmicas baseadas no uso de tecnologias interativas e telemáticas em consonância com seus métodos.

Sobre a Autora

Claudia Giannetti é pesquisadora de arte e mídia contemporânea, atua como curadora de exposições, teórica e escritora.

Informações Adicionais

Parte deste texto foi publicada em: "Metaformance – El sujeto-proyecto", in: *Luces, cámara, acción (...) ¡Corten! Videoacción: el cuerpo y sus fronteras*. Valencia, IVAM Centre Julio Gonzalez, 1997. Sua revisão e ampliação foram feitas especialmente para esta edição.

Texto publicado pelo File em 2006.

A AURA DO DIGITAL

MICHAEL BETANCOURT

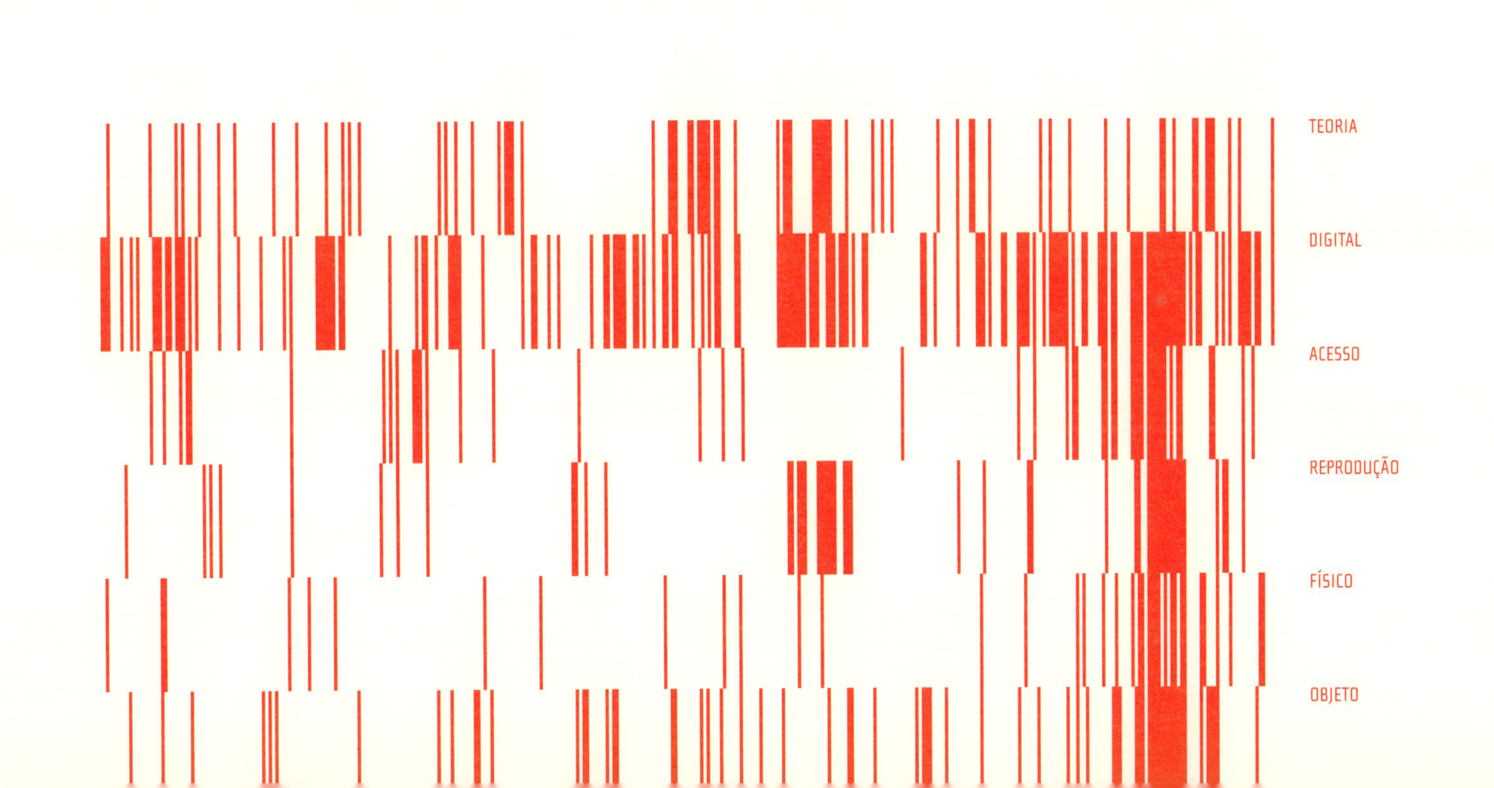
TEORIA
DIGITAL
ACESSO
REPRODUÇÃO
FÍSICO
OBJETO

Prefácio

Ao dividir a interpretação de uma obra de arte em vários "níveis" diferentes, torna-se possível reconhecer uma distinção fundamental entre obras de arte digitais e não-digitais, assim como perceber que a ideologia subjacente se baseia na ilusão de recursos infinitos. Como tal, ela replica a ideologia subjacente ao próprio capitalismo – a de que existe uma quantidade infinita de riqueza que pode ser extraída de um recurso finito. Essa ilusão emerge em fantasias de que a tecnologia digital põe fim à escassez ao aspirar à condição de informação. O digital apresenta a ilusão de um campo autoprodutivo, infinito, capaz de criar valor sem gastos, diferentemente da realidade de recursos, tempo, gastos etc. limitados que governa todas as formas de valor e produção.

As formas digitais também demonstram o que se poderia chamar de "aura da informação" – a separação entre o significado presente em uma obra e a representação física dessa obra. Como as obras digitais com a "aura da informação" implicam uma transformação de objetos em informação, entender a estrutura específica da arte digital torna muito mais explícita a forma da "aura digital". Esse esclarecimento permite considerar as diferenças entre a escassez de produção material no mundo físico real contra a escassez de capital na reprodução digital: a necessidade de controle da propriedade intelectual na virtualidade da reprodução digital. Como o capital é um recurso finito sujeito a escassez, mas também preso ao paradoxo capitalista da escalada de valor – nas formas duplas de juro e lucro sobre os gastos de capital –, existe a constante exigência de se criar mais valor de mercadoria para extrair mais riqueza da sociedade e manter o equilíbrio do sistema.

Para compreender essa "aura da informação" – é necessário um reconhecimento da natureza do objeto digital: ele é composto ao mesmo tempo da mídia física, que transmite, armazena e apresenta a obra digital ao público, e a obra digital em si. que na verdade é composta por uma obra gerada por uma máquina e legível por humanos, criada pelo computador a partir de um arquivo digital (que é armazenado em algum tipo de mídia física). Esse "objeto digital" é a forma real da obra digital – uma série de sinais binários gravados por uma máquina e que exigem uma máquina para que esse "código" invisível seja legível por seres humanos. O "objeto digital" transforma-se nas imagens, filmes, textos, sons, etc. em forma legíveis por seres humanos somente através das ações convencionais de uma máquina que interpreta os sinais binários do objeto digital e segundo o paradigma interpretativo inserido naquela máquina, que transforma esse código binário em formas legíveis por humanos e superficialmente diferentes. Todos os objetos digitais têm essa forma subjacente singular – o código binário –, fato que torna o objeto digital fundamentalmente diferente de qualquer tipo de objeto físico exatamente porque lhe falta a característica singular de forma que define as diferenças entre pinturas, desenhos, livros, sons ou qualquer outro objeto ou fenômeno físico. Diferentemente dos objetos físicos, os digitais são todos basicamente iguais, qualquer que seja sua forma aparente depois de interpretados por uma máquina.

1. ABBING, Hans. *Why are Artists Poor? The Exceptional Economy of the Arts*, (Amsterdam; Amsterdam University Press, 2004) p. 307.

I. Fisicalidade e conhecimento

O ensaio de Walter Benjamin *A Obra de Arte na Era de Sua Reprodutibilidade Técnica* inicia a discussão crítica da ideia de que as obras de arte têm uma "aura", e propõe que essa "aura" é destruída pelo processo de reprodução mecânica. Sua noção de "aura" se expande rapidamente para incluir não somente a arte – qualquer coisa que seja reprodutível é englobada nesse conceito. Embora esta descrição do artigo de Benjamin seja altamente redutora, ela capta sua tese essencial que sugere inerentemente uma perda histórica provocada pela mudança tecnológica. Seguindo o argumento de Benjamin, é lógico supor que a arte ficaria sem "aura" quando a reprodução mecânica der lugar à reprodução digital. Como notou o economista Hans Abbing:

"Walter Benjamin previu que a reprodução técnica da arte levaria à ruptura do encantamento da arte (*Entzauberung*). A arte torna-se menos obscura, mais acessível e portanto menos mágica por causa da reprodução técnica. (...) A previsão de Benjamin não é difícil de entender. A (re)produção técnica permite a produção maciça de obras de arte por baixos preços. Seria de fato muito estranho se isso não reduzisse o apelo exclusivo e glamouroso dos produtos de arte. (...) Mas até agora isso não aconteceu; [o compositor] Bach e sua obra mantêm sua aura. Em geral, se observarmos o status e a adoração elevados, senão aumentados, da arte desde a primeira publicação do ensaio de Benjamin, essa previsão ou estava errada ou ainda vai demorar para se realizar."[1]

As observações de Abbing sobre a tese de Benjamin de que a reprodução tecnológica e a disponibilidade maciça resultam em uma diminuição da "aura" sugerem que em vez de diminuir a "aura" da arte a reprodução ajuda a ampliar a aura das obras reproduzidas, em vez de destruí-la. Essa interpretação invertida da "aura" produzida pela obra de arte de fácil acesso e disponibilidade muda a ênfase do artigo de Benjamin do tradicional valor de "culto" dos objetos de arte para o que ele denomina seu valor "de troca" comercial. Essa ênfase para o que Benjamin supõe que seja o papel tradicional das obras de arte em práticas religiosas, aparece em seu conceito de "aura" como a fisicalidade do objeto, o que ele chama de "autenticidade".

2. BENJAMIN, Walter. "The Work of Art in the Age of Mechanical Reproduction," in *Illuminations*, trans. Harry Zohn, (New York: Schocken Books, 1969), p. 221.

A autenticidade de uma coisa é a essência de tudo o que é transmissível desde seu início, de sua duração substancial até seu testemunho da história que experimentou.[2]

Como implica a proposição de Abbing, a ideia de "autenticidade" de Benjamin só se torna um valor significativo quando há reproduções de uma obra de arte, semelhantes na aparência, mas não idênticas à sua fonte. Portanto, quanto mais divulgada uma obra de arte através da reprodução, pode-se supor que sua "aura" logicamente também aumentaria. O que Abbing sugere é que a "aura" não é o que Benjamin propôs, e sim uma função do próprio processo reprodutivo. Essa mudança de concepção da "aura" de Benjamin sugere que os objetos de arte têm um caráter duplo. Sua "aura" é ao mesmo tempo os vestígios físicos da história particular que o objeto experimentou e a relação desse objeto com a tradição que o produziu. São dois valores distintos: um reside no objeto físico, o outro no conhecimento (e experiência anterior) do espectador sobre a relação do objeto com outros objetos semelhantes. Se o primeiro valor é um "testemunho histórico", o segundo pode ser chamado de "relação simbólica". Embora a relação com a tradição seja um valor independente, separado das propriedades físicas que formam o "testemunho histórico", não pode ser reduzida a um conjunto de características fisicamente presentes. Separar esses dois valores resulta num novo conceito de "aura", independente das proposições iniciais de Benjamin, que é especificamente aplicável à tecnologia digital: a ideia de "aura" resulta da função que a obra exerce sociologicamente para seu público (como ele emprega a obra em sua sociedade). Esse conceito, relacionado ao acesso do público àquela obra de arte, torna os conflitos sobre "propriedade intelectual" uma consequência inevitável da emergência da tecnologia digital.

Mecânica ou manualmente, os objetos (re)produzidos sempre têm um limite implícito de disponibilidade (portanto, sua acessibilidade); os objetos digitais não têm um limite desse tipo – em princípio, um número infinito de qualquer obra digital pode ser produzido sem alteração ou perda, ou mesmo desvio entre qualquer das obras. Essa distinção entre todos os objetos físicos e os objetos digitais revela uma semelhança fundamental entre a obra de arte original e suas reproduções mecânicas; essa semelhança configura as antigas relações entre cópia e original: ela revela sobretudo a diferença básica entre o digital e o físico. Toda reprodução digital é idêntica a todas as outras; os objetos digitais são armazenados como uma forma de informação, e não limitados como são, inerentemente, os objetos físicos; portanto, o estado digital pode ser entendido como uma forma de linguagem instrumental – instruções para executar a "recuperação" de uma determinada obra (de arte) digital.

Entre os objetos físicos, cada objeto é na verdade único, mesmo quando é um exemplo idêntico de um determinado tipo: enquanto duas folhas de papel em branco podem ser aparentemente idênticas em todos os aspectos, cada folha é um exemplo único, fisicamente independente de todos os outros. As reproduções digitais são todas iguais, e não exemplos únicos de um determinado tipo (como folhas de papel em branco); cada uma é uma execução idêntica de instruções uniformes e constantes, uma "cópia". A teoria da informação descreve obras desse tipo como exibindo entropia informacional-teórica zero: como a execução dos dados instrumentais dos objetos digitais (o arquivo eletrônico armazenado num computador) é um processo totalmente previsível no âmbito de um dado sistema digital, não há necessidade de informação para produzir uma obra digital a partir de um objeto digital (arquivo eletrônico).[3] A reprodução digital é, portanto, fundamentalmente diferente de qualquer tipo de reprodução anterior, e os objetos digitais submetidos a esse tipo de reprodução podem ser considerados uma nova classe de objetos.

As obras (de arte) digitais retêm sua forma inicial ao longo do tempo, sem degradação, porque não há um objeto físico sujeito à decomposição do tempo. Elas podem ser editadas, compiladas, combinadas e distribuídas sem qualquer modificação em qualquer reprodução subsequente; as "cópias" podem ser reproduzidas infinitamente, sem ser submetidas à perda inerente à mídia física. Uma "cópia" é não apenas equivalente em conteúdo, como é idêntica à sua fonte. O conceito de "original" digital desaparece porque todas as versões são "originais" idênticos, ou são todas "cópias" idênticas.

A linguagem contemporânea carece dos termos necessários para descrever a relação entre instâncias diferentes de um objeto digital idêntico: "cópia" supõe o modo tradicional de originais e réplicas; "clone" introduz uma analogia biológica que não obstante sugere uma fonte original anterior que (pelo menos) potencialmente existe como origem. Como os dados que constituem a obra digital em si permanecem constantes, os objetos digitais são indistinguíveis; a distinção entre duas interações quaisquer de uma obra digital singular não é uma questão de conteúdo ou forma, porque a informação digitalizada permanece constante; é uma questão de localização e apresentação física – onde uma versão específica se situa na mídia física que carrega sua impressão e/ou a exibe de uma forma legível pelos humanos.

3. ABRAHAM, Ralph, Peter Broadwell e Ami Radunskaya. *Mimi and the Illuminati; Notes*, http://pages.pomona.edu/~aer04747/mimi/miminotes.html.

II. Objetos físicos X digitais

A distinção entre objetos físicos e objetos digitais é absoluta. Essa distinção se refere a uma dualidade entre o significado simbólico e a fisicalidade que começa com a primeira forma de reprodução em massa: a cunhagem de moedas. A impressão de emblemas nas moedas torna cada uma valiosa por meios duais: através de seu material (metais preciosos), e simbolicamente identificada como autêntica (que seu valor é real) pelas marcas brasonadas em sua superfície (conteúdo simbólico). A autenticidade é uma conclusão baseada numa segunda ordem de interpretação, derivada de uma decisão sobre o conteúdo simbólico de um objeto. O objeto digital, por não ter um componente físico, existe como conteúdo simbólico que se torna uma forma fisicamente acessível somente quando apresentado através de um intermediário tecnológico (por exemplo, um monitor de vídeo ou de computador) ou transformado em objeto físico (como uma impressão em papel).

As valências separadas de material e símbolo podem ser entendidas como existentes em níveis diferentes de interpretação: a física fornece o primeiro nível, com todas as conclusões sobre a idade do objeto, etc., formando uma primeira ordem; o conteúdo simbólico, incluindo sua ligação as tradições, semelhança ou diferença de outros objetos, a relação do intérprete com o objeto particular, etc., formam todos uma segunda ordem de interpretação. Enquanto a segunda ordem, simbólica, necessita da primeira ordem (algum tipo de presença física) para sua apresentação, o conteúdo interpretado existe como um excedente da primeira ordem. É a informação fornecida e criada pelo intérprete, usando a experiência anterior de interpretar a forma e o caráter da primeira ordem, que produz a segunda ordem.

O dualismo da "aura" dos objetos físicos aparece como uma função tanto do objeto material quanto de seu conteúdo simbólico. Não é casual que o dualismo da "aura" esteja ligado à invenção do valor de troca (moeda). O valor de troca depende da agência humana de maneiras sociais e políticas para alcançar seu significado e manter seu valor. É exatamente na definição do valor por meio de um esquema particular de muitos objetos diferentes governados pela agência humana que surge o "valor". A consciência da relação simbólica entre um objeto e outro é um resultado interpretado da agência humana, e não inerente ao objeto em si. A aura das obras digitais retém essa dualidade enquanto dispensa a restrição literal da fisicalidade específica. O encontro com um objeto digital ainda é um engajamento material, mas no qual o material é separado da obra digital, servindo como apresentação da obra – por exemplo, o que é visto e ouvido quando se assiste a um videoclipe num computador.

A distinção entre objetos físicos e objetos digitais é absoluta. Essa distinção se refere a uma dualidade entre o significado simbólico e a fisicalidade que começa com a primeira forma de reprodução em massa: a cunhagem de moedas.

A separação entre a apresentação específica de uma obra digital de nosso conceito daquela obra, literalmente inscreve o desejo modernista de isolar a obra de arte do contexto que a produz em nossa consciência e interpretação da obra digital: em vez de exigir o espaço branco e asséptico da galeria para eliminar o contexto externo das interpretações da arte, com as obras digitais essa eliminação das especificidades de localização, apresentação, contexto, etc. acontece na mente do espectador. Esse efeito decorre da "aura de informação" a que aspiram as obras digitais.

Como os aspectos materiais das obras digitais são efêmeros, durando não mais que o encontro fenomenológico com a apresentação do objeto digital (geralmente em algum tipo de tela), a "aura da informação" sugere que o próprio digital transcende a forma física. Essa ilusão define a "aura da informação". Como as obras digitais emergem de uma interpretação de segunda ordem, elas pertencem à mesma categoria de objetos que a música codificada para ser reproduzida por uma máquina, como uma pianola. Os objetos digitais não estão prontos para leitura humana, e só se tornam sensíveis como obras quando processados por uma máquina. Como a música codificada no rolo perfurado da pianola, o objeto digital é separado de sua incorporação física, muitas vezes reproduzida de maneiras e com tecnologias (como a linguagem) independentes das formas digitais, mas são facilmente reprodutíveis sem perda e totalmente dependentes de tecnologias específicas para seu desempenho ou apresentação (como as obras digitais).

Como os objetos digitais não se degradam com o tempo, eles não desaparecerão. O limite de uma obra digital não se baseia em sua decomposição física, mas sobretudo em sua disponibilidade dentro da tecnologia contemporânea. Obras digitais mais antigas só se "perdem" porque o suporte tecnológico para acessá-las desaparece; teoricamente, a obra digital perdura e pode ser recuperada no futuro. A reprodução digital torna-se então não apenas uma característica inerente aos objetos digitais, como também seu meio para a efetiva imortalidade. A reprodução digital de arquivos de tecnologias mais antigas para novas tecnologias permite a continuidade (manutenção perpétua) das obras digitais, independentemente da tecnologia em que elas começaram; os antigos programas de computador, como jogos arcade de 8 bits que existiam originalmente como chips ROM, por exemplo, os cartuchos de jogos Atari 2600 Home Entertainment System, ainda são acessíveis porque a tecnologia contemporânea é capaz de emular os sistemas obsoletos e descartados, assim permitindo que as obras digitais sejam lidas com equipamentos vastamente mais poderosos e incompatíveis com arquivos digitais mais antigos. No caso do sistema de jogos de computador Atari 2600 existe um grande, embora limitado, número de Atari Home Entertainment Systems em funcionamento, e quando o último sistema quebrar de modo irreparável o acesso às versões originais dos arquivos nos cartuchos ROM por seu sistema de hardware original se perderá. Essa perda constitui o testemunho histórico dessa tecnologia e das obras digitais acessíveis a ela. No entanto, o testemunho histórico desses sistemas é totalmente separado dos arquivos contidos nesses ROMs, e a sobrevivência dos dados neles contidos é de natureza diferente da sobrevivência do próprio sistema físico original. (Essa leitura é resultado de sistemas mais novos que emulam o funcionamento de sistemas digitais antigos.)

A capacidade de separar o arquivo digital do hardware dramatiza a aura dos objetos digitais: a obra digital como imortal, passageira, adaptável a qualquer nova tecnologia de apresentação que surja. Ela também conecta a aura dos objetos digitais à aura da informação, já que a informação é uma função de interpretação e teoricamente também pode ser transferida de um sistema de reprodução para outro, assim como línguas antigas e "mortas", como o grego antigo ou os hieróglifos egípcios, podem ser traduzidos em línguas contemporâneas como o inglês. Teoricamente, o conteúdo da língua antiga permanece constante; com os objetos digitais esse aspecto teórico da linguagem e do significado humanos torna-se fato, por causa da distinção entre a linguagem de código binário da máquina que é prescritiva, e a linguagem humana que é descritiva e denotativa. Como a linguagem binária da máquina é um conjunto de comandos, a transferência e conservação da informação contida naquela linguagem não se sujeita ao "deslocamento" semiótico do significado que afeta toda linguagem humana. Assim, o conteúdo de sistemas digitais "mortos" pode ser recuperado, garantindo a imortalidade de qualquer objeto digital.

No entanto, a imortalidade dos arquivos digitais também leva a um acúmulo de obras cujo gerenciamento e acessibilidade inevitavelmente começarão a se tornar um problema, além da simples questão da capacidade de acessar arquivos antiquados construídos e utilizados com hardware que se tornou obsoleto e insubstituível.

Quando a imortalidade das obras digitais é entendida no sentido de que essas obras se acumularão e serão imanentemente presentes no futuro indefinido, surge um problema malthusiano. Conforme os materiais se acumulam em forma digital eles se tornam cada vez mais difíceis de organizar, acessar e usar. A "aura da informação" implica que esse contínuo acúmulo de informação é um valor positivo em si, separando a informação da capacidade de usá-la ou determinar seu valor. A "aura da informação" ganha seu aparente valor das sociedades pré-digitais, onde o acesso a e a posse de informação era um valor positivo porque o volume de informação, mesmo potencialmente disponível, era limitado fisicamente a objetos específicos e pela capacidade de reproduzir essa informação. Em tal sociedade, a informação estocada tem valor em si porque a quantidade de informação permanece limitada. Para as tecnologias digitais, a criação, armazenamento e distribuição de informação não são limitados como para as sociedades tradicionais. Porque a informação digital aspira à imortalidade, é infinitamente reprodutível e reivindica a "aura da informação" a problemática do acúmulo e gerenciamento de arquivos digitais necessariamente emerge como um resultado inevitável do desenvolvimento da tecnologia digital.

III. Testemunho histórico

Todas as reproduções mecânicas são objetos em si; como tal, carregam seu próprio "testemunho histórico" e estão sujeitas aos efeitos do tempo e da decomposição como qualquer outro objeto. Isto vale para a reprodução mecânica em todos os níveis de sua existência; o negativo fotográfico está sujeito à decomposição e perda, assim como a placa metálica usada na imprensa gradualmente se desgasta com o uso para fazer reproduções. A reprodução mecânica pode portanto ser considerada como tendo o mesmo potencial de autenticidade (via testemunho histórico) que qualquer outra obra de arte física.

Em contraste com a reprodução mecânica, a reprodução digital é um objeto polivalente. A reprodução física do objeto digital, como por exemplo numa tela de computador, não submete aquele arquivo ao desgaste que os objetos físicos sofrem; tampouco a cópia, envio ou armazenamento desses objetos digitais necessariamente os danificam. A transferência digital de arquivos produz cópias idênticas e perfeitas, não submetidas ao testemunho histórico dos objetos físicos. De fato, o objeto digital – a informação contida no/como arquivo digital é independente de testemunho histórico. No entanto, o meio que armazena o arquivo digital está sujeito ao "testemunho histórico". Esse recipiente é diferente de seu conteúdo, e deve ser entendido como separado dele.

Os tipos de "testemunho histórico" que impactam os arquivos digitais podem, portanto, ser divididos em três tipos: (1) os que impactam o recipiente, seja o disco, CD, ROM ou outro meio de armazenamento; (2) os que afetam o arquivo digital em si, diferentemente do meio de armazenamento; e (3) a acessibilidade do arquivo que usa tecnologia contemporânea (a questão da obsolescência do software, hardware e dos arquivos produzidos com tecnologia mais antiga). Um

CD quebrado pode tornar inacessíveis os dados que ele contém, mas não destrói realmente os dados. Um arquivo de computador danificado ou corrompido é conseqüência de erros feitos pelo sistema ao armazenar ou exibir o arquivo, e não são exemplos de testemunho histórico, mas são mais semelhantes a erros de impressão ou outros feitos com o maquinário de reprodução mecânica.

A acessibilidade de um objeto digital produzido com tecnologia obsoleta não deixa vestígios no objeto em si; é a capacidade de ler o conteúdo do arquivo que se atenua com o tempo, não o arquivo em si. Seu conteúdo permanece constante, mesmo quando não podemos mais acessá-lo. Essa situação se compara a nossa capacidade de ler linguagens humanas antigas ou "mortas" escritas em hieróglifos ou caracteres cuneiformes: o conteúdo dos textos independe de seu meio de armazenamento ou do formato (língua) em que foram escritos.

Essas falhas não constituem um testemunho histórico para os objetos digitais; pelo contrário, demonstram a natureza da obra digital como interpretações de segunda ordem apresentadas à visão. Isto explica sua falta de presença física e a relação desconfortável entre o "modelo" ou original digital, o arquivo digital e as versões físicas produzidas a partir dele, como impressões, exibição em monitores, etc. O conflito que cerca os direitos de propriedade intelectual refere-se mais ao acesso ao "objeto" de arte em si, pois no reino digital o potencial de reproduzir e distribuir não inclui necessariamente o direito de ler (acessar) a obra – é por isso que toda proposta de gerenciamento de direitos digitais (DRM – *digital rights management*) limita e controla o acesso à obra de arte digital: o direito a ler.[4]

4. O conceito de "direito de ler" origina com Richard Stallman, da Free Software Foundation.

IV. A independência da apresentação digital

Interpretações de primeira ordem de obras de arte históricas como a Capela Sistina baseiam-se no fato de que ela continua sendo a Capela Sistina em todas as circunstâncias; no entanto, essa suposição revela seu caráter atenuado com a reprodução mecânica, e se manifesta claramente com as obras digitais (se não for completamente invalidada pela enorme variedade de exibições da mesma obra por meio de diversos projetores, monitores, diferentes parâmetros de usuários em diversos computadores, etc.), a tal ponto que se torna menos adequado pensar nas obras digitais em termos das especificidades de uma determinada forma de exibição do que pensar sobre elas independentemente de sua exibição.

Considere, por exemplo, a questão da cor. Monitores de computador diferentes exibem a cor diferentemente, dependendo da idade do monitor, há quanto tempo ele está sendo usado, a construção particular dos pixels em sua tela, a configuração específica no momento da exibição, etc. As lojas que vendem monitores têm vitrines com os modelos disponíveis porque essas diferenças impactam a aparência das obras digitais exibidas. A questão da cor torna-se ainda mais variável quando a consideração da exibição vai além dos monitores e inclui outros tipos de exibição como projeção, transmissão de TV e até vídeo em telefones celulares. Cada expansão da possível forma de exibição aumenta a variação da aparência de um arquivo digital, tornando problemática a questão de qual versão é a autêntica, já que o arquivo exibido pode permanecer constante.

A aura de informação exige que os espectadores ignorem a apresentação (monitor de vídeo, projetor, impressão, etc.) ao considerar o "contexto" da obra – conclusões relacionadas a qual seria a primeira ordem de interpretações para obras não-digitais: por exemplo, de onde é a pintura, como está iluminada, qual sua idade – questões que geralmente são eliminadas quando diante de uma projeção digital. Idade, materiais, etc. não são deduzidos dos materiais físicos da apresentação de uma obra digital, mas de considerações sobre seu conteúdo simbólico. Na medida em que uma obra digital tem um testemunho histórico, é uma consequência de se historicizar o estilo e a forma da obra (interpretações de segunda ordem). O fato de uma obra digital ser exibida numa tela plana, num tubo de raios catódicos ou outro, e como projeção em outras ocasiões, não afeta nossas considerações sobre aquela obra digital. Enquanto as apresentações podem mudar, a obra digital é considerada a mesma sejam quais forem os meios usados para sua apresentação. Essa negação da variabilidade das apresentações das obras digitais sugere que a obra digital existe e é entendida como independente de suas diversas apresentações. A mesma negação do arquivo digital fisicamente armazenado reflete a negação das especificidades das apresentações; ambos são efeitos da aura da informação, gerando a crença de que os objetos digitais são separados da fisicalidade.

A independência das obras digitais de sua apresentação física está ligada à contingência do direito de ler um arquivo digital e à base tecnológica da (re) produção digital. Enquanto as reproduções manual e mecânica sempre preservam o caráter físico do objeto, deixando-o sujeito a seu testemunho histórico particular, as obras digitais não. Qualquer tipo de material impresso retém sua forma, a menos que seja fisicamente atacado – enterrar um livro na lama pode resultar na decomposição do livro, com sua consequente perda como tal; uma obra digital não pode ser atacada dessa forma, mas tampouco pode ser acessa-

da sem um suporte tecnológico. Os arquivos digitais só aparecem em variações sugeridas pela discussão da cor, acima.
Admitir a falta de testemunho histórico das obras digitais cria uma estrutura que afasta os objetos digitais dos atributos particulares de objeto físico de sua apresentação para uma arte voltada para o não-objeto. A singularidade das obras digitais não pode portanto, ser consequência de haver "apenas uma", nem sua singularidade pode ser resultado de um caráter solitário (individual), porque todas as "cópias" são idênticas em todos os sentidos. Na verdade, para as obras digitais (assim como para as obras (re)produzidas mecanicamente antes delas) não há objeto de primeira ordem, na maneira como há uma Capela Sistina.

O impacto da forma particular de "singularidade" da obra digital sobre a propriedade intelectual revela-se como a questão de acesso à obra: o direito a ler, mais que de possuir uma cópia. A posse e o acesso são separados entre si. Com objetos de primeira ordem, como a Capela Sistina, a posse também confere o direito de acesso: ter a posse garante o acesso à obra; com as obras digitais, a posse torna-se atenuada – é possível "possuir" arquivos num computador, mas não ter a capacidade de acessar o conteúdo desses arquivos. O modelo que essa propriedade intelectual adota é, portanto, muito mais próximo da ideia de um banco, onde só pessoas autorizadas podem fazer negócios e todas as outras são descartadas, a menos que elas também possam investir dinheiro no banco. Em todo caso, aquilo a que os clientes têm acesso, as ações que lhes são permitidas, e mais significativamente, quanto custa realizar essas ações, é determinado pelo banco. O que esses "clientes" podem fazer é estritamente limitado pelas particularidades de seu investimento específico no banco.

V. A materialidade das obras digitais

A reprodução mecânica é sempre limitada pelos materiais físicos, tanto na forma da tecnologia (re)produtiva (imprensa, negativo fotográfico, etc.) quanto nos materiais que formam essa reprodução. Esta base impõe uma duração ao objeto; até que a obra digital seja (re)produzida fisicamente, ela fica fora dessa restrição. Apesar de o arquivo digital ser sempre fisicamente armazenado, a obra digital que esse arquivo produz continua sendo uma entidade separada, embora inerentemente relacionada ao arquivo digital. E, como a aura da informação leva à ignorância interpretativa da aparência física da obra quando é apresentada ao público, ficar "fora" significa que ela não está sujeita aos efeitos de degradação do tempo através da duração, seja quando reproduzida como objeto ou em

Apesar de o arquivo digital ser sempre fisicamente armazenado, a obra digital que esse arquivo produz continua sendo uma entidade separada, embora inerentemente relacionada ao arquivo digital.

sua forma digital nativa. Assim, a "autenticidade" da obra digital está em ser independente dos efeitos causados pela passagem do tempo, seu uso (obras digitais não se "desgastam" como os objetos físicos), ou por sua replicação e distribuição em forma digital: diferentemente dos objetos físicos, as obras digitais não existem com restrição física às obras em si, somente na capacidade de armazená-las (e transmiti-las), assim como a capacidade limitada de armazenar arquivos em um disco rígido.

A ausência de limite físico significa, em princípio, que as obras digitais podem ser consideradas imortais – fazendo da extensão da propriedade estatutária (direitos autorais, patentes, etc.) um corolário necessário e inevitável ao conflito sobre propriedade intelectual: a manutenção da propriedade como tal exige que ela dure tanto quanto a obra em questão. Do contrário, seria reconhecer a contingência desse direito de leitura à economia de produção e consumo baseada em objetos, que antecede a emergência da obra digital.

Implícita no "direito a ler" está a ideologia de "vanguarda" que torna as tecnologias digitais obsoletas. Com essa mudança tecnológica de atual para antigo há uma restrição aos avanços particulares da tecnologia – o que foi chamado de obra voltada para corte/fusão/remix/colagem/montagem/banco de dados – baseada numa remontagem de materiais existentes em formas "novas". Que essa forma estética tenha recorrido em abordagem e forma quase idênticas a cada nova tecnologia (o fato de Dziga Vertov ter experimentado gravações em cera para fazer remixes nos anos 1920[5]) sugere que essas abordagens são banais, e não diruptivas (exceto na linguagem econômica atualmente ligada a "propriedade intelectual" e direitos autorais). Mais que uma "exploração" da nova tecnologia, essas obras sugerem uma negação freudiana dos choques potenciais que essa tecnologia implica através da repetição. Os perigos psicológicos que obras sinistras podem representar são evitados antecipadamente por meio da rubrica de obsolescência e das repetições inerentes à remixagem de materiais existentes.

5. PETRIC, Vlada. *Constructivism in Films: The Man with a Movie Camera*, (Cambridge: Cambridge University Press, 1987); veja também: Vertov, Dziga. *Kino-Eye: The Writings of Dziga Vertov*, ed. Annette Michselson, trans. Kevin O'Brien, (Berkeley: University of California Press, 1984).

VI. Gerenciamento de direitos digitais (DRM)

O direito de limitar o acesso (via DRM) é o aspecto chave da propriedade de obras digitais. O controle do direito de ler obras digitais baseia-se em leis antigas, destinadas a controlar a impressão e publicação: leis de direitos autorais que codificam suposições sobre objetos físicos e o acesso e a propriedade dessas obras.

Como as obras digitais são (basicamente) artefatos baseados em não-objetos de segunda ordem, isto é, são obras sem forma física particular (e portanto não são limitadas por condições naturais de escassez, fabricação e material), aumentar a capacidade do produtor de controlar sua "propriedade" digital, mesmo quando a vende a outra pessoa, torna-se uma consequência inevitável da mudança constante para a tecnologia digital na criação e distribuição de todos os aspectos da cultura.

A transformação em forma digital de tudo o que pode ser digitalizado (a aspiração universal ao estado de informação) decorre da lógica do DRM: o conflito sobre propriedade intelectual é portanto inevitável. Obras baseadas em objetos tornam-se automaticamente propriedade do consumidor, e podem ser dadas, revendidas, etc. quando se obtém sua posse, mas para obras baseadas em não-objetos, os esquemas de gerenciamento de direitos digitais significam que essas obras digitais carecem dessa dimensão de propriedade baseada em posse. Mesmo depois que uma obra foi adquirida, o modelo bancário de propriedade prevalece: quando a posse é alcançada, o consumidor não possui a obra – tem apenas um direito contingente de lê-la em sua forma hipotética, os consumidores não podem revender, dar, emprestar ou compartilhar qualquer obra digital restrita por DRM. Os mecanismos que controlam o acesso às obras digitais também reproduzem o conflito que deveriam resolver, num círculo vicioso em que cada nova restrição ao direito de ler intensifica o conflito. Em sua forma mais básica, esse é um conflito sobre se as obras baseadas em não-objetos se intitulam ao mesmo tratamento dado a obras baseadas em objetos.

Conclusão: A Aura Digital

A "aura" de uma obra de arte pode ser considerada como o efeito interpretativo terciário resultante de um terceiro ato interpretativo que usa a experiência anterior para criar uma consciência daquele objeto, superando tanto sua forma física quanto sua relação com a tradição. Esta diferença permite a existência da "aura" (contrariando Benjamin) em obras mecanicamente reproduzidas – e portanto também permite a "aura" em obras (de arte) digitais. A consciência desse tipo torna-se possível por meio da reprodução, embora exista em graus menores nas sociedades tradicionais, em que a consciência das obras de arte é "reproduzida" como artefato linguístico, mais que visual. Essa consciência é imbuída de valores especiais (como observou Benjamin). As obras mais antigas podem ser entendidas como sujeitas à reprodução verbal (não-visual), e a consciência que isso produz gera uma "aura" que é consistente com aquela gerada por reprodução digital /mecânica.

Portanto a reprodução – mecânica ou digital – é a fonte e o veículo para a "aura" de uma obra. O encontro de um espectador com uma obra "famosa" como objeto é claramente diferente de seu encontro com uma obra desconhecida, porque é a ampla disseminação daquela obra através de reprodução que cria a experiência particular: o turismo cultural baseia-se nessa ideia de encontros com originais, cuja aura é uma função do fato de serem amplamente reproduzidos. Quanto mais uma obra é disseminada, maior sua "aura". A persona de Andy Warhol e sua construção de superstars que são "famosos por ser famosos",[6] demonstra a natureza efêmera, contingente desse conceito de "aura", sua natureza socialmente construída e sua dependência da reprodução para existir.

A imortalidade semiótica/instrumental consagrada como a aura do digital reifica uma ideologia em que a obra de "gênio" (literalmente) "vive para sempre" nos esquemas simultâneos da DRM e da reprodução digital. A propriedade das ideias é acoplada à forma material específica que essas ideias assumem na tecnologia digital. Essa imortalidade semiótica torna-se imortalidade instrumental no reino do código digital executado de modo autônomo por máquinas: é a "aura do digital".

A aura do digital indica o digital como o local de uma reificação específica que dramatiza um conflito subjacente entre produção e consumo no próprio capitalismo – isto é, entre o acúmulo de capital e seu gasto. Ao permitir a fantasia do acúmulo sem consumo, a tecnologia digital torna-se uma força ideológica que reifica o conflito entre os limites impostos ao valor do capital via gastos e inflação, e a demanda implícita na ideologia capitalista da escalada de valor. A reciprocidade entre produção e consumo é necessária para que o acúmulo de riqueza (capital) seja algo mais que uma patologia econômica. A lacuna que a riqueza acumulada apresenta é uma em que a inflação parece ser a correção necessária – desvalorizar o capital acumulado para manter a circulação necessária para manter a dialética da produção e consumo: quando o capital se acumula, seu valor diminui. A aura do digital perturba essa dialética ao reificar somente um lado da construção – a ilusão de produção de capital sem o consumo necessário. A aura do digital é, portanto, um sintoma da estrutura de uma ideologia capitalista patológica que se realiza como fantasia da tecnologia digital, sem levar em conta a natureza ilusória dessa transferência, ou a realidade dos gastos exigidos na criação do próprio digital.

A tecnologia digital, seu desenvolvimento, utilização, produção e acesso exigem um grande gasto de capital, tanto para criar como para manter. A aura do

6. SMITH, Patrick. *Andy Warhol's Art and Films*, (Ann Arbor: UMI Research Press, 1986) pp. 195-202.

7. BETANCOURT, Michael. "Labor/ Commodity/ Automation" in *CTheory*, e133 - 9/15/2004.

digital separa os resultados de sua base tecnológica – a ilusão do valor criado sem gastos: uma forma patológica de ideologia capitalista que exige a implementação de controles da tecnologia digital (DRM), enquanto aspira ao estado de informação e assume a "aura da informação", é coincidente com a aura do digital. Embora as origens da "aura da informação" residam nos parâmetros técnicos do digital, seu papel na ideologia-fantasia capitalista de acúmulo de riqueza torna seu conceito do digital não apenas fundamentalmente falho, mas também uma formulação que sustenta o desprivilegiamento da agência humana anteriormente discutido em # Labor/ Commodity/ Automation como o desenvolvimento lógico de uma ideologia anterior de realização autônoma que serviu para justificar a ordem social do século XIX.[7] Ao naturalizar a concentração de capital, a aura da informação transforma a tecnologia digital em um recurso mágico que pode ser usado sem consumo ou diminuição.

A consequência inicial desse recurso mágico surgiu como a "bolha das ponto-com" no final do século XX, quando a internet emergiu como meio popular comercialmente explorável. O colapso desse período foi inevitável, pois sua economia dependia da exploração da produção sem fantasia de consumo. A mudança de ênfase para várias formas de "DRM" começou ainda antes de esses controles serem implementados pela própria tecnologia, na forma de patentes tecnológicas, registros baseados em direitos autorais e "assinaturas" de software, etc. Essa fase inicial levou diretamente ao DRM tecnológico. Ele afirma essas ligações entre a aura do digital e a aura da informação necessárias para justificar a imposição capitalista de controles (DRM) sobre a propriedade intelectual. Ou a aura do digital ameaça o *status quo* porque a ilusão de lucro sem gastos sugere a possibilidade de que o digital possa realizar uma situação em que o próprio capitalismo deixa de existir.

Portanto, a aura do digital é como Jano, sugerindo uma produção mágica sem consumo, reificando essa ideologia capitalista fundamental ao mesmo tempo em que implica uma supressão do próprio capitalismo. No entanto, todas essas sugestões procedem de uma falsa consciência baseada na recusa a reconhecer os gastos reais necessários para a criação, produção, manutenção e acesso às tecnologias digitais e aos materiais disponibilizados por essas tecnologias, que tornam possíveis essas fantasias. Nesse sentido, a "aura do digital" pode ser identificada com uma miopia patológica: está implícita na fantasia anticapitalista de um "fim da escassez" que aboliria o capitalismo, e na ideologia capitalista reificada na ilusão de produção sem consumo. Cada uma dessas crenças é, portanto, uma falsa consciência: um produto de cada uma negando a fisicalidade real, e portanto os gastos e custos da tecnologia digital.

Sobre o Autor

Michael Betancourt é artista multidisciplinar, curador e teórico de vanguarda. Ele faz filmes, instalações localizadas e formas de arte não-tradicionais (e exibe suas obras em lugares incomuns ou públicos) desde 1992. Também ensina teoria da mídia no Savannah College of Art & Design.

Tradutor do texto Luiz Roberto Mendes Gonçalves.

Texto publicado pelo File em 2007.

A PERENIDADE DA INCONSTÂNCIA: O DESAFIO DE PRESERVAR O IMATERIAL

PAULA PERISSINOTTO

TEORIA
DIGITAL
OBRA
SUPORTE
MUSEU
HISTÓRIA

No Museu do Louvre, em 2001, um dos seus milhares de visitantes deleita-se em frente a *A Apoteose de Henrique IV e a Proclamação da Regência de Marie de Médicis* obra de 1622-1625 de Peter Paul Rubens (1577-1640). Uma exibição pródiga em cores e formas, resultando na composição de um sistema de linhas diagonais que nos relata a história com uma estética própria criada por seu autor. A energia, a força, o contraste, o movimento, enfim, tudo ali, naquele quadro, nos põe em contato com aquilo que Rubens vivenciou séculos atrás. São inúmeros os quadros que o Museu do Louvre oferece para deleites semelhantes. São vários os pintores que a história consagrou e que as instituições acolhem e preservam. Para quem estuda e vive a história da arte, esses mestres são como uma fonte de alimento. Poder estar frente a frente com Peter Paul Rubens (1577-1640), Andréa Mantegna (1431-1506), Leonardo da Vinci (1452-1519), Albrecht Dürer (1471-1528), Raphaël (1483-1520), Pieter Brueghel (1525-1569), El Greco (1541-1614), Rembrandt (1606-1669), Jan Vermeer (1632-1675), Francisco Goya (1746-1828), Louis David 1748-1825 ou William Turner (1775-1851) é como ter a oportunidade de conversar com cada um deles e discutir sobre os seus anseios, buscas, conflitos e devaneios. Esse contato nos oferece a oportunidade de mergulhar num mundo que só podemos imaginar e as alusões a outras épocas estimulam e enriquecem a nossa imaginação.

Como seria um mundo sem as reminiscências do passado?

Não pretendo fazer destas linhas uma apologia à genealogia, mas confesso que, ao mesmo tempo, não consigo vislumbrar um mundo que não olhe para suas procedências ou para os rastros deixados por aqueles que fizeram a história, seja com o intuito de desenvolvimento, de constatação, ou mesmo de negação ou de superação. O olhar para trás parece inevitável na história da humanidade. Mesmo sabendo que a história é dependente de uma certa interpretação que dela fazemos, será que o homem seria capaz de se privar de interpretá-la? O mundo nos coloca hoje frente ao desafio de preservar uma instabilidade veloz. Tão veloz, que, quando nos damos conta, ela já não existe mais. De que forma poderíamos compreender o mundo sem considerar os processos que nos levaram ao que somos hoje?

Suponhamos que estivéssemos hoje em 2063, no Brasil, e um estudante de arte inquieto procurasse nos arquivos existentes referências sobre as iniciativas artísticas no começo do século XXI. De repente, ele se depara com um acervo de documentos impressos e de certos objetos chatos redondos chamados outrora de cd-rom. Ele já tinha ouvido falar da existência de tais mídias naquela época (início do séc XXI), mas as tinha visto, até então, apenas em livros e filmes. Esse estudante tem agora em suas mãos muitos bits de informações. Como ele deverá prosseguir com suas averiguações? Como acessar o conteúdo dos tais objetos, chamados em tempos remotos de disquetes, jazz, cd-roms, mdvs, dvds e etc?

Os museus e as instituições fazem todos os esforços necessários para manter as referências artísticas e históricas desde os primórdios da historia da humanidade, mas parece que as condições para a preservação fidedigna das manifestações estéticas digitais não são ainda ideais. A luz, os códigos e a mutação constante da tecnologia dificultam os seus registros. Alguns museus estão se organizando para discutir métodos de preservar a arte digital. Um projeto mais recente, *Arquivando a Vanguarda*, procura estabelecer algumas diretrizes para museus, galerias e artistas que desejam preservar os seus trabalhos digitais. Várias instituições americanas estão envolvidas em tal projeto: os arquivos da Berkeley Art Museum e a Pacific Film, associados com a Universidade da Califórnia em Berkeley, o Museu Guggenheim, o Walker Center, em Mineápolis, o Rhizome.org, o arquivo de Franklin Furnace e o arquivo do Festival de Performance e Arte de Cleveland. Essa parece ser a primeira rede de organizações norte-americanas dedicadas a lidar com a preservação da mídia variável. A fragilidade física das fitas de vídeos e dos filmes se transforma agora em transmissões de dados, em experiências interativas produzidas para a Internet. A expansão da mídia digital e seu ambiente mutante, que se transforma com rapidez, nos põe em contato com a problemática de como seria possível manter a intenção fundamental e preservar a integridade de uma manifestação estética produzida para tal ambiente.

O projeto *Arquivando a Vanguarda* propõe algumas regras e técnicas para preservar a arte digital. Mark Tribe, um dos integrantes do projeto, esboça quatro estratégias diferentes que são discutidas no projeto: a documentação, a emulação, a migração e a recriação. A documentação, uma estratégia de preservação usada com outros tipos de arte, registraria o trabalho em instantâneo e suas descrições. A emulação faria uso de um computador novo com o software de um computador antigo, permitindo, dessa forma, mostrar uma produção artística digital feita no passado. A migração substituiria o código de um trabalho antigo feito para um computador ultrapassado por um código novo fazendo com que esse trabalho possa ser rodado em uma máquina mais recente. Em casos em que não for possível usar os recursos de emulação e migração, e dispondo apenas dos registros instantâneos do trabalho e da sua documentação, seria feita então uma recriação da obra, sendo essa, a última estratégia, arriscada no sentido de não garantir em seu resultado final a fidelidade à obra original. A ideia de recriação, migração ou emulação de um trabalho de arte é completamente inédita, considerada quase antiética para práticas de documentação tradicional. Por exemplo, profissionais de preservação de obras de arte jamais tentariam recriar sequer uma parte de um Leonardo da Vinci, seja em forma digital ou tridimensional. Mas esse também parece ser um dos desafios lançados pela cultura digital: a transformação e a superação das fórmulas e das regras ditadas pela ética da tradição.

Ainda segundo Mark Tribe, para impedir uma lacuna na história da arte, não devemos permitir a exclusão dessa nova categoria, as Novas Mídias, que, mesmo embrionária, já começa a fazer parte dos acervos das principais galerias de arte. As Novas Mídias já são uma categoria reconhecida amplamente em muitos países, as principais fundações americanas apóiam esse tipo de produção e as principais instituições de arte contemporânea exibem e colecionam esse tipo de arte.

Existe um sentimento forte de que as práticas culturais mais significantes, neste início do século XXI, estão pairando no contexto ligado às Novas Mídias, assim como aconteceu com a fotografia e o cinema no início do século XX. Durante muito tempo, a fotografia e o filme não foram reconhecidos pela história da arte como meios viáveis de arte. Porém, quando olhamos hoje para trás, não podemos deixar de reconhecer que, tanto a fotografia como o cinema, tornaram-se marcos de referências transformadoras no pensar artístico durante todo o século XX.

Os museus envolvidos no "Arquivando a Vanguarda" farão estudos de caso de trabalhos particulares, enquanto o projeto se interessará principalmente em estabelecer regras gerais para a preservação, e não se ocupará de projetos de preservação específicos. O projeto é programado para emitir um relatório dentro de dois anos. Durante esse período, seus integrantes discutirão técnicas de preservação com outras instituições e com artistas. A largada já foi dada.

Sabemos que foram reconhecidas as limitações da digitalização para acesso à informação a longo prazo. Um exemplo bastante conhecido é o ocorrido há trinta anos com a própria NASA, quando Armstrong caminhou pela primeira vez na lua. Todos os dados desse registro foram perdidos e o que sobrou é ilegível por conta do descaso, na ocasião, em relação aos cuidados que determinavam a sua preservação.

Todo esse olhar para essa iniciativa da América do Norte pode nos aliviar quando voltamos a pensar naquele estudante brasileiro que, em 2063, estará fazendo sua pesquisa, pois quem sabe tal proposta possa garantir o acesso ao conteúdo daqueles objetos que, por ventura, venham a se tornar ultrapassados. Hoje, ainda trata-se de uma dificuldade meramente técnica que certamente será transposta. A corrida para acompanhar a evolução tecnológica e sua preservação está, de certa forma, aberta a todos, uma maratona em que o pré-requisito para participar é ter competência, recursos e conhecimentos que englobem pelo menos alguns dos itens básicos como: Internet, protocolos, sistemas operacionais, *plugins*, Real Player, Quicktime, tecnologia *streaming*, encapsular, encodar, performances de

[...] esse também parece ser um dos desafios lançados pela cultura digital: a transformação e a superação das fórmulas e das regras ditadas pela ética da tradição.

avatares, HTML, Flash, chat, desktop, telerobotica, *netart*, web câmera, *netcasts*, *network*, Java *applets*, *websites*, software *art* e etc. Uma vez familiarizados com tais termos, poderemos então começar a discussão sobre: cópias, duplicações, emulados, re-interpretação, emulação performativa, migração, reprodutibilidade, Novas Mídias, etc. É claro que os mais preparados sempre estarão à frente nesta corrida, e quem estiver inerte e indiferente jamais fará parte do jogo.

O FILE - Festival Internacional de Linguagem Eletrônica, uma organização cultural não governamental, sem fins lucrativos e de iniciativa brasileira, há cinco anos vem incluindo o Brasil nessa maratona internacional. Além de promover e incentivar as manifestações estéticas, culturais e científicas produzidas para cultura digital, o FILE constituiu, durante esses anos, o único acervo da América Latina com aproximadamente 800 obras digitais nacionais e internacionais referentes a 40 países. É um arquivo praticamente inédito em conteúdo e quantidade. Hoje, existem pouquíssimas instituições no mundo com algo similar. Durante esses cinco anos de existência, desde o ano 2000, o FILE recebeu uma média de 250 trabalhos por ano produzidos em diferentes suportes, linguagens, softwares e formatos, caracterizando um acervo com propostas estéticas interdisciplinares que envolvem varias áreas das artes. Trata-se, sem dúvida, de uma referência histórica.

Através da documentação, O FILE já vem organizando a catalogação, o arquivamento com registros e cuidados de armazenamento desse arquivo. Desde o ano de 2003, vem sendo constituído um banco de dados digital em que todas as informações sobre os cinco anos de existência do FILE podem ser acessadas rapidamente através de palavras chaves tais como: nome do artista, país de origem, tipo de trabalho, plataforma, além da busca por categorias: e-video, web design, vida artificial, simulação e modelagem, Java, VRML, *webart*, *netart*, animação interativa, hipertexto, web filmes interativos, panorama e outras. O objetivo desse banco de dados é sistematizar as informações dos trabalhos, assim como informações dos artistas e produtores dos trabalhos que participaram e que venham a participar do FILE. A proposta é de um criar um sistema que funcione tanto offline como online. O conteúdo desse conjunto de informações é formado através dos formulários de cadastro para cada uma das áreas referentes às propostas do evento: Festival, Games, Symposium e Hipersônica; incluindo informações e dados tais como: referências pessoais sobre os artistas, dados do projeto (especificações técnicas, categorias, suporte e etc), descrição teórica dos projetos em português e em inglês, imagens, biografia do autor e considerações feitas pelos próprios artistas. Por meio desse arquivo digital é possível fazer buscas especificas sobre todo seu conteúdo.

Como o crescimento desse acervo tem sido de uma constância anual, o FILE acredita que um espaço físico compatível para armazenar esse acervo rígido começa a se fazer necessário. Um espaço para armazená-lo não apenas com o intuito de conservá-lo, mas principalmente para desponibilizá-lo ao público interessado. Esse acervo é muito mais do que uma mera documentação. Ele é um patrimônio cultural que representa o pioneirismo das manifestações estéticas da cultura digital em âmbito nacional e internacional no início do século XXI.

O FILE online [http://www.file.org.br] é um grande arquivo eletrônico com vínculos entre centenas das produções estéticas digitais e pode ser também, através de seu arquivo rígido, uma fonte de pesquisa potencial para fazer do Brasil um participante ativo na pesquisa sobre a preservação dessa tal "vanguarda". Uma iniciativa que, com apoio e parcerias corretas, poderá não apenas inserir o Brasil no contexto da discussão internacional sobre preservação digital, mas quiçá também lhe oferecer a oportunidade de ocupar um lugar de destaque nesse tema. Estamos falando de um conteúdo único que abrange várias linguagens e lógicas variadas. Uma fonte de pesquisa repleta de informações que pode preencher as questões técnicas em pauta na discussão sobre a preservação digital: emulação, migração e a recriação de conteúdo digital. Nesse sentido, as parcerias com universidades, instituições culturais, instituições governamentais, empresas privadas, nacionais ou internacionais, mostram-se absolutamente indispensáveis para abraçar o desafio de preservar a cultura digital.

Não podemos ainda garantir fórmulas e nem mesmo apontar com certeza uma solução. A problemática foi lançada. Compreendemos e buscamos solucionar um dos grandes problemas que a cultura digital enfrentará num futuro muito próximo: a questão de sua preservação. O FILE e suas futuras parcerias farão o possível para que o conteúdo dessa cultura de nossa época possa ser de alguma forma acessado por aquele estudante que, em 2063, estará fazendo sua pesquisa. A nossa maior preocupação, neste momento, é buscar meios técnicos para evitar que gerações futuras sejam impossibilitadas de interpretar parte da história da arte do século XXI, pois, como já constatamos anteriormente, as referências de um mundo passado torna mais rica a nossa imaginação.

Sobre a Autora

Paula Perissinotto é artista e produtora cultural. Mestre em Poéticas Visuais pela ECA USP (2001). atua principalmente nos seguintes temas: cultura digital, interatividade, arte eletrônica e novas mídias. Co-Fundadora e co-organizadora do FILE Festival Internacional de Linguagem Eletrônica.

Texto publicado pelo File em 2004.

Referências

RLG and Preservation Open Archival Information System (OAIS) Resources
http://www.rlg.org/longterm/oais.html.

Archiving the Avant-Garde Documenting and Preserving Digital / Variable Media Art
http://www.bampfa.berkeley.edu/about_bampfa/avantgarde.html.

Variable Media Network
http://variablemedia.net.

Encoded Archival Description (EAD) Official EAD Version 2002 Web Site
http://www.loc.gov/ead.

Richard Rinehart: *The Straw that Broke the Museum's back? Collecting and Preserving Digital Media Art Works for the Next Century*
http://switch.sjsu.edu/web/v6n1/articlea.htm.

Abby Smith, *Preservation in the Future Tense*
http://www.clir.org/pubs/reports/rothenberg/introduction.html.

Issue no. 3 (July 2002-October 2002)compiled by Michael Day (UKOLN, University of Bath) and Gerard Clifton (National Library of Australia)11-Nov-2002
http://www.dpconline.org/graphics/whatsnew/issue3.html#1.

PANIC Preservation & Archival New Media & Interactive Collections
http://metadata.net/newmedia/index.html.

Structured Glossary of Technical Terms
http://www.clir.org/pubs/reports/lynn/intro.html.

The preservation of digitized collections: an overview of recent progress and persistent challenges worldwide por Marie-Thérèse Varlamoff and Sara Gould
http://www.unesco.org/webworld/publications/index.shtml#points_of_views

Canadian Heritage Information Network. Information Technology in Canadian Museums: A Survey by the Canadian Heritage Information Network. Online: Canadian Heritage Information Network, 2001.
http://www.chin.gc.ca/English/Reference_Library/Information_Technology/index.html.
Last viewed: January 17, 2003.

Hedstrom, Margaret and Sheon Montgomery. *Digital Preservation Needs and Requirements in RLG Member Institutions.* Research Libraries Group, 1998.
http://www.rlg.ac.uk/preserv/digpres.html
Last viewed: January 17, 2003.

Institute of Museum and Library Services. *Status of Technology and Digitization In the Nation's Museums and Libraries 2002 Report.* Online: Institute of Museum and Library Services, 2002.
http://www.imls.gov/Reports/TechReports/intro02.htm.
Last viewed: January 17, 2003.

Berkeley Art Museum e a Pacific Film
http://www.bampfa.berkeley.edu.

Museu Guggenheim
http://www.guggenheim.org.

Walker Center
http://www.walkerart.org.

Rhizome.org
http://www.rhizome.org.

Franklin Furnace
http://www.franklinfurnace.org,

CURANDO (N)A WEB
STEVE DIETZ

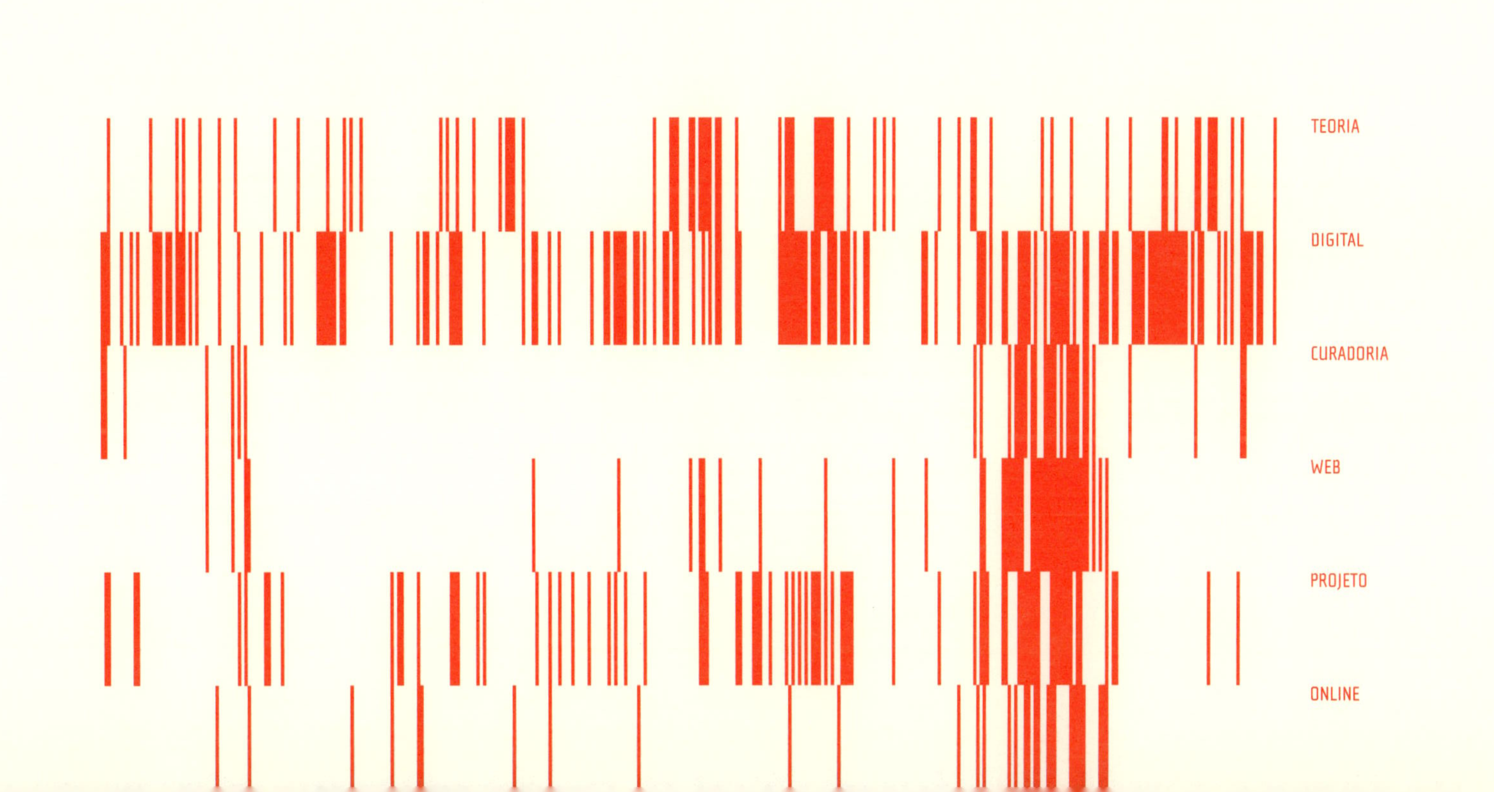
TEORIA
DIGITAL
CURADORIA
WEB
PROJETO
ONLINE

1. Os museus em uma cultura da interface

Os museus consideravam a si próprios como instituições para colecionar e preservar objetos de todo o mundo, lugares para o estudo científico de suas coleções, e só em último lugar como locais para exibir o exótico ao público. Alguns referiram-se a esse período de exibição como a filosofia de empilhar coisas. Ao longo dos anos os museus mudaram muito. Hoje, enquanto os museus são diversificados, assim como seus objetivos, pode-se dizer com segurança que eles estão basicamente no setor de disseminação de informação, mais que de artefatos. A vantagem de pensar em termos de informação é que ela valida a coleção de intangíveis, como histórias orais, e réplicas, assim como artefatos verdadeiros; ela coloca os museus em uma posição chave na era da informação; e torna mais fácil integrar as funções tradicionais de coleção, preservação, pesquisa e exposição com as novas palavras chaves, "educação" e "comunicação".
– David Bearman[1]

Escrevendo em 1992 sobre a tecnologia nos museus, Bearman resume claramente uma mudança profunda dos museus na percepção de sua missão, que somente se acelerou desde então com a explosão da Internet e da WWW.

Essa mudança enfatizou inevitavelmente o papel central do curador no museu. Não que ele já não estivesse sob fogo em muitas frentes, desde questões de autoridade onisciente em uma era pós-moderna de múltiplos significados a acusações de vigilância parcimoniosa, aos desafios de comunicar ideias difíceis e pesquisas complexas para um "público geral" (que geralmente significa muitos públicos diferentes com necessidades específicas e pontos de vista muitas vezes rígidos). Independentemente de como se defina o papel curatorial, porém, a Internet em particular e a cultura da interface em geral apresentam oportunidades interessantes e talvez profundas, que também poderiam ser percebidas como pressões competitivas na arena cultural.[2]

Minha experiência hoje em dia (em oposição ao ano passado) de trabalhar com museus e novas mídias é que enquanto a maioria dos funcionários não entende como a Internet funciona – o que parece perfeitamente razoável –, cada vez mais eles compreendem como ela pode funcionar para eles. Geralmente isto é mais um caminho para a educação e a comunicação. Nesse sentido, não há nada especialmente revolucionário sobre a Web. É um pouco como o marketing direto, só que mais divertido. É como um aprendizado à distância, só que através de um computador em vez de uma câmera. É como publicar uma brochura ou um catálogo, só que você ainda pode fazer modificações depois que está "impresso". O eco de McLuhan aqui – tendemos a compreender a nova mídia, inicialmente, em termos de nosso entendimento da velha mídia – é familiar e totalmente apropriado.

1. David Bearman, *Use of Advanced Digital Technology in Public Places*, Archives and Museum Informatics. (6:3 Fall 1992).

2. Embora haja muita discussão sobre o papel dos museus e dos curadores na cultura em geral, este trabalho não aborda diretamente essas problemáticas, supondo que independentemente de sua opinião sobre elas a Internet vai afetar e intersectar com elas.

Estou interessado em pelo menos considerar se e como a cultura digital pode afetar a cultura dos museus de maneiras inesperadas – e talvez "irracionais". Steven Johnson escreve quase no final de Interface Culture:

A mudança mais profunda provocada pela revolução digital não envolverá coisas vistosas ou novos truques de programação... A mudança mais profunda estará em nossas expectativas genéricas sobre a própria interface. Passaremos a pensar no novo desenho de interface como uma forma de arte – talvez a forma de arte do próximo século. E com essa mudança mais ampla virão centenas de efeitos naturais, efeitos que se transferem para uma ampla seção da vida cotidiana, alterando nossos apetites para contar histórias, nosso senso de espaço físico, nosso gosto musical, o design de nossas cidades.[3]

Sou cético de que a interface se tornará a nova forma de arte durante um século, mas acho plausível que nossa compreensão da interface se expandirá drasticamente e terá um impacto direto sobre a expressão criativa, e é por isso que neste trabalho examino basicamente, embora não exclusivamente, exemplos da intersecção entre museus e a Web nas artes. Acredito que os artistas contemporâneos e os "interfacers" (Johnson) têm muito a nos ensinar sobre as possibilidades relevantes de uma nova mídia em uma sociedade cambiante.

2. Os museus reagem à Web
Visitas virtuais e exposições ampliadas em museus

Saltando rapidamente a era de "estilo folheto" de seus sites na Web, os museus perceberam a possibilidade de colocar suas exposições online, muitas vezes ampliando os esforços com informações mais completas e que não poderiam estar disponíveis na exposição.

Por exemplo, a primeira exposição online do Smithsonian foi "A coleção de artesanato americano da Casa Branca", apresentada e produzida pelo Museu Nacional de Arte Americana. Essa exposição incluía extensos clipes de vídeo e áudio do curador falando sobre as peças escolhidas e manipulando-as de maneiras que não seriam possíveis durante a exposição. Além disso, cada artista foi solicitado a responder a uma série de perguntas sobre seu trabalho, o que não fazia parte da exposição em si.[4]
Outro exemplo mais atual da visita online básica a uma exposição de museu é a bela implementação do Museu de Arte de San Jose de Correntes alternadas.

3. Steven Johnson, *Interface Culture: How New Technology Transforms the Way We Create and Communicate*. (Nova York, 1997), 213.

4. A coleção de Artesanato Americano da Casa Branca estreou na Web em 25 de abril de 1994. Note o fundo cinza do Netscape e a necessidade de baixar arquivos de vídeo de vários MB nesta exposição, criada antes que houvesse tag <bgcolor>, tabelas, ou mesmo um tag <center> em uso geral ou a possibilidade de *streaming* video. Um aspecto importante na época foi a capacidade de acrescentar comentários a um livro de comentários, embora essa função tenha sido desabilitada por questões de segurança.

Esse site deixa claro como a crescente sofisticação da linguagem HTML permite um controle muito maior do design e layout das páginas da Web. Note que as versões online tanto da Coleção de artesanato americano da Casa Branca quanto de Correntes alternadas são citadas como "tours" (excursões), uma importante diferença semântica que tenta esclarecer a noção de que as apresentações online não pretendem substituir as exposições.

Você está lá: a interface imersiva

Outra abordagem além da "ampliação" da exposição que os museus tentaram na Web é uma interface mais imersiva, "você está lá", usando QTVR (por exemplo, Andersen Window Gallery no Walker Art Center), RealSpace (por exemplo, Thomas Moran na National Gallery of Art, ou VRML (por exemplo, *The Virtual Endeavour* no The Natural History Museum). É interessante notar que há certa evidência preliminar no experimento da Virtual Endeavour (Iniciativa virtual) de que os jovens visitantes preferem a maior interatividade e controle da navegação permitida por uma interface imersiva.[5]) Se isso for verdade, pode se tornar um motivo importante para que os museus experimentem interfaces inovadoras. Atualmente, essas iniciativas são muitas vezes consideradas simples "adornos", que no máximo complicam, em vez de aumentar a comunicação.

The Virtual Endeavour na verdade tinha um componente de VR em rede. Outras instituições, como a Ars Electronica em Linz e a ZKM em Karlsruhe, buscam ambientes totalmente imersivos que também possam ser postos em rede, como é demonstrado pelo programa NICE no Laboratório de Visualização Eletrônica da Universidade de Illinois.[6]

5. QTVR significa Quicktime Virtual Reality, uma tecnologia proprietária mas amplamente usada da Apple Corporation. A homepage da QTVR fica em http://www.apple.com/quicktime/qtvr/. RealSpace é outra tecnologia proprietária da Live Picture Corp. Mais informações em http://www.livepicture.com/download/clients/lpviewer.html. VRML significa Virtual Reality Modeling Language e é atualmente o único padrão aberto dos três, embora seja necessário um plug-in especial de navegador para vê-lo. A página do consórcio VRML está em http://www.vrml.org. Ver James Johnson, *The Virtual Endeavour Experiment: A Networked VR Application*, Proceedings ICHIM 97, (set. 97), pp. 68-74 para uma descrição do projeto. Em sua apresentação oral na Conferência ICHIM, Johnson mencionou os estusos de público preliminares, que serão publicados em 1998.

A exposição estendida

Finalmente, em termos de visitas online a exposições de museus, além de ampliar a exposição e apresentar uma interface imersiva, também há a opção de estender a exposição. Como as melhores publicações de exposições, estender uma exposição online significa mais que simplesmente re-representá-la, mas também reformatá-la para a melhor experiência possível no meio – diante de uma tela de computador, transmitida pela Internet.
Um exemplo de exposição estendida é *Diana Thater: Orchids in the Land of Technology* (Diana Thater: Orquídeas na terra da tecnologia). A versão online

foi "anunciada" por uma série automatizada de páginas, retomando uma das obras em vídeo de Thater, que parecia um "túnel" na entrada da homepage do Centro Walker.[7]

Ao clicar sobre ela, o espectador se via diante de uma citação em movimento de Walter Benjamin, que também era baseada em um "rótulo de parede" exposto em um monitor de TV no início do site-exposição. O espectador pode então "passear" por galerias de QTVR, onde muitos objetos apresentados são "quentes". Enquanto as percorre, é possível escutar trechos de áudio de um diálogo com a artista no dia da inauguração. Mas é aqui que o designer, Louis Mazza, estende a experiência, ao remixar o áudio de uma maneira que chama a atenção para o mix, assim como a "mixagem" feita por Thater dos canais rgb do projetor de vídeo chama a atenção para os suportes tecnológicos e construídos da experiência narrativa, normalmente transparente. É uma linha tênue entre apresentar o trabalho em uma exposição e estendê-lo de modo apropriado – tanto para a obra quanto para o meio.

Exposições criadas para ser online

Cada vez mais, as exposições são criadas para ser pelo menos parcialmente online. Isto é, desde a concepção inicial de uma exposição se planeja um componente online integrado. Basicamente, estes envolvem exposições baseadas em sites, mas isso também está mudando, como veremos.

Alguns exemplos são: *Arts As Signal: Inside the Loop, Bodies Incorporated, Mixing Messages: Graphic Design in Contemporary Culture* e *Techno Seduction*.

Uma das exposições online mais radicais é *Revealing Things* (Revelando Coisas), no Smithsonian, curada por Judy Gradwahl. Baseada em "objetos cotidianos" do acervo do Museu Nacional de História Natural, não há instalação física ligada a essa iniciativa, à qual Gradwahl dedicou mais de dois anos. Não está claro se a longo prazo exposições totalmente virtuais de objetos físicos se tornarão uma prática comum – alguns diriam que o objeto autêntico é praticamente a única coisa que separa os museus de todas as outras práticas curatoriais online –, mas de qualquer modo é um parâmetro importante. O site também usa uma interface inovadora baseada em Plumb Design's Thinkmap.

6. A Ars Electronica opera um CAVE -- um cubo de 2,5 metros com uma experiência de VR imersiva em 3D projetada em 3 paredes e no chão, baseado no CAVE em EVL. ZKM (Zentrum fur Kunst und Medientechnologie) recentemente adquiriu um simulador de voo para projetos artísticos, e o Laboratório de Visualização Eletrônica tem desenvolvido aplicações imersivas em VR em seu CAVE há vários anos. Ars Electronica, http://www.aec.at/center/centere.html. ZKM, http://www.zkm.de. NICE Project (Narrative-based Immersive Constructionist/Collaborative Environments), http://www.ice.eecs.uic.edu/~nice/NICE/aboutnice.html.

7. O túnel não está mais no Walker Web site, mas pode ser acessado em http://www.walkerart.org/thater/cyan.html.

O curador como filtro

Não importa de que maneira você a divida, é claro, colocar online uma versão de uma exposição não é a mesma coisa que fazer curadoria na Web. Nesse aspecto os museus até hoje foram mais circunspectos, mas várias direções frutíferas foram experimentadas. Atualmente, a comunidade de museus está aplicando um grande esforço para simplesmente digitalizar seus acervos e torná-los cada vez mais acessíveis online. Digitalizar os bens não é diferente da função histórica do museu de preservar os artefatos. Conforme esse processo se tornar cada vez mais eficaz, porém, haverá uma crescente necessidade de encontrar maneiras de "filtrar" as enormes quantidades de informação disponíveis. A ênfase mudará de simplesmente "criar" conteúdo para apresentar um contexto para ele; um ponto de vista sobre ele – assim como um dos papéis do curador é identificar, contextualizar e apresentar um ponto de vista sobre obras de arte. Enquanto muitos websites de museus têm listas de links, poucos tendem a "curar" esses links, ou oferecer motivos para visitá-los além de um genérico "sites a verificar".

O site do Whitney Web, por exemplo, diz: "A partir daqui, oferecemos um link para outros sites de museus, onde está ocorrendo a mais interessante oferta de conteúdo de museus online. A inclusão nesta lista não constitui um endosso do Whitney Museum, nem essa lista é de modo algum abrangente". E embora isso possa ser mais explícito que a maioria, não é raro. O Musée d'Art Contemporain de Montreal tem uma das listas mais abrangentes e organizadas de arte contemporânea na Web, mas eles tampouco oferecem muita contextualização para os links. O Cincinnati Contemporary Arts Center declara: "estamos interessados em explorar a Web como 'novo meio' para artistas e pretendemos desenvolver esta página de Exposições Virtuais com esse fim. Enquanto isso, aqui estão links para vários sites que usam o ciberespaço como espaço para a arte". E eles dão informação contextual sobre os links. De modo interessante, um museu de ciência, o Exploratorium, tem uma listagem semanal de "dez sites bacanas", muitos dos quais são de arte. O site de fotografia do Museu Nacional de Arte Americana, Helios, também resenha recursos de fotografia na Web a cada duas semanas, em "Transmissions".

Curadoria na Web: Mapas e hiperensaios

O paralelo mais próximo de uma lista "curada" de links da Web talvez seja a bibliografia anotada. No entanto, quando saímos do acervo do museu (na Web), mesmo de maneira bibliográfica, as comportas conceituais se abrem para a curadoria na Web propriamente dita. É claro, exposições externas ao acervo não são novidade, mas ainda não são amplamente praticadas na Internet. Há, porém, alguns exemplos intrigantes.

O Instituto de Arte Contemporânea em Londres tem o que chama de "Curatours", que "explora ideias e temas em sites da Web. Cada Curatour explora um tema diferente e é curado por um especialista do campo". Até hoje são apenas dois curadores e eles estão há quase um ano, por isso não está claro se o ICA pretende continuar o programa. *Colour-Color*, do artista Jake Tilson, "enfoca o uso da cor na Internet, de questões simbólicas e teóricas aos efeitos que ela cria". O outro "curatour", Collapse, é na verdade menos um tour na Web do que a ideia de usar uma interface diferente – neste caso VRML – para explorar o site do ICA de um ponto de vista diferente, por assim dizer.

O Museu Guggenheim tem um programa semelhante, que chama de "CyberAtlas", um esforço dedicado a mapear esta terra incógnita do ciberespaço. O objetivo de CyberAtlas é encomendar e colecionar uma série de mapas do ciberespaço, com um enfoque particular para sites relacionados à arte visual e à cultura. Diferentemente do típico mapa de navegação, os mapas de CyberAtlas podem levá-lo aonde você quiser, assim como lhe dizer como chegar lá: clicando em um site em qualquer dos mapas o transportará imediatamente para a página correspondente na Internet.

Seus primeiros dois projetos são *Electric Sky*, de Jon Ippolito – "Estrelas brilhantes no firmamento da arte online e as redes que as sustentam" – e *Intelligent Life*, de Laura Trippi – "Um mapa temático que traça conexões entre recentes avanços científicos e arte, teoria e cultura popular". São obras maravilhosas, imperdíveis, que apontam uma direção importante em curadoria (na) Web.

Como uma variante do webmapa, o Walker Art Center encomendou um "hiperensaio" baseado na vida e obra de Joseph Beuys. O pretexto foi uma exposição de sua obra, mas o objetivo era escrever um texto informativo que pudesse não apenas ser lido de maneira não linear, mas que também seria criado para aproveitar os vastos recursos da Internet, ligando-o a eles sempre que fosse adequado. Se a WWW é um protótipo do Memex de Bush ou do Xanadu de Nelson, então deveríamos criar programação que aproveite essa "biblioteca universal".[8] O Walker pretende encomendar pelo menos três hiperensaios por ano sobre temas amplos relacionados à programação on-site.

8. O artigo Memex de Vannevar Bush e links relacionados podem ser encontrados em: http://www.isg.sfu.ca/~duchier/misc/vbush/. A homepage de Ted Nelson fica em http://www.sfc.keio.ac.jp/~ted/index.html.

Curando web-arte

Anotar links, mapear territórios, navegar uma rota, todas são funções de tipo curatorial que atuam sobre objetos digitais e/ou em um domínio digital. Talvez a mais clara expressão desse tipo de iniciativa é curar arte específica para a Web. Enquanto a tecnologia, incluindo a Web, tem aberto caminho para dentro da galeria nos últimos 30 anos ou mais, parece haver pouco consenso na comunidade dos museus sobre a definição ou mesmo o valor da arte específica para a Web.

Muitos artistas incorporaram a Internet como um aspecto de suas instalações físicas em museus: *Bowling Alley*, de Shu Lea Cheang, originalmente apresentado no Walker Art Center, a recente instalação e projeto *Exploding Cell*, de Peter Halley, no Museu de Arte Moderna, para citar apenas dois, mas a adoção pelos museus da arte específica para a Web foi mais cautelosa até hoje.

Dois dos primeiros pioneiros, é interessante notar, são museus de universidades com uma forte conexão com a fotografia e a programação dirigida por artistas. O Museu da Fotografia da Califórnia na UC Riverside tem apresentado projetos de artistas específicos para a Web, assim como incentivado há vários anos exposições de instalações com importantes componentes da Web. Eles até adquiriram uma cópia do software Adobe Photoshop para sua coleção permanente, por causa de sua importância para a futura história das imagens. @art, que tem como cofundador o fotógrafo Joseph Squier, é uma galeria de arte eletrônica afiliada à escola de arte e design da Universidade de Illinois em Urbana-Champaign. Os projetos da @art's incluem obras de Peter Campus, Carol Flax, Barbara DeGenevieve e outros.

Uma das iniciativas mais inovadoras e substanciais de um museu para apoiar a arte específica para a Web é a série de mais de meia dúzia de projetos do Dia Center que ocorre desde 1994. Aqui está uma descrição de seus esforços: os projetos de artistas do Dia para a Web começaram no final de 1994, quando Michael Govan tornou-se diretor do Dia. Seu apoio entusiástico à Web tinha dois objetivos: tornar a informação sobre o Dia e seus programas acessíveis a um público maior; e, mais importante, encomendar obras de arte feitas especificamente para a Web. Desde sua concepção, o Dia se definiu como um veículo para a realização de projetos de artistas extraordinários, que de outro modo poderiam não ter o apoio de instituições mais convencionais. Com esse fim, ele sempre tentou facilitar experiências diretas e não mediadas entre o público e a obra de arte. A Web forneceu uma oportunidade para levar a arte diretamente ao público, ao se encomendar projetos significativos de artistas interessados em explorar os potenciais estéticos e conceituais desse novo meio.

A curadora do Dia, Lynne Cooke, seleciona os artistas com quem o centro pretende trabalhar em consulta com Sara Tucker, diretora de mídia digital. Com base em nossa extensa e constante pesquisa na prática de arte contemporânea, acompanhamos o trabalho de muitos artistas, tanto nos EUA como no exterior, que vão de jovens e desconhecidos até aclamados e estabelecidos. Escolhemos artistas principalmente das belas artes, mas também de disciplinas adjacentes, incluindo dança e arquitetura, com base em nossa convicção de que eles vão abordar o meio de maneira original, e até heterodoxa. Os artistas trazem para a Web os conjuntos de questões e temas que eles abordam em seu trabalho em outras mídias, formulando projetos que expandem suas próprias ideias enquanto abordam o contexto e as características da Web.

Não há regras ou diretrizes formais para esses projetos – o processo de produção geralmente varia muito de um projeto para outro. Sara Tucker trabalha estreitamente com o artista para realizar o projeto em termos ideais. As decisões sobre largura de banda ou browser para o qual criar são deixados a cargo do artista, depois de eles terem compreendido as várias opções. Embora tenha havido algumas exceções, a maioria dos artistas não tinha técnicas de programação: o processo do trabalho envolve primeiro explorar potenciais e limites, depois o artista trabalha com Tucker para desenhar e programar os projetos.

A multimídia e a eletrônica não são novos para as artes visuais. O Dia, por exemplo, patrocinou as instalações multimídia de artistas como La Monte Young e Robert Whitman no início da década de 1970. A mídia digital, porém, tornou-se cada vez mais importante nas artes visuais conforme os avanços nas tecnologias de computação e comunicações permitiram que os artistas manipulem com facilidade imagens, texto e som, e imaginem distribuir seu trabalho para o enorme público sugerido pelo crescimento exponencial da Internet. Já que o desenvolvimento histórico de qualquer nova mídia, como cinema ou fotografia, foi liderado por artistas, é nossa esperança que o Dia, ao implementar projetos de artistas no reino da mídia digital, possa estender os limites desse meio e desafiar as suposições dominantes que o governam.

O objetivo geral deste programa de projetos de artistas para a Web é encomendar uma série de projetos variados, desafiadores e intrigantes.[9]

O The Walker Art Center, com o relançamento de seu site na Web em julho de 1997, criou uma "Galeria 9" virtual, em que instituiu uma série de projetos de artistas para a Web, sendo o primeiro *Ding an Sich (The Canon Series)*, de Piotr Szyhalski. No próximo ano, o Walker vai se concentrar em encomendar projetos de artistas emergentes para esse meio emergente, com planos imediatos de obras de Lisa Jevbrat para "Stillmanizar" o site do Walker; Paul Vanouse, com uma apresentação de seu *Consensual Fantasy Engine* e uma "colaboração adversária" de Janet Cohen, Keith Frank e Jon Ippolito.

9. E-mail de Sara Tucker e Lynne Cooke para Steve Dietz, 16/03/1998.

Colecionando web-arte

O Museu de Arte Moderna de San Francisco fez um dos maiores sucessos de mídia até hoje em termos de museus e da Web ao "adquirir" partes de três websites: adaweb, Atlas e Funnel. Apesar de o curador de arquitetura e design, Aaron Betsky, ter pedido a esses sites que fizessem uma doação para o acervo, e ele "está tratando as peças como faria com desenho gráfico, mais que obras de belas artes",[10] a decisão curatorial consciente de colecionar "isto e não aquilo" - especialmente quando "isto" é um site da Web – é um exemplo significativo.

O Museu Whitney de Arte Americana adquiriu *A Primeira Sentença Colaborativa do Mundo*, de Douglas Davis, como parte da doação do legado do colecionador Eugene Schwartz, e tem planos de hospedá-la em seu servidor, embora ainda esteja hospedada no departamento da universidade onde começou.

O Walker Art Center também tem um acordo em princípio para adquirir todo o site adaweb, que seus proprietários corporativos não desejam mais apoiar como uma iniciativa em curso.[11] Adaweb continuaria sendo servido pelo site do Walker, mas novos projetos não seriam acrescentados a ele. O Walker planeja a aquisição do adaweb como um primeiro passo significativo em um compromisso constante para criar uma coleção digital de arte específica para a Web.

10. Susan Kuchinskas, *Museums Add Web Sites to Collections*, Hotwired, 12/02/1997, http://www.wired.com/news/news/culture/story/2009.html.

11. Matthew Mirapaul, *Leading Art Site Suspended*, The New York Times Cybertimes 3/03/1998, http://search.nytimes.com/books/search/bin/fastweb?getdoc+cyber-lib+cyber-lib+20071+0+wAAA+adaweb.

3. Concorrência cultural

Quando a Disney propôs um parque temático histórico parcialmente no local de um campo de batalha da Guerra Civil na Virgínia, houve muitas reclamações - e somente parte delas veio da aristocracia fundiária local, preocupada com seu impacto sobre a caça de raposas. Houve igual preocupação sobre a "disneyficação" da história e como um verdadeiro museu como o vizinho Smithsonian poderia concorrer com esse "divertimento educacional". Na verdade, é lugar-comum queixar-se da sina dos museus que têm de competir com os vários ídolos do entretenimento popular, seja Niketown, Disney ou Amistad.

Sem reduzir a – ou querer entrar aqui em – questões de experiências autênticas e inautênticas em uma cultura mediada, na minha perspectiva, esqueça a concorrência com a visão artística de um Steven Spielberg ou James Cameron; nós, museus, dificilmente conseguimos nos manter à vista, quanto menos à frente, dos mais modestos esforços de artistas e organizações que trabalham na Web hoje.

Em janeiro de 1997 fui convidado pela publicação da AAM, Museum News, para escrever sobre os melhores sites de museus. Acabei sugerindo que um não museu, artnetweb, tinha o melhor website de museu. O ambiente de museus na

Web está uma ordem de magnitude mais rico um ano depois, mas ainda não estou convencido de que os melhores sites de museus estejam sendo produzidos por museus reais com acervos de obras de arte.

Museus virtuais

Assim como na "vida real" o Louvre é um dos mais renomados museus do mundo, o Le WebLouvre é um dos sites mais conhecidos, visitados e linkados com maior frequência no ciberespaço. Mas Le WebLouvre é um museu virtual. Ele não tem acervo e não é oficialmente relacionado ao Louvre (hoje é formalmente chamado de Le WebMuseum depois de uma "conversa" com os advogados do Louvre).

Parte do servidor da ENST (Ecole Nationale Superieure des Telecommunications, Paris) na WWW, Le WebLouvre – sem relação oficial com o famoso museu de arte – foi criado por Nicolas Pioch, um estudante de 23 anos e instrutor de informática na ENST. O projeto é continuamente desenvolvido e ampliado com a ajuda de contribuintes externos porque "há necessidade de mais coisas artísticas na Internet", como explica Pioch.[12]

Há outros exemplos de museus virtuais que "emprestam" os acervos de outros museus ou são modelados como museus, mas estou mais interessado no incrivelmente amplo leque de "instituições" que fazem muitas das coisas que os museus deveriam fazer mais, sem necessidade de se definir como museus. De que adianta, afinal, se a coleção é virtual (isto é, inexistente) ou digital, e nesse caso infinitamente e exatamente replicável e a questão da propriedade não é tão central quanto outras questões, como ponto de vista, contexto, inovação, apoio à prática artística e muito mais?

Organizações de artes virtuais

Existem provavelmente centenas de organizações virtuais mesmo no reino limitado da arte contemporânea. Uma lista inadequada de algumas das mais notáveis do mundo inclui: adaweb, Digital XXX, irational.org, Stadium, The Thing, Turbulence, Year Zero One e ZoneZero. Uma lista dos artistas e projetos representados apenas por esses sites, entretanto, constituiria um "acervo" significativo. [Antes que você resmungue sobre os grandes sites que faltam, continue lendo, muitos outros são discutidos abaixo em diversos contextos.] Além disso, a dedicação de cada um desses sites a um contexto crítico, educação, interface

12. Ralf Neufang, American Library Association, http://www.lib.cwu.edu/~samato/IRA/reviews/issues/dec94/louvre.html. Para mais sobre o "duelo dos Louvres", ver http://www.strcom.com/webzeumz/luves1.htm.

inovadora, construção de comunidade, e sim, seleção curatorial, é impressionante e inspiradora. A questão interessante não é como esses sites se comparam aos sites de museus ou como museus virtuais, mas sim o que os museus tradicionais têm que esses sites não têm, ou não conseguiram?

Antes de explorar essa questão, porém, eu gostaria de detalhar um pouco a outra "concorrência" que os sites de museus encontram. No "mundo atômico", é difícil para uma revista de arte, por exemplo, competir diretamente com um museu. Um "projeto" nas páginas raramente é comparável a uma instalação nas galerias. No reino digital, entretanto, a galeria virtual de um zine é potencialmente tão eficaz quanto a galeria virtual de um museu – ambas podem oferecer a mesma quantidade de espaço no disco rígido, de ciberespaço, de espaço colorido, de capacidade de codificação. Mais uma vez, então, qual é a diferença?

Galerias de zines

Talvez seja verdade que todo departamento de arte de universidade do mundo está lançando zines online. E vários deles são muito bons. A academia também não é a única fonte de zines. Mas, seja qual for sua origem, a maioria trata de arte e cultura visual de alguma maneira significativa, "curando" galerias digitais de obras de arte online. Uma lista curta e mais uma vez inadequada poderia incluir a galeria rgb da Hotwired, Leonardo Electronic Almanac, Speed, Switch do CADRE Institute na Universidade Estadual de San Jose, Talk Back!, Why Not Sneeze? E muitas outras.

Enquanto concebia a reforma da Leonardo Electronic Almanac Gallery, senti a necessidade de recuar alguns passos para poder avançar. A World Wide Web está cheia de "galerias virtuais", a maioria das quais são simplesmente links para obras ou páginas pessoais. Embora esses sites às vezes sejam interessantes, apresentam mais uma coleção de portfólios do que se poderia esperar sob o título de "galeria". Com a LEA Gallery, eu quis manter alguns aspectos da galeria tradicional – a presença curatorial, temas e uma sensação de lugar em uma história maior que a da World Wide Web.

A LEA Gallery é concebida para estar sempre em mutação – adaptando-se em design e função para complementar novos projetos, além de oferecer uma estrutura para o arquivamento de obras mais antigas. Enquanto a Leonardo Electronic Almanac em si é desenhada para acomodar uma variedade de usuários – os que têm a mais avançada tecnologia assim como os que contam com modems dial-up e browsers mais antigos –, a LEA Gallery foi desenhada para aproveitar alguns dos avanços tecnológicos mais recentes. Conforme a galeria evoluir e se adaptar, o mesmo ocorrerá com a tecnologia que ela utiliza, e, ao se manter aberta à exploração tecnológica, cria a possibilidade de projetos que pesquisam e usam animação, som, VRML e Java.

O futuro da galeria inclui a apresentação de novas obras que exploram os limites da arte, ciência e tecnologia, obras tópicas que lidam com temas explorados nas edições mensais do Almanac, homenagens artísticas a pioneiros da mídia, e obras que esclarecem teorias contemporâneas nas artes e ciências. – Patrick Maun, curador, LEA Gallery.[13]

13. Patrick Maun, e-mail para Steve Dietz.

Como programador da Gallery 9 do Walker, eu posso identificar muitos objetivos semelhantes. Em quê somos diferentes?

Uma festa móvel

Um dos sites mais conhecidos de novas mídias nem sequer tinha uma casa permanente até o ano passado. No entanto, o "Festival de Arte, Tecnologia e Sociedade" Ars Electronica tem uma força significativa há quase 20 anos, e nos últimos teve uma ampla presença na Web. De modo semelhante, a conferência anual da International Society for Electronic Arts – ISEA (Sociedade Internacional para Artes Eletrônicas) tem um website com um conjunto seleto de links para obras de arte. A venerável conferência SIGGRAPH possui uma galeria de arte online. Até a mais recente Documenta curou um site à parte de suas instalações físicas. E este ano a conferência Museums and the Web tem uma exposição online de net-arte.

Alguns dos esforços mais importantes em termos de identificar e contextualizar net-arte estão sendo feitos em uma base anual em festivais e conferências ao redor do mundo. E enquanto uma conexão CU-SeeMe ou um clique em http pode não ser a mesma coisa que tomar um espresso em um café de Paris, é realmente uma festa em rede que permite a alguns as mesmas vantagens de *branding* dos museus com sites.

Desenhando arte

14. Gabrielle Shannon, editora-chefe, Urban Desires, http://www.desires.com/3.6/note/index.html.

No reino digital, parece que não basta para os estúdios de design terem algumas contas de prestígio, como sites de museus na Web. Muitas das principais agências criam seus próprios sites de "arte" – iniciativas semiautônomas que são consideradas ao mesmo tempo um canal para criatividade e uma pesquisa de design de vanguarda.

Por exemplo, a Agency.com tem *Urban Desires*, uma iniciativa em formato de fanzine que está em processo de mudança, mas cujos objetivos talvez tenham ainda mais a ver com criar conteúdo cultural: "... vamos criar um local para a distribuição de novas mídias da nova escola: peças altamente visuais, narrativas não tão lineares, explorações interativas, filmes curtos de animação, jogos, experimentos, piadas de mídia... e quem sabe o que mais".[14] A Razorfish tem duas iniciativas: *The Blue Dot*, "curado" por Craig M. Kanarick, que assume como desafio "provar que a Web pode ser bela", e *rsub*, cujo objetivo é "criar uma rede online de conteúdo original exatamente quando todos os outros desistiram".

Além da (con)fusão de casas de design criando conteúdo/arte originais, a interface em si, como foi discutido, é uma forma de arte importante (p.ex., o SFMoMA, que coleciona design de websites). Uma interface particularmente interessante, Thinkmap/Visual Thesaurus da Plumb Design, foi na verdade uma filial do rsub da Razorfish, e é a principal interface para a exposição do Smithsonian já mencionada, *Revealing Things*.

Galerias de e-comércio

As galerias comerciais, em toda a história da arte moderna, estiveram entre os primeiros a reconhecer novas formas de arte. Talvez dada a facilidade de replicabilidade de grande parte da arte na Web, juntamente com uma atitude "anti-produto" por parte de muitos praticantes de net-arte, ainda não há uma ampla atividade de galerias de arte comerciais na Internet, mas existem alguns esforços significativos, como a Sandra Gering Gallery, Postmasters. Também há outros canais interessantes, como a Robert J. Schiffler Foundation.

Bibliotecas e arquivos

Normalmente, pensamos nas bibliotecas e arquivos como complementos dos museus, o que certamente são, é claro (e vice-versa). Ao mesmo tempo, na medida em que os museus estão "basicamente no setor de disseminar informação", há uma sobreposição. A curto prazo, os esforços do bibliotecários para identificar fontes de informação de qualidade devem dirigi-los para os recursos dos museus, se fizermos nosso trabalho direito.[15] A longo prazo, porém, as decisões sobre que "coisas" arquivar – incluindo, por exemplo, sites de web-arte – é equivalente a uma decisão curatorial. Exceto que não apenas os curadores podem não estar tomando essas decisões, como elas podem ser tomadas diretamente por nenhum ser humano.

Em seu fascinante trabalho para a conferência Time & Bits, Michael Lesk derruba a ideia de que será fisicamente impossível armazenar a soma do conhecimento humano, mas sugere um problema ainda maior – como avaliá-lo.

Haverá suficiente espaço em disco e armazenagem em fita no mundo para armazenar tudo o que as pessoas escrevem, dizem, apresentam ou fotografam. Pois escrever isto já é verdade; para os outros faltam apenas um ou dois anos. Somente uma pequena fração dessa informação foi profissionalmente aprovada, e somente uma pequena fração dela será lembrada por alguém. Como foi notado antes, a mídia de armazenamento vai superar nossa capacidade de criar coisas para guardar nela; e assim, depois do ano 2000, o disco rígido médio ou o link de comunicação conterão comunicação máquina a máquina, e não humano a humano. Quando atingirmos um mundo em que a peça média de informação nunca seja examinada por um ser humano, vamos precisar saber como avaliar tudo automaticamente para decidir o que deve receber o precioso recurso da atenção humana.[16]

Padrões, classificação de Dewey, arquivos, longevidade. Não são temas atraentes, mas a menos que lhes demos atenção, a história poderá ser compreendida por nosso netos de maneira muito diferente do que a vivemos.

4. Os artistas indicam o caminho

Os artistas compreendem a rede de maneira quase intuitiva, e demonstraram grande interesse e entusiasmo pelo processo colaborativo, expondo visões realmente interessantes dos usos que se podem dar à Web, como ela mudaria nosso modo de nos comunicar, como reuniria as pessoas de modo diferente, criando o que eu às vezes chamo de "mundo vigeo" – geografia virtual, informada pela mídia.

– Benjamin Weil, curador, adaweb

15. Hope N. Tillman, *Evaluating Quality on the Net*, http://web0.tiac.net/users/hope/findqual.html.

16. Michael Lesk, "How Much Information Is There in the World?", *Time & Bits: Managing Digital Continuity*, http://www.ahip.getty.edu/timeandbits/ksg.html.

Net-arte

Não apenas muitos artistas estão se envolvendo na Web com trabalho inovador, como alguns também estão problematizando o papel potencial dos museus e outros espaços institucionais/coleções em relação à Web de maneiras desafiadoras. A questão óbvia que vem à mente é a estrutura de "muitos para muitos" da Internet, e o que foi chamado de "desintermediação". Em outras palavras, através da Internet um artista em quase qualquer lugar do mundo pode alcançar alguém em quase qualquer lugar do mundo que tenha uma conexão com a Internet, sem ter de passar por um "intermediário", como uma galeria ou um museu.

Uma das iniciativas mais conhecidas nesse sentido – e mais misteriosa, de muitas maneiras – é uma confederação frouxa de artistas, que às vezes admitem a rubrica de "net-arte" e se congregaram em vários pontos ao redor da lista de discussão nettime e do website irational.org, assim como vários outros. Basta dizer que vale a pena passar muito tempo lendo e clicando no arquivo de nettime e irational.org, mas que os artistas e teóricos associados à net-arte problematizam timidamente questões de curadoria e institucionalização ao mesmo tempo que praticam formas delas.

E também quando falamos sobre net-arte e arte na Internet algumas pessoas dizem que devemos nos livrar da própria ideia de arte e que temos de fazer algo que não se relacione ao sistema da arte, etc. Acho que isso não é absolutamente possível, especialmente na Internet, por causa do sistema de hiperlinks. *Qualquer coisa que se faça pode ser colocada no contexto da arte e ligada a instituições de arte e sites relacionados à arte.*
– Alexeij Shulgin

A net-arte só funciona na Internet e escolhe como tema a Internet ou o "mito Internet". Muitas vezes lida com conceitos estruturais: um grupo ou um indivíduo cria um sistema que pode ser expandido por outras pessoas. Ao lado disso há a ideia de que a colaboração de várias pessoas será uma condição para o desenvolvimento de um sistema geral.
– Joachim Blank

Desktop IS, de Shulgin, é sintomático dessa abordagem. *Desktop IS* é ao mesmo tempo uma "obra" de Shulgin e uma iniciativa de grupo aberta a todos. O "chamado" vale a pena ser citado na íntegra.

DESKTOP IS
Primeira Exposição Internacional de Desktop Online
- http://www.easylife.org/desktop
- Se você quiser participar:
- tire uma foto da sua área de trabalho (aperte o botão "PrtScr" no Windows e "Apple+Shift+3" em Macintosh)
salve-a como um arquivo JPEG e chame-a de "desktop.jpg"
coloque-a no seu website e envie o link para desktop@easylife.org (se você não tiver um website, mande seu arquivo desktop.jpg como anexo - nós o colocaremos online no site DESKTOP IS). Não há prazo para a exposição; as novas inscrições serão adicionadas quando recebidas durante pelo menos 6 meses a partir de 20 de outubro de 1997. Estamos considerando mostrar DESKTOP IS em uma galeria de arte. Todos os participantes serão contatados para discutir detalhes e condições.[17]

Não há nada revolucionário, é claro, em projetos de arte que convidam à participação aberta segundo um formato predefinido. Muitos artistas fizeram isso ao longo dos anos, como o importante trabalho de fotografia de Lew Thomas no início dos anos 1970. Há dois paralelos com artistas postais, que "como praticantes de um movimento de arte internacional tratam o sistema de distribuição como integrante de seu meio". E Group Material descreve seu processo desta maneira:

Nosso método de trabalho pode ser descrito como dolorosamente democrático, porque grande parte de nosso processo depende da resenha, seleção e justaposição crítica de inúmeros objetos culturais, optar por um processo coletivo é extremamente difícil e demorado. No entanto, o aprendizado e as ideias compartilhados produzem resultados que são muitas vezes inacessíveis aos que trabalham sozinhos.[18]

A Internet, porém, talvez seja um meio unicamente fluido e adequado a esses projetos – em termos de fazer a convocação, da facilidade de criar a obra, de contribuir para a obra, e especialmente em termos de exibir a obra (apesar da possibilidade de uma instalação em galeria de *Desktop IS*, ela vive em perfeito conforto na Internet). Talvez o mais importante, porém, enquanto a Internet se torna cada vez mais ubíqua, a interface desenhada torna-se concomitantemente central para nossas vidas, e é importante questionar e investigar como algo que é de fato construído e não "natural", como passamos a pensar inconscientemente no desktop – se é que pensamos nele.

17. "Interview with Alexeij E.Shulgin: Balancing between Art and Communication, East and West", Armin Medosch, Telepolis (22/07/97) http://www.telepolis.de/tp/english/special/ku/6173/1.html Joachim Blank, "What is netart ;-)" contribuição a uma exposição e congresso chamados "(History of) Mailart in Eastern Europe" no Staatliches Museum Schwerin (Alemanha) 1996 http://www.irational.org/cern/netart.txt ---, Desktop IS, http://www.easylife.org/desktop.

18. Daniel O. Georges, "Mail Art from 1984", In The Flow: Alternate Authoring Strategies, Franklin Furnace, 1994. http://www.franklinfurnace.org/flow.

Arte colaborativa

A instalação de Antonio Muntadas, *File Room*, não foi criada como um projeto exclusivo para a Web, como *A Primeira Sentença Colaborativa do Mundo*, de Douglas Davis, mas foi especificamente estendida à Web para convocar a colaboração de pessoas de todo o mundo.

The File Room ... documenta diversos casos individuais de censura ao redor do mundo e ao longo da história com um arquivo de computador interativo e fácil de usar. ... The File Room não atua como uma enciclopédia eletrônica, mas como uma ferramenta para troca de informação e um catalisador para o diálogo. Textos e imagens desapareceram, foram retirados de vista ou proibidos desde o início da história. Este projeto pretende tornar visíveis em todo o mundo alguns desses incidentes e atos, como uma fonte de documentação para novos incidentes que podem ser apresentados pelos usuários online.

File Room não apenas permite que os usuários acrescentem suas próprias histórias aos arquivos, como também usa as capacidades pesquisáveis, de acesso aleatório, da mídia digital para ajudar a tornar o que era invisível mais facilmente visível. Entretanto, como uma irônica e trágica nota de rodapé, o fechamento da Randolph Street Gallery, que coproduziu o projeto, *File Room* não está mais disponível online em sua mais recente incarnação.[19]

19. Victor Cassidy, *Trouble In Chicago* e *Two Chicago Galleries and Why They Closed*, Artnet Magazine http://www.artnet.com Infelizmente, a primeira versão para a Web de File Room está offline com o fim da Randolph Street Gallery em Chicago, que coproduziu o projeto, mas existe uma interface anterior em http://simr02.si.ehu.es/FileRoom/documents/TofCont.html. Uma "página de informações" também está disponível na página da NII Awards 1995.

O público como curador

Se o refrão popular de visitantes a exposições de arte abstrata e outras contemporâneas é "meu filho de 6 anos poderia fazer isso", o equivalente na Internet talvez seja um "agente inteligente" saber antes de você de qual livro, CD ou obra de arte você vai gostar e "linká-la" a você. A equipe de artistas Komar & Melamid levou isso um passo além, ao criar pinturas baseadas em preferências de usuários em uma "amostragem científica".

Este projeto, criado pelos artistas dissidentes russos Vitaly Komar e Alex Melamid, tenta descobrir o que seria a verdadeira arte "popular". Através de uma firma profissional de marketing, foi feita uma pesquisa para determinar o que os americanos preferem em uma pintura; os resultados foram usados para criar a pintura *America's Most Wanted*. Este projeto foi expandido em âmbito e em audiência através da Internet no website do Dia, permitindo que os visitantes vissem as pinturas com base nas pesquisas em mais de uma dúzia de países, analisar os

dados da pesquisa e participar diretamente de uma pesquisa no site para criar uma nova pintura "Most Wanted", específica da comunidade da Internet.
Enquanto Komar e Melamid não vão tão longe a ponto de "customizar em massa" suas ofertas – eles estão mais interessados na média e na norma –, o aspecto de levar seu projeto à Web claramente joga com a muito elogiada comunicação de duas vias na Internet. Não apenas os espectadores podem dizer aos artistas o que pensam, como podem influir diretamente no que eles criam.
Paul Vanouse leva isto um passo adiante com seu projeto *Persistent Data Confidante.* No PDC, os visitantes contam um segredo (de pelo menos dez palavras) e então ouvem um segredo, ao qual dão uma nota na escala de 1 a 10. Com o tempo, os segredos que recebem mais notas são classificados por algoritmos quanto à adequação para "reprodução". Afinal, os segredos de notas mais altas se fundem para criar um "novo" segredo. Curando como seleção darwiniana? Os participantes podem escolher/curar seus preferidos, sim, mas os resultados de suas opções não são conhecidos - de maneira semelhante a não saber como ficarão afinal as pinturas de Komar & Melamid.

O artista como museu

De Andrew Wyeth a Andy Warhol, não é novidade um museu dedicado a um único artista, mesmo quando o artista ainda vive. É um pouco menos comum que o artista seja arquiteto, diretor, designer de exposições, de publicações e diretor de RP, educador, e, oh, sim, artista. Mas há vários desses edifícios na Internet que imitam as estruturas tradicionais dos museus na gravidade 0 do ciberespaço. O Lin Hsin Hsin Art Museum talvez seja o mais enérgico exemplo, com loja de suvenires, café, um banheiro musical e muito mais. Torne-se sócio agora e receba ingressos com desconto para...

O Museu Hsin Hsin é um pouco como um banquete em homenagem a uma pessoa famosa. Podemos falar a verdade revestindo-a em excesso. Seja ou não uma zombaria, o museu Hsin Hsin espeta The Museum ao recriar fiel e amorosamente suas formas sem se preocupar muito com seus significados. E isto não é uma descrição imprecisa das primeiras ondas de websites de museus. Conhecíamos a forma, e conseguimos uma tecnologia moderna, mas é essa a experiência que queremos ter na Web?

O *Project Tumbleweed,* de Robbin Murphy, porém, é um pouco como visitar um grande museu onde há muita coisa acontecendo e a significação só faz sentido

20. Mark Taylor, *Hiding*, [The University of Chicago Press, 199], pp. 262-263.

realmente depois que você esteve lá algumas vezes e começa a ficar à vontade com as coisas. Para um visitante novato, pode ser um pouco desorientador, mas está claro que há algo ali. Murphy, um cofundador do artnetweb [e nem sempre está claro onde um termina e o outro começa], escreve sobre seu projeto:

Todo o projeto é uma investigação em evolução sobre as possibilidades dos ambientes multidimensionais online, e será um modelo para o que muitos consideram um "museu virtual". Eu uso esse termo com hesitação, mas reconheço que se tornou comum pensar em termos de multimídia – CD-ROM e outras formas de entrega digital que se tornaram comuns, mas não são necessariamente aplicáveis a um ambiente em rede como a Internet.

Minha definição de virtual seria mais próxima de "universal", significando um museu do possível. Afinal, "irreal" e "universal" podem significar a mesma coisa porque a palavra "universo" é uma metáfora do que não podemos compreender totalmente, uma mentira que contamos a nós mesmos para evitar pensar no impensável. Por isso, um termo melhor seria "potencial", e é por isso que dou a este projeto o subtítulo de "um museu potencial", uma "casa das musas" que se baseia não em uma coleção, educação, conhecimento ou qualquer outro aspecto de nossas atuais instituições, mas no que os museus [as filhas da memória] prometem – potencialmente.

Ao contrário de Hsin Hsin, que anuncia "mais de mil obras de arte digital" como um comunicado de imprensa da Corbis, a obra de arte é um pouco mais difícil de encontrar no *Project Tumbleweed* – ou melhor, o projeto é a obra de arte em grande medida. Existe um colapso do continente e do conteúdo. Tudo é superfície, não importa a profundidade a que você vá. Como escreve Mark Taylor sobre outro arquiteto, Bernard Tschumi, em seu brilhante novo livro, Hiding [Oculto]: Quando a realidade é filtrada, o real torna-se virtual e o virtual torna-se real. Em seu trabalho atual – especialmente no Centro Estudantil da Universidade Columbia – Tschumi estende os processos de mediatizar e virtualizar a realidade transformando corpos em imagens. O espaço intermediário onde os eventos de mídia sedobram no edifício de tal maneira que telas filtram outras telas. Telas infinitas tornam o real imaginário e as imagens, reais... As telas não são simplesmente fachadas externas, mas se sobrepõem de tal modo que o edifício torna-se uma montagem complexa de superfícies em camadas. Enquanto os corpos se movem através de peles profundas, o material torna-se imaterial e o imaterial se materializa. Ao longo do limite interminável da interface, nada está oculto.[20]

Há reproduções digitais de pinturas anteriores de Murphy, é claro, mas estas realmente servem mais como "estações" para ele meditar, tanto sobre sua vida como sobre a construção do significado/o significado da arte. Mais criticamente do que apresentando alguma ideia de seu trabalho em si, embutidas na estrutura de Project Tumbleweed, estão as noções de ponto de vista e perspectiva. Isto é, Murphy reconhece e interpreta diversos papéis – e assume que o visitante também virá de diferentes pontos de vista, seja como surfista ou crítico, artista ou ator, arqueólogo ou adivinhador. A principal via estrutural como isto é se acomoda em três "níveis" (perspectivas):

"<i> i o l a </i>" é a plataforma em primeiro plano (vermelho) e é uma interface pessoal curada com o resto da Internet através de links para artigos, e-zines, livros e projetos atualizados diariamente. É uma "entrada" para o resto do projeto, mas a maioria dos limites levará o visitante a outro lugar. A maioria das instituições quer manter os visitantes em seu próprio "espaço". O que elas não levam em consideração é que no edifício físico as pessoas não se materializam na porta de entrada, elas vêm através de algum meio de transporte – caminhando, de táxi, de ônibus – e do "exterior". A transição de "exterior" para "interior" é metafórica online, e a vantagem dos links seria a capacidade de linkar em ambas as direções. A vantagem é que isso cria um espaço de entrada com a possibilidade de ir para outro lugar e que incentiva visitas de retorno. A entrada tem outra utilidade além de uma câmara de descompressão estética.

A partir dessa plataforma você pode entrar no "Hypomnemata", ou plataforma média (verde), que também pode ser considerada uma espécie de "ateliê" para mim, onde eu trabalho em projetos e mantenho a informação e o material para estes e futuros projetos. No futuro essa plataforma será espacial, usando VRML, HTML dinâmico e/ou as ferramentas que estiverem disponíveis para desenvolver metáforas espaciais. Estou intencionalmente tentando evitar pensar em termos de modelagem em 3D e optei por começar com a quarta dimensão, o tempo (ou cronologia neste caso), em uma representação muito simples. Alguns dos projetos nesta plataforma investigam o tempo mais em termos de ritmo e looping, usando animação gif e javascript.

De "Hypomnemata" você pode entrar no "Undergrowth", ou plataforma do fundo (azul), que consiste em revistas dos últimos 15 anos que estou convertendo ao formato digital e carregando na rede. Esta eventualmente terá imagens e será um banco de dados relacional, onde meu passado, ou algum tipo de história, pode ser reconstituído.

Este é um projeto significativo do qual os museus deveriam roubar o máximo que puderem.

Para uma iteração do "museu virtual" de aparência mais tradicional mas totalmente envolvente, provocadora de pensamentos, ver *ZoneZero: From Analog to Digital Photography*. Pedro Meyer, o criador de *ZoneZero*, porém, defende a tese provocante de que a melhor maneira de pensar em *ZoneZero* e outros sites semelhantes não é como uma versão virtual de um meio analógico que nós já pensamos que conhecemos e compreendemos, mas como uma forma de arte completamente nova. Ver em particular seu editorial, "Questões sobre o que constitui a arte na Web".

5. Net.curador?

Guia ao lado

Em educação, tornou-se lugar-comum descrever o papel mutante do professor como passando do de "sábio no tablado" para o de "guia ao lado". A tecnologia não causa isso, mas pode endossá-lo. Com o enfoque dos museus para alcançar o público, pode ser que o papel do curador esteja sofrendo uma transformação semelhante. E na medida em que os processos corporativos são desejáveis, a Internet é um grande facilitador.

Acho que a primeira vez que realmente despertei para essa possibilidade foi tropeçando pela *listserv* da exposição *PORT: Navigating Digital Culture*. Basicamente, foi um processo curatorial aberto do qual qualquer um podia participar, podia propor projetos, podia apenas escutar. Seria ingênuo pensar que todas as decisões foram tomadas naquela *listserv*, mas ela basicamente criou um contexto para si mesma, tanto para testar nossas ideias como para identificar oportunidades. [21]

21. Ver a excelente entrevista de Josephine Bosma com Heath Bunting (http://www.factory.org/nettime/archive/0680.html) para mais sobre a Internet como contexto para produzir trabalhos. Outro exemplo de como a tecnologia e a rede aumentaram o processo curatorial de maneira simples e divertida é o projeto de Barbara London *Stir-Fry*. Todos tivemos de escrever relatórios sobre nossas viagens -- pessoas que encontramos, arte que vimos -- para nossos colegas. London, em uma colaboração com a adaweb, postou suas notas, fotos e sons na Web diariamente, permitindo que qualquer pessoa acompanhasse seu trajeto enquanto "descobria" 35 artistas de mídia em uma terra de 1,2 bilhão de pessoas. Stir-Fry, http://www.adaweb.com/context/stir-fry.

Autocuradoria

O Museu Hsin Hsin, *Project Tumbleweed* e *ZoneZero* podem ser considerados exemplos de autocuradoria por artistas, mas também há a ideia de curadoria automática. A versão mais provável disto no futuro próximo – na verdade, no presente – é o da variedade "faça seu próprio mapa".

Por exemplo, neste momento posso ir à base Arts Wire na Web e inserir critérios de que quero ver arte específica para a Web em sites de museus ou galerias que tenham a palavra "mulheres" na descrição do site. *Voilà*. Um tour instantâneo da Web. É claro, existem vários fatores que afetam quão bem o território é coberto, por assim dizer. Com que frequência o banco de dados é atualizado? Qual a consistência dos critérios aplicados? Qual a profundidade da informação catalogada? Quão bem a Web contextual é captada? Quão maluco é o algoritmo? Pode não ser o assunto mais excitante do mundo, mas bancos de dados como os usados nos sites da National Gallery of Art do San Francisco Museum of Fine Arts permitem uma interrogação muito sofisticada dos recursos dos museus. Não há motivo – na verdade, qualquer probabilidade – de que essa catalogação ocorra em toda a Web, em todos os domínios de conhecimento, em todos os tipos de artefatos. Com o acesso à informação do tipo Xanadu, o valor do papel curatorial não estará tanto no que se sabe como em quão bem as histórias podem ser contadas.

A narrativa não precisa se assemelhar a Disney e Hollywood.[22] Existe um programa experimental de "curador virtual" chamado "The Intelligent Labelling Explorer" [O Explorador de Rótulos Inteligentes], ou ILEX.

O enfoque do projeto é a geração de texto automático. Nesse campo, constroem-se sistemas que produzem textos descritivos, explanatórios ou argumentativos para realizar várias tarefas comunicativas diferentes. Pretendemos construir um sistema que produza descrições de objetos encontrados durante uma visita guiada de museu. No primeiro caso, a visita será de uma galeria "virtual" explorada através de uma interface em hipertexto.[23]

O desafio de computação do ILEX é ser capaz de gerar texto de maneira dinâmica com base no rastreamento do que o usuário já viu e seu nível de interesse. Para criar o texto-base, os pesquisadores de ILEX passaram muitas horas entrevistando o curador da coleção usada (jóias), dividindo seu conhecimento em histórias sobre os diferentes objetos, que ela havia contado durante as visitas guiadas.

De maneira interessante, em fevereiro a Scientific American Frontiers transmitiu um programa em que "Alan 2.0" – uma recriação digital realista à semelhança de Alda – foi programado para falar frases que ele nunca havia dito antes, acessando um banco de dados de fonemas que ele já havia falado. Imagine casar a geração de texto dinâmico do ILEX com um modelo visual realista que pode falar o texto de maneira verossímil.[24] A conversa com um curador virtual que não precisa seguir um roteiro predefinido não é mais ficção-científica.

A questão de tudo isso não é incensar alguns futuros curadores animatrônicos, que sabem tudo mas não agem necessariamente como tal. Mas conforme

22. Embora seja verdade que Bran Ferren, um imagineer da Disney, tenha uma tese convincente para a narrativa *à la* Disney, mesmo no ambiente de museu. Ver *The Future Of Museums - Asking The Right Questions* http://www.si.edu/organiza/offices/musstud/proceed8.htm.

23. ILEX: The Intelligent Labelling Explorer. http://www.cogsci.ed.ac.uk/~alik/ilex.html.

24. "The Art of Science: Alan 2.0", *Scientific American Frontiers* 18/02/1998. http://www.pbs.org/saf/8--resources/83--transcript--804.html#part2.

a capacidade da sociedade de processar "informação" se torna cada vez mais fluente, talvez precisemos refinar nossas noções de quais são os melhores papéis para os museus e para os curadores.

6. Hibridismo e fusão

Museus virtuais de verdade já estão aparecendo no horizonte. Franklin Furnace, por exemplo, fechou recentemente suas portas e hoje está curando uma série de performances quinzenais especificamente para a Internet e planeja disponibilizar seus extensos arquivos na Web.

De modo geral, porém, é improvável que uma abordagem monolítica seja exclusivamente para utilizar ou especificamente ignorar o virtual seja uma grande tendência. Em vez de ou/ou, as respostas serão ambas ou nenhuma das duas – uma terceira via. Museus como o ZKM já estão fazendo extensos esforços para integrar novas mídias – todas as mídias – em seu acervo permanente em uma base permanente. Museus de arte contemporânea como os de Chicago e San Diego, e o Centro de Artes Walker (dentre muitos) estão fazendo esforços significativos para colocar sua programação online.

Recentemente, esta abordagem "intermediária" foi codificada (pelo menos na versão 1.0) no "manifesto" Technorealism. Nem salvador nem anticristo, a tecnologia não pode dar aos museus um objetivo, mas os museus ignoram a realidade do virtual sob seu próprio risco.

Para mim está claro o que aplicações inovadoras da Internet têm a oferecer aos museus. O que está menos claro é se os museus vão automaticamente "vencer" a competição cultural, se e quando eles entrarem na disputa para valer. Há evidências de ambos lados.

Apenas cinco anos atrás você não poderia ter uma marca mais venerável que a Enciclopédia Britânica. Mas, basicamente, uma versão em CD-ROM de US$ 100 de um concorrente extinto, Funk & Wagnalls, levou a EB à falência. Poderemos discutir para sempre se – ou melhor, em que medida – esse foi um caso de "as pessoas" preferirem baixo preço à qualidade, ou uma vitória do marketing (sombras de vhs versus beta), ou um dinossauro que não prestou atenção no futuro e se sentiu seguro em um enorme conjunto de pesos para porta de mais de US$ 1000, como se o formato fosse importante, e não o conhecimento e a informação que ele continha (IBM diz alguma coisa?).

Então o que isso tem a ver com os museus? Acho que é um caso admonitório de que nossa existência pode não ser garantida, especialmente em uma forma imutável, independentemente de quão impossível e até ridículo pareça hoje contemplar um universo sem nós. A prosperidade, senão a sobrevivência, poderá exigir uma autodefinição cada vez mais híbrida e uma abertura à fusão e à mutação.

Quanto à curadoria, não temos opção. Iremos aonde os artistas nos levarem.

Sobre o Autor

Steve Dietz é Diretor de Iniciativas em Novas Mídias, Walker Art Center.

Tradutor do texto Luiz Roberto Mendes Gonçalves.

Informações Adicionais

Apresentado pela primeira vez em abril de 1998 em *Museums and the Web* (http://www.archimuse.com/mw98/index.html).

Texto publicado pelo File em 2001.

Links

White House Collection of American Crafts
http://nmaa-ryder.si.edu/whc/whcpretour intro.html.

"In virtu" tour (videoclipes)
http://nmaa-ryder.si.edu/whc/invirtutourmainpage.html.

Exemplo de perguntas adicionais "Pergunte ao artista"
http://nmaa-ryder.si.edu/whc/artistshtml/hoffmann.html.

Alternating Currents: American Art in the Age of Technology
http://www.sjmusart.org/AlternatingCurrents.

Andersen Window Gallery, Walker Art Center
http://www.walkerart.org/programs/andersen/
Visões em QTVR deste espaço de exposições mutável. Filmes em QTVR também permitem que o visitante online "passeie" pelo Jardim de Esculturas de Minneapolis.

National Gallery of Art (DC) "Web Tours" usando RealSpace
http://www.nga.gov/exhibitions/webtours.htm
Os tours online RealSpace incluem Lorenzo Lotto: Rediscovered Master of the Renaissance, Thomas Moran, Sculpture of Angkor and Ancient Cambodia: Millennium of Glory, e Thirty-Five Years at Crown Point Press.

The Natural History Museum (Londres), Virtual Endeavour
http://www.nhm.ac.uk/VRendeavour.

Diana Thater: *Orchids in the Land of Technology*
http://www.walkerart.org/thater.
"Tunnel" de Thater
http://www.walkerart.org/thater/cyan.html.

Art As Signal
http://gertrude.art.uiuc.edu/@art/leonardo/leonardo.html.

Bodies Incorporated
http://arts.ucsb.edu/bodiesinc.

Mixing Messages: Graphic Design in Contemporary Culture
http://www.si.edu/organiza/museums/design/exhib/mixingmessages/start.htm.

Revealing Things
http://www.si.edu/revealingthings.

Techno.Seduction
http://www.cooper.edu/art/techno.

Whitney Museum of American Art Art Links
http://www.echonyc.com/~whitney/weblinks/main.html.

Musée d'Art Contemporain de Montreal
http://media.macm.qc.ca/homea.htm.

Cincinnati Contemporary Arts Center Virtual Exhibition Links
http://www.spiral.org/virtualexhibitions.html.

Exploratorium Cool Art Sites
http://www.exploratorium.edu/learning--studio/cool/arts.html.

Helios, National Museum of American Art
http://nmaa-ryder.si.edu/helios/index1.html.

Transmissions
http://nmaa-ryder.si.edu/helios/transmissions.html.

Curatours, Institute for Contemporary Art (Londres)
http://www.illumin.co.uk/ica/CURATOUR/index.html.

CyberAtlas, Guggenheim Museum
http://cyberatlas.guggenheim.org/intro/ca-f.html.

Beuys/Logos: A Hyperessay, Walker Art Center
http://www.walkerart.org/beuys/beuysframe.html.

Shu Lea Cheang, *Bowling Alley*
http://www.fa.indiana.edu/~bowling/

Peter Halley, *Exploding Cell*
http://www.moma.org/exhibitions/halley/index.html.

UCR/California Museum of Photography
http://www.cmp.ucr.edu/site/webworks.html.

@art
http://gertrude.art.uiuc.edu/@art.

Dia Center for the Arts Artists' Projects for the Web
http://www.diacenter.org/rooftop/webproj/index.html.

Walker Art Center Gallery 9
http://www.walkerart.org/gallery9.

San Francisco Museum of Modern Art Web site
http://www.sfmoma.org.

adaweb
http://www.adaweb.com.

Atlas
http://atlas.organic.com.

Funnel
http://atlas.organic.com.

Douglas Davis, *The World's First Collaborative Sentence*
http://math240.lehman.cuny.edu/art.

Steve Dietz, *What Becomes a Museum Web?*
http://www.yproductions.com/talks.

Le WebLouvre
http://mistral.enst.fr/~pioch/louvre.
U.S.-based mirror site
http://sunsite.unc.edu/louvre.

Digital Studies
http://altx.com/ds.

irational.org
http://www.irational.org.

Stadium
http://stadiumweb.com.

Turbulence
http://www.turbulence.org.

The Thing
http://www.thing.net.

Year Zero One
http://www.year01.com/year01.

Leonardo Electronic Almanac Gallery
http://mitpress.mit.edu/e-journals/Leonardo/gallery/gallery294/gallery.html.

rgb
http://www.hotwired.com/rgb.

Speed
http://tunisia.sdc.ucsb.edu/speed.

Switch
http://switch.sjsu.edu/Web/v3n3/militarytoc.html
Ver especialmente Web Art Taxonomy.

Talk Back!
http://math.lehman.cuny.edu/tb.

Why Not Sneeze?
http://www.ccc.nl/sneeze.

agency.com
http://www.agency.com.

Urban Desires
http://www.urbandesires.com.

Razorfish
http://www.razorfish.com.

The Blue Dot
http://www.razorfish.com/ns-frameset.html.

Plumb Design
http://www.plumbdesign.com.

Thinkmap
http://www.thinkmap.com.

Revealing Things
http://www.si.edu/revealingthings.

Ars Electronica
http://www.aec.at/center/centere.html.

ISEA 97
http://sthelens.neog.com/isea/isea.htm.

SIGGRAPH 98
http://www.siggraph.org/s98/cfp/art
Beyond Interface: net art and Art on the Net.

Sandra Gering Gallery
http://www.users.interport.net/~gering.

Postmasters Gallery
http://thing.net/~pomaga.

The Robert J. Schiffler Foundation
http://www.bobsart.com.

Time & Bits: Managing Digital Continuity
http://www.ahip.getty.edu/timeandbits.

<nettime>
http://www.factory.org/nettime.

Rhizome
http://www.rhizome.org/fresh.

Desktop IS
http://www.easylife.org/desktop.

Muntadas, *File Room*
http://simr02.si.ehu.es/FileRoom/documents/
TofCont.html
Infelizmente, a versão básica da Web de File Room está offline com a extinção da Randolph Street Gallery em Chicago, que coproduziu o projeto, mas uma interface anterior existe no endereçoi acima. Uma "página de informações" também está disponível na página do NII Awards 1995.

Komar & Melamid, *The Most Wanted Paintings on the Web*
http://www.diacenter.org/km/index.html.

Paul Vanouse, *Persistent Data Confidante*
http://www-crca.ucsd.edu/~pdc.

Lin Hsin Hsin Museum
http://www.lhham.com.sg/lhh.html.

Robbin Murphy, *Project Tumbleweed*
http://www.artnetweb.com/iola/tumbleweed/
index.html.

ZoneZero: From Analog to Digital Photography
Questions of what constitutes art on the Web.
http://www.zonezero.com.

PORT: Navigating Digital Culture
http://www.artnetweb.com/port.

Franklin Furnace
http://www.franklinfurnace.org.

FECHANDO A QUESTÃO DOS BITS: ARTE DIGITAL E PROPRIEDADE INTELECTUAL

RICHARD RINEHART

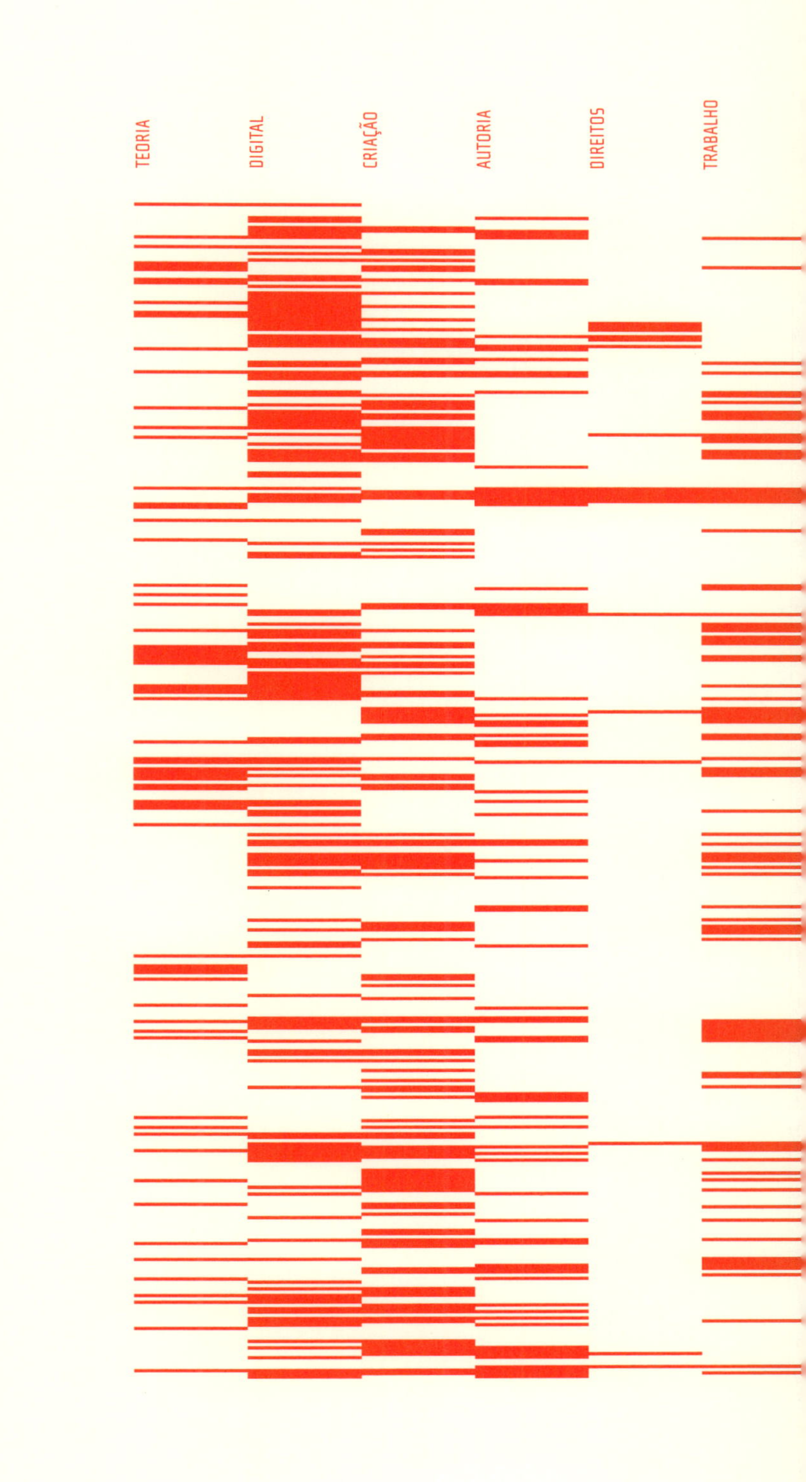
TEORIA
DIGITAL
CRIAÇÃO
AUTORIA
DIREITOS
TRABALHO

Este artigo sobre arte digital e propriedade intelectual foi patrocinado e publicado pelo Canadian Heritage Information Network (CHIN), um setor de operações do Department of Canadian Heritage. [...]

[...] O Direito autoral não é a única forma de propriedade intelectual que deve ser relevante para as artes digitais. A tecnologia frequentemente fica sob a sombra das leis de patente e as organizações culturais sempre negociam com as leis de mercado. Será importante para a comunidade de patrimônio cultural que monitore os desenvolvimentos nestes campos, tanto quanto nos campos legais que precisam ser relacionados com a arte digital, assim como as leis de privacidade e outras específicas que cobrem o terreno das artes. No entanto, na arena da propriedade intelectual, as produções e obras de arte normalmente entram na lei de direito autoral e na maioria dos casos, estudos e entrevistas citados neste artigo enfatizam o direito autoral. Então, no intuito de focar e prover uma profundidade nesta discussão, este artigo irá concentrar-se nas leis de direito autoral do Canadá[1] *e dos Estados Unidos*[2] *relacionados à arte digital. [...]*

1. Leis de Direitos Autorais do Canadá http://laws.justice.gc.ca/en/C-42/ Apresentação de Emenda à Lei de Direitos Autorais pelo Governo do Canadá http://laws.justice.gc.ca/en/C-42.

2. Lei de Direitos Autorais dos Estados Unidos http://www.copyright.gov/title17.

[...] Mídias Variáveis

Talvez a mais importante causa dos atritos na interface entre arte digital e propriedade intelectual aconteça na natureza do meio em si. Mídia digital é por definição mídia computacional, que não é apenas o resultado final do processo computacional, mas também pode ser composta por processos computacionais contínuos. Geralmente essa natureza computacional introduz algum nível de fluidez e mudança dentro da obra de arte digital em questão. Além disso, as mídias digitais não ficam devendo à ideia de separação do conteúdo da infra-estrutura, que é exigida pela teoria da "máquina universal" (uma máquina cuja infra-estrutura pode ser reprogramada para trabalhar com ela mesma e produzir quase uma infinita quantidade de conteúdos; um computador).

Devido à natureza fluída e variável da mídia digital, muitas obras de arte digitais são reconfiguradas cada vez que são exibidas. Indo além neste sentido, elas são reconfiguradas cada vez que são experimentadas e reconfiguradas diferentemente por cada pessoa que as experimenta. Quando distribuídas através da Internet, elas podem ser experimentadas de inúmeras formas por uma vasta gama de computadores domésticos com combinações únicas de velocidades de rede, tamanhos e configurações de monitores e capacidade de cartões de mídia. Elas podem ser reconfiguradas instantaneamente, pois são o resultado da interatividade do usuário com o processo computacional ao vivo, que nunca produz exatamente o mesmo resultado duas vezes. Variabilidade é uma propriedade inerente da mídia digital e uma de suas principais qualidades, para que os artistas a utilizem. É claro que, com o tempo, obras de arte em qualquer mídia sofrem com a deterioração natural por causas tais como luminosidade e química, mas a arte digital muda com mais frequência, numa velocidade mais rápida, propositalmente e em trajetórias tão imediatamente observáveis que têm implicações diretas na propriedade intelectual.

Um dos primeiros conceitos legais desafiados pela variabilidade da mídia é o do formato definitivo. Nenhuma lei de direitos autorais concede direitos ao criador de uma ideia abstrata, mas exige um formato definitivo de expressão para proteção. Setores comerciais que lidam regularmente com conteúdos efêmeros, tais como transmissões ao vivo, protegem a si mesmos fazendo uma gravação desta transmissão, fixando assim este conteúdo efêmero numa forma válida para sua proteção. É claro que este conceito tem implicações para artistas que incluem transmissões comerciais ao vivo nas suas instalações. No entanto, implicações mais pertinentes e talvez mais complexas surjam em torno da arte digital. Quando a arte digital produz infinitos resultados variáveis o tempo todo, qual é o formato definitivo do trabalho? Por exemplo, o UC Berkeley Art Museum and Pacific Film Archive adquiriu uma obra digital, *Landslide*, da artista Shirley Shor.[3] Para produzir *Landslide*, Shor desenvolveu um software próprio que projeta um padrão de luz infinitamente variável, criando topografias numa caixa de areia instalada na galeria. A projeção não é armazenada ou gravada. Neste caso, o próprio programa pode ter seus direitos autorais assegurados, mas a projeção, que tantos consideram o coração da obra, não.

Enquanto a portabilidade do conteúdo e a variabilidade da forma são dádivas da mídia digital, cortes jurídicas nos EUA continuam em conflito sobre a forma de como encaminhar estas questões. Um caso nos Estados Unidos ilustra bem este ponto; o agora famoso caso envolvendo direitos autorais artísticos, onde o artista Jeff Koons foi processado pelo fotógrafo Art Rogers. Rogers acusou Koons de violar seus direitos autorais - ao criar uma escultura de uma coluna de bichos de pelúcia no colo de um casal, baseado numa fotografia de Rogers contendo a mesma imagem.[4] Uma das defesas de Koons foi argumentar que sendo o original uma fotografia e o trabalho dele uma escultura, não houve plágio, mas sim uma nova obra. O júri decidiu contra Koons, declarando que tomar conteúdos através de mídias diferentes era irrelevante; Koons infringira na imagem original de Rogers. No entanto, o caso Tasini versus The New York Times, parece lançar uma luz diferente ao assunto.[5] O New York Times havia

3. *Landslide*
http://www.shirleyshor.net/landslide/landslid.htm.

4. Koons versus Rogers
http://www.law.harvard.edu/faculty/martin/art_law/image_rights.htm.

5. New York Times Co., versus Tasini
http://straylight.law.cornell.edu/supct/html/00-201.Z5.html.

obtido permissões de direitos autorais de escritores *free lancers* das matérias que foram primeiramente publicadas no jornal e depois no web site do NYT. Os escritores contestaram que a editora havia pago apenas pelos direitos de publicação destes artigos nos jornais e não tinha a permissão adicional necessária para publicar os artigos online. Neste caso, o formato importou e os direitos obtidos em uma mídia não foram automaticamente validados em outros meios. Até mais complicado foi o caso Biblioteca de Arte de Bridgeman versus Corel Corp., caso que divide os conceitos sobre esta questão em duas esferas equivalentes.[6] A Biblioteca de Arte de Bridgeman havia produzido reproduções de pinturas de artistas de coleções de vários museus. A Corel Corp. então produziu um CD-ROM utilizando muitas daquelas imagens, sem a permissão da Bridgeman. As pinturas não tinham direitos autorais; elas eram de domínio público. No entanto, a Bridgeman reivindicou que as fotografias das pinturas tinham seus próprios direitos autorais, como trabalhos distintos. A corte decidiu que essa não era a questão; que uma simples reprodução de outro trabalho não constituía um trabalho distinto. Curiosamente, a decisão valia apenas para trabalhos bidimensionais que haviam sido "simplesmente copiados" sem qualquer criação original por parte do fotógrafo. Porém, fotos de esculturas tridimensionais devem ser consideradas trabalhos distintos, com seus próprios direitos autorais, porque traduzir imagens de três dimensões para duas requer originalidade por parte do fotógrafo em relação à angulação, luminosidade, etc. Por alguma razão, Koons não foi capaz de usar este argumento na direção oposta. Portanto, o formato tem relevância ou não? Partindo destes três casos separadamente é muito difícil para os profissionais de conservação de patrimônios culturais triangularem práticas com diretrizes claras. Além do mais, elas traduzem os próprios conflitos das cortes judiciais nesta questão.

A natureza variável das mídias digitais acende ideias já familiares ao mundo da arte: autenticidade, apropriação, versões, reproduções e trabalhos derivados de outros. Abaixo, há três dos muitos exemplos possíveis de como a arte digital leva estas ideias para seus limites e levanta questões imediatas sobre propriedade intelectual.

O primeiro, *Lost Love*, do artista Chris Basset é um web site onde os visitantes são convidados a contribuir com suas histórias pessoais de amores perdidos e a ler histórias de outros numa central de armazenamento de dados.[7] Não existe nenhuma autorização ou contrato no site atualmente. *Lost Love* é uma obra típica de Internet Interativa e levanta a questão de que vários participantes anônimos de todo o mundo detêm o direito autoral neste trabalho. Se cada um detém os direitos autorais das suas próprias palavras, então será necessá-

6. Bridgeman Art Library, Ltd. versus Corel Corp. http://www.law.cornell.edu/copyright/cases/36_FSupp2d_191.htm.

7. Projeto *Lost Love* http://lostlove.robot138.com/index2.html.

rio obter suas permissões cada vez que o trabalho for exibido? O que acontece quando o trabalho entra para uma coleção? Qual é a extensão da contribuição dos envolvidos? Eles deveriam ganhar crédito como co-criadores da obra? Naturalmente, trabalhos que lidam com noções de autoria descentralizada lidam também com a propriedade intelectual.

O segundo exemplo, um projeto de Software Arte *Carnivore*, criado pelo coletivo artístico Radical Software Group, é um software de código aberto do tipo "kit de ferramentas".[8] O Radical Software Group programou uma parte do código do software que monitora o tráfego em redes de computadores e converte estes dados de saída para o uso em interfaces de softwares secundários. Outros artistas são incentivados a fazer download do software e usá-lo para criar suas próprias interfaces. Os resultados destes outros trabalhos podem parecer muito diferentes um do outro, mesmo que eles tenham sido baseados na mesma "engenharia" de software. Trabalhos modulares e colaborativos não são incomuns na arte digital e eles questionam diretamente conceitos tradicionais defendidos pelo mundo das artes e pelo consenso legal sobre originalidade e individualidade. Eles confundem intencionalmente noções estritas e rígidas sobre trabalhos derivados de outros e sobre versões de trabalhos, os quais têm suas ramificações legais esperadas.

Por último, *Shredder* é uma obra digital do artista Mark Napier. *Shredder* convida os visitantes a digitar o endereço de qualquer web site em sua interface.[9] *Shredder* então copia este web site, virando-o às avessas; mudando o tamanho e cor das fontes, os textos e as imagens, revelando até mesmo o código HTML que normalmente estão salvos, ocultos nos bastidores da maioria dos sites. O resultado geralmente se parece um pouco com o web site original passado por uma retalhadora. *Shredder* é um fórum para a variabilidade. Ele está sempre mudando não apenas porque a cada web site ele toma uma forma diferente, mas também por fazer isso em tempo real, repercutindo mudanças em sites de qualquer um, quantas vezes sejam necessárias. Também não são tão incomuns obras de arte digitais que se apropriam do conteúdo de outras fontes, assincronicamente (offline) ou em tempo real, levantando questões sobre apropriação de conteúdo e trabalhos derivados de outros.

Como mencionado anteriormente, a arte digital pode incorporar muitas formas de mídia dentro de um trabalho. Cada forma incluída no trabalho (imagens, músicas, objetos físicos, games, códigos) deve carregar seu próprio rol de direitos autorais, mediações e práticas. *Eyes of Laura*, de Janet Cardiff, ilustra a natureza composta de alguns trabalhos de arte digital.[10] Bruce Greenville, Curador Sênior na *Vancouver Art Gallery* descreveu *Eyes of Laura* como um trabalho que

8. *Carnivore* http://www.rhizome.org/carnivore.

9. *Shredder* http://www.potatoland.org/shredder.

10. *Eyes of Laura* http://www.potatoland.org/shredder.

está na Internet e inclui elementos de narrativas interativas e câmeras de segurança. A obra consistia num vídeo ao vivo, alimentado pela câmera de segurança da *Art Gallery* e permitia ao espectador mover esta câmera. O trabalho também incluía um diário como se fossem registros de um segurança da *Art Gallery*. Embora a galeria que exiba esta obra esteja no Canadá, a maioria dos componentes dos servidores eram armazenados por um provedor de Internet nos Estados Unidos. Depois, por conta de questões de propriedade técnica e intelectual, todos os componentes foram relocados para um provedor canadense. Uma vez que os visitantes online podem mudar a imagem da câmera, eles têm algum direito em suas "preferências de diretor"? Se uma pessoa foi enquadrada pela câmera neste trabalho interativo, seus "direitos de imagem" são violados mesmo se as leis de privacidade assim permitem? Se o *feed* de vídeo não foi armazenado ou gravado, as leis de direitos autorais são aplicáveis neste caso? Para entender inteiramente as implicações apenas deste trabalho, alguém teria de pesquisar similarmente a história do cinema e teatro, como também os direitos autorais e leis de privacidade.

Nina Czegledy, uma curadora canadense independente, afirmou que as organizações de artes visuais que cada vez mais estão exibindo e colecionando obras de mídias complexas, não estão tão preparadas quanto das artes performáticas para lidar com os direitos multicompostos. Czegledy entende esta lacuna como uma oportunidade. Se há um pequeno precedente nas artes visuais para lidar com estes direitos autorais compostos, então a comunidade de artes visuais tem uma chance de estabelecer um modelo intelectual e jurídico que faça sentido para os artistas, as obras e as organizações envolvidas. Mas esta chance só poderá ser entendida se a comunidade artística realizar duas ações, as quais ela não é conhecida por resolver bem. Em primeiro lugar, a comunidade artística e, especialmente grandes organizações como museus, precisam se tornar proativas nas questões políticas e legais. Muitos museus frequentemente evitam questões de ordem legal porque as suas organizações mantenedoras, como universidades, governos ou fundações gostariam de manter a neutralidade nestas questões conflituosas externas. Os museus entendem que eles podem influenciar a sociedade como um todo, mas usualmente o fazem através meios muito lentos de mudanças culturais. Enquanto é verdade que debates culturais sobre os grandes valores da sociedade em torno da propriedade irão servir a algum propósito, leis de propriedade intelectual nos tempos digitais não podem se dar ao luxo de gastar tanto tempo. Essas forças externas estão trabalhando agora em moldar leis e, enquanto algumas atividades e discussões podem ser conduzidas dentro dos limites e do controle do mundo das artes, os direitos autorais não podem. Depois, o mundo das artes precisa compatibilizar a inerente natureza variável da mídia digital com seus próprios modelos consagrados para a aquisição e preservação das obras de arte. Os museus agem especialmente como guarda costas das obras de arte, protelando os efeitos do tempo e as mudanças, no intuito de preservar a integridade e a precisão da evidência histórica. Ainda que esta estratégia tenha funcionado bem até então no que diz respeito à arte digital, os museus precisam considerar a mudança como parte da solução, e não parte do problema (para informações detalhadas nesta área consultem os projetos *Variable Media*[11] e o *Archiving Avant Garde*).[12] Não será por acaso que a coisa mais antiga que os museus preservem do passado seja sua própria maneira de conduzir os negócios [...].

11. Variable Media Initiative http://www.variablemedia.net.

12. Projeto Archiving the Avant Garde http://www.bampfa.berkeley.edu/ciao/avant_garde.html.

Sobre o Autor

Richard Rinehart é diretor de Mídia Digital e Curador Adjunto na UC Berkeley Art Museum/Pacific Film Archive. Leciona teoria e prática de arte digital na UC Berkeley no departamento Novas Mídias e Práticas Artísticas. Também atua no San Francisco Art Institute, na UC Santa Cruz, na San Francisco State University, na Sonoma State University e na JFK University. Richard compõe o Comitê Executivo do UC Berkeley Center for New Media e faz parte do corpo de diretores do New Langton Arts em São Francisco.

Tradutor do texto Luiz Roberto Mendes Gonçalves.

Texto publicado pelo File em 2009.

TEORIA DOS NURBS

LEV MANOVICH

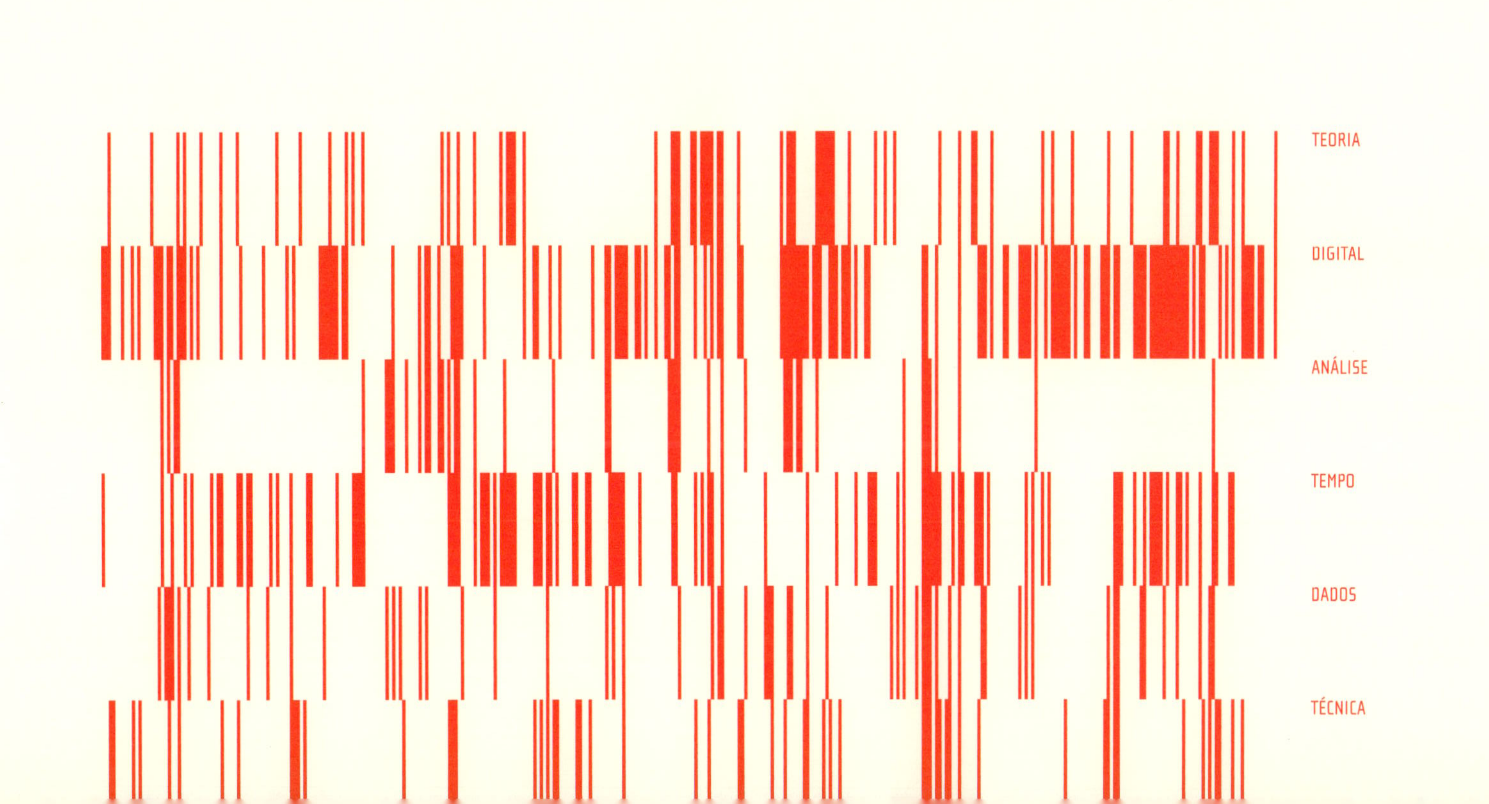
TEORIA
DIGITAL
ANÁLISE
TEMPO
DADOS
TÉCNICA

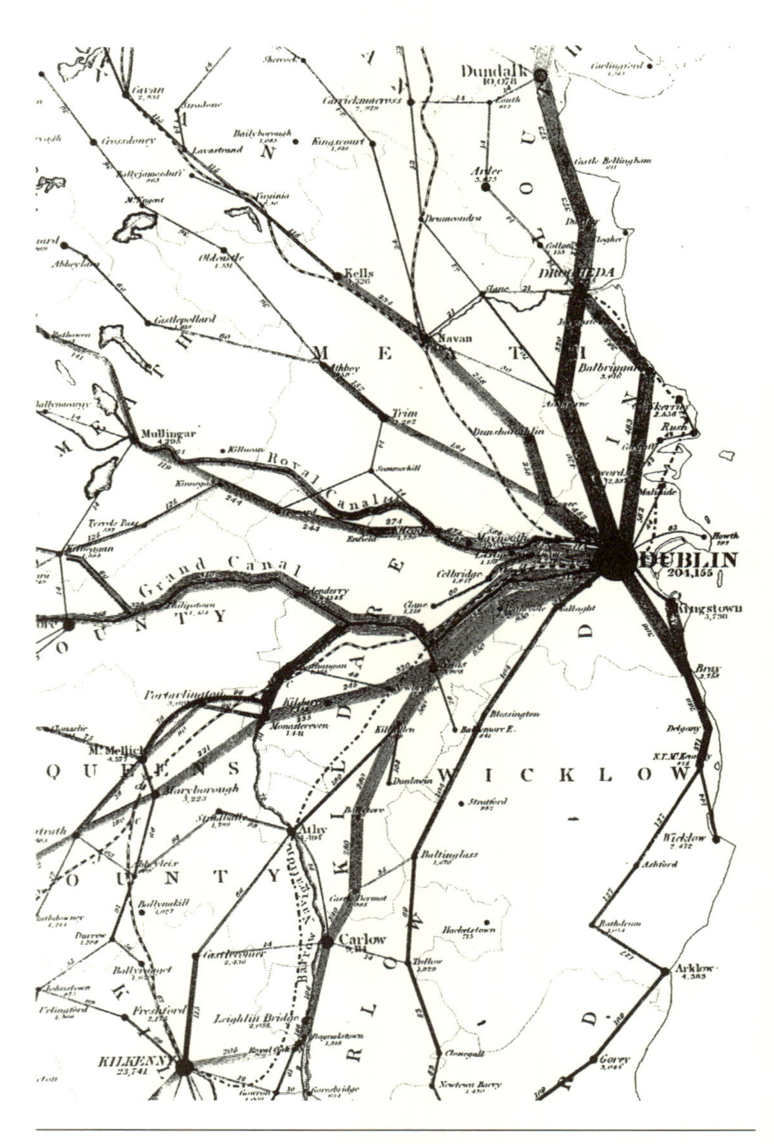

Figura 1. Primeiro mapa de fluxos publicado, mostrando o transporte de recursos através de linhas sombreadas, com largura proporcional ao número de passageiros (Henry Drury Harness, Irlanda, 1837).

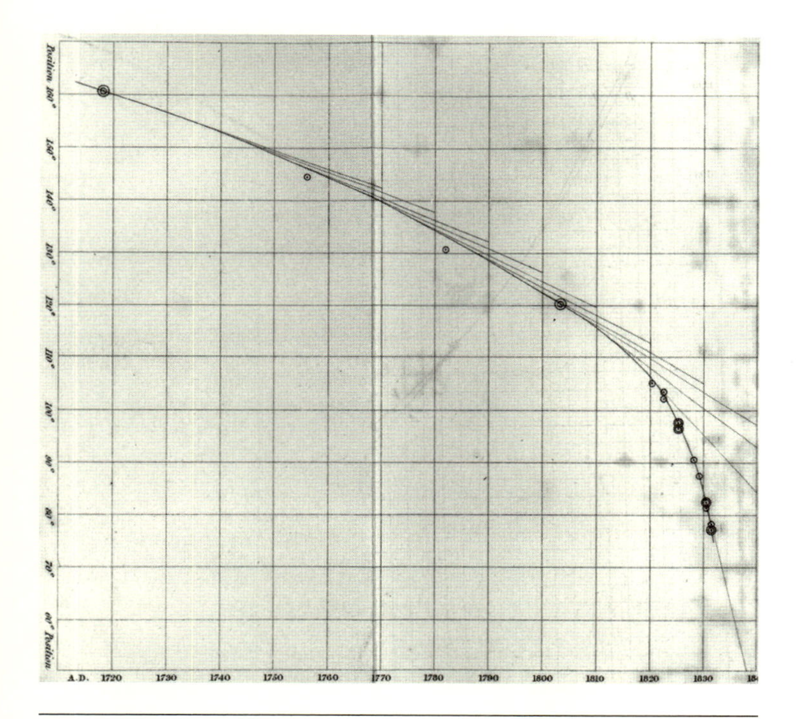

Figura 2. O primeiro diagrama que enquadra uma leve curva em um scatterplot (mapa com linhas de fuga): posições x tempo para g; Virginis (John Herschel, Inglaterra, 1832).

Computer graphics

A explosão de novas ideias e métodos nas disciplinas culturais nos anos 1960 não pareceu ter afetado, na prática, a apresentação dos processos culturais. Livros, museus dedicados à arte, design, mídia, entre outras áreas culturais, continuam a organizar os seus temas em um pequeno número de categorias distintas: períodos, escolas artísticas, ismos, movimentos culturais. Os capítulos de um livro ou as salas da maioria dos museus atuam como divisores materiais entre essas categorias. Dessa forma, uma evolução contínua de um "organismo" cultural é colocado à força em caixas artificiais.

Na realidade, enquanto que em um âmbito tecnológico a mudança do analógico para o digital ainda é um fato recente, nós já temos "sido digitais" (digitais) em nível teórico por um longo período. Ou seja, desde a emergência das instituições modernas de armazenamento cultural e da produção do conhecimento cultural no século XIX (ou seja, museus e disciplinas na área das humanidades alocadas em universidades) nós temos utilizado categorias distintas para exemplificar a continuidade da cultura no sentido de teorizá-la, preservá-la e exibi-la.

Podemos perguntar: se estamos atualmente fascinados com as ideias de fluxo, evolução, complexidade, heterogeneidade e hibridização cultural, porque nossas representações e apresentações dos dados culturais não refletem essas ideias?

O uso de um pequeno número de categorias distintas para descrever conteúdos caminhou passo-a-passo com a recusa das humanidades modernas e das instituições culturais em utilizar representações gráficas para reproduzir esse conteúdo. Muitos conhecem o famoso diagrama da evolução da arte moderna criado por Barr (o fundador e primeiro diretor do MOMA em Nova Iorque), realizado em 1935. Mesmo que esse diagrama ainda utilize categorias discretas* como seus fundamentos, ele é uma evolução frente às padronizadas linhas do tempo da arte e dos pisos planos dos museus de arte, já que ele representa um processo cultural como um gráfico em 2D. Infelizmente, esse é o único diagrama mais conhecido da história da arte produzido em todo o século XX.

Cabe realçar que, desde as primeiras décadas do século XIX, as publicações científicas começaram a utilizar técnicas gráficas em larga escala que permitiam representar fenômenos como variações constantes. De acordo com a história visual online da visualização dos dados de Michael Friendly, durante aquele período "todas as formas de exposição dos dados foram inventadas: barras, gráficos, histogramas, gráficos em linha e traços de séries temporais, traços de contorno e assim por diante."[1]

Embora uma história sistemática da exibição dos dados visuais ainda está por ser pesquisada e escrita, livros populares de Edward Tufte ilustram como os

1. http://www.math.yorku.ca/SCS/Gallery/milestone/sec5.html.

* Nota do tradutor O uso da palavra "discreta" que adjetiva termos como "categoria", "escala", "unidade" é referente à "mídia discreta", que são mídias estáticas como textos, imagens e gráficos em relação às mídias contínuas, dependentes do tempo como filmes, sons e animações.

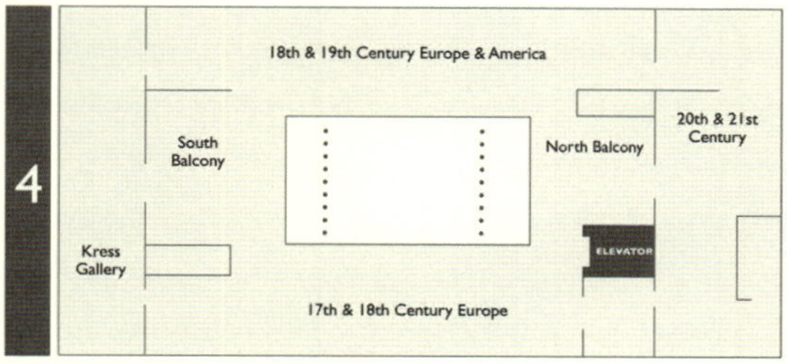

4

18th & 19th Century Europe & America

South Balcony

North Balcony

20th & 21st Century

Kress Gallery

ELEVATOR

17th & 18th Century Europe

Figura 3. Plano típico de uma planta de museu (Spencer Museum of Art).

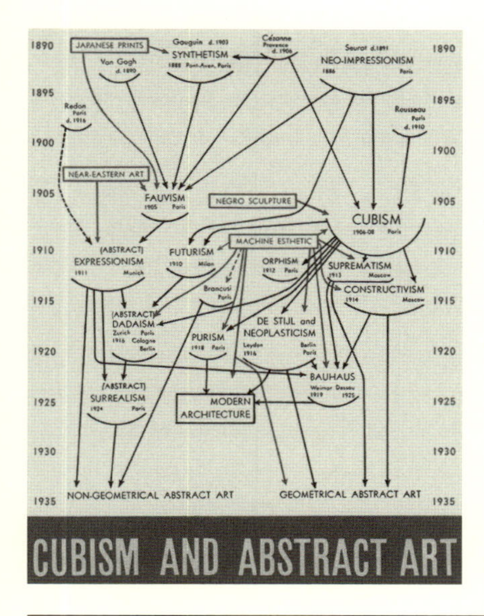

Figura 4. Diagrama da evolução da arte moderna criado para o MoMA por Alfred H. Barr em 1935 para a exposição Cubismo e Arte Abstrata.

Figura 5. Linha do tempo típica da história da arte (Tate Modern, Londres). Fonte: Flickr, por Ruth L, de 8 de abril de 2007.

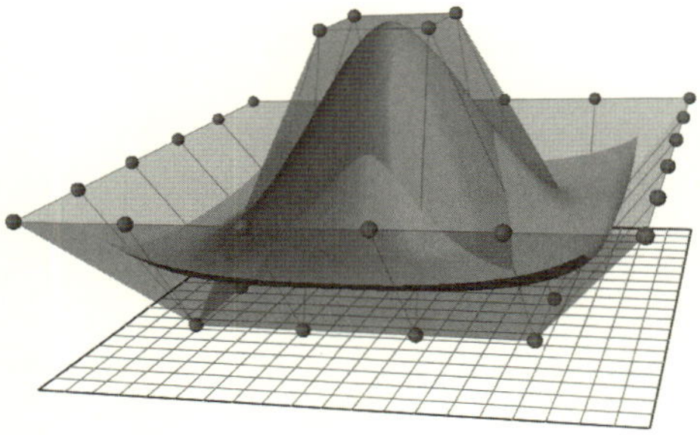

Figura 6. Superfície 3D NURBS.

2. Edward Tufte, *The Visual Display of Quantitative Information*, segunda edição. Graphics Press, 2001.

3. http://design.osu.edu/carlson/history/lesson4.html. Sobre a publicação original, veja Steven A. Coons, *Surfaces for Computer-Aided Design of Space Forms*, MIT/LCS/TR-41, June 1967.

gráficos que representam dados quantitativos já tinham se tornado comuns em várias áreas profissionais no final do século XIX.[2]

O uso de representações matemáticas definidas de qualidades contínuas foi largamente acelerado após os anos 1960, devido a adoção de computadores para criar gráficos automaticamente. Em 1960, William Fetter (um designer gráfico da fábrica de aviões Boeing) cunhou a frase "Computação Gráfica". Na mesma época, Pierre Bézier e Paul de Casteljau (que trabalhou para a Renault e Citroën respectivamente) independentemente inventaram as *splines* – matematicamente descritas como linhas suaves que podem ser editadas por um usuário. Em 1967, Steven Coons do MIT apresentou os fundamentos matemáticos para o que eventualmente se tornou a forma padrão para representar superfícies em softwares de computação gráfica: "Sua técnica para descrever uma superfície foi construí-la a partir de uma coleção de partes adjacentes, de continuidade contraída e que permitiam às superfícies terem a curvatura esperada pelo designer."[3]. A técnica de Coons se tornou o fundamento para a descrição de superfícies na computação gráfica (das quais a mais popular é o NURBS – Non Uniform Rational Basis Spline, ou Linha de Base Racional Não Uniforme).

Quando os campos do design, da mídia e da arquitetura adotaram softwares de computação gráfica nos anos 1990, isso conduziu a uma revolução intelectual e estética. Até aquela década, a única técnica prática que representava objetos 3D em um computador era produzida através da modelagem de polígonos planos. No início dos anos 1990, o aumento na velocidade de processamento dos computadores e o aumento da capacidade de memória tornaram-na realidade prática para oferecer modelagem em NURBS originalmente desenvolvida por

4. http://www.designboom.com/contemporary/nonstandard.html.

Coons, entre outros, já nos anos 1960. Essa nova técnica para representar formas espaciais forçou um distanciamento da geometria retangular modernista no campo do pensamento arquitetônico na direção de privilegiar formas suaves e complexas criadas a partir de curvas contínuas (ou seja, dos NURBS). Como resultado, no final do século XX a estética dos "blobs" começou a dominar o pensamento de vários estudantes de arquitetura, jovens arquitetos e até mesmo de reconhecidas "estrelas" da arquitetura. Visual e espacialmente, curvas suaves e superfícies com formas livres emergiram como a nova linguagem de expressão para o mundo globalizado e ligado em rede, onde a única constante é a mudança rápida. A estética modernista da simplicidade e discrição foi substituída pela nova estética da continuidade e complexidade. (Outro termo útil cunhado para essa nova arquitetura, com foco na pesquisa de novas possibilidades de formas espaciais possibilitadas pela computação e nas novas técnicas de construção necessárias para construí-las é a chamada "arquitetura não padrão" – non-standard architecture. No inverno de 2004, o Centro Georges Pompidou organizou uma mostra sobre arquitetura não padrão[4], que foi seguida pela ConferênciaPrática do Não Padrão – Non-standard Practice no MIT.)

Esta mudança na imaginação da forma espacial ocorreu em paralelo com a adoção de um novo vocabulário intelectual. O discurso arquitetônico se tornou dominado por conceitos e termos que igualam (ou diretamente advém de) elementos do design e das operações oferecidas pelos softwares – *splines* e NURBS, *morphing*, modelagem e simulação baseadas fisicamente, design paramétrico, sistemas de partículas, simulação de fenômenos naturais, AL e assim por diante. Vejam alguns exemplos:

"O campus está organizado e é navegado à base de desvios direcionais e da distribuição das densidades no lugar de pontos chaves. Isso é o indicativo do caráter do Centro como um todo: poroso, imersivo, uma área espacial." Descrição de Zaha Hadid (Londres) do design de um Centro de Arte Contemporânea em Roma (atualmente em construção).

"Cenários de hibridização, enxerto, clonagem e *morphing* colocam em evidência uma perpétua transformação da arquitetura que se esforça para quebrar com as antinomias do objeto/sujeito ou do objeto/território." Frédéric Migayrou sobre R&Sie (François Roche e Stéphanie Lavaux, Paris).

"O pensamento da lógica difusa (*fuzzy*) é um outro passo para ajudar o pensamento humano a reconhecer nosso ambiente menos como um mundo de fronteiras fragmentadas e de desconexões e mais como um campo repleto de agentes com fronteiras indefinidas. EMERGED investiga o potencial da lógica difusa como uma técnica organizacional libertária para o desenvolvimento de

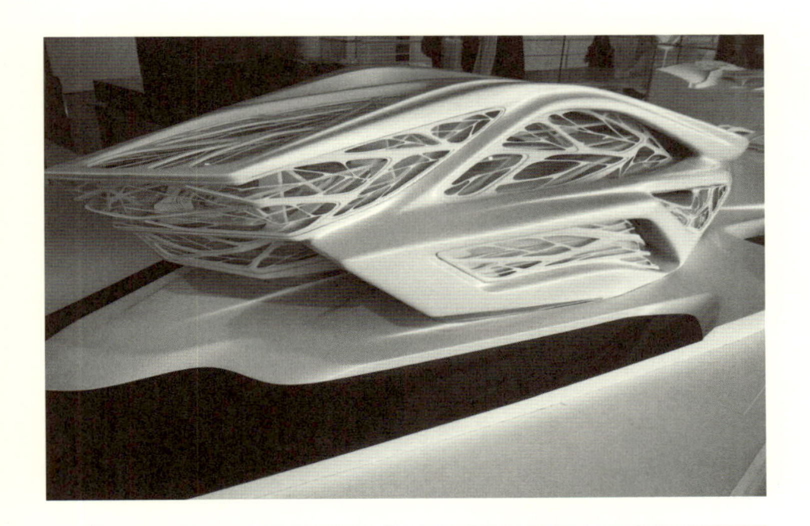

Figura 8. Um centro para artes performáticas para um centro cultural na Ilha Saadiyat, Abu Dhabi por Zaha Hadid (Londres).

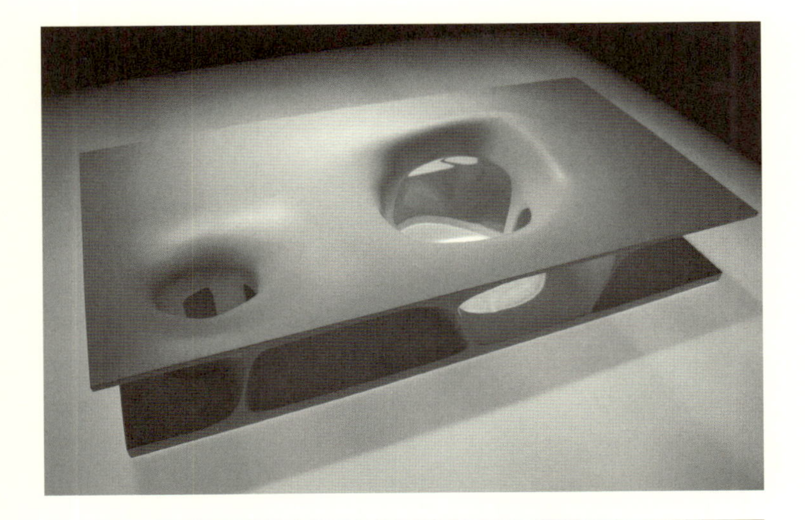

Figura 7. Vila em Copenhagen, Dinamarca pelo escritório MAD (Beijing).

ambientes inteligentes, flexíveis e adaptativos. Observando o projeto como um campo de testes para suas ferramentas e técnicas de design, a equipe expande seu território focando e sistematizando a dinâmica de uma ferramenta de cabelo como uma máquina de design generativo em larga escala, envolvendo, contudo, níveis sociais e culturais de organizações globais." Descrição do escritório MRGD (Melik Altinisik, Samer Chaumoun, Daniel Widrig) do Urban Lobby (pesquisa para um re-desenvolvimento da torre de escritórios Centre Point no centro de Londres).

Mesmo que os gráficos do computador não tenham sido a única fonte de inspiração para esse novo vocabulário conceitual (influências importantes vieram da filosofia francesa e da ciência do caos e da complexidade), eles obviamente desempenharam seu papel. Assim, conjuntamente com o fato de transformar a linguagem do design e da arquitetura contemporâneos, a linguagem da computação gráfica se tornou a linguagem do design e da arquitetura contemporâneos – assim como a inspiração do discurso arquitetônico sobre prédios, cidades, espaço e vida social.

Representando processos culturais: das categorias discretas às curvas e superfícies

Se os arquitetos adotaram as técnicas dos gráficos de computador como termos teóricos para falar sobre o seu próprio campo, porque não fazer o mesmo no campo cultural? Mas ao invés de somente utilizar esses termos como metáfora, porque não visualizar, na realidade, processos culturais, dinâmicas e fluxos utilizando as mesmas técnicas dos gráficos de computador?

É tempo de alinharmos nossos modelos e apresentações do processo cultural com a nova linguagem do design e as novas ideias teóricas tornadas possíveis (ou inspiradas) pelo software. Design, animação e softwares de visualização permitem conceitualizar e visualizar fenômenos e processos culturais em termos de parâmetros de mudança contínua, em oposição aos padrões categóricos "fechados" de hoje.

Assim como o software substituiu o mais antigo design platônico de primitivas por novas primitivas (curvas, superfícies flexíveis, campos de partículas), vamos substituir a tradicional "teoria cultural das primitivas" pelas novas que existem. Em um cenário como esse, uma linha do tempo 1D se tornaria um gráfico 2D ou 3D, um pequeno conjunto de campos categóricos distintos seria descartado em nome de curvas, superfícies livres em 3D, campos de partículas e outras representações disponíveis nos softwares de design e visualização.

Estas foram algumas ideias que nos levaram a criar, em 2007, o Software Studies Initiative (softwarestudies.com ou softwarestudies.com.br) – um laboratório para análise e visualização de padrões culturais, localizado na Universidade da Califórnia, San Diego (UCSD) e no Instituto da Califórnia para a Telecomunicação e Tecnologia da Informação (Calit2).

Aproveitando a reconhecida credibilidade da UCSD e do Calit2 no campo das artes digitais e da ciência, temos desenvolvido técnicas para a representação gráfica e visualização interativa de artefatos e dinâmicas culturais. Nossa inspiração vem de vários campos, todos baseados na computação gráfica para visualizar dados – visualização científica, visualização da informação e "visualização artística" (veja infoaesthetics.com). Também pegamos emprestadas algumas ideias das interfaces padrões utilizadas na edição de mídia, nos softwares de composição e animação (Final Cut, After Effects, Maya, Blender etc.) que empregam curvas para modificar as mudanças em vários parâmetros da animação ao longo do tempo.

Cultura em dados

Antes que nos aventuremos em campos, nuvens de partículas e superfícies complexas, vamos começar com um elemento básico da representação espacial moderna: uma curva. Como você representa, com uma curva contínua, um processo cultural que se desdobra historicamente ao longo do tempo? (No que se segue não falaremos de *splines*, ou seja, a técnica para representar matematicamente uma curva suave que permite sua edição de forma interativa, mas somente falaremos da curva como uma figura gráfica).

Se, como vários historiadores dos séculos passados, acreditássemos que a história cultural segue leis simples, como por exemplo: que cada cultura segue um ciclo de crescimento, uma "idade de ouro" e um declínio, as coisas seriam muito simples. Seríamos capazes de criar fórmulas que matematicamente iriam representar os processos de crescimento e mudança (por exemplo, trigonométricos, exponenciais ou funções polinomiais) e somente ficar alimentando suas variáveis com dados representando algumas condições do processo histórico real em questão. Teríamos então uma curva suave perfeita que representa um processo cultural como um ciclo de crescimento e declínio. Contudo, desde que o paradigma histórico está claramente invalidado na atualidade, temos que fazer nossas curvas baseados nos dados reais sobre o todo dos processos culturais.

Como você representa, com uma curva contínua, um processo cultural que se desdobra historicamente ao longo do tempo?

Uma curva 2D define um conjunto de pontos que nela se situam. Cada ponto, a cada momento, é definido por dois números – coordenadas X e Y. Se os pontos são densos o suficiente, eles visualmente formariam sozinhos uma curva. Se não, podemos utilizar um software para alinhar uma curva através desses pontos. É claro que nós nem sempre temos que desenhar uma curva através desses pontos (por exemplo: se os pontos formam um conjunto qualquer ou formam qualquer outro padrão geométrico, isso já é significativo em si mesmo"[5].

Em cada caso, precisamos de um conjunto de coordenadas X e Y. Para fazer isso, temos de mapear um processo cultural em um conjunto de números onde um número é o tempo (eixo X) e o outro número é alguma qualidade do processo naquele período (eixo Y).

Em resumo, temos de transformar cultura em dados.

Apesar da definição de cultura incluir crenças, ideologias, modismos e outra propriedades não físicas em um âmbito prático, nossas instituições culturais e a indústria cultural lidam com uma manifestação particular da cultura: os objetos. Isso é o que está guardado na Biblioteca do Congresso Americano ou no Metropolitan Museum, criados por designers industriais, postados por usuários no Flickr e vendidos na Amazon. Altere tempo ou distância, e os objetos culturais manifestam mudanças em suas sensibilidades culturais, imaginação ou um estilo. Então, mesmo que mais tarde nós tenhamos de assumir o desafio de afirmar que a cultura pode ser equiparada aos objetos culturais, se pudermos começar pelo uso de um conjunto desses objetos para representar as mudanças graduais na sensibilidade cultural ou na imaginação, isso já seria um começo.

Utilizar números no eixo X (por exemplo, tempo) é fácil. Normalmente objetos culturais tem alguns metadados discretos ligados a eles – a data ou lugar de criação, o tamanho (de uma obra de arte), a duração (de um filme) e assim por diante. Então, se temos a data em que o objeto cultural foi criado, podemos inserir esses números como metadados no eixo X. Por exemplo: se estamos interessados em representar o desenvolvimento da pintura no século XX, podemos mapear o ano em que cada pintura foi feita. Mas o que usaremos no eixo Y? Em outras palavras, como podemos comparar as pinturas umas com as outras qualitativamente?
Podemos manualmente anotar os conteúdos das pinturas (mas não os detalhes da sua estrutura visual). Alternativamente, podemos pedir para experts (ou um outro grupo de pessoas) para localizar as pinturas em alguma escala discreta (valor histórico, preferência estética etc.), mas esse tipo de julgamento só pode funcionar com um pequeno número de categorias.[6] Mais importante, esses métodos não geram escalas muito bem – eles custariam muito se quiséssemos descrever centenas de milhares ou milhões de objetos. Similarmente, as

5. Eu não estou falando de técnicas estatísticas de análise de *cluster*, mas simplesmente de pontos representados graficamente em duas dimensões e exame visual do resultado gráfico.

6. Tal método é um exemplo de técnica muito mais geral chamada "escalamento" : "Em ciências sociais, escalamento é o processo de medir ou ordenar entidades respeitando atributos quantitativos ou traços. http://en.wikipedia.org/wiki/Scale_(social_sciences.

pessoas têm dificuldades para ordenar um grande número de objetos que são muito similares entre si. Portanto, precisamos de alguns métodos automáticos que podem ser processados em computadores para descrever qualidades de um grande número de objetos culturais qualitativamente.

No caso de textos, isso se torna relativamente fácil. Desde que os textos já consistam de unidades discretas (por exemplo, palavras), eles naturalmente se conduzirão pelo processamento computacional. Podemos utilizar software para contar as ocorrências de uma palavra em particular e de combinações de palavras; podemos comparar os números de substantivos versus verbos; podemos calcular o tamanho das sentenças e os parágrafos e assim por diante.

Porque os computadores são muito bons em contar, assim como em processar operações matemáticas complexas a partir de números (o resultado da contagem), a digitalização do conteúdo dos textos, tais como os livros, e o crescimento de websites e blogs rapidamente levou ao surgimento de novas indústrias e de novos paradigmas epistemológicos que exploram o processamento computacional dos textos. O Google e outras ferramentas de busca analisam bilhões de páginas web e os links entre elas para permitir ao usuário buscar na web páginas que contenham frases particulares ou somente palavras. Nielsen BlogPulse analisou mais de 100 milhões de blogs para detectar tendências no que as pessoas estão dizendo sobre algumas marcas em particular, produtos ou em tópicos específicos em que os seus clientes estão interessados.[7] A Amazon.com analisa os conteúdos dos livros que ela vende para calcular "frases estatisticamente improváveis" usadas para identificar partes únicas dos livros.[8] No campo das humanidades digitais, pesquisadores já vêm há muito tempo desenvolvendo estudos estatísticos de textos literários. Alguns deles, mais notadamente Franco Moretti, têm produzido visualizações dos dados em formas de curvas mostrando tendências históricas.[9]

Mas e as mídias analógicas, como as imagens e os vídeos? Fotos ou vídeos não têm definidos claramente as suas unidades discretas que seriam equivalentes às palavras. Além disso, a mídia visual não tem um vocabulário padrão ou uma gramática – o sentido de qualquer elemento de uma imagem somente é definido no contexto particular de todos os outros elementos que estão nessas imagens. Isto torna o problema da análise visual automática da imagem muito mais desafiadora, mas não impossível. O segredo é focar na forma visual (o que é fácil para o computador analisar) e não na semântica (o que é muito difícil).

Desde meados dos anos 1950, os cientistas da computação têm desenvolvido técnicas para automaticamente descrever propriedades visuais das imagens. Podemos analisar distribuições de tons cinza, cores, orientação e curvatura das

7. "BlogPulse Reaches 100 Million Mark" http://blog.blogpulse.com/archives/000796.html.

8. http://en.wikipedia.org/wiki/Statistically_Improbable_Phrases.

9. Franco Moretti. *Graphs, Maps, Trees: Abstract Models for a Literary History*. Verso: 2007.

linhas, textura e literalmente centenas de outras dimensões visuais. Algumas poucas técnicas (como um histograma) são construídas em softwares de edição de mídia como o Photoshop e na tela de câmeras digitais. Muitas outras estão disponíveis em softwares de aplicações especializadas ou descritas em publicações profissionais na área de ciência da computação.

Nossa abordagem, que chamamos de Analítica Cultural (Cultural Analytics), utiliza como técnica analisar automaticamente imagens e vídeos para gerar descrições numéricas de suas estruturas visuais. Essas descrições numéricas podem ser então geradas em forma gráfica e também analisadas estatisticamente. Por exemplo: se traçarmos as datas das criações de imagens ou filmes num eixo X, usaremos uma das (ou uma combinação) mensurações desses objetos para posicioná-los no eixo Y. A linha formada por esses pontos representará como um conjunto de objetos culturais se modificou ao longo do tempo em relação às dimensões visuais que estão sendo traçadas.

HistóriadaArte.viz

Para o nosso primeiro estudo com o objetivo de testar essa abordagem, escolhemos um pequeno conjunto de dados de 35 imagens canônicas da história da arte que cobrem o período desde Coubert (1849) até Malevich (1914). Escolhemos imagens que são representações típicas de uma apresentação da história da arte moderna em um livro sobre história da arte ou em uma palestra: do Realismo do século XIX e as pinturas de salão até o Impressionismo, Pós-impressionismo, Fauvismo e a Abstração Geométrica dos anos 1910. A ideia não era encontrar um novo padrão num conjunto de dados como esse, mas ao invés disso, era observar se o método da Analítica Cultural poderia modificar nosso entendimento compartilhado do desenvolvimento da arte moderna em uma curva baseada em algumas qualidades objetivas dessas imagens.

Figura 9. Um conjunto de 25 pinturas por artistas canônicos modernos utilizadas neste estudo.

Figura 10. Eixo X: datas das pinturas (em anos). Eixo Y: valor do ângulo reverso de cada pintura. (Ângulo é uma medida dos valores da escala de cinza de uma imagem. Uma imagem que tem em sua maioria tons de luzes terá uma escala de ângulos negativa; uma imagem que tem em sua maior parte tons escuros, terá uma escala de ângulo positiva. Em nosso gráfico nós revertemos os valores do ângulo para tornar o gráfico compreensível).

Figura 9.

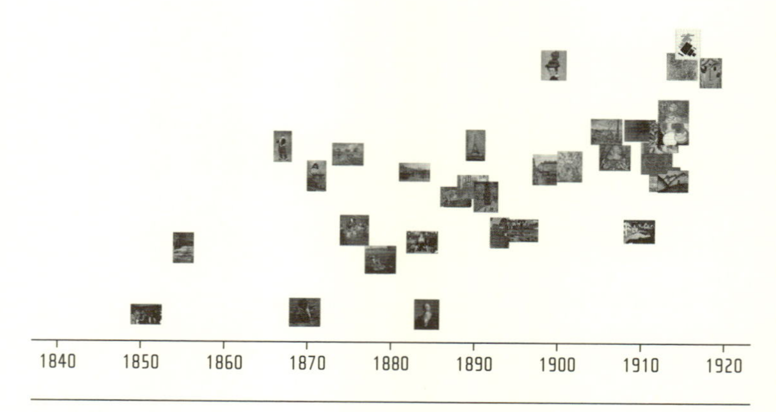

Figura 10.

Figura 11. Mesmos dados, como no gráfico anterior: cada imagem é substituída por um ponto único.

Figura 12. Superimposição de categorias padrão da história da arte em dados.

Figura 13. Por que forçar o desenvolvimento cultural contínuo e dinâmico em pequenos conjuntos de dados categorizados? Em vez de projetar um pequeno conjunto de categorias sobre os dados que definem cada objeto cultural como pertencendo a categorias distintas ou como estando fora de todas as categorias (o que automaticamente as torna menos importantes para a pesquisa), podemos visualizar o padrão global em seu desenvolvimento. Neste gráfico definimos uma linha de tendência utilizando todos os pontos (todas as 35 pinturas). A curva mostra que as mudanças nos parâmetros visuais, as quais, em nosso ponto de vista, definiram a arte moderna no século XX (formas simplificadas, tonalidades brilhantes, cores mais saturadas, imagens mais planas) se aceleraram após os anos 1870 e aceleraram ainda mais após os anos 1905.

Para determinar valores Y para este gráfico, mensuramos as pinturas a partir das seguintes dimensões: escala de cinza média, saturação média, o tamanho do histograma da escala binária de cinza e ângulo.Todos os valores, exceto ângulo, foram mensurados em uma escala de 0-255; os valores do ângulo foram normalizados à mesma distância dos valores. (O tamanho do histograma da escala binária de cinza indica como vários valores diferentes de pixel têm valores não-0 em seu histograma. Se uma imagem tem cada um dos valores da escala de cinza, esse número então será 255; se uma imagem tem somente poucos valores listados na escala de cinza, o número correspondente será menor).

Figura 14. Podemos comparar a variação do desenvolvimento entre diferentes períodos. Gráfico: comparando as mudanças na pintura antes de 1900 versus pinturas pós-1900 usando linhas de tendências lineares.

Figura 15. Mensurações computacionais de estruturas visuais permitem encontrar diferenças entre conjuntos culturais, que à primeira vista parecem idênticos (assim como encontrar similaridades entre os conjuntos, o que se pensava ser muito diferente). Gráfico: comparando a mudança na escala de cinza das pinturas "realistas" x "modernistas" em nosso conjunto revela que nessa dimensão a anterior foi se modificando à mesma exata medida que a última.

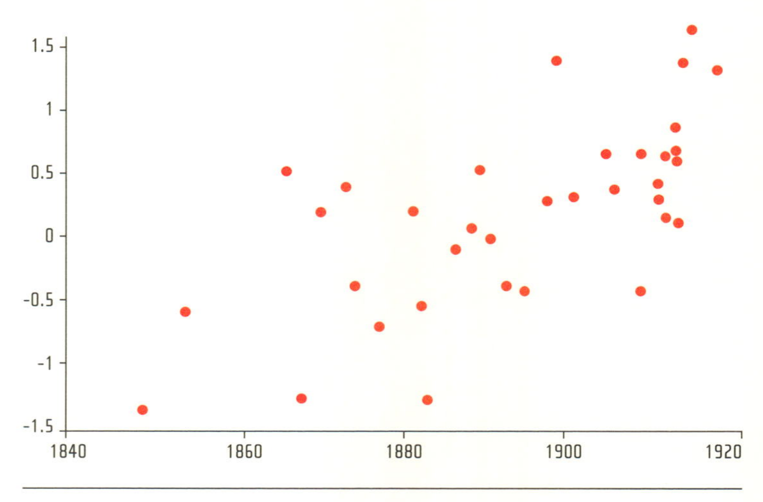

Figura 11.

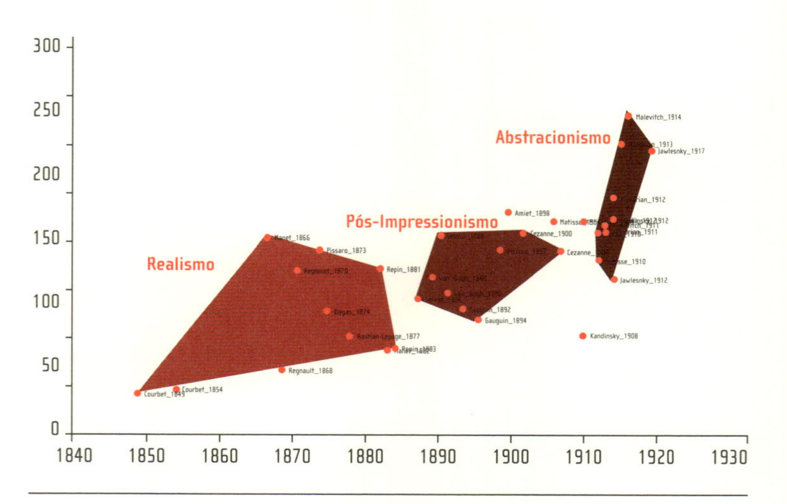

Figura 12.

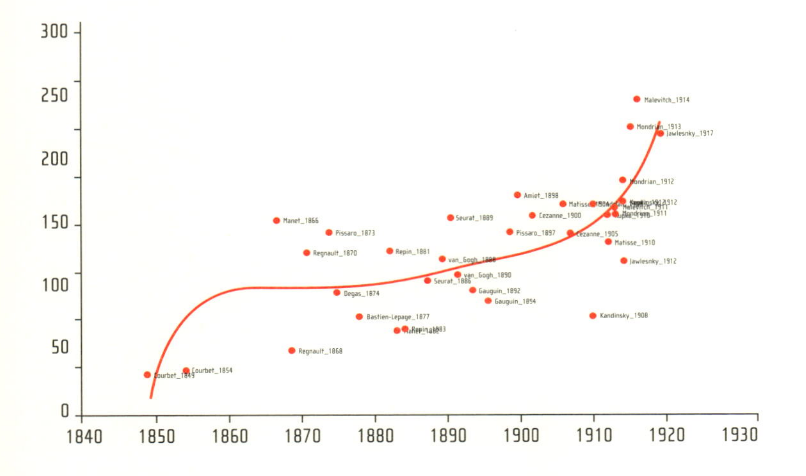

Figura 13.

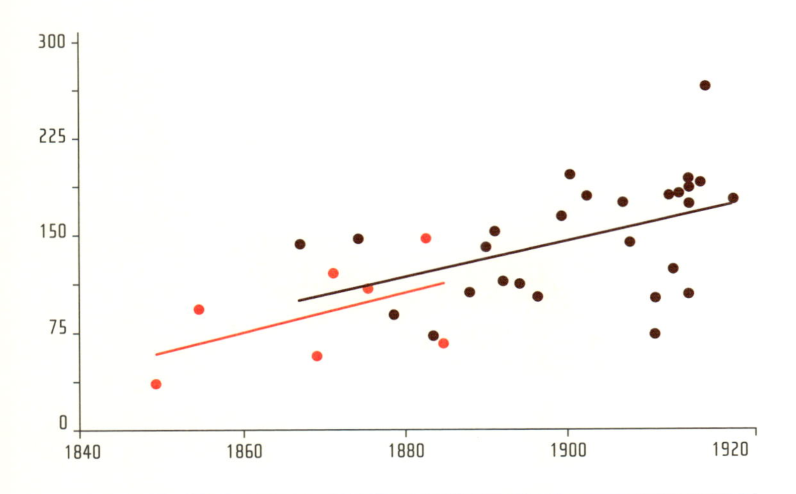

Figura 14.

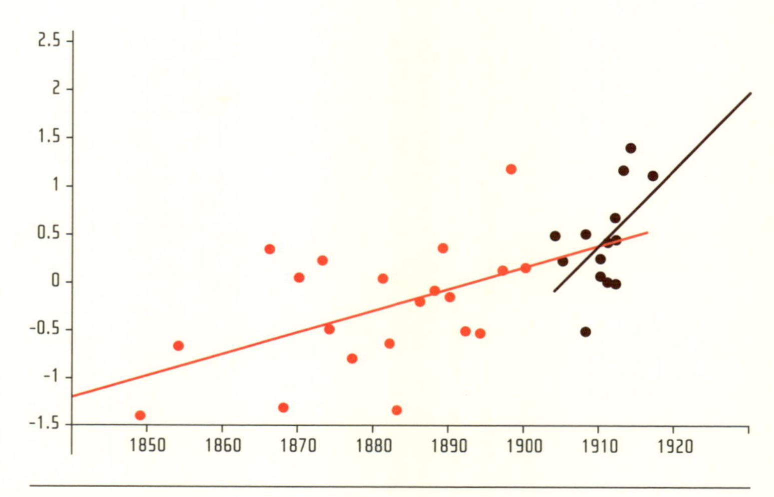

Figura 15.

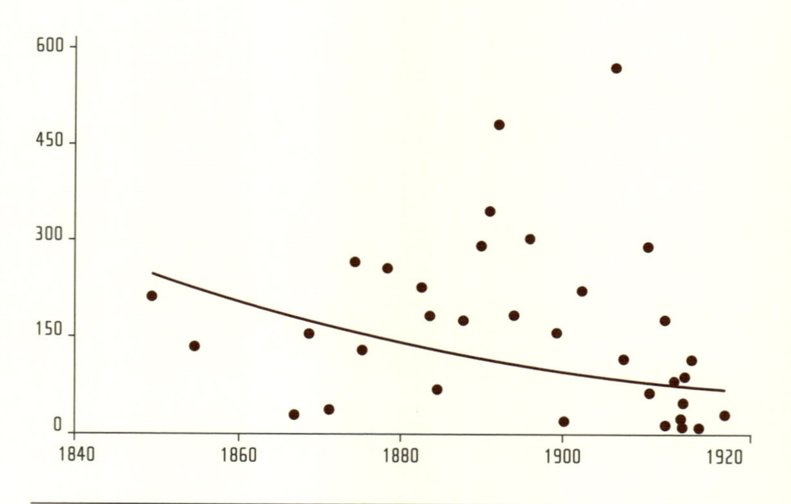

Figura 16.

Figura 16. Imagens podem ser analisadas em centenas de dimensões visuais diferentes. Gráfico: o número de contornos em cada pintura como uma função de tempo (Procedimento: automaticamente contar o número de contornos em cada imagem, não considerando contornos muito pequenos).

HistóriadoFilme.viz

Neste exemplo exploramos os padrões na história do cinema como representados por 1.100 filmes lançados. Os dados são do cinemetrics.lv[10]. Os filmes cobrem um número de países e um período que vai de 1902 a 2008 (note que assim como no exemplo anterior, esse conjunto de dados também representa uma seleção tendenciosa: filmes que interessam àqueles historiadores do cinema que contribuem com os dados – mais que alguma amostragem objetiva da produção mundial ao longo do século XX).

Para cada filme a base de dados Cinemetrics provê dados sobre o tamanho de cada tomada, assim como a média do tamanho dos planos (que pode ser obtido ao se dividir o tamanho de um filme pelo total de números de planos). Esses dados nos permitem explorar os padrões de tamanhos de planos (que correspondem à velocidade do corte) ao longo de vários períodos no século XX e em diferentes países (os gráficos nestes artigo foram produzidos utilizando-se uma seleção completa de dados a partir do site cinemetrics.lv, com banco de dados do mês de agosto de 2008.)

Figura 17. Duração média das tomadas nos filmes lançados entre 1900 - 2008. Eixo X: datas dos filmes (em anos). Eixo Y: média dos planos (em segundos). Cada filme é representado por um pequeno círculo. A linha de tendência através dos dados mostra que entre 1902 e 2008, a média no tamanho de cada plano em todo conjunto de dados diminuiu de 14 para 10 segundos – algo esperado desde o surgimento da MTV nos anos 1980.

Figura 18. Duração média das tomadas nos filmes lançados entre 1900 - 1920. Durante o período em que o cinema mudou de uma forma de linguagem anterior que simulava o teatro para uma linguagem "clássica" baseada em cortes entre as mudanças de ponto de vista, a evolução da média dos planos se tornou muito mais rápida. Entre 1902 e 1920, a média do tamanho do plano diminuiu aproximadamente 4 vezes.

10. Agradeço especialmente a Yuri Tsivian pela generosidade de prover o acesso ao banco de dados do Cinemetrics.

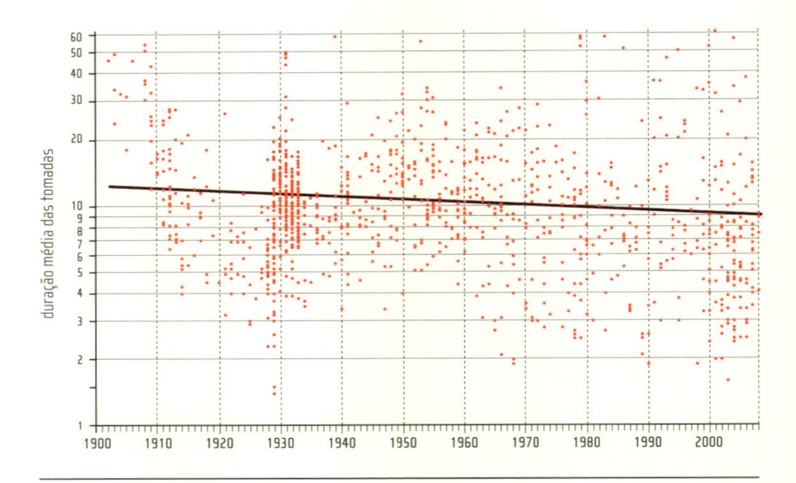

Figura 17.

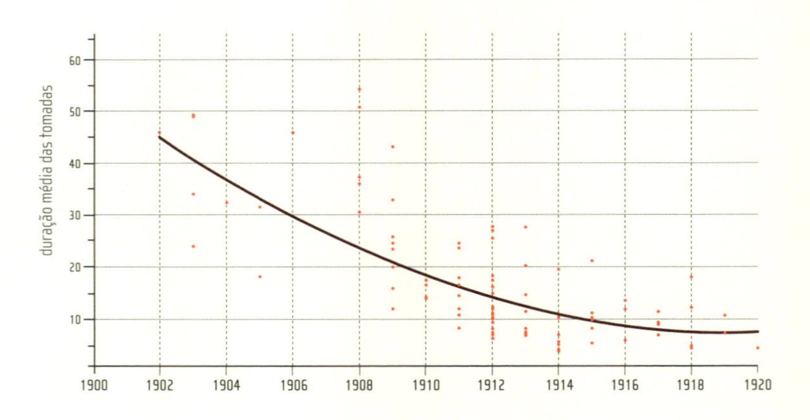

Figura 18.

Figura 19. Duração média das tomadas dos filmes lançados (EUA, França, Rússia) entre 1900 - 2008. Aqui comparamos as tendências no tamanho dos planos dos filmes em três países: Estados Unidos, França e Rússia. O gráfico revela um número de padrões interessantes. No começo do Século XX, os filmes franceses são mais lentos que os americanos. Os dois se alcançam nos anos 1920 e 1930, mas após isso os filmes franceses voltam a ser lentos. E mesmo depois de 1990, quando ambas curvas começam a diminuir, o espaço entre eles se mantém o mesmo. (Isso pode parcialmente explicar porque filmes franceses não tem sido bem sucedidos no mercado de cinema nas décadas recentes). Em contraste à linha de tendência para os EUA e França, a linha para o cinema Russo tem muito mais curvas dramáticas – um reflexo das mudanças radicais na sociedade russa no século XX. O mergulho nos anos 1920 representa o corte rápido da escola de montagem russa (filmes os quais dominaram a seleção do cinemetrics.lv de cinema russo para aquele período), que tinha como objetivo estabelecer uma nova linguagem do filme, apropriada à nova sociedade socialista. Após 1933 quando Stalin apertou o controle sobre a cultura e estabeleceu a doutrina do Realismo Social, os filmes começaram a ficar lentos. Nos anos 1980, a sua média de planos era de 25 segundos versus 15 segundos para os filmes franceses e 10 para os filmes americanos. Mas após a dissolução da União Soviética e a Rússia começar a adotar o capitalismo, a média dos cortes dos filmes, correspondentemente, começa a aumentar muito rapidamente.

Os detalhes particulares das linhas de tendências neste gráfico não refletem, é óbvio, uma "figura completa". A base de dados do Cinemetrics contém números desiguais de filmes de três países (479 americanos, 138 franceses e 48 russos/soviéticos), os filmes não são distribuídos no tempo e, talvez, mais importante, a seleção dos filmes é excessivamente tendenciosa, feita através da importância histórica dos diretores e do "cinema de arte" (por exemplo: existem 4 entradas para Eisenstein e 53 entradas para D.W. Griffith). Se formos adicionar mais dados aos gráficos, as curvas podem surgir de alguma forma diferentes. Contudo, dentro de um subconjunto "canônico" particular de todo o cinema contido nos dados do cinemetrics, o gráfico mostra a tendência real que, como vimos, corresponde à condições culturais e sociais mais extensas nas quais a cultura é realizada.

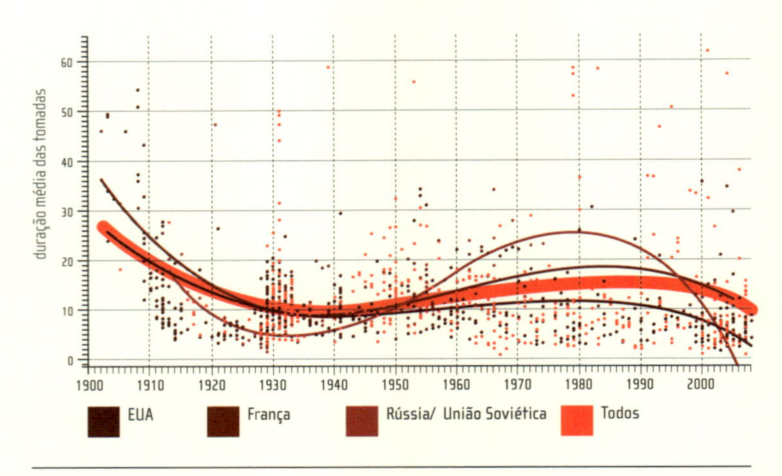

Figura 19.

Conclusão

Disciplinas de humanidades, crítica, museus e outras instituições culturais geralmente apresentam a cultura em termos de períodos contidos neles mesmos. Similarmente, as mais influentes teorias modernas da história como as de Kuhn ("paradigmas científicos") e Foucault ("epistemes") também têm os seus focos em períodos estáveis – mais que em transições entre eles. De fato, bem pouca energia intelectual tem sido gasta no período moderno para se pensar em como as mudanças culturais acontecem. Talvez isso tenha sido necessário, já que até recentemente as mudanças culturais de todos os tipos eram muito vagarosas. Contudo, desde o início da globalização dos anos 1990, não apenas as mudanças foram aceleradas em todo o mundo, mas a ênfase em mudanças, mais que em estabilidade, tornou-se a chave dos negócios globais e do pensamento institucional (expressada pela popularidade de termos como "inovação" e "mudança disruptiva").

Nosso trabalho de visualizar as mudanças culturais é inspirado por softwares comerciais como o Google's Web Analytics, o Trends e o Flu Trends, além do BlogPulse de Nielsen, assim como em projetos de artistas e designers tais como os seminais History Flow de Fernanda Viegas e Martin Wattenberg, o Listening History de Lee Byron e o The Ebb and Flow of Movies 10.

Até agora, muitos dos processos de visualização cultural usaram mídia discreta (por exemplo: textos) ou metadados sobre a mídia. History Flow usa histórias das páginas editadas da Wikipedia; Listening History de Lee Byron[11] usa dados sobre o uso do last.fm; e The Ebb and Flow of Movies[12] usa dados de recibos de bilheteria de cinema. Em contraste, nosso método considera os padrões de visualização como manifestados em estruturas de mudanças de imagens, de filmes, de vídeos e outros tipos de mídia visual. Atualmente, nós estamos expandindo nosso trabalho para processar conjuntos de dados ainda mais extensos – por favor, visite softwarestudies.com para ver nossos novos resultados.

11. http://www.leebyron.com/what/lastfm.

12. http://www.nytimes.com/interactive/2008/02/23/movies/20080223_REVENUE_GRAPHIC.html.

Sobre o Autor

Lev Manovich é autor de *Soft Cinema: Navigating the Database* (The MIT Press, 2005), *Black Box – White Cube* (Merve Verlag Berlin, 2005) e *The Language of New Media* (The MIT Press, 2001). Manovich é professor no Departamento de Artes Visuais da Universidade da Califórnia em San Diego, diretor da *Software Studies Initiative* no *California Institute for Telecommunications and Information Technology* (Calit2) e pesquisador convidado no *Goldsmith College* (Londres) e no *College of Fine Arts*, Universidade de Nova Gales do Sul (Sydney).

Tradutor do texto Cícero Inácio da Silva e Jane de Almeida

Texto publicado pelo File em 2009.

PARTE 2

TEORIA
A ECOLOGIA, OS ENTRAVES, A ALMA E AS RUPTURAS DO AMBIENTE **DIGITAL**

A ANARCO CULTURA

RICARDO BARRETO

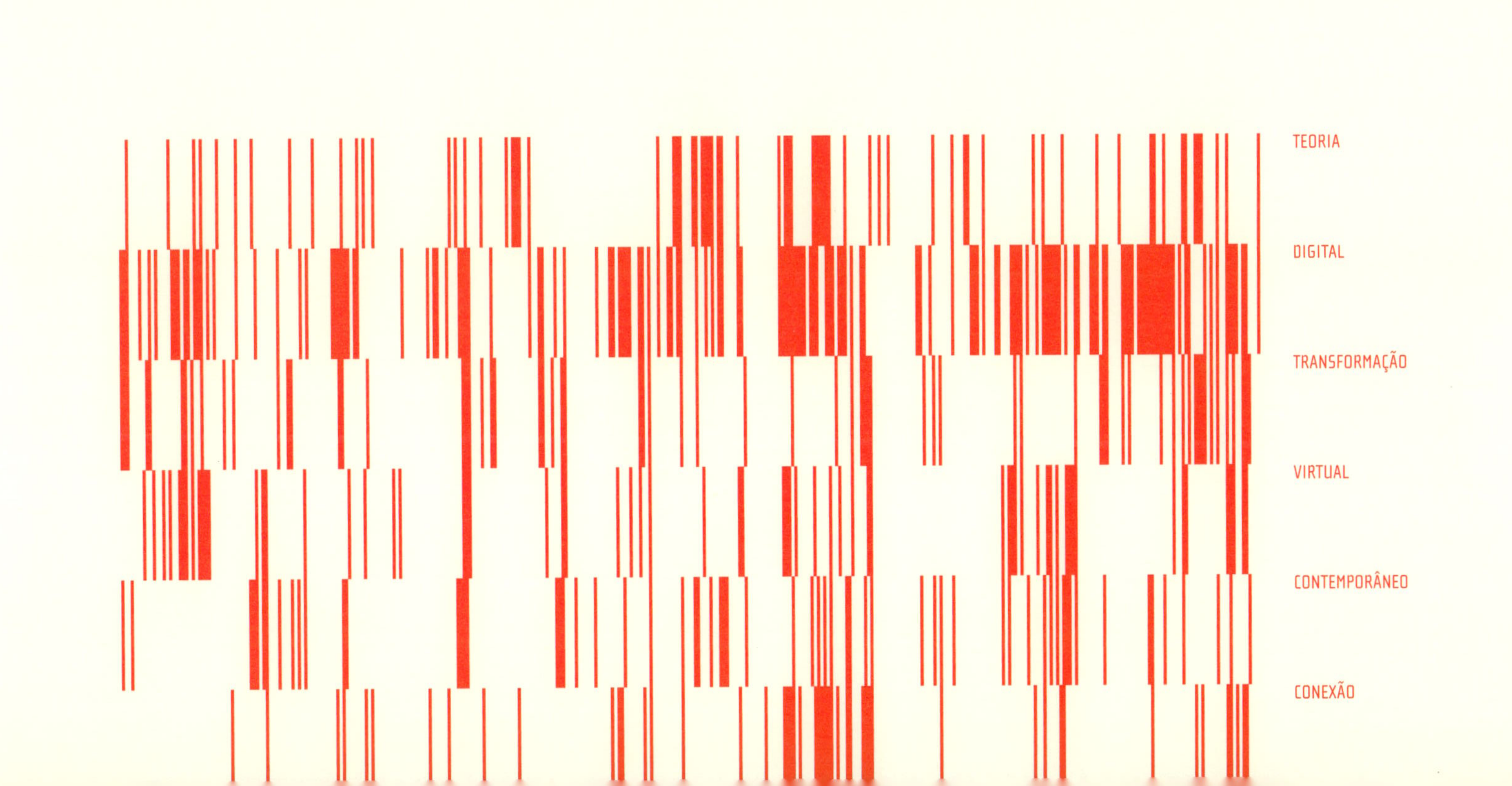
TEORIA
DIGITAL
TRANSFORMAÇÃO
VIRTUAL
CONTEMPORÂNEO
CONEXÃO

Na anarco-cultura, vive-se o jogo livre de todos os códigos que ocorrem no mundo das redes, rompendo assim com as instituições transcendentes baseadas na autoridade e na unicidade, provocando uma heterogenização descontrolada que não se pode capturar por nenhum aparelho. Ela se dá como uma máquina de transformação cultural perpétua, onde a "autoridade cultural" não pode mais exercer nenhum poder sobre as suas manifestações. Pura conectividade que escapa dos conceitos, que escapa da autoridade, que escapa daqueles que lhe querem impôr uma forma. Não espere epifanias ou originalidades ontológicas, vanguardas heróicas ou teleologias da emancipação, mas um mundo virtual prenhe de potencialidades onde ocorre o jogo livre entre seus códigos, o jogo livre das diagonais que atravessam todos os planos, todas as disciplinas e que entrelaçam as multiplicidades heterogêneas num jogo livre das conexões. Replicações, samplings, paráfrases, conexões estratégicas, reenvios heurísticos, alteridades criadoras são os seus modos de fazer. O novo, o velho nada destas coisas importam mais, ficaram no passado longínquo da modernidade histórica. Estes objetivos perderam a sua força, tornaram-se acadêmicos, demasiadamente acadêmicos. Na sociedade das redes virtuais vive-se uma necessidade imanente: a potencialização indiscriminada de todas as suas micrológicas partes (nano). Tudo será potencializado ocasionando a extraordinária produção indeterminada do absoluto; o controle e o descontrole se dão simultaneamente, porém eles serão sempre assimétricos. Não mais o binômio estado/revolução=estado, mas império/atentado=atentado, ou seja, a instabilidade mundial e a imprevisibilidade temporal permanente. Assim o "apeíron" anaximândrico pode coexistir na maquinação virtual contemporânea de tal maneira que ele se torna a instância pré-conceitual imanente de todas as redes virtuais. Não estamos mais na época do "pós", mas do "pré". A teoria das redes não-lineares e a anarco-cultura exigem uma instância pré-conceitual; pré-formal; pré-filosófica; pré-metafísica; pré-estrutural; pré-histórica, sem as quais não nos libertaremos dos conceitos, das formas, das filosofias, das metafísicas, das estruturas e da história. Esta região "pré" é a instância das intensidades livres, onde nenhuma "arche"pode sobreviver ou se instalar; ela não tem nem início, nem princípio, pois sua natureza é pura imanência, pré-sujeito e pré-objeto, um prelúdio filosófico virtual. De outra maneira, deus, ideias, princípios, axiomas, conceitos, fundamentos, causas, egos, estados políticos são seres advindos de uma metafísica milenar fundamentada na "arche", onde o início é um princípio, fundamento do sistema que se pretende instalar. São pontos coaguladores e centralizadores de poder monopolizador há muito introjetados e fixados em nossas mentes (ideias fixas). Quando nos libertaremos definitivamente da herança platônica e aristotélica? A pré-filosofia concebe uma outra paisagem, cuja natureza é de imanência anárquica por excelência. Paisagem sem pontos gravitacionais de poder centralizador, de velocidades multiplicadas conectadas em redes dinâmicas, cujos pontos não são pontos, mas outra redes dinâmicas, constituindo um topos inexato pré-metafísico, por onde as intensidades fluem recriando heterogeneamente a si próprias. Desta maneira a anarco-cultura, onde as redes constituem sua vida, liberta-se dos pontos monopolizadores de poder, mas também da visão hilemórfica do passado filosófico, onde a forma sempre formatava a matéria. Nenhum conceito poderá explicá-la, nenhuma forma poderá detê-la. Dir-se-á que sua natureza é informal e pré-estrutural: pura performance, pois as replicações e os sampleamentos das intensidades e dos códigos impedem sua cristalização em conceitos, em formas ou em egos. A identidade sofre um atentado, ela se torna uma outra coisa. Pierre Menard, autor de Dom Quixote de Borges e as fotos de Sherrie Levine ilustram o atentado à autoria e demonstram a transformação paradoxal que recebe a obra por eles replicada. Nenhuma obra será a mesma depois de replicada (clone-cultural). A replicação continua do outro e de si (auto-poesis cultural + alteridade cultural) destroem o original, para transformá-lo numa multiplicidade liberta da "arche". No anarco-culturalismo toda produção cultural está ali para ser replicada, alterada, dilacerada, esquartejada e contaminada; todos poderão fazer "arte", todos poderão fazer música, basta "destruí-las" (replicação,sampling); o objetivo do anarco-culturalismo é o fazer e a experimentação do outro absoluto. No universo da alteridade, tanto o tempo como o espaço se tornam não lineares e não homogêneos: pré-tempo, pré-espaço. Não há mais uma unidade de espaço, uma substância espacial ou uma forma espacial.No pré-espaço, no qual a "arche" foi retirada como elemento constituinte, só resta o anarco-espaço, cujas dimensões inexatas se conectam infinitamente entre si; a extensão ao tornar-se virtual liquefaz a solidez geometrizante, criando um estranho elo entre o tempo e o espaço, ou o que poderia ser chamado de tempo catatônico(anarco-tempo--virtual). Ele é o tempo das redes não lineares, numa conexão estreita de tempo e de espaço virtual. Nem continuidade sequencial ou simultânea, nem instantes atomizados limitantes, mas paradas estratégicas (epoqué temporal), onde o tempo passa sem nada passar e zapeamento de fluxo descontínuo, neste caso há um salto temporal, onde o tempo não passa, passando todas as velocidades. A epoqué temporal se dá quando o tempo replica-se a si mesmo, aparecendo então como tempo ausente, ele se torna espacial, quanto maior for a velocidade da replicação temporal, mais espacial ele parecerá. Um exemplo ilustrativo desta situação de suspensão temporal aparece na obra de Richard Serra, intitulada

One-ton-prop (House of Cards) onde quatro chapas de ferro estão encostadas uma nas outras de tal maneira que elas permanecem em pé pela tensão recíproca entre elas, esta tensão foi chamada de prop. A grande novidade desta escultura é que ela não mais habita somente o espaço, mas também o tempo, ela só existe enquanto suas partes permanecem encostadas umas nas outras, contudo o tempo não é sentido como passando, mas como em suspenso. Esta obra faz uma mistura entre o espaço e o tempo e apresenta uma nova dimensão espaço-temporal. Outro exemplo do tempo-espaço-prop são as telas dos computadores digitais, manipuladas pela invenção de Doug Engelbart, que permanecem num estado de suspensão temporal na espera que a interação do usuário salte para uma outra órbita. A interação pressupõe a epoqué temporal, pois sem ela estaríamos presos num fluxo contínuo; estaríamos escravos do automatismo temporal linear analógico, pois nunca houve nada de libertário nas mídias analógicas; estaríamos escravos do tempo crônico, lembremo-nos das revoluções(epoqué histórica), quando, contra o tempo opressor, os relógios eram quebrados. Suspensão e salto são as duas faces do tempo catatônico. A suspensão é o momento estratégico das decisões, das volições e dos desejos. Ela pode durar o tempo todo ou uma fração imperceptível. Por outro lado o salto se dá no fluxo temporal que traz em si a possibilidade da suspensão a qualquer momento, ocasionando uma transformação na natureza do tempo e do que ocorre nele, produzindo uma indeterminação quanto à direção temporal; são os devires. Contudo o salto também pode ser clônico, ocasionando múltiplas direções temporais interconectadas. No mundo digital elas puderam ocorrer, através das linkagens múltiplas entre as órbitas, ou através das janelas múltiplas sobreponíveis desenvolvidas por Alan Kay. A conexão tempo-espaço-temporal (tempo catatônico), e as intensidades livres "anarche" inauguram uma nova forma de experimentação e libertação cultural. Os mass mídias, por outro lado, como produtores da "cultura de massa" impuseram uma forma linear de temporalidade às massas, escravizando-as através de um fluxo contínuo e ininterrupto de signos despotencializantes, produzindo uma desvalorização do público e da cultura. O tempo linear foi o responsável pela massificação generalizada do público moderno e por uma visão meta-narrativa da história. Uma mentalidade complexa e anárquica se impõe à cultura contemporânea: a anarco-cultura. Ela ocorre quando a autoridade cultural não pode mais exercer nenhum poder sobre as manifestações culturais ou sobre os seus produtores; quando os seus produtos não são mais comercializados; quando o valor do produto cultural não repousa sobre a sacralização ou sobre a propriedade, mas na sua capacidade de potencializar os agentes que com ele se conectam; quando o produtor cultural liberta-se de seu ego, liberta-se de seu nome, liberta-se da pretensão inócua de entrar para a história e, então, ao se desterritorializar, pode participar de um plano mais complexo, onde o sentido construído pelo autor é substituído pelas estratégias de múltiplos sentidos em co-autoria com seus interagentes; quando o produto cultural deixa de ser linear e analógico e passa a ser um sistema ubíquo de complexidade interativa enfatizando seus aspectos imersivos e bioculturais, tornando-se, portanto, máquina de transformação cultural; quando não há mais o mundo próprio das artes, das ciências ou de qualquer outra disciplina, mas o jogo livre entre seus códigos, o jogo livre das diagonais que atravessam todos os planos, todas as disciplinas e que entrelaçam as multiplicidades heterogêneas num jogo livre das conexões. O anarco-culturalismo é a cultura do estado de natureza da redes digitais (ciber-natureza/cultura digital), ele é pré-estatal, pré-contratual, pré-direitos e pré-deveres. Nele habitam novas tribos, novas comunidades, novos viajantes, mas também novas estratégias que desestabilizam o mundo da "arche". Não há mais um público que deva ser atingido (público alvo), mas comunidades, coletivos e networks que se tornam cada vez mais impermeáveis às campanhas de marketing e às estratégias publicitárias. Do público passivo, massa de manobra, pelo qual os mídias analógicos retiravam sua energia, passamos, através da ciber-natureza para as comunidades intercomunicantes; para os coletivos inteligentes; para as networks estratégicas, para as máquinas anárquicas de guerra transformadoras (virulência cultural).

Sobre o Autor

Ricardo Barreto é artista e filósofo. Atuante no universo cultural trabalha com performances, instalações e vídeos e se dedica ao mundo digital desde a década de 90. Co-fundador e co-organizador do FILE Festival Internacional de Linguagem Eletrônica.

Texto publicado pelo File em 2003.

A MÁQUINA VIRAL UNIVERSAL – BITS, PARASITAS E ECOLOGIA DA MÍDIA NA CULTURA DE REDES

JUSSI PARIKKA

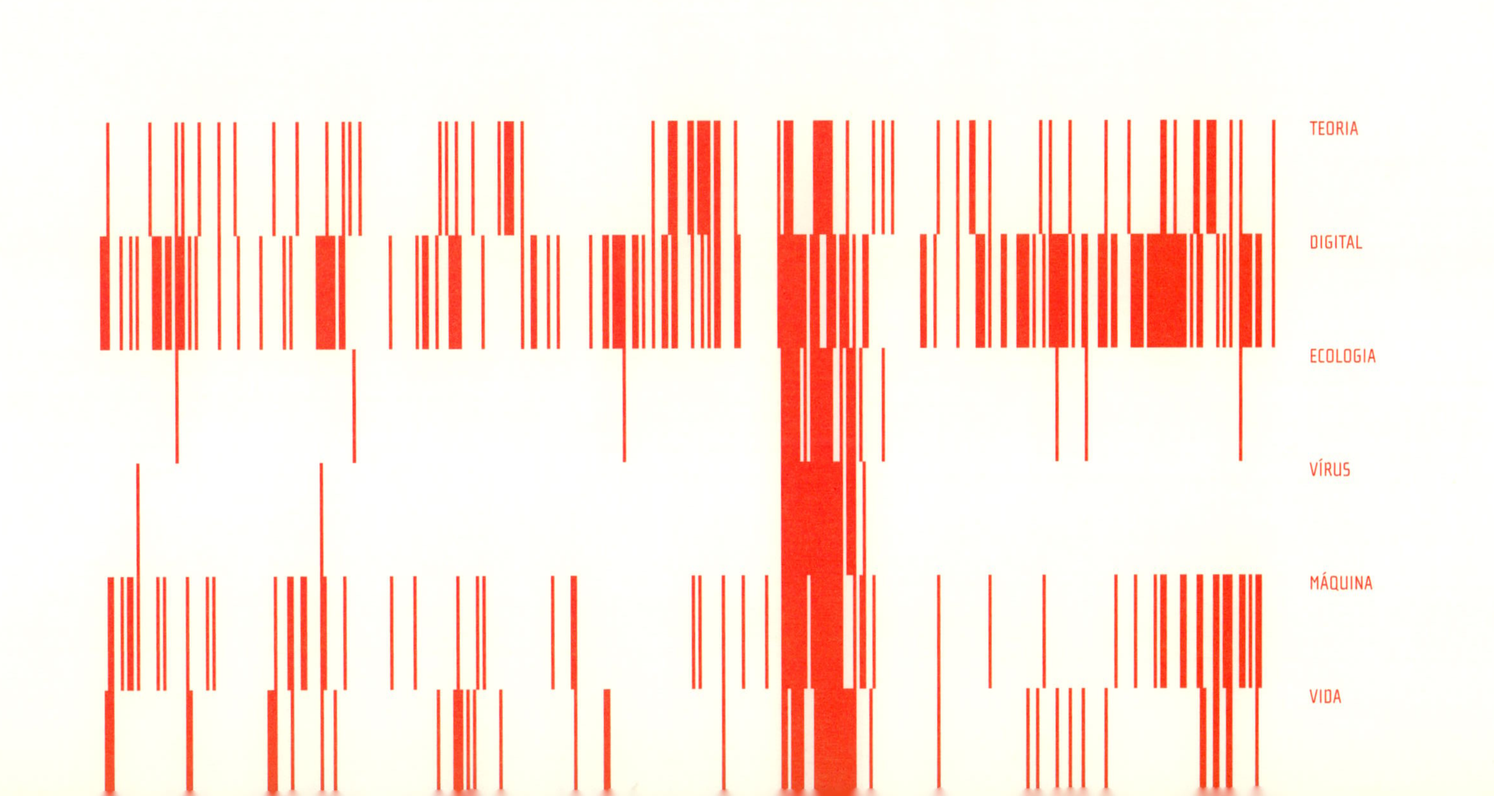
TEORIA
DIGITAL
ECOLOGIA
VÍRUS
MÁQUINA
VIDA

Os organismos são adaptados a seus ambientes, e parece adequado dizer que sua organização representa o 'ambiente' em que eles vivem ....[1]
– Humberto Maturana

Prólogo: A biologia da cultura digital

Nas últimas décadas, criaturas biológicas como vírus, vermes, *bugs* e bactérias parecem ter migrado de seus hábitats naturais para ecologias de silicone e eletricidade. A mídia também se apressou a empregar essas figuras de vida e monstruosidade para representar miniprogramas, transformando-as em Godzillas e outros monstros míticos digitais. A ansiedade que esses programas produzem deve-se em grande parte a sua suposta condição de programas quase-vivos, como exemplificado nesta citação sobre o verme da Internet de 1988:

O programa batia insistentemente às portas eletrônicas de Berkeley. Pior, quando Lapsley tentou controlar as tentativas de invasão, descobriu que se tornavam mais rápidas do que ele era capaz de matá-las. E, nessa altura, as máquinas atacadas de Berkeley estavam desacelerando conforme o invasor demoníaco devorava cada vez mais tempo de processamento dos computadores. Eles estavam sendo aniquilados. Os computadores começaram a parar ou a ficar catatônicos. Simplesmente ficavam estagnados, sem aceitar comandos. E apesar de as estações de trabalho estarem programadas para recomeçar a funcionar automaticamente depois de uma pane, assim que elas reiniciavam eram novamente invadidas. A universidade estava sendo atacada por um vírus de computador.[2]

Essas articulações da vida em computadores não se restringiram a esses programas específicos, mas tornaram-se uma maneira geral de compreender a natureza da Internet desde os anos 90. Sua complexa composição foi descrita em termos de "raízes" e "estruturas ramificadas" de "crescimento" e "evolução". Como notou Douglas Rushkoff em meados dos anos 90, "as imagens biológicas são muitas vezes mais apropriadas para descrever a maneira como a cibercultura se modifica. Em termos da maneira como todo o sistema se propaga e evolui, pense no ciberespaço como uma placa de Petri social, na Net como o meio de ágar e nas comunidades virtuais, em toda a sua diversidade, como as colônias de microorganismos que crescem nas placas de Petri".[3]

1. Humberto R. Maturana e Francisco J. Varela. *Autopoiesis and Cognition. The Realization of the Living*, Dordrecht e Londres: D. Reidel, 1980, p.6.

2. Katie Hafner & John Markoff. *Cyberpunk: Outlaws and Hackers on the Computer Frontier*. Londres: Fourth Estate, 1991, p.254.

3. Douglas Rushkoff. *Media Virus!*, Nova York: Ballantine Books, 1996, p.247.

4. Sobre capitalismo e vírus de computador, ver Jussi Parikka. *Digital Monsters, Binary Aliens - Computer Viruses, Capitalism and the Flow of Information.* Fibreculture, nº 4, Contagion and Diseases of Information, editado por Andrew Goffey, http://journal.fibreculture.org/issue4/issue4--parikka.html.

5. Deborah Lupton. *Panic Computing: The Viral Metaphor and Computer Technology.* Cultural Studies, vol. 8 (3), outubro de 1994, p. 566.

Neste artigo, examino os vermes e vírus de computador como parte da genealogia da mídia em rede, das redes de discurso da mídia contemporânea. Enquanto debates populares e profissionais sobre esses miniprogramas com frequência os vêem somente como código nocivo, os vermes e vírus podem igualmente ser abordados como reveladores dos próprios fundamentos de seu ambiente. Essa perspectiva ecológica da mídia se baseia em noções de auto-referencialidade e autopoiésis, que problematizam as descrições geralmente apressadas dos vírus como softwares nocivos, produtos de jovens vândalos. Em outras palavras, os vermes e vírus não são a antítese da cultura digital contemporânea, mas revelam traços essenciais da lógica tecno-cultural que caracteriza a cultura da mídia computadorizada das últimas décadas.

Dou ênfase especial às funções das últimas décadas de cultura digital como redes, automação, auto-reprodução e cópia e comunicação. Esses termos foram incorporados, tanto ao vocabulário da cultura de mídia quanto ao trabalho prático de engenharia realizado por cientistas da computação e outros profissionais que implementam os princípios da informática ao redor do mundo. Como discuti a conexão entre os vírus de computador e o capitalismo da informação em outros lugares[4], o presente texto se concentra mais na genealogia sócio-tecnológica do fenômeno, assim complementando o trabalho já realizado.

Em 1994, Deborah Lupton sugeriu que os vírus de computador poderiam ser entendidos como metonímias "do potencial parasítico da tecnologia de computadores de invadir e assumir o controle a partir de dentro"[5], assim expressando a recepção ambivalente – oscilando entre preocupação e entusiasmo – que o computador teve nas últimas décadas. De maneira semelhante, pergunto se os vírus são uma metonímia, ou um indício, da infra-estrutura subjacente, material e simbólica, em que repousa a cultura digital contemporânea. Enquanto alguns biólogos afirmam que "em qualquer lugar onde há vida esperamos encontrar vírus"[6], parece-me que talvez isso possa se estender ao mundo da cultura digital. Mapear os territórios "históricos" habitados pelos vermes e vírus de computador produz uma cartografia desses trechos de código efetivos que não os reduz à classe generalizada de software nocivo, mas reconhece a centralidade muitas vezes negligenciada que esses tipos de programas têm na ecologia de redes da cultura digital. Esses trechos de código viral nos mostram que a sociedade digital é habitada por todos os tipos de quase-objetos e atores não-humanos, para adotar a terminologia de Latour[7]. Nesse sentido, os projetos de vida artificial e as metamorfoses biológicas da cultura digital nas últimas décadas oferecem chaves essenciais para se destrinchar a lógica dos softwares que produzem a base ontológica da maior parte das transações econômicas, sociais e culturais das redes globais modernas.

6. *Scientists: Virus May Give Link to Life.* SunHerald, 12 de maio de 2004, http://www.sunherald.com/mld/sunherald/news/nation/8649890.htm.

7. Ver Bruno Latour. *We Have Never Been Modern*. Nova York e Londres: Harvester Wheatsheaf, 1993.

8. Além das perspectivas articuladas, p.ex., por Friedrich Kittler e Paul Virilio, ver, p.ex., Stephen Pfohl. *The Cybernetic Delirium of Norbert Wiener.* CTheory 30/01/1997, http://www.ctheory.net/text--file.asp?pick=86. Ver também Paul E. Edwards. *The Closed World. Computers and the Politics of Discourse in Cold War America*. Cambridge e Londres: The MIT Press, 1996.

9. Ver Pierre Sonigo e Isabelle Stengers. *L'Évolution*. Les Ulis: EDP Sciences, 2003, 149. A abordagem mídia-ecológica é geralmente ligada a obras de Marshall McLuhan, Neil Postman e da chamada Escola de Toronto. Sobre uma avaliação crítica

de alguns temas de ecologia da mídia, ver Ursula K. Heise. *Unnatural Ecologies: The Metaphor of the Environment in Media Theory.* Configurations, Vol. 10, nº 1, Inverno 2002, pp. 149-168. Ver também o recente livro de Matthew Fuller *Media Ecologies: Materialist Energies in Art and Technoculture.* Cambridge, MA: MIT Press, 2005. Fuller discerne três correntes de ecologia da mídia: 1) a compreensão organizacional da ecologia da informação como locais de trabalho, etc.; 2) as ecologias de mídia ambientalistas de, p.ex., McLuhan, Lewis Mumford, Harold Innis, Walter Ong e Jacques Ellul, que tendem a enfatizar a homeostase e o equilíbrio; e 3) os relatos pós-estruturalistas da ecologia da mídia de, p.ex., N. Katherine Hayles e Friedrich Kittler, que podem ser vistos como uma abertura da ênfase demasiado humanística da segunda categoria. Fuller acrescenta (pp. 3-5) a ênfase de

A situação cultural contemporânea é muitas vezes descrita como uma junção essencial de guerra e mídia – e a logística da cibernética de comando, controle, comunicações e inteligência, C3I –, ampliada das redes estritamente militares para incluir a mídia de entretenimento[8]. Sugiro, no entanto, que "vida" e ideias como "ecologias" e "territórios" também podem atuar como valiosos pontos de referência teóricos para se compreender os paradigmas da cultura digital. A cibernética, assim como outras origens científicas das redes digitais modernas, enfoca a vida e a junção do biológico com o tecnológico, tema que ganhou terreno especialmente nas últimas décadas juntamente com uma quantidade crescente de softwares semi-autônomos. Em vez de simples projeto e controle de cima para baixo, temos cada vez mais processos artificiais, porém semelhantes à vida, de auto-organização, processamento distribuído e intermediação – temas que, embora sejam importantes símbolos culturais, também são processos reais subjacentes à ecologia da mídia da digitalidade.

Os vírus e vermes se apresentam como o ápice dessas tendências culturais, enquanto também funcionam como novas "ferramentas de pensamento"[9] para uma teoria da mídia que enfoca a complexidade e o conexionismo. As teorias da complexidade encontraram seu nicho na filosofia e na teoria cultural enfatizando os sistemas abertos e a adaptabilidade. De maneira semelhante, teorias que salientam a co-evolução de um organismo e seu ambiente também fornecem importantes pontos de vista para se estudar a cultura digital, permitindo que o pensamento supere as dicotomias objeto-sujeito e veja essa situação cultural da mídia como um feedback e auto-recriação contínuos. A engenhosa percepção de vários projetos de cultura digital foi que sua compreensão de "vida" se baseou na auto-reprodução e uma junção do exterior com o interior, um processo de dobramento. Este ensaio segue essa pista, e dobra esse tema com a teoria cultural que trata da cultura de redes digitais. Em suma, apesar de os termos acima citados "vida", "ecologia", etc. serem facilmente circuitos fechados auto-referentes, ou – como em outros casos – modelos formais, quero sugerir uma ideia mais sutil. Ao discutir a "vida da cultura de redes", ela não deve ser entendida como uma forma, mas sobretudo como movimento e junção, de maneira semelhante à leitura de Deleuze da afirmação de Spinoza:

O importante é entender a vida, cada individualidade viva, não como uma forma ou um desenvolvimento da forma, mas como uma complexa relação entre velocidades diferenciais, entre desaceleração e aceleração de partículas.[10]

A engenhosa percepção de vários projetos de cultura digital foi que sua compreensão de "vida" se baseou na auto-reprodução e numa junção do exterior com o interior, um processo de dobramento.

Félix Guattari para a experimentação e testes como parte chave de seu projeto, algo que também considero uma orientação muito valiosa, complementando as perspectivas de Kittler.

10. Gilles Deleuze. *Spinoza: Practical Philosophy*. Trad. Robert Hurley. San Francisco: City Lights Books, 1988, p. 123.

11. Ver Eugene Thacker. *Biophilosophy for the 21st Century*. CTheory 6/9/2005, http://www.ctheory.net/articles.aspx?id=472. Além disso, acho as ideias de Alex Galloway sobre a natureza protocológica dos vírus semelhante à minha tese genealógica. Os vírus atuam como agentes que se aproveitam da arquitetura da Net, mas seus vetores excedem os limites predefinidos. Ver Alexander Galloway. Protocol. How Control Exists After Decentralization. Cambridge, MA e Londres: The MIT Press, 2004, p.186.

12. Fred Cohen. *Computer Viruses – Theory and*

Essa perspectiva ecológica não depende, portanto, de características formais da vida, mas é um rastreamento das linhagens do filo maquínico virtual da cultura de redes digitais, e também um rastreamento dos caminhos dos organismos que se movem nesse plano: uma biofilosofia[11] – ou genealogia da vida digital. Portanto, embora o enfoque aqui seja para as genealogias da cultura de redes, esse mapeamento é feito para fornecer uma re-fiação para futuros e vir-a-seres, como a parte final deste artigo irá ilustrar.

A Máquina Viral Universal

Fred Cohen ficou conhecido como o pioneiro que trabalhou para decifrar as potencialidades dos programas virais no início dos anos 80. Os experimentos de Cohen em 1983 ficaram famosos, e Cohen, então um doutorando em engenharia elétrica na Universidade do Sul da Califórnia, tem sido citado como a pessoa que percebeu os perigos potenciais dos programas de vírus[12]. Os "ataques de negação de serviços" que Cohen descreveu e sobre os quais advertiu, desde então foram demonstrados como um meio muito factível de guerra informática, uma guerra que ocorre no nível da codificação digital – "softwar(e)" como a chamou um livro de espionagem de 1985[13]. Cohen ilustrou isto em um trecho de pseudo-código para dar uma ideia de qual poderia ser a aparência de um programa viral em princípio:

subroutine infect-executable:=
{loop:file = get-random-executable-file;
if first-line-of-file = 1234567 then goto loop;
prepend virus to file;}[14]

Evidentemente, a comoção sobre vírus e vermes que surgiu no final da década de 80 se deveu à percepção de que esse trecho de código, longe de inerte, poderia ser responsável pela "bomba de hidrogênio digital", como disse a revista cult de cibercultura dos anos 80 Mondo 2000 [15]. Enquanto a ansiedade sobre as armas nucleares do período da Guerra Fria parecia desaparecer, os miniprogramas de computador e os hackers maliciosos revelavam-se uma nova ameaça.

Fred Cohen, porém, não pensava apenas na guerrilha digital, mas na vida em geral, na dinâmica dos programas semi-autônomos, salientando que os dois, guerra e vida, não são modalidades contraditórias, no sentido de que ambos têm a ver com mobilização, com atuação. Nesse sentido, seu trabalho também foi negligenciado, e não me refiro às objeções que sua pesquisa enfrentou nos anos 80[16]. Em vez de simplesmente fazer advertências sobre os vírus, o trabalho e a tese de doutorado de Cohen apresentaram as conexões essenciais entre os vírus, as máquinas de Turing e os processos artificiais semelhantes à vida. Não podemos acabar com os vírus, pois a ontologia da cultura de redes é virótica. Os vírus, vermes e quaisquer outros programas semelhantes que usavam as operações básicas dos computadores em comunicação, logicamente faziam parte do campo da computação. A fronteira entre operações ilegais e legais em um computador não poderia, portanto, ser resolvida tecnicamente – fato que levou a uma inundação de literatura sobre "como descobrir e livrar-se de vírus em seu computador".

Para Cohen, um programa de vírus era capaz de infectar "outros programas, modificando-os para incluir uma cópia de si mesmo, possivelmente aperfeiçoada"[17]. Isso permitia que o vírus se espalhasse por todo o sistema ou rede, tornando todos os programas suscetíveis a tornarem-se vírus. A relação desses conjuntos de símbolos virais com as máquinas de Turing era essencial, semelhante à relação entre um organismo e seu ambiente. A máquina universal apresentada em 1936 por Alan Turing forneceu, desde então, o esquema básico de todos os computadores existentes, em sua definição formal de programabilidade. Qualquer coisa que possa ser expressa em algoritmos também pode ser processada por uma máquina de Turing. Assim, Cohen comenta, "a sequência de símbolos em fita que chamamos de 'vírus' é uma função da máquina em que eles serão interpretados"[18], implicando logicamente a inerência dos vírus nos sistemas de comunicação baseados na máquina de Turing. Essa relação transforma todos os organismos em parasitas, no sentido de que adquirem sua existência do entorno ao qual estão ligados funcional e organizacionalmente.

Embora Cohen estivesse preocupado com os problemas práticos da segurança de computadores[19], seu trabalho também tem implicações ontológicas mais importantes. A segurança contra softwares nocivos (e o perigo de alguém usá-los para provocar uma guerra) era apenas um componente dos vírus de computador, expresso na diferença entre o código de

subroutine infect-executable:=
{loop:file = get-random-executable-file;
if first-line-of-file = 01234567 then goto loop;
compress file;
prepend compression-virus to file;}

Experiments. DOD/NBS 7th Conference on Computer Security, originalmente publicado em IFIP-sec, 1984, Online: http://www.all.net/books/virus/index.html.

13. Thierry Breton & Denis Beneich. *Softwar*. Paris: Robert Laffont, 1985.

14. Cohen, *Computer Viruses – Theory and Experiments*.

15. Rudy Rucker, R.U. Sirius & Queen Mu (eds.). Mondo 2000. *A User's Guide to the New Edge*. Londres: Thames & Hudson, 1993, p.276. O relatório de 1984 do Pentágono *Strategic Computing*, destinado a superar a "lacuna de software" com o Japão, baseou-se em ideias de máquinas predatórias autônomas e visões de campos de batalha de software eletrônico dos anos 90. Manuel DeLanda. *War in the Age of Intelligent Machines*. Nova York: Zone Books, 1991, pp.169-170.

16. Ver Tony Sampson. *A Virus in Info-Space*. M/C: A Journal of Media and

Culture, 2004, http://journal.media-culture.org.au/0406/07--Sampson.php. O trabalho de Cohen foi frequentemente desprezado por não abordar uma ameaça real. Vários comentaristas foram céticos sobre a possibilidade de uma disseminação em larga escala desses programas. Outros consideraram perigosos os testes de Cohen, no sentido de que publicar o trabalho disseminaria o conhecimento necessário para a criação de vírus.

17. Fred Cohen. *Computer Viruses*. Dissertação apresentada na University of Southern California, dezembro de 1986, p. 12.

18. Cohen, *Computer Viruses*, p. 25.

19. Isso significava especialmente abordar os problemas de transitividade, o fluxo de informação e em geral a tendência a compartilhar e operar em rede. Mesmo que o isolacionismo tivesse fornecido uma segurança perfeita contra vírus e outros problemas de redes, não era uma opção

e

```
subroutine trigger-pulled:=
{return true if some condition holds}
main-program:=
{infect-executable;
if trigger-pulled then do-damage;
goto next;}
```

Esses trechos de pseudocódigo foram usados desde então para esclarecer a lógica geral do funcionamento dos vírus. A pequena diferença entre esses dois exemplos demonstra que as atividades dos vírus não são redutíveis aos danos potenciais que o software nocivo pode infligir aos órgãos da ordem nacional e internacional, mas a própria lógica de software auto-reprodutor vem a ser uma questão fundamental, relacionada, é claro, à ontologia dos vírus e à cultura de redes da mídia digital. Mesmo que a tese óbvia de Cohen fosse encontrar modelos e procedimentos para uma computação segura – para manter o fluxo da informação em uma sociedade –, essa tarefa foi acompanhada de algo de uma natureza mais fundamental. Assim, basicamente, as rotinas virais não se limitavam aos danos, mas também permitiam a ideia de vírus benévolos: por exemplo, um "vírus de compressão" poderia funcionar como uma unidade de manutenção autônoma, economizando espaço em disco[20]. Em sentido semelhante, outro experimentador do início dos anos 90, Mark Ludwig, acreditava que os vírus não deviam ser julgados somente em termos de suas cargas nocivas ocasionais, mas pelas características que tornavam razoável discuti-los como vida artificial: reprodução, emergência, metabolismo, resistência e evolução[21].

Isso dirige o foco para a virulência dos programas de vírus. Sendo trechos de código que por definição funcionam somente para infectar, auto-reproduzir-se e ativar-se de tempos em tempos, não admira que diversos cientistas da computação não tenham sido capazes de vê-los como um material passivo, mas como algo atuante, em disseminação. Outros os tomaram como exemplos de vida artificial primitiva, por sua capacidade de reproduzir-se e disseminar-se de maneira autônoma (vermes) ou semi-autônoma (vírus).

Não quero abordar a questão de se os vermes e vírus são vida como a entendemos, mas saliento que, além de ser uma articulação no nível do imaginário cultural, essa viralidade também é uma descrição muito fundamental dos processos maquínicos desses programas e da cultura digital em geral. Como continuação do tema da modernização tecnológica, a cultura de redes é cada vez mais habitada por programas de software e processos semi-autônomos, que muitas vezes despertam a sensação perturbadora de vida artificial como se expressa, por exemplo, em vários exemplos jornalísticos e fictícios que descrevem ataques de programas de software. Essa sensação perturbadora é uma expressão da situação híbrida desses programas, que transgride os limites constituintes (no sentido da palavra usado por Latour) de Natureza, Tecnologia e Cultura. Enquanto os vírus e vermes passaram a ser, na consciência popular, indícios centrais dessa transgressão, projetos de vida artificial também enfrentaram o mesmo problema. Como salientam há décadas as disciplinas transversais como vida artificial, a vida não deve ser julgada como uma qualidade de determinada substância (a hegemonia de um entendimento da vida baseado no carbono), mas como um modelo de interconexão, emergência e comportamento dos componentes constituintes de qualquer sistema vivo. Chris Langton sugeriu no final dos anos 80, que a vida artificial não enfoca a vida como ela é, ou foi, mas a vida como poderia ser. Isso é adotado como a ideia chave para projetos que veem a vida emergindo em várias plataformas sintéticas, sistemas de silício e baseados em computador e redes, por exemplo[22]. Em uma linha semelhante, Richard Dawkins, ao viralizar a realidade cultural com sua teoria dos "memes" em 1976, referiu-se às possibilidades de encontrar vida mesmo em "circuitos reverberantes eletrônicos"[23].

Consequentemente, uma questão mais interessante do que a de se programas de software isolados são vivos se encontra na questão de que tipo de novas abordagens o campo da vida artificial pode oferecer para a compreensão da cultura digital. A vida artificial poderia pelo menos nos fornecer uma abordagem para pensar os sistemas vivos não como entidades em si, mas como sistemas e junções (acoplamentos) – aqui a ecologia Tierra-virtual de Thomas S. Ray, dos anos 90 nos oferece um bom exemplo[24]. Essa abordagem da vida artificial também poderia nos levar a pensar sobre a condição da mídia contemporânea como uma espécie de ecologia, de "vida" no sentido de que se baseia em conexões, auto-reprodução e junção de elementos heterogêneos. Isso também tem ecos na compreensão spinoziana da vida acima citada como afetividade: relações em velocidades variantes, desacelerações e acelerações entre partículas interconectadas.

O que Cohen demonstrou, e essa talvez seja sua contribuição mais duradoura, embora não pretendamos diminuir suas conquistas na ciência da computação, foi a percepção de que a cultura digital estava à beira de uma mudança de paradigma, da cultura de Máquinas de Computação Universais para a de Máquinas Virais Universais. Essa cultura não mais se limitaria às capacidades ruidosas de pessoas criando algoritmos. Em vez disso, esses conceitos evolucionários

em um mundo que se tornava cada vez mais dependente do fluxo ininterrupto de informação como produto final do capitalismo. A transitividade da informação significa que em qualquer fluxo de informação de A a B e de B a C também significa uma ligação direta de A a C. Assim, isso descreve basicamente um sistema "aberto" de fluxos (onde a "abertura" do sistema, no entanto, é subordinada à lógica de pontos). O modelo de partição foi conceitualizado como um limite básico desse fluxo, fechando um sistema em subconjuntos, e consequentemente restringindo o livre fluxo de informação. Cohen cita o modelo de segurança de Bell-LaPadula (1973) e o modelo de integridade de Biba (1977) como políticas que "dividem os sistemas em subconjuntos fechados em transitividade". Esses modelos, que lidavam com controle de fluxos de informação foram alguns dos primeiros paradigmas técnicos da segurança de computadores. Ver Cohen, *Computer*

Viruses p. 84. "Claramente, se não houver compartilhamento, não pode haver disseminação de informação através de limites de sujeitos, e os vírus não podem se disseminar para fora de um sujeito isolado."

20. Cohen, *Computer Viruses*, pp.13-14.

21. Mark A. Ludwig. Computer Viruses, Artificial Life and Evolution. Tucson, Arizona: American Eagle Publications, 1993, p.22.

22. Chris Langton. "Artificial Life." In: *Artificial Life. The Proceedings of an Interdisciplinary Workshop on the Synthesis and Simulation of Living Systems*. Apresentada em setembro de 1987 em Los Alamos, Novo México. Editado por Christopher G. Langton. Redwood City, CA: Addison Wesley, 1989, 2. Ver também Claus Emmeche. *The Garden in the Machine. The Emerging Science of Artificial Life*. Princeton: Princeton University Press, 1994. Christopher G. Langton (ed). *Artificial Life. An Overview.*

de computação ofereceram um modelo de cultura digital que dependia cada vez mais das capacidades de atores auto-reprodutivos e semi-autônomos. Para citar as palavras tão menosprezadas de Cohen sobre "evolução viral como meio de computação", que cristalizam a ecologia de mídia da cultura digital em rede:

Depois de demonstrar que uma máquina arbitrária pode ser implantada com um vírus (Teorema 6), agora escolheremos um tipo particular de máquina a ser implantada para obter um tipo de vírus com a propriedade de que os sucessivos membros do conjunto viral gerado a partir de qualquer membro particular do conjunto contenham subseqüências que são (na notação de Turing) as sucessivas iterações da "Máquina de Computação Universal". Os membros sucessivos são chamados de "evoluções" dos membros anteriores, e assim qualquer número que possa ser "computado" por uma MT Máquina de Turing pode ser "evoluído" por um vírus. Portanto, concluímos que os "vírus" são um tipo de máquinas de computação pelo menos tão poderoso quanto as MTs, e que existe uma "Máquina Viral Universal" capaz de evoluir qualquer número "computável.[25]

Ambiente de código

De uma perspectiva cotidiana, a questão da evolução tecnológica poderia parecer paradoxal, considerando a violenta intermediação de duas esferas tão distintas quanto "biologia" e "tecnologia". Essa questão foi amplamente discutida desde o início da cibernética nos anos 50, e as articulações entre biologia e tecnologia continuam provando sua operacionalidade quando compreendidas como um questionamento da dinâmica da tecnologia. Como nota Belinda Barnet em seu ensaio sobre a questão da evolução tecnológica e vida, o que temos à mão é a necessidade de garantir "ao objeto técnico sua própria materialidade, seus próprios limites e resistências, o que nos permite pensar os objetos técnicos em suas diferenciações históricas".[26]

A agenda de Barnet se conecta à minha articulação de uma ecologia da mídia. Os vermes e vírus de computador, assim como outros elementos técnicos da cultura digital, nesse sentido, não são redutíveis aos discursos ou representações relacionados a eles, e para compreender a natureza complexa com que eles estão entrelaçados na história cultural material da digitalidade devemos desenvolver conceitos e abordagens alternativos. Nessa problemática, "vida" e "dinâmica" parecem ter ressonâncias mútuas de uma maneira proposta pelas teorias da complexidade que valorizam a natureza processual dos sistemas (abertos) baseados no constante ciclo de feedback entre um organismo e seu ambiente. No entanto, como essas noções podem facilmente permanecer como metáforas imprecisas, elas devem ser abordadas mais minuciosamente para ampliar suas implicações para a ecologia da mídia contemporânea. Aqui, abordarei a questão referindo-me à maneira como Deleuze e Guattari esboçaram as questões da máquina (separada das tecnologias em si) e da ontologia maquínica como interconectivas e interativas[27]. Isto é, as ecologias da mídia podem ser entendidas como processos maquínicos baseados em certas linhagens tecnológicas e sociais que adquiriram consistência. Assim, "maquínico" também se refere a uma produção de consistências entre elementos heterogêneos. Nessa ontologia do fluxo, as montagens tecnológicas são desacelerações parciais de fluxos, gerando entidades funcionais mais distintas. Não há seres humanos usando tecnologias, nem tecnologias determinando os humanos, mas um constante processo relacional de interação, de auto-organização, e, portanto, o enfoque se transfere para "subjetividades sem sujeito"[28]. Nesse sentido, a vida da ecologia da mídia é definível como maquínica.

A vida como conexionismo, não como um atributo de determinada substância, também está no centro da teoria viral:

A essência de uma forma de vida não é simplesmente um ambiente que suporta a vida, nem simplesmente uma forma que, dado o ambiente certo, viverá. A essência de um sistema vivo está na junção da forma com o ambiente. O ambiente é o contexto, e a forma é o conteúdo. Se os considerarmos juntos, consideramos a natureza da vida.[29]

Eu gostaria de enfatizar especialmente a junção entre uma entidade e seu ambiente como a essência do que constitui "vida". Isso tem uma implicação muito importante. Como já notaram os cientistas que abordaram a ideia dos vírus de computador como vida artificial, é difícil, ou talvez impossível, adotar totalmente os vírus de computador sob o critério de vida (biológica). Se tomarmos uma entidade e uma lista das qualidades que ela deve demonstrar (reprodução, emergência, metabolismo, tolerância a perturbações e evolução), então nada senão a vida tradicional poderá preencher os critérios de vida[30]. No entanto, quero adotar as sugestões para se ver a vida e a vida artificial em termos de conexionismo maquínico como horizontes e ideias experimentais para pensar a ecologia da mídia contemporânea.

Portanto, os vírus – e a vida inorgânica em geral – devem ser vistos como processos, e não entidades estáveis. Os vírus, por definição, são máquinas de

Cambridge e Londres: The MIT Press, 1997.

23. Richard Dawkins. *The Selfish Gene*. Oxford: Oxford University Press, 1977, p. 206.

24. Página de Tierra na web: http://www.his.atr.jp/~ray/tierra/

25. Cohen, *Computer Viruses*, pp.52-53.

26. Belinda Barnet. *Technical Machines and Evolution*. CTheory 16/3/2004, http://www.ctheory.net/text--file.asp?pick=414. Barnet revive em seu ensaio "Technical Machines and Evolution" a questão da evolução tecnológica da vida com a ajuda de Bernard Stiegler, Niles Eldredge, André Leroi-Gourhan e Félix Guattari, entre outros. O projeto de Barnet é argumentar por uma visão dinâmica da tecnologia. Em outras palavras, Barnet parece comprometida com encontrar alternativas para uma compreensão da tecnologia mais tradicional dos estudos culturais, que reduz sua dinâmica a intenções, projeções e discursos de origem humana.

junção, de parasitismo, de adaptação. Admissivelmente, eles podem não ser "vida" como definida pelo uso cotidiano ou na compreensão biológica geral, no entanto são espectros da ecologia da mídia que nos convidam a aceitá-los como algo pelo menos "semelhante à vida". Considerar um vírus como uma máquina de infecção, "um programa que pode 'infectar' outros programas, modificando-os para incluir uma cópia possivelmente aperfeiçoada de si mesmo"[31], significa a impossibilidade de concentrar-se nos vírus em si e exige a adoção de uma perspectiva cultural mais ampla desses processos de infecção. Como parte dos circuitos lógicos das máquinas de Turing, a infecção viral faz parte da arquitetura dos computadores, que faz parte da esfera técnica e da genealogia de máquinas de mídia de técnica semelhante, que por sua vez se ligam a linhagens de natureza biológica, econômica, política, social e assim por diante. Os vírus não produzem simplesmente cópias de si mesmos, mas também se envolvem em um processo de autopoiésis: eles se reconstroem incessantemente, enquanto tentam reproduzir os próprios fundamentos que os tornam possíveis, isto é, eles desdobram as características da cultura de redes. Nisto, são uma espécie de sujeitos maquínicos[32]. Essa atividade viral também pode ser entendida como a recriação de toda a ecologia da mídia, a reprodução das características organizacionais de comunicação, interação, funcionamento em rede e cópia ou autoreprodução[33]. É nisto que pretendo seguir Maturana e Varela em sua ideia de que os sistemas vivos são parte integrante de seus entornos e funcionam para sustentar as características e os padrões daquela ecologia. Eles ocupam um certo nicho dentro da ecologia maior: "Crescer como membro de uma sociedade consiste em tornar-se estruturalmente unido a ela; estar estruturalmente unido a uma sociedade consiste em possuir as estruturas que levam à confirmação comportamental da sociedade"[34], escreve Maturana.

As "infecções" ou junções já faziam parte da genealogia da cultura digital antes dos anos 80, na forma dos autômatos de John von Neumann, que muitas vezes são considerados ancestrais dos vermes e vírus atuais. Von Neumann aprofundou-se na teoria dos autômatos, entendidos aqui como "qualquer sistema que processa informação como parte de um mecanismo auto-regulatório"[35]. Autômatos capazes de reprodução incluíam mecanismos de controle lógico (modelados na teoria dos neurônios de McCulloch-Pitts), juntamente com os canais necessários para a comunicação entre o autômato original e outro em construção, assim como os "músculos" para permitir a criação. Esse modelo cinético de autômatos logo foi descartado, porém, pois mostrou-se de difícil realização: um autômato físico dependia de seu ambiente para o abastecimento de recursos, e dar-lhe essa ecologia revelou-se trabalhoso demais. Portanto, a

27. Gilles Deleuze e Félix Guattari. *A Thousand Plateaus. Capitalism and Schizophrenia.* Minneapolis e Londres: University of Minnesota Press, 1987, p. 330.

28. Paul Bains. "Subjectless subjectivities." In: *A Shock to Thought. Expression After Deleuze and Guattari*, editado por Brian Massumi. Londres e Nova York: Routledge, 2002, pp. 101-116. Andrew Murphie e John Potts. Culture & Technology. Nova York: Palgrave Macmillan, 2003, pp.30-35. Essa maneira de pensar as ecologias de mídia também poderia ser chamada de eco-etologia, o que salienta a natureza conectada do mundo, aplicável não somente a fenômenos biológicos mas também a ambientes tecnológicos de mídia de conexão. Nessa visão, o existir de uma entidade é somente devido a um mundo para o qual a entidade é -- afirmação de um certo tema de imanência que Isabelle Stengers vê fluindo dos estóicos a Spinoza,

conselho de seu amigo Stanislav Ulam, Von Neumann dedicou-se a desenvolver autômatos celulares, modelos formais de sistemas reprodutivos com "regularidades cristalinas"[36]. Um dos modelos de padrões formais auto-reprodutivos foi o organismo vivo muito primitivo bacteriófago[37].
A natureza, na forma das características de organismos simples, tornou-se uma interface, como parte desses modelos formais de computação. Os autômatos celulares como tabelas de células bidimensionais, sendo cada célula um autômato finito individual, com seu estado determinado pelos estados das células vizinhas, deveriam ser entendidos como estruturas neurais. Quando acionados, os autômatos pareciam assumir uma vida própria, como foi demonstrado nos anos 70 por John Conway nos laboratórios do MIT, com sua versão sintomaticamente chamada "Vida". Eram essencialmente máquinas acopladas, porém unidas por suas características formais como parte de um hábitat bidimensional. Enquanto uma única célula não poderia ser considerada viva em qualquer sentido da palavra, o sistema inteiro, que estava em constante interação, parecia conter poderes notáveis de cálculo e emergência.

Essas ideias, que se tornaram parte de teorias da complexidade, salientaram a necessidade de compreender a natureza processual da vida (computacional): os modelos matemáticos formais, os computadores e talvez até a ontologia do mundo se baseavam em formas de interação entre unidades quase-autônomas. Isto se relaciona à necessidade de enfatizar que mesmo que a cultura digital moderna, na arqueologia ligada à importância da Segunda Guerra Mundial e às origens militares da cibernética, dos computadores e das redes, seja empregada inerentemente como uma tecnologia da morte, também há outra temática, até agora negligenciada, que atribui aos computadores uma função nos diagramas da vida[38]. Além dos contextos militares, salientando, por exemplo, o trabalho de Von Neumann e Wiener, também existe um esforço para o "projeto de simulacros relativamente simples de sistemas orgânicos na forma de modelos matemáticos ou circuitos eletrônicos"[39]. Esses aspectos deveriam nos levar a apresentar novas genealogias da computação para a situação da mídia contemporânea. Essas perspectivas deveriam, além disso, tornar mais complexas nossas noções da história dos vírus e programas viróticos, assim como nos levar a repensar algumas suposições básicas sobre a cultura contemporânea da tecnologia, que é cada vez mais modelada e projetada como uma ecologia complexa, interconectada.

Mas, considerando a "natureza da cultura digital", deveriam essas linhagens ser vistas como metáforas que conduziram a pesquisa nos laboratórios de computação, ou seria a interconexão entre a vida (ou pelo menos a ciência da vida,

Leibniz e Whitehead e de Marx a Deleuze. Sonigo e Stengers, pp.134-144.

29. Cohen, *Computer Viruses*, p.222.

30. Ver Ludwig. Cf. Eugene H. Spafford. "Computer Viruses as Artificial Life." In: *Artificial Life. An Overview*, editado por Christopher G. Langton. Cambridge e London: The MIT Press, 1997.

31. Cohen, *Computer Viruses*, 12.

32. Ver Bains.

33. A ideia de memes como máquinas de reprodução cultural também poderia oferecer uma maneira fértil de compreender a máquina abstrata da cultura de redes. Ver Fuller, 111-117.

34. Maturana e Varela, p.xxvii. Cf. Maturana e Varela, p. 9.

35. William Aspray. *John von Neumann and the Origins of Modern Computing*. Cambridge, MA.: The MIT Press, 1990, p.189.

36. Aspray, pp.202-203.

a biologia) e a tecnologia mais fundamental? Em vez de restringir o trabalho de projeto ao nível da metáfora e da linguagem, também poderíamos falar da diagramática do projeto de computadores pilotando a pesquisa e a implementação realizadas. As pesquisas de biologia e de computadores foram acopladas, ambas mutuamente infectadas na segunda metade do século 20, de modo que o ser humano e a natureza em geral foram cada vez mais compreendidos como informática (especialmente com o avanço na pesquisa do DNA), e a informática foi infiltrada por modelos adotados da pesquisa do cérebro e, mais tarde, da pesquisa ecológica. Assim, como pensava o próprio Von Neumann, projetar computadores era uma questão de projetar órgãos e organismos[40], isto é, máquinas que poderiam funcionar semi-independentemente como seres naturais. A natureza tornou-se o ponto de referência imaginário definitivo da cultura digital, não tanto um espelho, mas uma interface ativa entre o tecnológico e o biológico.

O que quero enfatizar, é que essa interface não é somente linguística, não devemos falar meramente da metáfora da cultura do computador (como faz com frequência a perspectiva dos estudos culturais), mas ver a biologia dos computadores também como organizacional, no sentido de que uma certa compreensão dos organismos biológicos, padrões ecológicos e características da vida está entrelaçada como parte do projeto e da implementação da cultura digital[41]. Nesse sentido, a teoria cultural da cultura digital também deveria recorrer à biologia como ajuda, e fazer uma interface, por exemplo, com as noções de Maturana e Varela de máquinas vivas autopoiéticas em que o componente é estruturado como uma parte funcional do ambiente. Como nota Guattari em *Chaosmosis*, essa ideia também poderia ser aplicada a uma análise das máquinas sociais – e portanto à análise da máquina social da cultura de redes, ou a ecologia da mídia das redes[42]. As partes alimentam a estrutura, enquanto elas mesmas são alimentadas pelo todo. Mas a diferença entre a mera repetição mecânica e os sistemas vivos criativos que Guattari nota[43] é importante – e a retomarei mais tarde com uma discussão da virtualidade do sistema vivo.

Processos de vida distribuídos

Repetindo, os vírus de computador são máquinas no sentido usado por Deleuze--Guattari, na medida em que são fazedores de conexões, estendendo-se para fora e além de seus limites aparentes para encontrar junções funcionais. Em uma perspectiva restrita, isso significa que eles se acoplam aos arquivos que infectam; ampliando nosso horizonte, porém, vemos que essas junções são ine-

37. Steve J. Heims. John von Neumann and Norbert Wiener. *From Mathematics to the Technologies of Life and Death*. Cambridge, Massachusetts: The MIT Press, 1980, pp. 204-205, 212. Adequadamente, as primeiras "bactérias"- programas em computadores *mainframe* foram listadas como uma das mais antigas formas de ameaças programadas. Embora não fossem explicitamente nocivas, elas eram projetadas para se reproduzir exponencialmente, sendo um obstáculo potencial para a capacidade dos processadores, a memória e o espaço em disco dos computadores. Thomas R. Peltier. *The Virus Threat*. Computer Fraud & Security Bulletin. Junho de 1993, pp. 13-19.

38. Cf. Heims.

39. Heims, p. 325.

40. Aspray, p.191.

41. Sobre esse tópico, ver Nancy Forbes. *Imitation of Life: How Biology is Inspiring Computation*

rentemente conexões no nível da máquina de Turing, isto é, a arquitetura do computador em geral.

As ideias de acoplamento e pensamento biológico na computação ganharam consistência especialmente nos anos 70, quando começaram a florescer vários projetos de rede. A Arpanet (1969) foi a pioneira, é claro, mas várias outras se seguiram. A comunicação em rede representou novos paradigmas para a programação, assim como forneceu uma plataforma fértil para novas ideias de ontologia digital. Os vírus e vermes eram um elemento funcional nessa nova tendência de computação. Consequentemente, o primeiro incidente registrado de vírus real parece ser o do vírus Creeper, que se disseminou pela rede Arpanet em 1970. O Creeper era um programa utilitário feito para testar as possibilidades da computação em rede. Inspirado no primeiro programa escrito pelo pioneiro das redes Bob Thomas, vários programadores fizeram programas semelhantes, de caráter viral[44].

Os testes de vermes feitos no Centro de Pesquisa da Xerox em Palo Alto, no início dos anos 80, foram modelados em aspirações semelhantes. Como foi descrito pelos pesquisadores participantes John Shoch e Jon Hupp, os programas de vermes basicamente significavam copiar partes do programa para máquinas desocupadas na rede. O problema, como foi demonstrado pelo Creeper, era controlar a disseminação. Mesmo o grupo de Palo Alto experimentou problemas de controle semelhantes, quando um verme que foi deixado em atividade durante a noite "fugiu": "O verme carregava rapidamente seu programa nesse novo segmento; o programa começava a funcionar e logo entrava em pane, deixando o verme incompleto – e ainda faminto, procurando novos segmentos"[45].

No entanto, os cientistas de Palo Alto criaram esses programas – "vermes de laboratório", de certo modo – tendo em mente objetivos úteis. O verme existencial era um programa de teste básico, sem outro objetivo além de sobreviver e proliferar. O verme Billboard foi criado para distribuir mensagens em uma rede. Outros aplicativos incluíam o verme despertador, um utilitário de animação multimáquinas usando um comportamento semelhante ao de verme, e o verme de diagnóstico[46]. O importante é que os programas básicos da rede Arpanet continham rotinas semelhantes a vermes, tornando ambígua a distinção entre programas "normais" e rotinas parasitárias.

De maneira semelhante, a ideia de troca de pacotes que foi experimentada pela Arpanet nos anos 70 apresentou a inteligência local às comunicações: em vez de ser controlada do alto, de uma posição hierárquica centralizada, a comunicação em rede distribuiu o controle em pequenos pacotes que encontravam seu próprio caminho do remetente ao destinatário. De certa maneira, esses

Cambridge MA: The MIT Press, 2004. Cf. Tiziana Terranova. Network *Culture: Politics for the Information Age*. Londres: Pluto Press, 2004, 98-130.

42. Félix Guattari. *Chaosmosis: An Ethico-Aesthetic Paradigm*. Sydney: Power Publications, 1995.

43. Félix Guattari. *The Three Ecologies*. Londres: The Athlone Press, 2000, p. 61.

44. Hafner e Markoff, p.280. Allan Lundell. *Virus! The Secret World of Computer Invaders That Breed and Destroy*. Chicago e Nova York: Contemporary Books, 1989, p.21. Segundo Lundell, o Creeper foi um vírus que escapou, e um programa especial Reaper foi criado para limpar a rede dos programas Creeper.

45. John F. Shoch e Jon Hupp. A. *The 'worm' programs - early experience with a distributed computation*. Communications of the ACM, Vol.25, nº 3, março de 1982, p.175.

46. Shoch e Hupp, pp. 176-178.

...há anos muitos utilitários básicos são semelhantes a vírus, apesar de muitas vezes esses programas precisarem do consentimento do usuário para operar.

pacotes incluíam a ideia de autonomia e inteligência local dos sistemas de baixo para cima, enquanto a rede em geral era formada em um sistema multiplex de distribuição[47]. Desde então, a arquitetura básica da Internet se baseou em dados que são inteligentes no sentido de que contêm suas próprias instruções para mover-se, usando a rede para realizar suas operações. Nesse sentido, podemos justificadamente afirmar que as origens de programas semelhantes a vermes – e parcialmente semelhantes a vírus – estão na esquemática da computação em rede em geral. A contínua ambivalência entre funcionalidades anômalas e normais faz parte do problema dos vírus ainda hoje, pois o mesmo programa pode ser definido como utilitário em um contexto e como um programa pernicioso em outro, fato que não se modificou durante a história dos softwares de computador modernos[48]. De modo semelhante, há anos muitos utilitários básicos são semelhantes a vírus, apesar de muitas vezes esses programas precisarem do consentimento do usuário para operar[49].

É claro que se pode alegar que esses programas foram apenas experimentos menores, e seu significado não deve ser superestimado. No entanto, eles demonstram várias características de um novo paradigma da computação, ou da ciência em geral. Na ciência da computação, as ideias de programação distribuída e, mais tarde, de programação em rede neural, por exemplo, estavam ganhando terreno, tornando-se parte integrante da nova ordem (não-linear) da cultura digital. Isso deveu-se às crescentes complexidades das novas redes de computação e comunicação. Como desde os anos 1970 os computadores não foram mais vistos como máquinas de calcular, e sim como "componentes de sistemas complexos" em que os sistemas não são construídos de cima para baixo, mas de "subsistemas" e "pacotes", a ideia básica de um programador criando um algoritmo para realizar uma tarefa e atingir um objetivo tornara-se antiquada. Projetar ambientes de programas distribuídos foi considerado uma solução[50].

Um relato genealógico poderia afirmar que essa foi uma decorrência dos problemas que os militares já haviam encontrado. Todo o campo da cibernética e da simbiose entre homem e máquina poderia ser considerado parte da complexificação das estruturas militares de comando e controle, para as quais os computadores forneceram a tão esperada prótese para suplementar o treinamento normal de generais, almirantes e pessoal de campo[51]. Nesse sentido, essas ecologias de rede não são meramente sistemas complexos de natureza auto-organizativa, mas também sistemas projetados que visam controlar a complexidade e os ciclos de feedback do sistema. Os vírus e vermes de computador, assim como a cultura do computador em geral, são pelo menos parcialmente construídos intencionalmente, mas não podem ser reduzidos a meras

47. Robert E. Kahn. *Networks for Advanced Computing*. Scientific American 10/1987. Sobre a história da troca de pacotes, ver Janet Abbate. *Inventing the Internet*. Cambridge, MA e Londres, Inglaterra: The MIT Press, 2000, pp. 27-41. Matthew Fuller apresenta, no entanto, uma tese muito importante quando salienta a natureza hierárquica das técnicas de troca de pacotes: mesmo que ela conote auto-organização, é ao mesmo tempo controlada por protocolos e outras dimensões sócio-técnicas. Fuller, 128-129. Ver também Galloway.

48. Cf. David Harley, Robert Slade e Urs Gattiker. *Viruses Revealed: Understand and Counter Malicious Software*. Nova York: Osborne/McGraw-Hill, 2001, p.189. Em *Viruses Revealed!* eles enfatizam que embora o verme Shoch-Hupp fosse um verme reprodutor, não tinha intenções de romper a segurança, nem tentava se esconder. Ibid., p. 21. Com frequência os pesquisadores

construções humanas. Em vez disso, as ecologias de rede são misturas de projeto de cima para baixo e auto-organização de baixo para cima; temos ao mesmo tempo estruturas lineares e estáveis e estados de complexidade que evoluem de maneira dinâmica.

Assim, além dos objetivos militares, a vida (artificial) – ou mais precisamente a ciência da vida, a biologia – é outro contexto histórico a ser levado em conta. Além da programação distribuída, as técnicas de programação em rede neural foram introduzidas na segunda metade da década de 1980. Embora essas questões já tivessem sido discutidas anos antes, o verdadeiro impulso veio com o novo interesse por programas de computador com capacidade de aprendizado:

Se vários fatores diferentes colaboraram para essa explosão de interesse, certamente a descoberta de algoritmos que permitem a uma rede neural com camadas ocultas "aprender" a realizar determinada tarefa teve uma profunda influência nos recentes desenvolvimentos das redes neurais. Essa influência é tão grande que para muitos novatos no campo a expressão "redes neurais" é associada a algum tipo de "aprendizado" ....[52]

Essas temáticas da ciência da computação correspondem à mudança geral de ênfase da compreensão da inteligência de cima para baixo para os sistemas distribuídos de aprendizado e adaptação de baixo para cima, melhor ilustrados pelos experimentos do verme Shoch-Hupp, e talvez até pelo vírus Creeper. O interesse por esses padrões evolucionários de aprendizado viral se manteve até o início dos anos 1990, quando uma nova ênfase predominou. O início dos anos 1990 também testemunhou os primeiros vírus polimórficos, que pareciam capazes de evoluir em reação a ações antivírus[53]. No entanto, como salientou, por exemplo, Fred Cohen, esses programas vivos só eram vivos enquanto parte de seu ambiente, em outras palavras, como ele havia argumentado dez anos antes, um sistema vivo é formado por componentes vivos capazes de se reproduzir, enquanto nem todos os componentes tinham de estar vivos e produzir descendentes[54]. Os vírus como programas adaptativos, auto-reprodutivos e evolucionários eram portanto pelo menos parte de algo vivo, mesmo que não fosse vida artificial no sentido mais forte da palavra[55]. Eles eram as novas "máquinas de Darwin"[56] que formavam a ontologia de uma nova cultura digital, também incorporando a utopia digital capitalista essencial de agentes inteligentes, programas semi-autônomos que reduzem as pressões colocadas sobre o indivíduo pelo crescente acréscimo de informação[57]. Os agentes inteligentes

antivírus salientam que mesmo os vermes benéficos são nocivos na medida em que seqüestram os recursos do computador (memória) das operações normais do sistema.

49. Spafford. *Computer Viruses as Artificial Life*, p. 263. O texto de Spafford, originalmente do início dos anos 90, oferece em geral uma útil discussão sobre a vivacidade dos vírus de computador.

50. Terry Winograd. *Beyond Programming Languages*. Communications of the ACM, vol. 22, 7/ julho de 1979, pp. 391-401. Jerome A. Feldman. *High Level Programming for Distributed Computing*. Communications of the ACM, vol. 22, 6 / Junho de 1979, pp. 353-368.

51. Ver Heims 1980, 313-314.

52. Jorge M. Barreto. *Neural network learning: a new programming paradigm?* Proceedings of the 1990 ACM SIGBDP conference on Trends

podem cuidar das tarefas comuns no seu computador ou realizar incumbências como reservar ingressos, marcar encontros, encontrar informação adequada na rede e são, portanto, segundo J. Macgregor Wise, reveladores das mudanças no entendimento de agência na era da cultura digital[58], e poderíamos ainda enfatizar que esses programas são na verdade a combinação de potenciais chaves na ontologia da cultura digital. Eles representam um novo tipo de atores e funções que permeiam as redes tecnológicas.

Uma maneira de apreender essa mudança seria falar em uma mudança de paradigma kuhniana, em que a "vida" não se restringe mais a certos organismos baseados em carbono. Como afirmou Manuel DeLanda no início dos anos 1990 sobre as aplicações da vida artificial na ciência da computação:

Os últimos 30 anos presenciaram uma mudança de paradigma semelhante na pesquisa científica. Em particular, uma devoção secular a "sistemas conservadores" (sistemas físicos que, para todos os fins, são isolados de seus entornos) está dando lugar à percepção de que a maioria dos sistemas na natureza é sujeita a fluxos de matéria e energia que os percorrem constantemente. Essa mudança de paradigma aparentemente simples, por sua vez, está nos permitindo discernir fenômenos que algumas décadas atrás eram descartados como anomalias, quando eram percebidos[59].

Isso também ecoa a mudança de ênfase dos paradigmas da inteligência artificial de cima para baixo na computação para a visão do conexionismo como o caminho frutífero a ser seguido na programação, acima mencionado. Complexidade e conexionismo tornaram-se as palavras-chaves da cultura digital desde os anos 1980. Os processos não-lineares de pensamento e computação expressaram as "novas ideias da natureza como um computador e do computador como parte da natureza"[60], não redutível a partes analíticas, mas funcionando como um todo emergente. Concretamente, isso significava diagramas de ecologia digital que dependiam cada vez mais da computação viral e de programas semi-autônomos. Tony Sampson descreve essa nova visão da cultura digital das Máquinas Virais Universais:

O ecossistema viral é uma alternativa à capacidade de Turing-Von Neumann. Uma chave desse sistema é um vírus benévolo, que resume a ética da cultura aberta. Fazendo uma analogia biológica, a computação viral benévola se reproduz para atingir seus objetivos; o ambiente de computação evolui, em vez de ser 'projetado a cada passo do caminho' ... O ecossistema viral demonstra

and directions in expert systems, Nova York: ACM Press, p.434.

53. Mas, como indica Mark Ludwig (47), esses vírus automutantes eram capazes apenas de se camuflar, não exatamente de mutar ou evoluir.

54. Frederick B. Cohen. *It's Alive! The New Breed of Living Computer Programs.* Nova York: John Wiley & Sons, 1994, p.21.

55. Cf. Ludwig. Ver também Spafford.

56. Cf. Simon Penny. *The Darwin Machine.* Telepolis 09.07.1996, http://www.heise.de/tp/r4/artikel/6/6049/1.html.

57. Ver Nicholas Negroponte. *Being Digital.* Londres: Hodder & Stoughton, 1995, pp. 149-159.

58. Wise J. Macgregor. *Exploring Technology and Social Space.* Thousand Oaks: Sage, 1997, pp.150-157.

59. Manuel DeLanda. "Nonorganic Life." In: *Incorporations,* editado por Jonathan Crary e Sanford Kwinter. Nova York: Zone Books, 1992,

como a disseminação de vírus pode propositalmente evoluir através do espaço computacional usando o poder de processamento compartilhado de todas as máquinas hospedeiras. A informação entra na máquina hospedeira por meio de uma infecção e um programa tradutor alerta o usuário. O vírus benévolo passa pela máquina hospedeira com qualquer modificação adicional feita pelo usuário infectado.[61]

Portanto, não mais "Turings" e "Von Neumanns" ou quaisquer outros projetistas como demiurgos do hardware e software de computador, exceto como precursores de uma cultura digital pós-humanística de organismos virais. De maneira interessante, essas representações do início dos anos 1990 de uma ecologia viral da cultura digital estão de acordo com diversas outras narrativas do pós-humanismo e da cultura de mídia automatizada da vida artificial[62]. A Máquina Viral Universal também parece cumprir as visões de Friedrich Kittler da subjetividade maquínica na era das máquinas de Turing: para Kittler, os sujeitos-máquinas nasciam com a percepção de instruções de "jump" condicionais, também conhecidas como pares Se/Então do código de programação[63]. Isso implica que um programa pode mudar de maneira autônoma seu modo de operação durante o curso da ação. No esquema de Kittler, quando os computadores isolam sua capacidade de ler/escrever da ação humana, impõe-se a entrada de um novo tipo de subjetividade no nível da sociedade. Nessa visão, a noção irônica de Fred Cohen de que o primeiro incidente com vírus amplamente divulgado, o chamado verme Morris (1988), foi na verdade "o recorde mundial de computação em alta velocidade"[64] mostra-se uma descrição hábil das potencialidades dos processos computacionais semi-autônomos da cultura digital, que excluem o operador humano do circuito. Os vermes e vírus, então, também poderiam ser apreendidos como algum tipo de atores pós-humanos.

Ecologia da mídia: vida e território

A cultura digital foi ocupada por uma nova geração de programas de computador vitais nos anos 1980 e 1990, apesar de esses programas serem meras atualizações de tendências e aspirações da cultura do computador desde a Segunda Guerra Mundial. Ver esses programas e a cultura da rede digital como parte do novo campo da vida artificial foi uma das principais tentativas de conceitualizá-los e contextualizá-los. Além de ser exemplos interessantes das capacidades das linguagens de programação e da arquitetura das redes digitais, os vírus e

p. 129. Em relação a esse tema de vida inorgânica, ver as análises de DeLanda sobre mecanosfera computacional em *War in the Age of Intelligent Machines*, pp.120-178.

60. Sherry Turkle. *Life On the Screen: Identity in the Age of Internet*. Londres: Weidenfeld & Nicolson, 1996, p. 136.

61. Sampson, *A Virus in Info-Space*.

62. Cf. O mapeamento por N. Katherine Hayles do discurso do pós-humano em How We Became Posthuman: Virtual Bodies in Cybernetics, Literature and Informatics. Chicago IL: University of Chicago Press, 1999.

63. Friedrich Kittler. *Gramophone, Film, Typewriter*. Stanford CA: Stanford University Press, 1999, p. 258.

64. Steven Levy. Artificial Life. *A Report From the Frontier Where Computers Meet Biology*. Nova York: Vintage Books, 1993, p. 324.

vermes de computador podem ser vistos como indícios ou sintomas de uma tendência cultural maior que tem a ver com compreender a vida da mídia e a cultura da mídia digital em rede através do conceito de ecologia da mídia. Especificamente, a junção de natureza e biologia como parte da arquitetura digital foi uma tendência central desde o trabalho pioneiro de Von Neumann, Wiener e outros. Ela dá uma pista importante sobre as características genealógicas da situação da mídia moderna, enfatizando adaptabilidade, automação, complexidade e inteligência de baixo para cima, ou vida artificial. Os vírus e vermes funcionam como expressões imanentes da cultura de redes.

Por outro lado, essa perspectiva conceitual da mídia como uma ecologia, como vida, ou dinamismo tecnológico oferece uma maneira de compreender a complexidade, o conexionismo e as flexibilidade que funcionam no cerne da situação da mídia contemporânea. De certa maneira, isso também acentua a necessidade de basear as teorias da cultura digital na cibernética (Wiener, Von Neumann), e, ainda mais urgentemente, na cibernética de segunda ordem (Maturana, Varela, Luhmann, assim como Bateson), o que poderia dar uma compreensão ainda mais sutil e complexa das tecnologias conexionistas da cultura contemporânea. Esses projetos e orientações tomaram como principal prioridade as junções dos sistemas e ambientes e a auto-organização da complexidade. Portanto, abordar a questão da ecologia com Gregory Bateson significa apreender a ecologia como "um estudo da interação e sobrevivência de ideias e programas (isto é, diferenças, complexos de diferenças, etc.) nos circuitos"[65], implicando que se deve dar importância fundamental à junção dos organismos com seu ambiente como unidade básica da evolução[66].

As ecologias devem ser entendidas como sistemas ou processos auto-referentes, em que para compreender (ou observar) o funcionamento do sistema não podemos destacar elementos isolados de sua coerência sintética (e rotular alguns elementos como puramente anômalos, por exemplo). Em vez disso, devemos enfocar a questão de Humberto Maturana: "Como acontece que o organismo tenha a estrutura que lhe permite operar adequadamente no meio em que ele existe?"[67] Em outras palavras, a atenção deve estar em uma abordagem de sistemas que permita pensar na cultura digital como uma série de acoplamentos em que os "organismos" ou "componentes" participam da autopoiésis do sistema geral, que, em nosso caso, é a cultura das redes digitais. O sistema autopoiético é um sistema reprodutivo, que visa manter sua unidade em forma organizacional:

65. Gregory Bateson. *Steps to an Ecology of Mind.* Nova York: Ballantine Books, 1972, p.483.

66. Lynn Margulis é, é claro, outra pioneira nesse tipo de corrente de pensamento de evolução simbiótica.

67. Maturana e Varela, p. xvi.

68. Maturana e Varela, p. 9. Maturana e Varela definem as máquinas autopoiéticas da seguinte maneira: "Uma máquina organizada (definida como unidade) como uma rede de processos de produção, transformação e destruição dos componentes que produzem os componentes que (i) através de suas interações e transformações regeneram e realizam a rede ou os processos (relações) que os produzem; e (ii) a constituem como uma unidade concreta no espaço em que eles existem, ao especificar o domínio topológico de sua realização como tal rede." (p.135)

69. Ver Guattari. *Chaosmosis*, pp. 37, 91-93.

Essa organização circular constitui um sistema homeostático cuja função é produzir e manter essa mesma organização circular, determinando que os componentes que a especificam sejam aqueles cuja síntese ou manutenção ela garante. Além disso, essa organização circular define um sistema vivo como uma unidade de interações e é essencial para sua manutenção como unidade; aquilo que não está nele é externo a ele ou não existe.[68]

Dessa perspectiva, os vermes e vírus de computador não são tanto rupturas anômalas, aleatórias ou ocasionais em um sistema (fechado), que de outro modo funcionaria sem atrito, quanto são, muito ao contrário, parte da ecologia a que estão acoplados. Sim, esses programas são muitas vezes fontes de ruído e distorção que podem funcionar contra os princípios da rede, mas mais fundamentalmente eles repetem os fundamentos da ecologia de redes, na verdade reproduzindo-a. Isto, é claro, refere-se ao fato de que os vírus e vermes não precisam conter cargas nocivas para serem vírus e vermes. Portanto, também deveríamos analisar essas entidades no nível abstrato (maquínico) de sua junção ecológica ao filo maquínico da rede.

Nesse sentido, a ecologia de redes deve ser vista como formada igualmente de partes reais e virtuais para lhe permitir certo dinamismo e causar um curto-circuito nos enfoques geralmente demasiado conservadores sobre a homeostase encontrada em algumas correntes das teorias de sistemas. Enquanto Maturana e Varela, por exemplo, tendem a enfatizar que o sistema circular da homeostase é auto-envolvente, eu recorreria a uma visão mais guattariana, em que sempre estão ocorrendo testes e experimentações dos limites da organização, para se verificar as potenciais tendências virtuais de uma ecologia[69]. Nesse sentido, as ecologias de mídia não são meros sistemas de repetição vazia, mas entidades vivas e afetantes, examinando e testando seus limites e fronteiras.

Os vírus e vermes são tendências nessa ecologia maquínica da cultura digital das últimas décadas. Eles fazem parte do filo maquínico da cultura de redes, que pode ser entendido como o nível de potenciais interações e conexões. É um plano de virtualidade em que podem ocorrer atualizações específicas, ou individuações. Portanto, sempre há uma perspectiva de evolução (não-linear) nessa compreensão da virtualidade. O virtual como um plano de potencialidade é algo que não existe realmente (embora seja real), pois está em constante processo de vir-a-ser. Assim como a natureza não pode ser apreendida como algo "dado", as ecologias de mídia devem ser vistas como planos de doação, como reservas iterativas. Brian Massumi escreve sobre a natureza como virtualidade e como um vir-a-ser, que "injeta potencial em contextos habituais", onde "a natureza

70. Ver Brian Massumi. *Parables for The Virtual: Movement, Affect, Sensation*. Durham e Londres: Duke University Press, 2002, p. 237.

71. Ver Elisabeth Grosz. "Thinking the New: Of Futures Yet Unthought." In: Elisabeth Grosz (ed.): *Becomings. Explorations in Time, Memory, and Futures*. Ithaca e Londres: Cornell University Press, 1999, pp. 15-28. Sobre filosofia maquínico, ver Manuel DeLanda. *The Machinic Phylum*. V2, 1997, online em http://framework.v2.nl/archive/archive/node/text/default.xslt/nodenr-70071. Ver também Fuller 17-20.

72. Ver Michel Serres. *The Parasite*. Baltimore e Londres: The Johns Hopkins University Press, 1982.

73. Deleuze e Guattari. *A Thousand Plateaus*, pp. 241-242. É claro que há organismos anômalos em qualquer ambiente, no sentido de que podem ser nocivos à própria existência

não é realmente o 'dado'", mas na verdade "a doadora – de potencial"[70]. Como Massumi prossegue, essa é a "natureza em naturação" de Spinoza, onde a natureza não pode ser reduzida a uma substância real, um mero estado de ser extensivo e exaustivo. Essa posição de criação ativa também pode salientar o fato de que as ecologias de mídia não podem ser consideradas estruturas estáticas, hilomórficas, de tecnologias autônomas, mas sim processos ativos de criação, ou como uma orientação útil, um horizonte, com o qual pensar a condição da mídia e da cultura digitais. O futuro de um sistema mídia-ecológico é aberto, possibilitando mudanças muito radicais. Portanto, os vírus de computador como instâncias de vida resistentes à entropia podem ser considerados parte dos processos autopoiéticos de um sistema, e também como potenciais vetores de vir-a-ser, vir-a-seres de extremidade aberta para novas conceitualizações da cultura de redes[71].

Em suma, no plano da ecologia da mídia como um sistema auto-referente, torna-se irrelevante rotular alguns elementos como "anômalos", como não participantes do sistema, pois cada elemento é dado pelo sistema virtual (que em si mesmo e em sua virtualidade não pode ser considerado um dado, uma ideia platônica pré-formada). Ao contrário, as "anomalias", se definidas alternativamente, são rastros particulares de certas linhagens, de potenciais daquele plano, não necessariamente rupturas de um sistema. Além disso, de acordo com a teoria da comunicação de Shannon e Weaver, admitindo que o ruído é inerente a qualquer sistema de comunicação, pode-se dizer que todo sistema mídia-ecológico tem seu ruído branco, essencial para qualquer sistema funcional. Às vezes, é claro, o ruído pode se tornar grande demais e provocar uma mudança para outra constelação[72]. No entanto, fundamentalmente, a natureza funciona por meio de parasitismo e contágio. A natureza é na verdade inatural em sua constante adoção maquínica.

Do ponto de vista de um plano de imanência, a natureza não se constitui ao redor de uma ausência ou de um princípio transcendental de naturalidade, ao contrário, ela opera constantemente como um processo de autocriação: "Essa é a única maneira como a natureza opera – contra si mesma"[73]. Isso também está de acordo com a compreensão da vida spinoziana acima citada, que a vê como uma influência: como movimentos, repousos e intensidades em um plano da natureza (seja mídia-ecológico ou outro). A natureza não é, portanto, apenas uma determinada substância ou uma forma, mas um potencial vir-a-ser, que se conecta ao projeto de ecologia virtual de Guattari, a ecosofia: "Além das relações de forças realizadas, a ecologia virtual não tentará simplesmente preservar as espécies ameaçadas da vida cultural, mas igualmente engendrar condições para a criação

do ambiente que os suporta – também temos exemplos desses programas. Por exemplo, o vírus Leligh (1987) foi realmente destrutivo demais no sentido de que também impediu suas próprias possibilidades de se disseminar fora dos computadores da universidade em que foi originalmente encontrado. Mas ele representa apenas uma atualização dos vírus.

74. Guattari. *Chaosmosis*, p. 91.

75. Ibid., p. 92. Guattari dá ênfase especial a máquinas estéticas nesse cultivo da ecologia virtual. Portanto sua análise ecológica poderia ser ligada a questões de mídia tática e mídia-arte. Cf. Galloway, p. 175-238.

76. Ver Guattari. *Three Ecologies*. Ver também *Chaosmosis*, pp. 39-40.

77. Essas considerações de planos sociais e mentais também fizeram parte integral de atualizações referentes aos caminhos adotados na ecologia da mídia da máquina viral universal discutidos

acima. Em outras palavras, enquanto eu defendo a centralidade dos vírus e vermes na compreensão dessa ecologia, em um nível mais oficial os cientistas e pesquisadores que articulam ideias de "vírus de computador como uma forma de vida artificial" ou "vírus benévolos" foram considerados irresponsáveis. Tony Sampson. *Dr Aycock's Bad Idea: Is the Good Use of Computer Viruses Still a Bad Idea?* M/C Journal 8.1 (2005). 20 junho de 2005 http://journal.media-culture.org.au/0502/02-sampson.php.

78. Michael Hardt e Antonio Negri. *Multitude: War and Democracy in the Age of Empire*. Nova York: The Penguin Press, 2004, p.91-93, 340. Cf. Parikka.

79. Terranova, p. 103.

80. Ibid.

e o desenvolvimento de formações inéditas de subjetividade que nunca foram vistas nem sentidas"[74]. "Esse ethos experimental significa um projeto de ecosofia que cultiva novos sistemas de valorização, um novo gosto pela vida"[75]. Uma ecologia da mídia, portanto, não se baseia somente em elementos técnicos ou sociais, por exemplo, mas nas relações de campos heterogêneos em que se desdobra o ritmo conjunto dessa ecologia[76]. Como os quase-objetos técnicos (ou vetores de vir-a-ser) se relacionam a seu ambiente técnico (assim como um vírus faz parte do ambiente de Turing), essas tecnicalidades fazem interface com os elementos chamados humanos de um sistema, levando-nos a perceber a constituição multifacetada de ecologias feitas de partes sociais, políticas, econômicas, técnicas e incorpóreas, para citar apenas algumas[77]. Além disso, como alguns críticos salientaram, os vermes e vírus de computador não são comparáveis a fenômenos biológicos porque são meramente parte de um código digital, programado por seres humanos. Em vez de adotar essa perspectiva construtivista social, devemos sobretudo ver como isso mostra que as pessoas (os assim-chamados-seres-humanos de Kittler) também fazem parte da ecologia da mídia: os humanos fazem parte da composição maquínica, que conecta e organiza humanos e não-humanos em sistemas funcionais. Nesse sentido, seria uma agenda interessante analisar como as práticas de criação de vírus se relacionam a vetores gerais de "autopoiésis viral", da ecologia de redes simbióticas. Ou, para tomar outro exemplo: como a lógica tecnológica da mídia dos vermes e vírus se encaixa na lógica da organização em rede, programação colaborativa e "enxames", como analisado por Hardt e Negri[78].

Os espaços de rede turbulentos, como Tiziana Terranova se refere a eles, que suportam software viral, mas também ideias e influências, devem portanto ser abordados de frente e positivamente. Como nota Terranova, "a Internet não é tanto uma trama eletrônica unificada quanto um meio informacional caótico". Isso concorda com minha tese sobre a noção de virtualidade nas ecologias de mídia: as ecologias de mídia não são tramas homeostáticas ou estruturas rígidas, mas sistemas apenas parcialmente estáveis (multiplicidades) com a potencialidade de vir-a-seres abertos. Discutindo a computação biológica, preocupada com o emergente "poder dos pequenos"[79] de baixo para cima, Terranova nota que esses sistemas não seguem um movimento autopoiético simples de repetição mecânica, mas "estão sempre se tornando alguma outra coisa"[80]. Essa "outra coisa", esse vir-a-ser no coração do filo maquínico é o que deve ser incorporado como parte de nossa compreensão das ecologias de mídia: não estamos lidando com estruturas rígidas ou ideias paradisíacas platônicas, mas tendências potenciais a ser cultivadas e experimentadas para criar futuros alternativos para a cultura de redes digitais.

Sobre o Autor

Jussi Parikka é Diretor do instituto CoDE - the Cultures of the Digital Economy -na Universidade de Anglia Ruskin, Cambridge. É professor de Teoria e História da Mídia e autor de *Digital Contagions* (2007) e *Insect Media* (lançamento em 2010). Seus livros coeditados incluem *The Spam Book* (2009). Atualmente trabalha sobre arqueologia da teoria da mídia em estudos de arte e mídia.

Tradutor do texto Luiz Roberto Mendes Gonçalves.

Informações Adicionais

Texto publicado pela primeira vez em CTheory 15/12/05. Reimpresso com permissão dos editores, Arthur and Marilouise Kroker ctheory@uvic.ca

Texto publicado pelo File em 2006.

LIBERTANDO-SE DA PRISÃO

THEODOR HOLM NELSON

TEORIA
DIGITAL
LINK
PESSOA
HIPERTEXTO
VISÃO

O pessoal da informática não entende os computadores. Bem, eles entendem a parte técnica, sim, mas não entendem as possibilidades. Principalmente, eles não entendem que o mundo dos computadores é totalmente feito de arranjos artificiais e arbitrários. Editor de textos, planilhas, bancos de dados não são fundamentais, são apenas ideias diferentes que diversas pessoas elaboraram, ideias que poderiam ter uma estrutura totalmente diferente. Mas essas ideias têm um aspecto plausível que se solidificou como concreto em uma realidade aparente. Macintosh e Windows são parecidos, portanto essa deve ser a realidade, certo?

Errado. Apple e Windows são como Ford e Chevrolet (ou talvez os gêmeos Tweedledum e Tweedledee), que, em sua co-imitação, criam uma ilusão estéreo que parece realidade. O pessoal dos computadores não entende os computadores em todas as suas inúmeras possibilidades; eles acham que as convenções atuais são como as coisas realmente são, e é isso que eles dizem a todas as suas novas vítimas. O chamado "treinamento em informática" é uma ilusão: eles ensinam à pessoa as estranhas convenções e esquemas atuais – (desktop? Isso parece uma mesa de trabalho? Uma mesa vertical?) – e dizem que é assim que os computadores são. Errado.

Os esquemas atuais dos computadores foram inventados em situações que variavam das emergências à academia, e foram empilhados em um conjunto aparentemente racional. Mas o mundo da tela poderia ser qualquer coisa, não apenas uma imitação do papel. No entanto, todo mundo parece pensar que os projetos básicos estão concluídos. É como dizer: "Espaço, já fomos lá!" – alguns centímetros de exploração e há quem pense que terminou.

Qualquer tipo de gráfico é possível; mas o termo "GUI", abreviação de *Graphical User Interface*, é usado para apenas um tipo de interface gráfica do usuário: a visão de ícones e janelas criada na Xerox PARC no início dos anos 1970. Há milhares de outras coisas que uma interface gráfica do usuário poderia ser. Por isso não deveríamos chamar a atual interface padrão de GUI, já que não foram examinadas alternativas gráficas; é uma PUI – *PARC User Interface* –, quase exatamente igual à que fizeram na PARC 25 anos atrás.

O mundo em que você está sendo criado tem a aparência de realidade; poderá levar décadas para ser desaprendido. "Crescer" significa em parte descobrir o que está por trás das falsas suposições e representações do dia-a-dia, de modo que você finalmente entenda o que realmente está acontecendo e o que realmente significam ou não as conversas educadas. Mas nossos instrumentos de informática também precisam ser uma mentira que deve ser desaprendida?

A conhecida história sobre a Xerox PARC, de que eles tentaram tornar o computador compreensível para o homem comum, é uma enganação. Eles imitaram o papel e as máquinas de escritório conhecidas porque era isso que os executivos da Xerox conseguiam entender. A Xerox era uma companhia devoradora de papel, e todos os outros conceitos tinham de ser passados para o papel para se tornar visíveis nesse paradigma.

Mas quem se importa com o que a Xerox fez com seu dinheiro? Aquilo era coisa de laboratório. Foi Steve Jobs quem orientou o trabalho da PARC para o mal. Ele pegou uma equipe da PARC e fez um trato com o demônio, e esse trato foi chamado de Macintosh.

Ainda há milhões de pessoas que acreditam que o Macintosh representa a libertação criativa. Por essa incrível conquista propagandística, podemos agradecer à firma de publicidade Regis McKenna, que vendeu o Macintosh para o mundo (a partir do famoso comercial de 1984) como algo que destruía a prisão do PC. Na verdade o Macintosh era uma prisão redesenhada. E a arquitetura dessa prisão foi fielmente copiada para o Windows da Microsoft em cada detalhe.

Imagine que lhe dessem a MTV e em troca tirassem seu direito de votar? Você se importaria? Algumas pessoas sim. É como eu vejo o mundo dos computadores hoje, a começar pelo Macintosh. O Macintosh nos deu fontes bonitas para brincar e ferramentas de artes gráficas que antes eram inatingíveis, exceto nos ricos domínios da publicidade e da produção de livros de luxo. Essas fontes e ferramentas gráficas foram um grande presente.

Mas ninguém parece ter notado o que o Macintosh excluiu.

Ele excluiu o DIREITO DE PROGRAMAR.

Quando você comprava um Apple II, podia começar a programá-lo desde o início. Tenho amigos que compraram o Apple II sem saber o que era programação e tornaram-se programadores profissionais quase da noite para o dia. O sistema era limpo, simples e permitia que você fizesse gráficos.

Mas o Macintosh (e agora o Windows PC) são outra história. E a história é simples: PROGRAMAÇÃO É SÓ PARA OS "DESENVOLVEDORES" OFICIAIS REGISTRADOS.

Os Desenvolvedores Oficiais Registrados, que fizeram acordos com a Apple e depois com a Microsoft, são os únicos que podem fazer a mágica hoje. Isso não é da natureza intrínseca dos computadores atuais. É da natureza intrínseca dos Negócios atuais. Negocie com a Apple ou a Microsoft, pague-lhes em dinheiro ou outros favores, e eles deixarão você saber o que precisa para criar "aplicativos".

Esse chamado Aplicativo foi outro nível do pacto com o diabo.

Antigamente, você podia rodar qualquer programa com qualquer dado, e se não gostasse dos resultados os jogava fora. Mas o Macintosh acabou com isso.

Você não possuía mais seus dados. ELES possuíam seus dados. ELES escolhiam as opções, já que você não podia programar. E você só podia fazer o que ELES permitissem – os ungidos desenvolvedores oficiais.

Esse novo tipo de aplicativo foi uma prisão, ou talvez devamos dizer um curral. Primeiro você está em UM curral, um primeiro aplicativo, depois eles o levam de ônibus para OUTRO curral, com outro conjunto de regras – um segundo aplicativo. Você pode transferir alguns dos seus dados entre esses aplicativos, mas não serão a mesma coisa. O amplo controle dos eventos que os programadores têm é negado aos usuários.

O mundo atual dos computadores, arbitrariamente construído, também se baseia na simulação de papel, ou WYSIWYG [sigla inglesa para "O que você vê é o que você recebe"]. É aí que estamos empacados no modelo atual, em que a maioria dos softwares parece ser mapeada em papel. (WYSIWYG geralmente significa que você receberá o que vê quando IMPRIMIR.) Em outras palavras, o papel é o coração da maioria dos conceitos de software atuais.

Esse também foi um legado chave da Xerox PARC. Os caras da PARC ganharam muitos pontos da direção da Xerox ao fazer o "documento eletrônico" IMITAR O PAPEL – em vez de ampliá-lo para incluir e mostrar todas as conexões, possibilidades, variações, parênteses, condicionantes que estão na mente do autor ou do orador; em vez de apresentar todos os detalhes que o repórter enfrenta antes de cozinhá-los.

Uma parte disso também foi a abordagem dos "*tekkies*" ao comportamento do software. A simulação de papel funcionava bem com a abordagem *tekkie*. Muitos *tekkies* têm uma abordagem retangular e fechada das coisas que para outros pode parecer desajeitada, obtusa, anal.

A visão *tekkie* é geralmente a mentalidade do trabalhador braçal: primeiro você faz este serviço, depois faz aquele serviço, tudo o que lhe mandarem; os parâmetros são dados e não mudam; e quando você termina o trabalho que lhe atribuíram, passa para o próximo trabalho da lista. Nenhuma dessas restrições tem a ver com o tipo de criatividade que os escritores buscam. Mas a maioria dos *tekkies* não entende de escrita, ou de palavras.

Os *tekkies* não sabem escolher a palavra certa, ou o nome certo. Eles parecem pensar que qualquer nome serve; e aquilo que o usuário escolher o limitará para sempre. Essa torna-se a Natureza dos Computadores. Supostamente.

Uma das consequências é o software para escritório – incrivelmente desajeitado, com operações lentas e pedestres. Pense em quanto tempo demora para abrir e dar nome a um arquivo e um novo diretório. Enquanto isso, o software de videogame é ágil, rápido, vivo.

Por que isso acontece? Muito simples. Os caras que criam videogames gostam de jogar videogames. Enquanto ninguém que cria software para escritório parece se importar em usá-lo, quanto menos pretende usá-lo em grande velocidade.

Não estou falando das "interfaces". Assim que você concorda em falar sobre a "interface" de alguma coisa já aceitou sua estrutura conceitual. Estou falando de algo mais profundo – novas estruturas conceituais que não são mapeadas em papel, não são divididas em hierarquias.

O mesmo vale para as "metáforas", no sentido de comparações com objetos familiares como mesas de trabalho e cestos de lixo. Assim que você traça uma comparação com algo conhecido, é atraído para essa comparação – e fica preso à semelhança. Enquanto se você entrar no projeto de formas livres – virtualidades livres, digamos –, não fica preso a essas comparações.

Houve alguns poucos ambientes que eram abstratos e completamente diferentes de papel. O *Canon Cat* de Raskin, o *HyperCard* (em sua época). Meu espaço abstrato preferido é o jogo *Tempest*, de Dave Theurer, que não parecia com nada que você já viu.

Agora considere a World Wide Web. Apesar de alguns de nós estarmos falando em hipertexto em escala planetária há anos, ela surgiu como um choque quase generalizado. Poucos notaram que ela diluía e simplificava a ideia do hipertexto.

O hipertexto, como foi repentinamente adaptado para a internet por Berners-Lee e depois Andreessen, ainda é o modelo do papel! De suas longas folhas retangulares, adequadamente chamadas de "páginas", só se pode escapar por links de mão única. Não pode haver anotações à margem. Não pode haver notas (pelo menos não na estrutura profunda). A web é a mesma prisão de quatro paredes do papel que o Mac e o Windows PC, com a menor concessão possível à escrita não-sequencial ("escrita não-sequencial" foi minha definição original de hipertexto em 1965) que um chauvinista da sequência-e-hierarquia poderia ter feito. Enquanto o Projeto Xanadu, nosso plano original que foi derrotado pela web, baseava-se amplamente em links de mão dupla, por meio dos quais qualquer pessoa poderia anotar qualquer coisa. (E pelos quais os pensamentos podiam se ramificar lateralmente sem bater nas paredes.)

Ainda mais estranho é o conceito de "*browser*" (folheador" em inglês). Pense nisso – uma visão serial de um universo paralelo! Tentar compreender a estrutura em grande escala de páginas da web interligadas é como tentar olhar para o céu à noite (pelo menos nos lugares onde as estrelas ainda são visíveis) através de um canudo de refrigerante. Mas as pessoas estão habituadas a esse "*browser*" sequencial; hoje ele parece natural; e hoje esse *browser* talvez seja mais padrão do que as estruturas que ele vê e os protocolos cambiantes que as mostram.

Sinto uma certa culpa em relação a isso. Acredito que foi em 1968 que apresentei o projeto completo de Xanadu em duas mãos para um grupo de universidade, e eles o rejeitaram como "delirante"; então eu o emburreci para links de mão única e somente uma janela visível. Quando me perguntaram como o usuário navegaria, sugeri uma pilha recorrível de endereços visitados. Acho que esse emburrecimento, através dos vários caminhos de projetos que se imitam, tornou-se o design geral de hoje, e realmente sinto muito por minha participação nele.

Chega! Está na hora de algo completamente diferente.

Acredito que podemos dobrar uma esquina para um mundo de computadores com muito mais liberdade e produtividade, com novas estruturas de forma livre, diferentes do papel. Espero que estas simplifiquem e acelerem muito o serviço dos trabalhadores da prosa (os que usam texto sem fontes, como autores, advogados, roteiristas de cinema, redatores de discursos, etc.).

Mas devemos derrubar os atuais sistemas de amarras, aos quais muitos clientes e fabricantes estão ligados.

Devemos derrubar o modelo do papel, com sua prisão de quatro paredes e buraco de fechadura – os links de mão única.

Finalmente, devemos derrubar a tirania do arquivo – no sentido de pedaços fixos com nomes definitivos. Embora os arquivos estejam necessariamente em algum nível, os usuários não precisam vê-los, e muito menos precisam dar a seus projetos nomes e localizações imutáveis. A criatividade humana é fluida, sobreposta, entremeada, e os projetos criativos muitas vezes ultrapassam suas margens. (Vale a pena lembrar que *King Kong* começou como um documentário sobre a caça de gorilas.)

É possível que toda a indústria dos computadores seja um bando de imperadores nus? A indústria de software tem um enorme investimento nessa prisão atual. Assim como os "usuários experientes" das "ferramentas de produtividade" de hoje.

Mas os novos usuários de amanhã, não.

Sobre o Autor

Theodor Holm Nelson, PhD é designer fundador do *Project Xanadu*® (o projeto original do hipertexto), desde 1960. Bolsista visitante, *Oxford Internet Institute*, Universidade de Oxford, UK. Professor visitante, Universidade de Southampton, UK. Membro do conselho do *McLuhan Program*, Universidade de Toronto, Canadá. Mais conhecido por cunhar os termos "hipertexto" e "hipermídia" (publicados em 1965) e perseguir a visão mundial do hipertexto desde o início dos anos 1960.

Tradutor do texto Luiz Roberto Mendes Gonçalves.

Texto publicado pelo File em 2007.

ESTUDOS DO SOFTWARE

NOAH WARDRIP--FRUIN

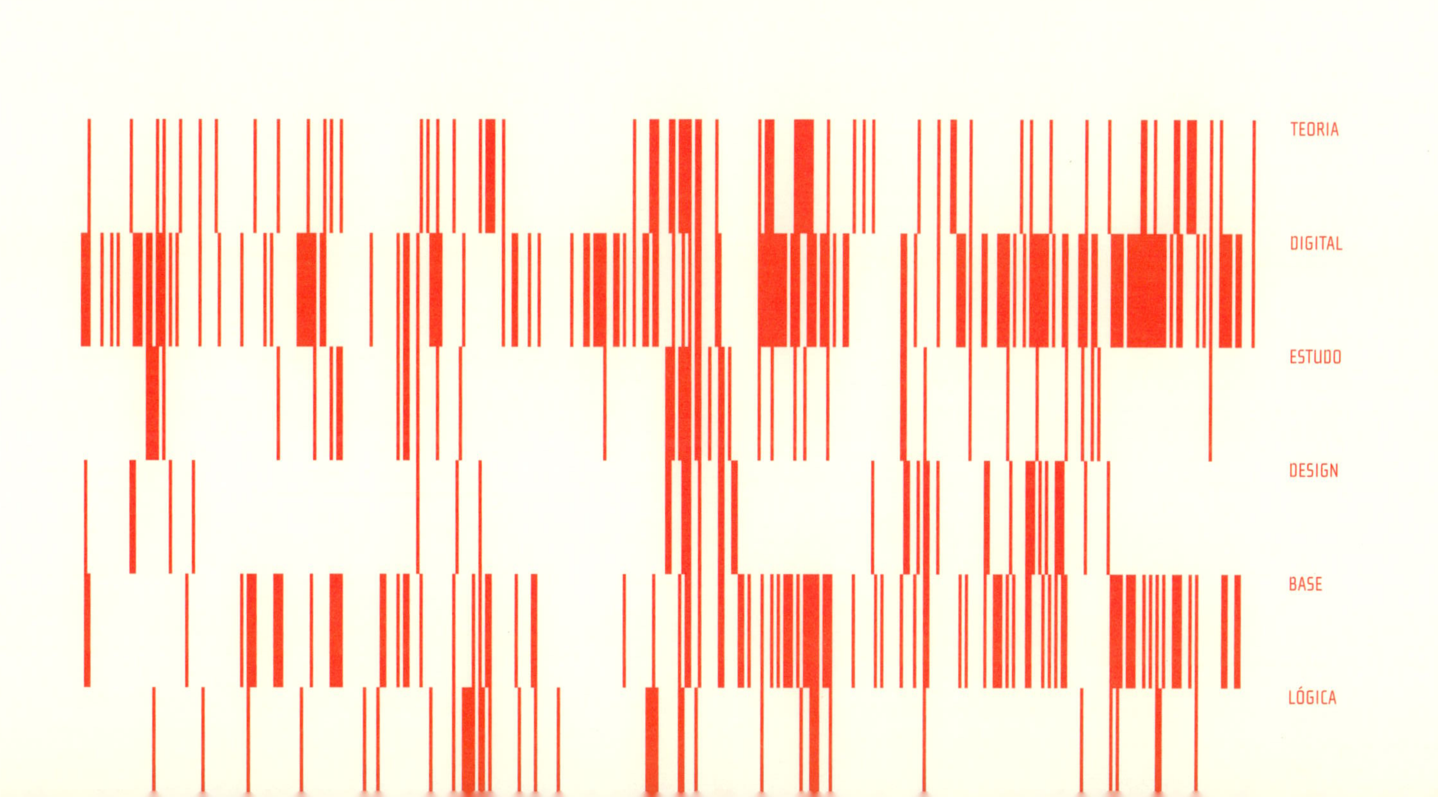

TEORIA
DIGITAL
ESTUDO
DESIGN
BASE
LÓGICA

Há muitas coisas que um computador não é. Ele não é um projetor de cinema interativo, nem uma máquina de escrever cara, nem uma enciclopédia gigante. Na verdade, ele é uma máquina para rodar software. Esse software pode realizar processos, acessar dados, comunicar-se através de redes... e, consequentemente, simular um projetor de cinema, uma máquina de escrever, uma enciclopédia e muitas outras coisas.

A maioria dos estudos do software (fora das disciplinas de engenharia e matemática) considerou o software em termos do que ele simula e como essa simulação é experimentada de fora do sistema. Mas uma minoria de autores, por sua vez, escreveu constantemente sobre o software como software. Isto inclui considerar as operações internas do software (como faz meu trabalho), examinar os elementos que o constituem (por exemplo, os diferentes níveis, módulos e até linhas de código em ação), estudar seu contexto e vestígios materiais de produção (isto é, como a atuação do dinheiro, trabalho, tecnologia e mercado podem ser identificados em relatórios, documentos de especificação, arquivos CVS, testes beta, patches e assim por diante), observar as transformações do trabalho e seus resultados (desde casos célebres como a arquitetura até casos cotidianos de encomenda e remessa de peças para autos), e, como implica o acima citado, uma ampliação dos tipos de software considerados dignos de estudo (não apenas software de mídia, mas software de design, software de logística, bancos de dados, ferramentas de escritório e assim por diante).

Essas investigações fazem parte do campo maior dos "estudos do software" – que inclui qualquer trabalho que examine a sociedade contemporânea pelas lentes das especificidades do software. Por exemplo, há muitas perspectivas pelas quais se pode examinar o fenômeno do Wal-Mart, mas as que interpretam a gigante do varejo com atenção para as especificidades do software que constitui a base de muitas de suas operações (do reabastecimento das lojas ao trabalho com redes de fornecedores distantes) estão envolvidas em estudos do software. Por outro lado, as que estudam a Microsoft sem qualquer atenção para as especificidades do software não fazem parte do campo de estudos do software.

A expressão "estudos do software" foi cunhada por Lev Manovich em seu livro amplamente lido *The Language of New Media*. Manovich caracterizou os estudos do software como uma "virada na ciência da computação" – talvez semelhante à "virada linguística" de uma era anterior. Em seu livro, os estudos do software tomam a forma de uma virada para uma análise que opera em termos de estruturas e conceitos da ciência da computação, para uma análise baseada em termos de programabilidade (e não, por exemplo, em termos de significado)[1]. Dessa maneira, o livro de Manovich também ajudou a criar as condições de possibilidade para meu próximo livro, *Expressive Processing*, que eu vejo como um exemplo de estudos do software.

Processamento Expressivo

Sou atraído pelos estudos do software em parte porque eles reúnem correntes de trabalho em ciência da computação, humanidades, ciências sociais e artes. Na ciência da computação há uma longa tradição de pessoas que veem seu trabalho em software em termos de cultura – desde a "programação letrada" de Don Knuth até as "práticas técnicas críticas" de Phil Agre. De maneira semelhante, em outros campos há aqueles que sentiram a necessidade de abordar as especificidades do software em sua pesquisa e criação em áreas que vão de jogos de computador a software-arte ou organização de firmas multinacionais. Meu próximo livro, *Expressive Processing*, se concentra em estudos do software para mídia digital. Eu uso o termo "processamento expressivo" para indicar duas importantes questões críticas.

Primeiro, "processamento expressivo" abrange o fato de que os processos internos da mídia digital são artefatos projetados, como edifícios, sistemas de transporte ou tocadores de música. Assim como outros mecanismos projetados, os processos podem ser vistos em termos de sua eficiência, sua estética, seus pontos fracos ou sua (in)adequação para determinados fins. Seu projeto pode ser típico ou incomum para sua era e contexto. As partes e sua disposição podem expressar semelhança com, e pontos de divergência de, movimentos de design e escolas de pensamento. Eles podem ser progressivamente redesenhados, reobjetivados ou usados como base para novos sistemas – por seus criadores originais ou outros –, enquanto mantêm vestígios e características de suas finalidades anteriores.

Segundo, ao contrário de muitos outros mecanismos projetados, os processos da mídia digital operam sobre, e em termos de, elementos e estruturas de significado humano. Por exemplo, um sistema de processamento de linguagem natural (para compreender e gerar linguagem humana) expressa uma filosofia em miniatura da língua em seu universo de interpretação ou expressão. Quando esse sistema é incorporado a uma obra de mídia digital – como uma ficção interativa –, suas estruturas e operações são invocadas sempre que a obra é experimentada. Essa invocação seleciona uma determinada constelação dentre o universo de possibilidades do sistema. Em um sistema de geração de linguagem natural, pode ser uma determinada frase a ser mostrada à platéia na saída do

1. Em 2003 Matthew Kirschenbaum apresentou sua própria expansão do termo de Manovich, influenciada pelo passado de Kirschenbaum na bibliografia (o estudo dos livros como objetos físicos) e crítica textual (a reconstrução e representação de textos de diversas versões e testemunhas). Kirschenbaum afirmou que em um campo de estudos do software - em oposição ao campo precoce e bastante frouxo de "novas mídias" - "a utilização de termos críticos como 'virtualmente' deve ser equilibrada por um compromisso com a meticulosa pesquisa documental para recuperar e estabilizar os vestígios materiais". O livro *Mechanisms* de Kirschenbaum fez valer essa afirmação este ano, que também viu a publicação do primeiro volume editado sobre o campo, *Software Studies: A Lexicon.*

sistema. Da frase gerada é impossível ver onde os elementos individuais (palavras, frases, modelos de sentenças ou estruturas de linguagem estatística) se situavam antes no sistema maior. Não é possível ver como os movimentos do universo modelo tornaram essa constelação possível – e mais evidente que outras possíveis.

Colocando de outra maneira, no mundo da mídia digital, e talvez especialmente para ficções digitais, temos tanto a aprender examinando o modelo que dirige o planetário quanto olhando para uma determinada imagem de astros (ou mesmo a animação de seu movimento). Isso ocorre porque os universos modelos de ficções digitais são construídos de regras de comportamento de personagens, estruturas para mundos virtuais, técnicas para montar linguagem humana e assim por diante. Eles expressam os significados de seus mundos ficcionais através do desenho de cada estrutura, o arco de cada movimento interno e a elegância ou dificuldade com que os elementos interagem entre si.

Tentar interpretar uma obra de mídia digital examinando apenas a saída é como interpretar um modelo de sistema solar olhando só para os planetas. Se a precisão da textura da superfície de Marte estiver em questão, isso é válido. Mas não bastará se quisermos saber se o modelo incorpora e põe em prática uma teoria de Copérnico – ou, pelo contrário, coloca a Terra no centro de seu sistema solar simulado. Ambos os tipos de teorias poderiam produzir modelos que atualmente colocam os planetas em lugares apropriados, mas examinar as engrenagens do modelo revelará diferenças críticas, provavelmente as mais reveladoras.

Colocando de outra maneira: os processos da mídia digital, em si, podem ser examinados pelo que é expresso em sua seleção, disposição e operação. Como eu acabo de discutir, um sistema operando sobre linguagem (ou outros elementos de significado humano) pode ser interpretado pelo que seu projeto expressa. Mas o processamento expressivo também inclui considerar como o uso de um determinado processo pode expressar uma conexão com determinada escola de ciência cognitiva ou engenharia de software. Ou como a disposição dos processos em um sistema pode expressar um conjunto de prioridades – ou capacidades – muito diferente das descrições autorais do sistema. Ou como entender as operações de vários sistemas pode revelar particularidades (ou disparidades) entre eles até então não identificadas. Reconhecer essas coisas pode abrir importantes novas interpretações para um sistema de mídia digital, com consequências estéticas, teóricas e políticas.

Sobre o Autor

Noah Wardrip-Fruin é Professor assistente do Estúdio de Inteligência Expressiva, Departamento de Ciência da Computação, Universidade da Califórnia em Santa Cruz.

Tradutor do texto Luiz Roberto Mendes Gonçalves.

Texto publicado pelo File em 2008.

ESTUDOS DO SOFTWARE

LEV MANOVICH

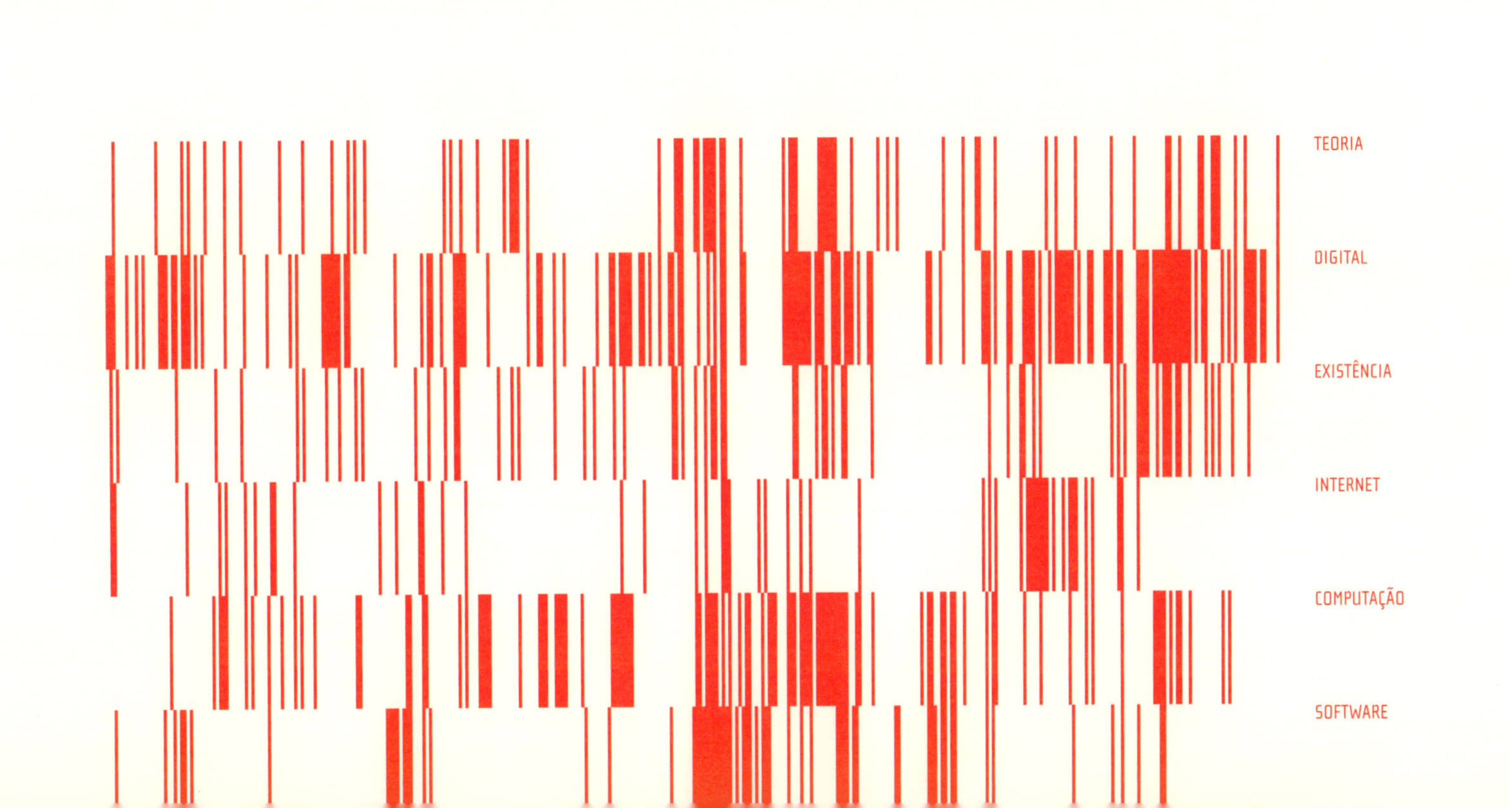
TEORIA
DIGITAL
EXISTÊNCIA
INTERNET
COMPUTAÇÃO
SOFTWARE

Software, o motor das sociedades contemporâneas

No início da década de 1990, as mais fabulosas marcas globais eram as empresas que produziam bens materiais ou processavam matéria física. Hoje, porém, a lista de marcas globais mais reconhecidas é encabeçada por nomes como Google, Yahoo e Microsoft (na verdade, a Google foi a número 1 mundial em 2007 em termos de reconhecimento de marca). E, pelo menos nos EUA, os jornais e revistas mais lidos – New York Times, USA Today, Business Week, etc. – apresentam diariamente notícias e reportagens sobre YouTube, Myspace, Facebook, Apple, Google e outras companhias de TI.

E as outras mídias? Se você acessar o site da CNN e navegar pela seção de economia, verá indicadores de mercado de apenas dez empresas e índices exibidos à direita da home page. Apesar de a lista mudar diariamente, é provável que sempre inclua algumas dessas mesmas marcas. Vejamos o exemplo de 21 de janeiro de 2008. Naquele dia, a lista da CNN consistia nas seguintes empresas e índices: Google, Apple, S&P 500 Index, Nasdaq Composite Index, Dow Jones Industrial Average, Cisco Systems, General Electric, General Motors, Ford, Intel.

Essa lista é muito reveladora; as empresas que lidam com produtos físicos e energia aparecem na segunda parte da lista: General Electric, General Motors, Ford. Depois temos duas companhias de TI que fornecem hardware: a Intel faz chips de computador, enquanto a Cisco faz equipamento para redes. E as duas empresas no topo, Google e Apple? A primeira parece estar no ramo de informação, enquanto a segunda faz equipamentos eletrônicos de consumo: laptops, monitores, tocadores de música, etc. Mas na verdade as duas estão fazendo outra coisa. E aparentemente essa outra coisa é tão crucial para o funcionamento da economia americana – e, consequentemente, também a global – que essas companhias aparecem quase diariamente no noticiário econômico. E as grandes companhias de internet que também saem no noticiário diariamente – Yahoo, Facebook, Amazon, Ebay – estão no mesmo negócio.

Essa "outra coisa" é software. Máquinas de busca, sistemas de recomendação, aplicativos de mapeamento, ferramentas para blogs, clientes de mensagem instantânea, e, é claro, plataformas que permitem que outros escrevam novos softwares – Facebook, Windows, Unix, Android – estão no centro da economia, da cultura, da vida social e, cada vez mais, da política globais. E esse "software cultural" – cultural no sentido de que é usado diretamente por centenas de milhões de pessoas e carrega "átomos" de cultura (mídia e informação, assim como interação humana ao redor dessa mídia e informação) – é somente a parte visível de um universo de software muito maior.

Software controla o voo de um míssil inteligente em direção a seu alvo na guerra, ajustando seu curso durante o voo. Software administra os estoques e linhas de produção de Amazon, Gap, Dell e diversas outras empresas, permitindo que elas reúnam e despachem objetos materiais ao redor do mundo, quase instantaneamente. Software permite que lojas e supermercados reabasteçam automaticamente suas prateleiras, assim como determinem automaticamente quais artigos devem entrar em liquidação, por quanto tempo, quando e em que lugar da loja. Software, é claro, é o que organiza a internet, encaminha mensagens de e-mail, escolhe as páginas da web em um servidor, dirige o tráfego na rede, atribui endereço de IP e apresenta as páginas da web em um *browser*. A escola e o hospital, a base militar e o laboratório científico, o aeroporto e a cidade – todos os sistemas sociais, econômicos e culturais da sociedade moderna – são acionados por software. O software é a cola invisível que une tudo. Enquanto vários sistemas da sociedade moderna falam línguas diferentes e têm objetivos diferentes, todos compartilham as sintaxes do software: declarações de controle "se/então" e "enquanto/faça", operadores e tipos de dados que incluem caracteres e números de pontos flutuantes, estruturas de dados como listas e convenções de interface que abrangem menus e caixas de diálogo.

Se a eletricidade e o motor a combustão tornaram possível a sociedade industrial, similarmente o software permite a sociedade da informação global. Os "trabalhadores do conhecimento", os "analistas de símbolos", as "indústrias criativas" e as "indústrias de serviços" – todos esses agentes vitais da sociedade da informação não podem existir sem software. Software de visualização de dados usado por um cientista, software de planilhas usado por um analista financeiro, software de web design usado por um designer que trabalha para uma agência de publicidade internacional, software de reservas usado por uma empresa aérea. O software é também o que move o processo de globalização, permitindo que as companhias distribuam nódulos administrativos, instalações de produção, canais de estocagem e consumo ao redor do mundo. Qualquer que seja a dimensão da existência contemporânea em que uma teoria social tenha se concentrado nos últimos anos – sociedade da informação, sociedade do conhecimento ou sociedade em redes –, todas essas novas dimensões são possibilitadas por software.

Paradoxalmente, enquanto os cientistas sociais, filósofos, críticos culturais e teóricos da mídia e de novas mídias parecem ter coberto todos os aspectos da revolução de TI, criando novas disciplinas como cibercultura, estudos da internet, teoria das novas mídias e cultura digital, o motor subjacente que impele a maioria desse temas – software – recebeu pouca ou nenhuma atenção direta. O software continua invisível para a maioria dos acadêmicos, artistas e profissionais de cultura interessados em TI e suas consequências culturais e sociais.

(Uma exceção importante é o movimento Open Source e questões relacionadas a direitos autorais e IP que foi extensamente discutido em muitas disciplinas acadêmicas.) Mas se limitarmos as discussões críticas às noções de "cyber", "digital", "internet", "redes", "novas mídias" ou "mídia social", nunca poderemos captar o que há por trás da nova mídia representacional e de comunicação e compreender o que ela realmente é e o que faz. Se não abordarmos o software em si, corremos o perigo de sempre lidar somente com suas consequências, em vez das causas: o produto que aparece na tela de um computador, e não os programas e as culturas sociais que geram esses produtos.

"Sociedade da informação", "sociedade do conhecimento", "sociedade em redes", "mídia social" – não importa qual nova característica da existência contemporânea examinada por uma determinada teoria social, todas essas novas características são possibilitadas por software. Está na hora de nos concentrarmos nele.

O que são "estudos do software"?

Este livro pretende contribuir para o desenvolvimento do paradigma intelectual dos "estudos do software". O que são estudos do software? Aqui estão algumas definições. A primeira vem de meu livro *The Language of New Media* (concluído em 1999 e publicado pela MIT Press em 2001), no qual, até onde eu sei, apareceram pela primeira vez os termos "estudos do software" e "teoria do software". Eu escrevi: "A nova mídia pede uma nova etapa na teoria da mídia, cujos primórdios podem ser atribuídos às obras revolucionárias de Robert Innis e Marshall McLuhan nos anos 1950. Para compreender a lógica da nova mídia, precisamos recorrer à ciência da computação. É lá que poderemos encontrar os novos termos, categorias e operações que caracterizam a mídia que se tornou programável. Dos estudos de mídia, passamos para algo que pode ser chamado de estudos do software; da teoria da mídia, para a teoria do software".

Lendo essa declaração hoje, sinto que há necessidade de certos ajustes. Ela coloca a ciência da computação como uma espécie de verdade absoluta, um dado que pode nos explicar como funciona a cultura na sociedade do software. Mas a ciência da computação em si faz parte da cultura. Portanto, creio que os Estudos do Software têm de investigar tanto o papel do software na formação da cultura contemporânea, quanto as forças culturais, sociais e econômicas que moldam o próprio desenvolvimento do software.

O software continua invisível para a maioria dos acadêmicos, artistas e profissionais de cultura interessados em TI e suas consequências culturais e sociais.

O livro que demonstrou pela primeira vez de maneira abrangente a necessidade da segunda abordagem foi *New Media Reader*, editado por Noah Wardrip-Fruin e Nick Montfort (The MIT Press, 2003). A publicação dessa antologia pioneira foi a base para o estudo histórico do software em relação com a história da cultura. Embora o livro não usasse explicitamente o termo "estudos do software", propunha um novo modelo para se pensar o software. Ao justapor sistematicamente textos de pioneiros da computação cultural e artistas chaves que atuaram nos mesmos períodos históricos, essa obra demonstrou que ambos pertenciam às mesmas áreas de conhecimento. Isto é, com frequência a mesma ideia foi articulada simultaneamente no pensamento de artistas e de cientistas que estavam inventando a computação cultural. Por exemplo, a antologia começa com a história de Jorge Luis Borges (1941) e o artigo de Vannevar Bush (1945), que contêm a ideia de uma grande estrutura ramificada como a melhor maneira de organizar dados e representar a experiência humana.

Em fevereiro de 2006, Matthew Fuller, que já tinha publicado um livro pioneiro sobre o software como cultura (*Behind the Blip, Essays on the Culture of Software*, 2003) organizou o primeiro Software Studies Workshop no Instituto Piet Zwart em Roterdã. Para apresentar a oficina, Fuller escreveu: "O software é muitas vezes um ponto cego na teorização e no estudo da mídia digital computacional e em rede. É o próprio terreno e 'matéria' do design de mídia. Em certo sentido, todo trabalho intelectual é hoje 'estudo do software', pois o software fornece sua mídia e seu contexto, mas há muito poucos lugares em que a natureza específica, a materialidade do software seja estudada como uma questão de engenharia".

Concordo totalmente com Fuller em que "todo trabalho intelectual hoje é 'estudo do software'". Mas ainda vai levar algum tempo para que os intelectuais o percebam. No momento em que escrevo isto (primavera de 2008), estudos do software é um novo paradigma de investigação intelectual que está apenas começando a surgir. O primeiro livro que tem esse termo no título será publicado pela MIT Press no fim deste ano (*Software Studies: A Lexicon*, editado por Matthew Fuller). Ao mesmo tempo, várias obras publicadas pelos principais teóricos da mídia de nosso tempo – Katherine Hayles, Friedrich A. Kittler, Lawrence Lessig, Manuel Castells, Alex Galloway e outros – podem ser identificadas retroativamente como pertencentes a estudos do software. Portanto, acredito firmemente que esse paradigma já existe há vários anos mas não foi batizado explicitamente até agora. (Em outras palavras, o estado dos "estudos do software" é semelhante ao das "novas mídias" no início dos anos 1990.)

Em sua introdução à oficina de 2006 em Roterdã, Fuller escreve que "software pode ser considerado um objeto de estudo e uma área de prática para a arte e a teoria do design e as humanidades, para os estudos culturais e estudos da ciência e da tecnologia e para uma corrente reflexiva emergente da ciência da computação". Como uma nova disciplina acadêmica pode ser definida seja através de um objeto de estudo único ou de um novo método de pesquisa, ou de uma combinação dos dois, como devemos pensar os estudos do software? A declaração de Fuller implica que "software" é um novo objeto de estudo que deve ser colocado na agenda das disciplinas existentes e que pode ser estudado por métodos existentes – por exemplo, a teoria de objetos-redes de Latour, a semiótica social ou a arqueologia da mídia.

Creio que há bons motivos para se apoiar essa perspectiva. Penso no software como uma camada que permeia todas as áreas das sociedades contemporâneas. Portanto, se quisermos entender as técnicas contemporâneas de controle, comunicação, representação, simulação, análise, tomada de decisões, memória, visão e interação nossa análise não pode ser completa se não considerarmos essa camada de software. Isso significa que todas as disciplinas que tratam da sociedade e da cultura contemporâneas – arquitetura, design, crítica de arte, sociologia, ciência política, humanidades, estudos de ciência e tecnologia e assim por diante – precisam levar em conta o papel do software e suas consequências em qualquer tema que elas investiguem.

Ao mesmo tempo, a obra existente de estudos do software já demonstra que para nos concentrarmos no software em si há necessidade de uma nova metodologia. Isto é, é útil praticar aquilo que se escreve. Não é por acaso que os intelectuais que escreveram de maneira mais sistemática sobre o papel do software na sociedade e na cultura até hoje ou eram programadores ou estiveram envolvidos em projetos culturais que envolvem basicamente escrever novo software: Katherine Hayles, Matthew Fuller, Alexander Galloway, Ian Bogust, Geet Lovink, Paul D. Miller, Peter Lunenfeld, Katie Salen, Eric Zimmerman, Matthew Kirschenbaum, William J. Mitchell, Bruce Sterling, etc. Em comparação, os acadêmicos sem essa experiência, como Jay Bolter, Siegfried Zielinski, Manuel Castells e Bruno Latour, não incluíram considerações sobre o software em seus relatos altamente influentes da mídia e da tecnologia modernas.

Na década atual, o número de estudantes de arte mídia, design, arquitetura e humanidades que usam programação ou scripting em seus trabalhos cresceu substancialmente – pelo menos em comparação com 1999, quando eu mencionei pela primeira vez os "estudos do software" em *The Language of New Media*. Fora dos setores cultural e acadêmico, há muito mais gente escrevendo software hoje. Em uma medida significativa, isso é consequência das novas linguagens de programação e *scripting* como Processing, PHP e ActionScript. Outro fator importante é a publicação de suas APIs pelas maiores companhias da Web 2.0 em meados dos anos 2000. (API, ou Application Programming Interface – Interface de Programação de Aplicação, é um código que permite que outros programas de computador acessem serviços oferecidos por uma aplicação. Por exemplo, as pessoas podem usar a API Google Maps para inserir mapas da Google em seus sites.) Essas linguagens de programação e *scripting* e APIs não facilitaram a programação, necessariamente. Mas elas a tornam muito mais eficaz. Por exemplo, se um jovem designer pode criar um projeto interessante com apenas algumas dúzias de código escrito em Processing, em vez de escrever um programa realmente longo em Java, ele/a tem maior probabilidade de assumir a programação. De maneira semelhante, se umas poucas linhas de Javascript permitem que você integre toda a funcionalidade dos mapas Google em seu site, é um grande motivo para começar a trabalhar com Javascript.

Em seu artigo de 2006 em que resenhou outros exemplos de novas tecnologias que permitem que as pessoas com pouca ou nenhuma experiência de programação criem novos software customizados (como Ning e Coghead), Martin LaMonica escreveu sobre a futura possibilidade de "uma 'cauda longa' para as aplicações". Claramente, hoje as tecnologias para o consumidor capturar e editar mídia são muito mais fáceis de usar do que as linguagens de programação e scripting de alto nível. Mas não é preciso continuar assim, necessariamente. Pense, por exemplo, no que era preciso para montar um estúdio de fotografia e tirar fotos na década de 1850, contra simplesmente apertar um botão em uma câmera digital ou um celular nos anos 2000. Claramente, estamos muito longe dessa simplicidade na programação. Mas não vejo qualquer motivo lógico para que um dia a programação não se torne igualmente fácil.

Por enquanto, o número de pessoas capazes de fazer *scripting* e programação continua aumentando. Ainda estamos longe de uma verdadeira "cauda longa" para o software, mas o desenvolvimento de software está gradualmente se democratizando. Portanto, é o momento certo para começar a pensar teoricamente em como o software está moldando nossa cultura, e como por sua vez ele é moldado pela cultura. Chegou a hora dos "estudos do software".

Por que não existe uma história cultural do software

O teórico da mídia e da literatura alemãs Friedrich Kittler escreveu que hoje os estudantes devem saber pelo menos duas linguagens de software; somente "então eles poderão dizer algo sobre o que é a 'cultura' neste momento". O próprio Kittler programa em uma linguagem assembler que provavelmente determinou sua desconfiança das Interfaces Gráficas do Usuário (GUIs) e de software modernos que usam essas interfaces. Em uma medida modernista clássica, Kittler afirmou que precisamos nos concentrar na "essência" do computador – o que para ele significava as bases matemáticas e lógicas do computador moderno e sua história inicial, caracterizada por ferramentas como as linguagens assembler.

Embora os estudos do software envolvam todos os software, temos especial interesse pelo que chamo de software cultural. Esse termo foi usado antes de maneira metafórica (por exemplo, ver J. M. Balkin, *Cultural Software: A Theory of Ideology*, 2003), mas neste livro uso o termo literalmente para me referir a programas como Word, Powerpoint, Photoshop, Illustrator, After Effects, Firefox, Internet Explorer e assim por diante. O software cultural, em outras palavras, é um subconjunto determinado de software de aplicação destinado a criar, distribuir e acessar (publicar, compartilhar e remixar) objetos culturais como imagens, filmes, sequências de imagens em movimento, desenhos em 3D, textos, mapas, assim como várias combinações dessas e de outras mídias. (Enquanto originalmente esses software de aplicações se destinavam a rodar no desktop, hoje algumas ferramentas de criação e edição de mídia também são disponíveis como webware, isto é, aplicações que são acessadas através da web, como Google Docs.)

Software culturais também incluem ferramentas para comunicação social e compartilhamento de mídia, informação e conhecimento, como navegadores da web, clientes de e-mail, clientes de mensagens instantâneas, wikis, citação social, mundos virtuais e assim por diante. Eu também incluiria em software cultural as ferramentas para administração de informação pessoal, como agendas de endereços, aplicações de gerenciamento de projetos e máquinas de busca de desktop. (Essas categorias não são absolutas, mas mudam com o tempo; por exemplo, nos anos 2000 o limite entre "informação pessoal" e "informação pública" desapareceu cada vez mais, conforme as pessoas começaram a colocar rotineiramente suas mídias em sites de redes sociais; de modo semelhante, a máquina de buscas Google mostra os resultados na sua máquina local e na web.) E afinal, mas não menos importante, as próprias interfaces de mídia – ícones, pastas, sons e animações que acompanham as interações do usuário – também são software cultural, pois eles mediam as interações das pessoas com a mídia e outras pessoas.

Vivemos em uma cultura do software – isto é, uma cultura em que a produção, distribuição e recepção da maior parte do conteúdo são mediadas por software.

Vivemos em uma cultura do software – isto é, uma cultura em que a produção, distribuição e recepção da maior parte do conteúdo são mediadas por software. No entanto, a maioria dos profissionais de criação não sabe nada sobre a história intelectual do software que usa diariamente – seja Photoshop, GIMP, Final Cut, After Effects, Blender, Flash, Maya ou MAX.

De onde veio o software cultural contemporâneo? Como suas metáforas e técnicas chegaram? E por que ele foi desenvolvido, para começar? Realmente não sabemos. Apesar das declarações comuns de que a revolução digital é pelo menos tão importante quanto a invenção da imprensa, somos amplamente ignorantes de como foi inventada a parte principal dessa revolução – isto é, o software cultural. Se você pensar nisso, é inacreditável. Todo mundo no setor de cultura sabe sobre Guttenberg (impressora tipográfica), Brunelleschi (perspectiva), os irmãos Lumière, Griffith e Eisenstein (cinema), Le Corbusier (arquitetura moderna), Isadora Duncan (dança moderna) e Saul Bass (animação gráfica). (Se por acaso você não conhecia algum desses nomes, tenho certeza de que tem outros amigos culturais que conhecem.) No entanto, poucas pessoas ouviram falar em J. C. Licklider, Ivan Sutherland, Ted Nelson, Douglas Engelbart, Alan Kay, Nicholas Negroponte e seus colaboradores, que, entre 1960 e 1978, aproximadamente, transformaram gradualmente o computador na máquina cultural que é hoje.

Notavelmente, a história do software cultural ainda não existe. O que temos são alguns livros, principalmente biográficos, sobre algumas das figuras chaves e laboratórios de pesquisa como Xerox Parc ou Media Lab – mas não há uma síntese abrangente que delineie a árvore genealógica do software cultural. E também não temos estudos detalhados relacionando a história do software cultural à história da mídia, teoria da mídia ou história da cultura visual.

As modernas instituições de arte – museus como MoMA e Tate, editoras de livros de arte como Phaidon e Rizzoli, etc. – promovem a história da arte moderna. Hollywood igualmente se orgulha de sua história – as estrelas, os diretores, os cineastas e os filmes clássicos. Então como podemos compreender a negligência da história da computação cultural pelas instituições culturais e da própria indústria de computadores? Por que, por exemplo, o Vale do Silício não tem um museu do software cultural? (O Museu da História do Computador em Mountain View, Califórnia, tem uma grande exposição permanente que se concentra em hardware, sistemas operacionais e linguagens de programação – mas não na história do software cultural).

Acredito que o motivo principal tem a ver com a economia. Originalmente mal-entendida e ridicularizada, a arte moderna com o tempo se tornou uma categoria de investimento legítima – na verdade, em meados dos anos 2000, as pinturas de vários artistas do século 20 valiam mais que as dos mais famosos artistas clássicos. De modo semelhante, Hollywood continua obtendo lucros de filmes antigos que são reeditados em novos formatos. E a indústria de TI? Ela não obtém lucros dos softwares antigos – e portanto nada faz para promover sua história. É claro que versões contemporâneas de Microsoft Word, Adobe Photoshop, Autodesk Autocad e muitas outras aplicações culturais populares são aperfeiçoamentos das primeiras versões que muitas vezes datam dos anos 1980, e as empresas continuam lucrando com as patentes registradas das novas tecnologias usadas nessas versões originais – mas, em comparação com os videogames dos anos 1980, essas primeiros versões de software não são tratadas como produtos separados que podem ser reeditados hoje. (Em princípio, posso imaginar a indústria de software criando todo um novo mercado de versões antigas de software ou aplicações que em certo momento foram importantes mas que não existem mais hoje – por exemplo, o Aldus Pagemaker. Na verdade, como a cultura do consumo sistematicamente explora a nostalgia dos adultos pelas experiências culturais de sua adolescência e juventude, fazendo novos produtos dessas experiências, é surpreendente que ainda não exista um mercado das antigas versões de software. Se eu usava diariamente MacWrite e MacPaint em meados dos anos 1980, ou Photoshop 1.0 e 2.0 em 1990-1993, acho que essas experiências fizeram parte de minha "genealogia cultural", assim como os filmes e a arte que eu via na época. Embora eu não esteja necessariamente defendendo a criação de mais uma categoria de produtos comerciais, se os primeiros software estivessem disponíveis em simulação, catalisariam o interesse cultural pelo software, assim como a ampla disponibilidade dos primeiros jogos de computador alimenta o campo de estudos de videogames).

Como a maioria dos teóricos até hoje não considerou o software cultural como tema isolado, diferente de "nova mídia", "arte mídia", "internet", "ciberespaço", "cibercultura" e "código", carecemos não apenas de uma história conceitual do software de edição de mídia, mas também de pesquisas sistemáticas de suas funções na produção cultural. Por exemplo, como a utilização da aplicação popular de animação e composição After Effects reformulou a linguagem das imagens em movimento? Como a adoção de Alias, Maya e outros pacotes de 3D por estudantes de arquitetura e jovens arquitetos nos anos 1990 influenciou de maneira semelhante a linguagem arquitetônica? E a co-evolução das ferramentas de design para a web e a estética dos sites – desde o HTLM cru de 1994 até os sites em Flash de rico visual, cinco anos depois? Você encontrará menções frequentes e discussões rápidas dessas questões e outras semelhantes em artigos e conferências, mas até onde eu sei não houve um estudo extenso sobre qualquer, desses assuntos. Muitas vezes livros de arquitetura, animação gráfica, design gráfico e outros campos de design discutem rapidamente a importância das ferramentas de software para permitir novas possibilidades e oportunidades, mas essas discussões geralmente não são levadas adiante.

Sobre o Autor

Lev Manovich é autor de *Soft Cinema: Navigating the Database* (The MIT Press, 2005), *Black Box - White Cube* (Merve Verlag Berlin, 2005) e *The Language of New Media* (The MIT Press, 2001). Manovich é professor no Departamento de Artes Visuais da Universidade da Califórnia em San Diego, diretor da *Software Studies Initiative* no *California Institute for Telecommunications and Information Technology* (Calit2) e pesquisador convidado no *Goldsmith College* (Londres) e no *College of Fine Arts*, Universidade de Nova Gales do Sul (Sydney).

Tradutor do texto Luiz Roberto Mendes Gonçalves.

Texto publicado pelo File em 2008.

OS FINS DOS MEIOS

CÍCERO INÁCIO DA SILVA

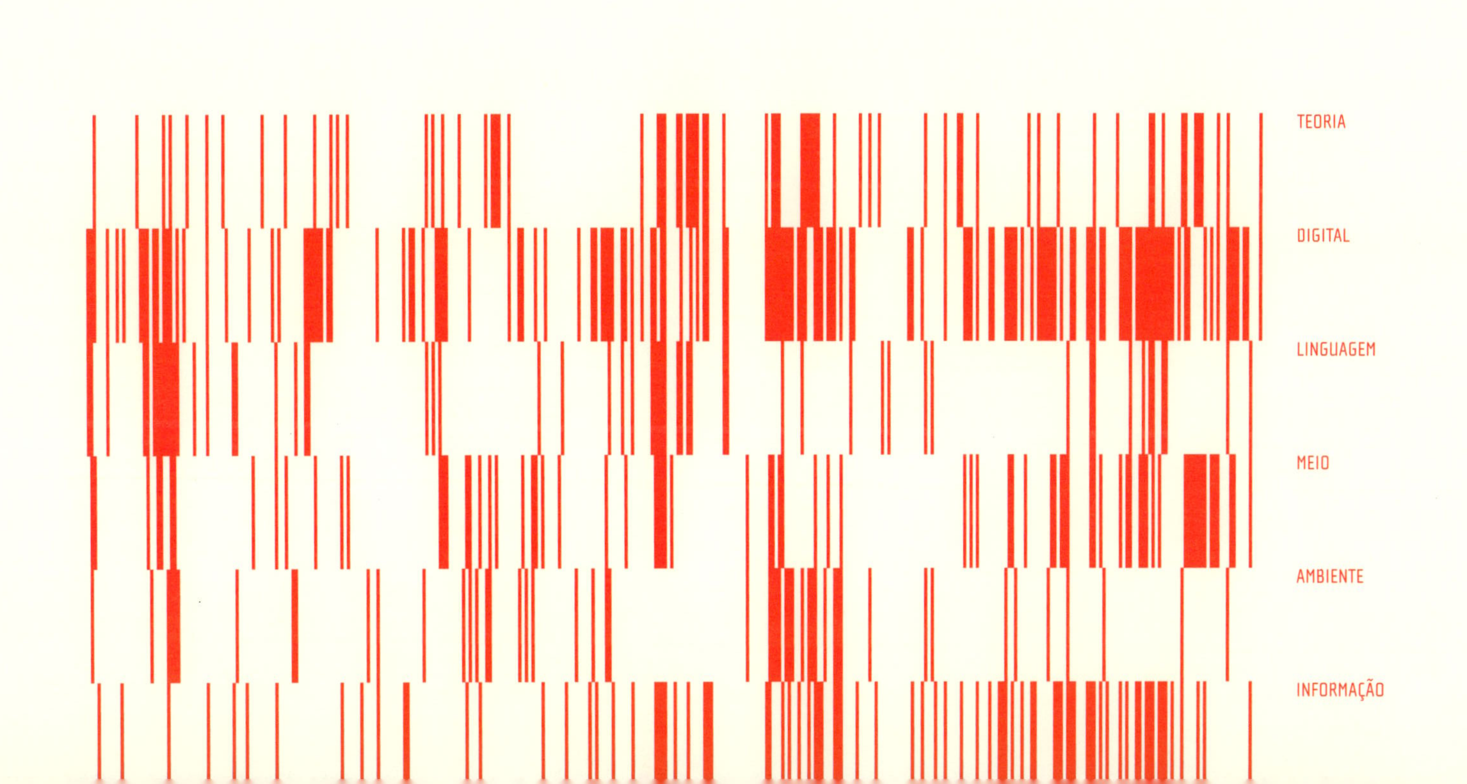
TEORIA
DIGITAL
LINGUAGEM
MEIO
AMBIENTE
INFORMAÇÃO

A digitalização tem configurado uma série de análises sobre o texto, a autoria e a obra na contemporaneidade. Muito se disse sobre o impacto que as informações geradas e depositadas em sistemas computacionais conectados em rede operaram sobre a nossa cultura.

Nesse sentido, o caminho de analisar os acontecimentos para tentar estabelecer um evento pode ser considerado uma retomada de uma discussão que foi sendo perdida ao longo do debate sobre a digitalização e, principalmente, sobre as linguagens que foram surgindo nestes meios eletrônicos que manipulam dados digitalizados e processam informações lógicas entre paridades numéricas reduzidas a 0's e 1's.

O que pode ser lido como perda, no sentido ao qual faço alusão, é o de termos nos dedicado a pensar o meio digital, suas características e sua, se quisermos nos adiantar bastante, identidade, a partir de características fenomenológicas advindas de descontextualizações bastante gritantes e que, geralmente, estão associadas a práticas que pertencem aos meios (para não dizer linguagens) análogos aos hoje existentes.

A grande maioria dos usuários das linguagens digitais, que operam por vias eletrônicas, bem sabem que as características manifestas desses espaços não condizem mais com as definições que tínhamos até então, tanto sobre o espaço, quanto sobre a escrita.

A digitalização, além de não poder se lida como um evento que se resume a um suporte, é ela mesma um fator que desloca as possibilidades de estabelecer o que conhecemos como "um meio de comunicação", como tínhamos até então.

Ou seja, com as linguagens digitais, temos uma radicalização no movimento que reduzia tudo à comunicação de alguma coisa, e voltamos à exacerbação de que tudo voltará a ser linguagem e, que estas linguagens que surgirem terão espaço para existir, sem seu cerceamento e, muito menos, sem sua condenação antecipada.

Muito provavelmente, o que antes conhecíamos como "suporte", ou "meio", não fará mais sentido numa cultura que materialmente se descola das referências estáticas estruturais. As informações, a linguagem, a escrita, a telecomunicação, entre outras questões, abrirão cada vez mais um espaço sem ligação com as teorias que se julgavam tributárias do "sentido" e da transmissão das coisas (vide o estruturalismo, por exemplo).

A partir do momento em que surgiram as possibilidades de envio de informações através de suportes que operavam à distância, como o telégrafo, por exemplo, muitas questões poderiam ser antecipadas, como em alguns casos o foram, em relação às transformações nas linguagens, na escrita e na recepção.

Se com métodos rudimentares de envio de signos uma série de possibilidades foi aberta, atualmente, com as redes e com a digitalização desmaterializada via informática, essas transmigrações foram exacerbadas ao extremo.

No entanto, convém observar que uma série de análises que tentam dar conta de compreender o fenômeno atual da digitalização em massa das informações via sistemas eletrônicos não parte do próprio sistema (linguagem) em questão. Ou seja, a grande maioria dos textos sobre o assunto ainda estão pautados sob a lógica da emissão e da recepção, da comunicação e da transmissão de sentido, da informação que pode ser congelada e transmitida etc. O meio ainda é, para esses teóricos, algo inocente que carrega o que se quer dizer.

A comunicação, nesse sentido, passa ainda a ser a pauta e o marco regulatório das análises que tentam entender os processos sígnicos de linguagem que operam nos sistemas digitais. A digitalização permite pensar que a comunicação tenha se deslocado para outra instância.

E que instância seria essa, se a própria palavra "comunicação" somente comunica algo para alguém quando ela adquire, na mente desse ouvinte ou leitor, um sentido? Ou seja, antecipa-se o que ela quer dizer, para depois, em nome dela, fazermos um discurso.

Por isso, é muito comum vermos uma série de pesquisadores que se debruçavam sobre teorias da emissão e da recepção cometerem equívocos bastante constrangedores ao analisarem os meios digitais de produção de linguagens. Primeiro porque acreditam seriamente que estas linguagens não interferem em nada no processo de significação, ou melhor, que elas seriam somente meras mediações que carregariam consigo as condições de legibilidade das informações codificadas. Em segundo lugar, porque ainda estão presos aos sistemas estruturais que solidificam e deletam obrigatoriamente os parasitismos e as iterações dos discursos, mesmo digitalizados, para fazer circular o que acreditam piamente ser uma informação "pura", livre de todo constrangimento do "ordinário", carregando por suas vias a mais pura verdade. E essa verdade estaria centrada dentro do significado que o significante carrega para todos os lados. Adiantando-me para não ocupar espaço e nem seu tempo: o sujeito que se pauta na lógica da comunicação acredita, faz uma fé cega, quase religiosa, que pode dizer que sabe; antecipa-se de maneira autoritária e transgressora sobre toda a linguagem e faz dela o seu objeto de gozo, de prazer, quase como um meio de fazer com que o Outro goze a partir do seu delírio. Ou seja, diz o que o outro deve entender do e no que está escrito nas palavras. É, resumindo, a base da lógica hermenêutica que irrompe e se delata nesse ato de incesto cometido contra as linguagens que não se deixam levar por estes discursos canhestros.

Nesse sentido, convém adotar uma postura de observação atenta para os movimentos que analisam as formas e que se prendem aos detalhes dos sentidos, dos querer-dizer que se fazem presentes nas afirmações mais rígidas dos vigilantes (aproveitando a polissemia do termo) dos significados dos significantes.

Rígidos, solipsistas e constrangedores, os conceitos fechados das teorias da interpretação que se dizem verdadeiras formaram, durante muito tempo, toda uma tradição de pensadores. A própria concepção teórica de existir uma possibilidade de algo ser informado, ou mesmo comunicado, só foi possível depois de uma série de rígidas normas que solidificaram toda uma tradição e que deram garantias aos detendores do saber que sabe de se sobreporem, até institucionalmente, aos parasitismos e desvios dos discursos e comunicações estruturadas nas e pelas normas.

Partindo dessas conclusões, proponho uma outra condição para os resultados que essa cultura da desmaterialização, da desestabilização, da disseminação, trouxe às nossas mais arraigadas manifestações como sujeitos: a impossibilidade de algo ser tomado como meio.

Quando surgiram as mais variadas formas de objetos que continham e que apresentavam fenomenologicamente uma imagem e um som, fomos tomados por uma ideia, colada na ordem anterior (a da escrita), de que aquilo que ouvíamos, ou que olhávamos, nada mais era do que somente um "suporte" para toda uma série de coisas que produziriam sentidos. E que estes sentidos seriam produzidos no início de tudo, ou seja, na própria "mensagem" que seria transmitida.

A partir desse momento, a associação (para não dizer apropriação) com a lógica da escrita é gritante e, por mais infeliz que seja, continua valendo até hoje. Nesse processo, ficou soterrada toda uma análise do sujeito diante do dispositivo que emitia o som e a imagem. Esse momento que poderia ser lido como uma mudança radical na cultura, introduzindo novos elementos dentro do espaço do indivíduo e, modificando essa forma de ver o próprio espaço através de uma maneira identificatória, foi subtraída pelos discursos que eram vigentes (volto a insistir: a lógica da escrita) através principalmente de MacLuhan. Ao tentar propor o signo como representante de si mesmo, remete mais uma vez à construção da metáfora como síntese do sentido e, nesse intervalo, deixou a impressão de que a identificação do sujeito não se dá por uma linguagem, e sim por uma representação que dela podemos ter. O equívoco consistiu em creditar seus signos como objetos de sentido, e, assim sendo, não mais viu (no sentido perceptivo, não visual) que toda a sua concepção escritural trouxe consigo a noção de presença a si de uma mensagem, descolando o meio do que seria meramente a comunicação como um efeito, e nada mais, de uma cultura centrada na palavra (logos).

A comunicação, diante da ruptura que foi inserida na cultura pela disseminação da escrita desmaterializada, não será mais vista como vinha sendo até então.

O que antes era conhecido como "meio" e "mensagem" foi tragado pelo que se convencionou denominar linguagem. O que poderíamos pensar como sendo transmissão, passou a ser processo, e o que antes poderia ser lido como interpretação, passou a ser apropriação do Outro, em todos os sentidos. Comunicar-se hoje é não mais se ater às inúmeras tentativas semânticas presas aos significantes. Passou a ser, se assim quisermos, o fato de observar que a possibilidade do Outro existir reside exatamente na impossibilidade de haver e de existir um meio, uma comunicação e uma antecipação do que quer que seja.

Se houver anterioridade, haverá subordinação, e se houver subordinação, haverá uma construção imaginária idealizada do Outro. Resumindo: eu aniquilo toda a possibilidade de haver ou de surgir outras formas de linguagens assim que denomino que algo é "comunicável" dentro de um protocolo de emissão e de recepção.

Haverá outras possibilidades de conseguirmos compreender para além dessas restritas à uma cultura impressa, ligada geralmente à escrita e transposta para todas as formas de transmissão de informações?

Ao perceber que já existem trabalhos que percebem, mesmo sutilmente, que cada vez mais surgirão linguagens, e que serão estas linguagens que manifestarão as dinâmicas da compreensão [falo aqui dos trabalhos de Giselle Beiguelman, destacando a obra intitulada Poétrica], minha aposta é que sim.

A comunicação por e pelos meios é algo para ser analisado e visto como a pedra fundadora do logocentrismo, e, como não deveria deixar de ser, continuar operando sob essa lógica da escrita diante da disseminação parasitária das linguagens que a cada dia surgem, é insistir na institucionalização e no aniquilamento da diferença que surge, incessantemente, no Real, como diria Lacan, do impossível.

O inantecipável abrupto rompe com a hipótese de haver um meio sólido de transmissão. As linguagens efêmeras operam exatamente nestas rupturas e caminham exatamente em direção à possibilidade de termos as mais variadas formas de diferença expressas sem serem antes vistas e observadas pelos seus contextos [políticos, econômicos, sociais e institucionais] e sem serem direcionadas por alguém que queira manipular o pensar para uma só interpretação, como ainda fazem a maioria das instituições de ensino e de pesquisa, infelizmente com raras exceções.

O universo [remeto ao sentido de conjunto] da digitalização desloca e impossibilita a tradição da comunicação [e, como nos diz Derrida, temos de tomar muito cuidado com essa palavra) e a coloca diante de um impasse, talvez sem resolução, a não ser abandonando-a conceitualmente a longo prazo e a localizando (para não ir tão rápido e propor sua substituição e deslocamento pelo significante linguagem) no interior do conceito de linguagem.

Pensar numa forma de cultura que se aproprie da ideia de que é indecidível a concepção de traço originário, é marcar um espaço de diferença radical, que, antecipo aqui, pode ser pensada com a digitalização das linguagens. Tentar construir uma cultura que se intitule, nesse sentido, digital, ressoa como contraditório, visto que o próprio conceito de cultura, em certo sentido, é ainda preso aos traços supostamente físicos e legíveis de uma hipótese substancialmente vinculada à presença.

Portanto, as linguagens digitais operam outras vertentes e não se ligam, tão diretamente, aos pressupostos conceituais anteriormente decodificados, tais como cultura, interpretação, escrita e "deixar para esse novo conceito o velho nome de escrita é manter a estrutura de enxerto, a passagem e a aderência indispensável a uma intervenção efetiva no campo histórico constituído. É dar tudo o que se representa, nas operações de desconstrução, a oportunidade e a força, o poder de comunicação (...) a escrita, se existe, talvez comunique, mas não existe certamente." (Derrida, 1991).

Sobre o Autor

Cícero Inácio da Silva é professor da Pós-graduação em Comunicação da Universidade Federal de Juiz de Fora (UFJF) e coordenador do grupo de Software Studies no Brasil.

Texto publicado pelo File em 2004.

PARTE 3

TEORIA
A EXPANSÃO, A RESOLUÇÃO, A DEFINIÇÃO E A FIDELIDADE DO CINEMA DIGITAL

A HIPER-
-CINEMATIVIDADE

RICARDO
BARRETO

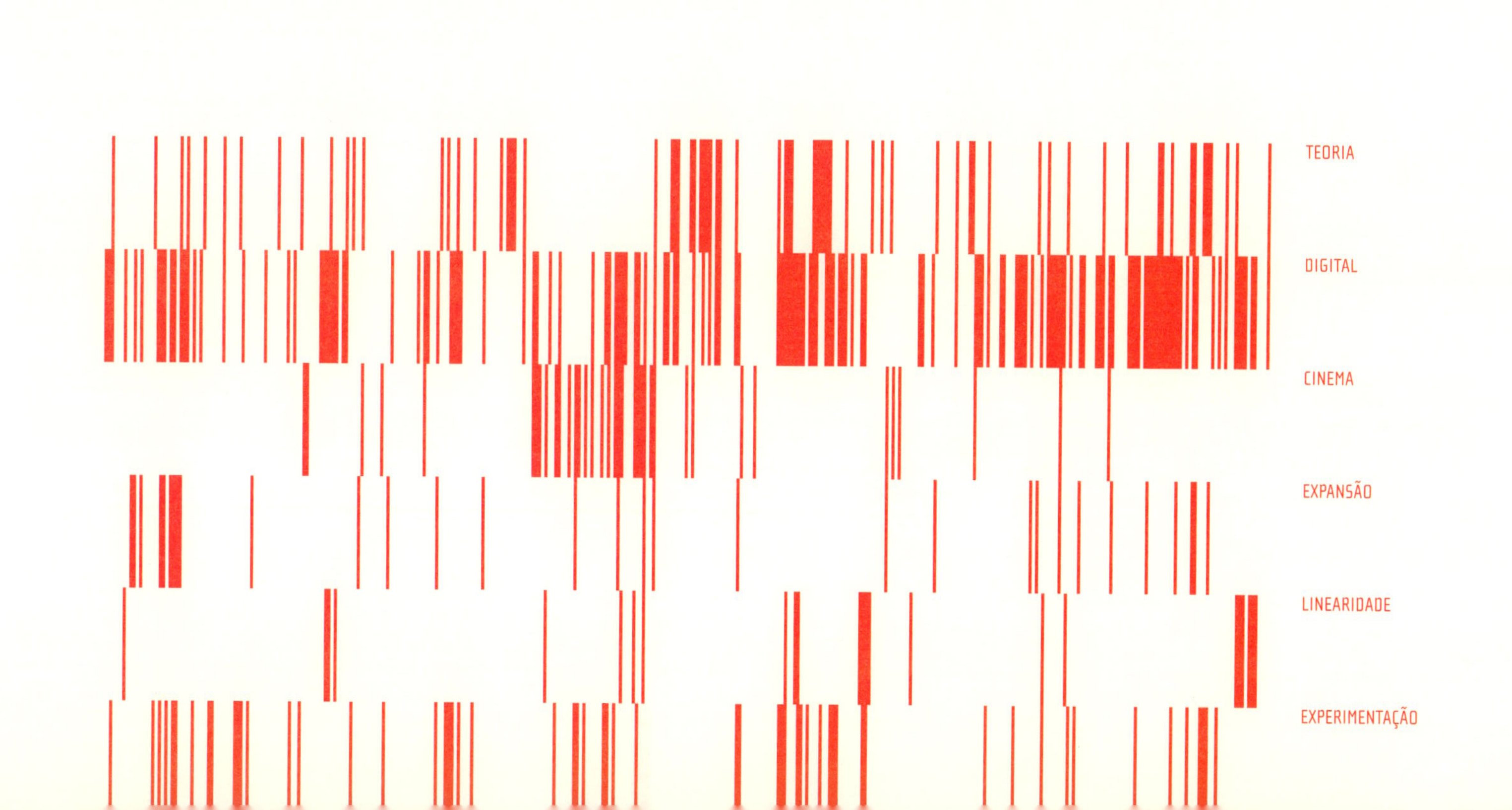
TEORIA
DIGITAL
CINEMA
EXPANSÃO
LINEARIDADE
EXPERIMENTAÇÃO

Na era digital, em plena revolução da informação, assistimos às modificações de paradigmas que afetam todos os âmbitos da sociedade e da cultura contemporânea. Instituições sólidas e rentáveis como o cinema mundial, de predomínio norte-americano, parecem não se abalar ainda com os novos encaminhamentos micrológicos que a arte cinematográfica contemporânea vem sofrendo. O FILE – Festival Internacional de Linguagem Eletrônica, tem especial interesse nesses novos encaminhamentos e está constituindo um novo evento intitulado Hiper-Cinematividade, onde serão apresentados diversos projetos que desenvolvem o cinema interativo, os hiperfilmes, as narrativas não lineares e as novas formas de se trabalhar com o data-base.

Por "Hiper-Cinematividade" entende-se algo que não se restringe ao mundo do cinema, pois envolve elementos que lhe são estranhos, mas que contribui fortemente para a sua transformação. Quando se fala de cinema expandido, sempre se faz pela óptica da identidade e do progresso, contudo, o que se percebe no mundo contemporâneo é a perda das fronteiras disciplinares e a conexão indeterminada e criativa entre elas. A Hiper-Cinematividade não é, portanto, uma categoria ou um conceito que tenta determinar a atual situação cinemática e sim, taticamente, um posicionamento mutável para se poder navegar na atual complexidade que a era digital impõe. A primeira coisa que se aprende sobre Hiper-Cinematividade é que suas problemáticas e suas soluções são diversas. Pelo menos até a atual situação, não há fórmulas e nem muita história passada para determinar um percurso dominante. Se o cinema tradicional é um rio de clichês sob a atual hegemonia hollywoodiana, então a Hiper-Cinematividade é um oceano a ser descoberto e explorado. A arte digital, os hipertextos, as hipermídias, as hipersonoridades, os jogos digitais, a alta tecnologia, o data base, a inteligência artificial, a narratologia, a ludologia, os microfilmes interativos e as realidades virtuais fazem parte da rede complexa de conexões que se estabelece para a realização da Hiper-Cinematividade. De fato, há uma expansão do cinema através de experiências como o cinerama, as múltiplas telas, os panoramas, o domo projeção, mas essa nova categoria não se restringe somente a isso. Há que se levar em consideração todas aquelas atividades citadas acima, mas não se pode ver a Hiper-Cinematividade como uma simples consequência evolutiva do cinema tradicional. Ela é uma ruptura provocada pela recente mentalidade digital.

Durante o século XX, o cinema tradicional se constituiu dominantemente como um macrocinema público que se distribuiu pelo mundo através de milhares de salas escuras, de salas de projeção, de salas da grande tela onde o público devia assistir silenciosamente e passivamente aos estímulos transmitidos pelo

Se o cinema tradicional é um rio de clichês sob a atual hegemonia hollywoodiana, então a Hiper-Cinematividade é um oceano a ser descoberto e explorado.

filme analógico de comunicação unilateral. Na era digital, nota-se uma outra tendência que pode ser chamada de microcinema privado. Essa tendência, já iniciada pela TV e pelo vídeo, torna-se agora necessária por dois fatores: a interação do usuário e a fusão inevitável da TV com o cinema e com a internet. Será muito pouco provável que a Hiper-Cinematividade se desenvolva no macrocinema público principalmente pela sua inadequação à interação e pela restrição à tela única coletiva. Em ambos os casos, exige-se uma multiplicidade de telas. No cinema tradicional, todos assistem na mesma sala o mesmo filme ao mesmo tempo, já na Hiper-Cinematividade online todos interagem de lugares diferentes no mesmo filme em tempos diferentes.

No cinema tradicional, há universalmente uma narrativa linear que fala sempre do ocorrido, do que já aconteceu. Mesmo quando alguém se envolve com o filme na expectativa do que irá ocorrer, mesmo quando se assiste a uma ficção no futuro, trata-se sempre do ocorrido (tempo pré-estabelecido). Existe um presente no ocorrido, no qual vive-se intensamente, mas um que não é possível ser mudado, apenas experimentado. O cinema tradicional é um destino (fato). Nele jamais há um futuro, nele não se vivencia nunca o tempo real que exigiria a nossa participação e interação, e é justamente o tempo real que caracteriza os jogos e as redes digitais. No cinema tradicional, o ocorrido é sempre visto pela óptica de um observador ideal (o autor, o diretor) que lhe impõe um sentido, o mesmo que o espectador passivo deve decodificar, sentir, vivenciar e, às vezes, interpretar. De modo contrário, a Hiper-Cinematividade preocupa-se com a concepção de um tempo não linear, pois o meio digital possibilita esse evento, o que não ocorre com o cinema tradicional analógico, unidirecional, linear e fechado.

Na Hiper-Cinematividade, o ocorrido, o observador ideal, o espectador passivo e o sentido autoral deixam de funcionar. Não se trata mais do que ocorreu, mas do que poderia ocorrer, do leque de possibilidades, dos múltiplos começos, dos múltiplos meios e dos múltiplos desfechos, numa gama exponencial de desenvolvimentos e eventos. Se a narrativa linear é a do ocorrido (o destino), a narrativa não-linear é a da ocorrência (a criatividade). Isso acarreta uma complexidade enorme que os criadores digitais têm que enfrentar, mas acarreta também uma mudança de mentalidade por parte de quem faz e de quem interage. A expectativa torna-se complexa e exige complexidade. Não se trata mais da narrativa do ocorrido, mas sim do potencial conectivo da transnarrativa da ocorrência (tempo indeterminado). Desta maneira, o observador ideal que narraria os fatos tais como teriam ocorrido (referência) transforma-se em estrategista que calcula e compõe em aberto as compossibilidades e as incompossibilidades das ocorrências (eventos), bem como suas consequências ou inconsequências.

A Hiper-Cinematividade exige uma mudança de comportamento do espectador. A interação se faz então necessária. Não adianta, como querem alguns, minimizar a importância da interação estendendo-a para uma condição pré-digital. Ela deixou de ser somente interpretativa e subjetiva. Ela tornou-se operacional e navegacional e, desse modo, o espectador transforma-se em interagente e em imersor, condição *sine qua non* para que ele possa ser um ator virtual, o que ocasiona sua possível participação na construção do sentido e da ação. No que tange ao sentido, eis aí uma grande dificuldade para os criadores da Hiper-Cinematividade, pois muitos encaminhamentos poderão não fazer sentido para o interagente. Por isso, não se trata apenas do cálculo das combinações ou da combinatória, mas da seleção tática através da qual as compossibilidades e as incompossibilidades podem se adequar ao conteúdo e ao objetivo do hiperfilme, possibilitando assim uma multiplicidade adequada de proto-sentidos que se realizarão com a participação do interagente. Ainda, se pensarmos na possibilidade da modificação da ação numa narrativa não linear (no hiperfilme) por parte do interagente, através do ator virtual (avatar), isso acarretará uma outra problemática, talvez bem maior do que aquela anterior, pois, nesse caso, o ator digital não interagiria apenas com os outros atores do filme, mas com a produção da narrativa não linear, modificando e transformando assim as histórias do próprio hiperfilme. A Hiper-Cinematividade torna-se assim uma abertura à criatividade e à inteligência e atinge o mais alto grau da participação: a interação criativa. Ela inaugurará a cinemática da criatividade.

Sobre o Autor

Ricardo Barreto é artista e filósofo. Atuante no universo cultural trabalha com performances, instalações e vídeos e se dedica ao mundo digital desde a década de 90. Co-fundador e co-organizador do FILE Festival Internacional de Linguagem Eletrônica.

Texto publicado pelo File em 2004.

EFEITOS DE ESCALA

LEV MANOVITCH

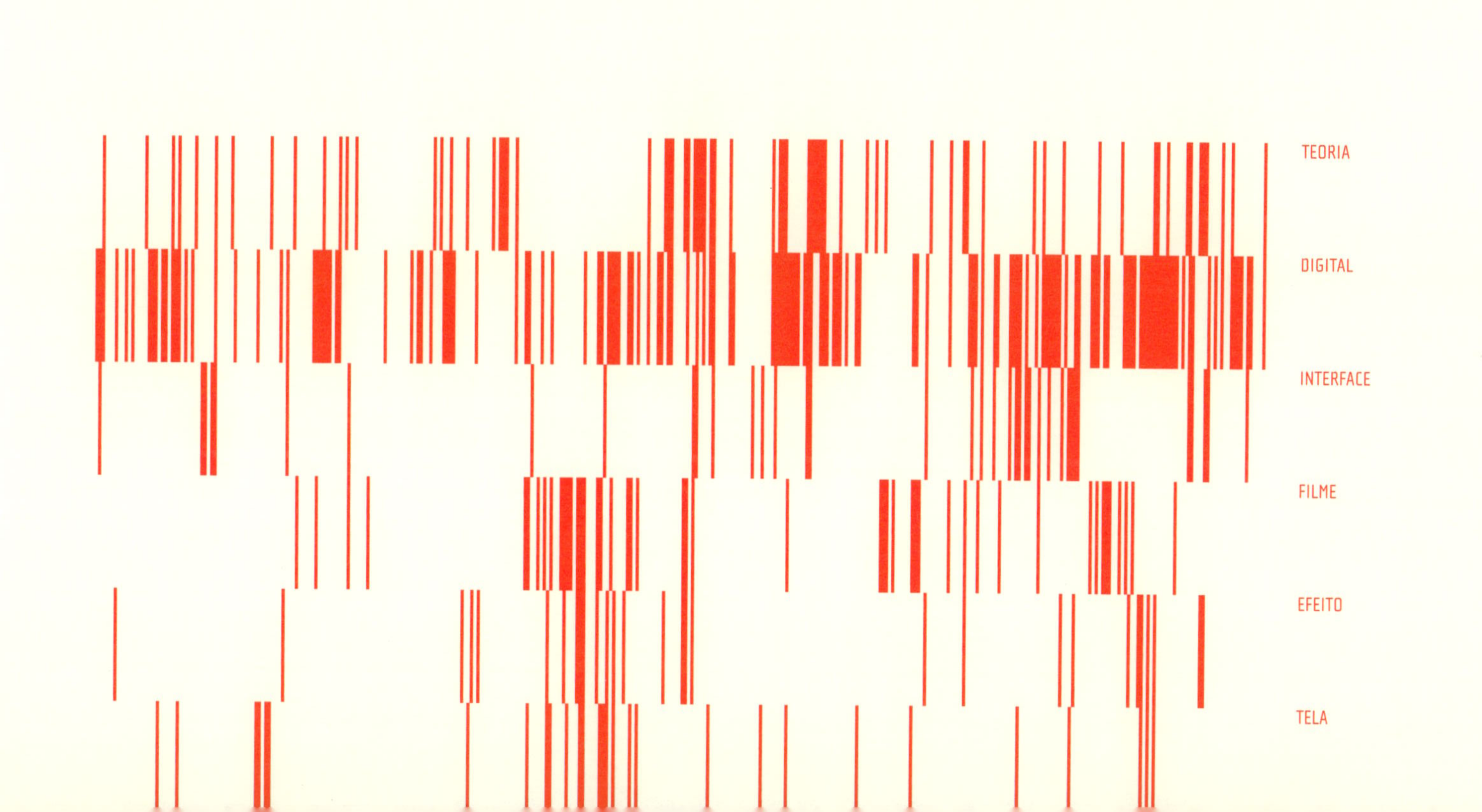
TEORIA
DIGITAL
INTERFACE
FILME
EFEITO
TELA

Estou habituado a voar pelo mundo inteiro para obter as visões mais incríveis e inspiradoras do futuro – ou pelo menos a parte do futuro que me interessa profissionalmente: a parte em que computadores, cultura visual e arte se cruzam. Mas com a fundação do Instituto de Telecomunicações e Tecnologia da Informação da Califórnia (Calit2) em meu próprio campus – Universidade da Califórnia em San Diego (UCSD) –, cada vez menos eu preciso viajar para outros lugares. É claro que minha universidade – recentemente citada pela Newsweek como "o campus de ciência mais quente dos EUA" –, além de ser, segundo o Instituto de Informação Científica, considerada a terceira melhor do mundo "em termos de seu impacto de citações em ciência e ciência social", sempre teve muitas palestras e demonstrações de vanguarda, quase todas as semanas. Mas com frequência elas foram sobre campos da ciência que não afetam diretamente meus interesses profissionais. No entanto, como a agenda de pesquisa da Calit2 inclui esforços significativos em computação da próxima geração, redes, tecnologias de exibição, visualização, computação gráfica e visão computadorizada – assim como artes de novas mídias –, a fundação da Calit2 me afetou diretamente.

Eu ainda viajo muito, dando a volta ao mundo pelo menos uma vez por ano, de modo que posso ver com meus próprios olhos a marcha impiedosa da globalização e as diversas novas formas culturais que ela provoca. Eu mergulho na densa ecologia cultural e na energia criativa das cidades européias tradicionais, e converso com novas gerações de artistas digitais em lugares como China e Índia. Mas para compreender o futuro das tecnologias de imagens, visualização e comunicação visual não preciso mais sair do meu próprio campus, pois os componentes chaves desse futuro estão sendo imaginados e construídos aqui mesmo em San Diego.

Calit2 é o maior instituto de pesquisa de TI nos EUA, abrigando em sua ocupação plena cerca de 900 pesquisadores, estudantes de graduação, pós-doutorandos e funcionários em seu novo prédio. Seus pesquisadores ganharam muitos prêmios na maioria dos campos da ciência, mas o que é crucial – pelo menos na minha opinião – para o sucesso e o impacto já visíveis do instituto, é a visão ampla e de longo alcance de seu líder, Larry Smarr. Essa visão é bastante original em uma comunidade científica. Larry realmente compreende a importância das novas formas de comunicação visual para o avanço da ciência. Ele tem um histórico de liderança, ou de intenso envolvimento, em diversos projetos pioneiros no cruzamento de imagética, computação e redes de informática: trabalhou com membros do Laboratório de Visualização Eletrônica da Universidade de Illinois em Chicago, que projetou o CAVE (o sistema de exibição de realidade virtual mais usado atualmente); financiou, no início da década de 1990, os estudantes que criaram o Mosaic, o primeiro *browser* gráfico; e, antes de assumir a liderança do Calit2, chefiou o Centro Nacional de Aplicações de Supercomputação (NCSA), onde uma utilidade significativa dos supercomputadores foi computar visualizações detalhadas de grandes conjuntos de dados.

Portanto, ele sabe melhor que a maioria das pessoas que apresentar algo visualmente, interagir com a visualização e compartilhá-la com outros à distância em tempo real pode ter um impacto sobre a ciência e também sobre a cultura. É do que se trata o iGrid, pelo menos para mim – imagem computadorizada, telepresença, visualização interativa e colaboração científica em redes ópticas supervelozes, que usam recursos computacionais distribuídos. Superveloz é a palavra-chave aqui.

O que acontece quando você amplia as coisas? Imagens do tamanho de paredes que têm cem vezes mais detalhes do que estamos habituados hoje; fluxo em tempo real de imagens do fundo do oceano ou do outro lado do mundo que são muito mais nítidas do que a projeção atual em um cinema; a capacidade de uma equipe de pesquisa ao redor do mundo ver, discutir e manipular conjuntamente essas imagens.

Os cientistas começam a pensar e a trabalhar de modo um pouco diferente quando têm essas novas capacidades? E o que acontece quando essas capacidades se tornam disponíveis para diversas indústrias e para o público em geral? E – a pergunta que, é claro, me interessa diretamente – como essas novas capacidades de imagens, visualização e comunicação afetam a cultura do futuro? Quais são as novas linguagens cinematográfica, gráfica e multimídia que vão aproveitar a futura infra-estrutura de imagem? Em outras palavras, quando você tem uma tela do tamanho da parede com resolução de 35.000 x 12.000 pixels, o que você coloca nela – além de imagens supernítidas de um cérebro, um processo geológico e outros fenômenos científicos?

Quando pensamos no impacto da tecnologia sobre a cultura, costumamos considerar os efeitos das novas invenções tecnológicas (incluindo tecnologias visuais). Não costumamos pensar nos efeitos da escalada de tecnologias já amplamente usadas. Por exemplo, gerações de historiadores da arte discutiram a adoção de uma nova técnica de perspectiva linear a partir de um ponto durante o Renascimento na Europa ocidental. De maneira semelhante, inúmeros livros foram escritos sobre as invenções da fotografia no século XIX e como ela afetou as artes, a cultura, a guerra, etc. Para tomar um exemplo mais recente, é óbvio que toda uma série de novas técnicas de imagens médicas digitais se desenvolveu nas últimas duas décadas, além da já secular técnica de raios X – CAT, MRI, CT, PET e outras – tiveram um impacto fundamental na prática da medicina.

De modo semelhante, a introdução de navegadores gráficos por volta de 1993 foi o que permitiu que a World Wide Web – que já existia havia alguns anos – realmente decolasse.

Mas o que dizer sobre o impacto da escalada das tecnologias de mídia existentes – por exemplo, redes mais velozes ou imagens de computador com resolução superior? É difícil pensar nisso – mas se formos à fonte do pensamento contemporâneo sobre mídia visual – o livro de Marshall McLuhan *Understanding Media*, de 1964 – descobriremos que a ideia de escala é central para o pensamento de McLuhan. Ele escreve: "Pois a 'mensagem' de qualquer meio ou tecnologia é a mudança de escala ou ritmo ou padrão que ela introduz nos assuntos humanos. A ferrovia não introduz o movimento ou o transporte ou a roda ou a estrada na sociedade humana, mas acelerou e ampliou a escala das funções humanas anteriores, criando novas cidades de um tipo totalmente diferente, novos tipos de trabalho e de lazer. Isso aconteceu em qualquer ambiente onde a ferrovia funcionou, setentrional ou tropical, e é independente da carga ou conteúdo do meio ferrovia."

Como vemos, para McLuhan as novas tecnologias de mídia aceleram, expandem ou potencializam as tecnologias existentes, o que leva a mudanças qualitativas na sociedade e na cultura. Mas essas ideias não foram adotadas por autores subsequentes, possivelmente porque o sumário de *Understanding Media* pareça um catálogo de novas invenções de comunicação, com capítulos intitulados "imprensa", "telégrafo", "telefone", "automóvel", "televisão", etc. – sem mencionar propriamente a ideia de escala.

Projeção 4K

Em 26 de setembro de 2005, eu fui até o novíssimo prédio da Calit2, onde o iGrid estava prestes a começar. Oficialmente, o edifício seria inaugurado somente dali a um mês, por isso me surpreendeu ver operários dentro e fora dele, dando os últimos retoques. Entrei no auditório principal para a cerimônia de inauguração. Ela se concentrava em um evento chamado "Streaming Internacional em Tempo Real de Cinema Digital 4K". A mestre de cerimônias, Laurin Herr, nos falou sobre os fatos que estávamos prestes a presenciar: "Conteúdo em 4K ao vivo e pré- -gravado, com quatro vezes a resolução da HDTV, é comprimido usando JPEG 2000 a 200-400Mb e transmitido em tempo real em redes IP de 1Grã-Bretanha, da Universidade Keio em Tóquio para a iGrid 2005 em San Diego". Em termos leigos: vídeo digital – animações de computador, visualizações dinâmicas geradas em tempo real, filme escaneado digitalmente assim como teleconferência em tempo real – tudo com a resolução de 4000 x 2000 pixels sendo transmitido de Tóquio para San Diego, onde é projetado com um projetor de 4000 linhas. A tela fica verde por alguns segundos enquanto a conexão está sendo feita.

Me pergunto o que vou ver ali – penso em uma experiência normal de vídeo na internet hoje – taxa de quadros inconstante, artefatos de compressão, falta de sincronização imagem-som – em suma, imagens que parecem estar sendo sopradas por um vento que muda de força periodicamente.

Mas o que eu vejo não tem nada a ver visualmente com o que eu normalmente experimento como "*streaming* video". Na verdade, essas imagens em movimento são diferentes de tudo o que eu já vi. Esqueça os artefatos habituais do streaming – tudo é perfeito. As imagens contêm muito mais detalhes do que se pode ver com a visão natural ou captar com uma câmera de cinema. Tudo está em foco; o nível de detalhe e nitidez pode ser comparado com a fotografia em grande formato de alta qualidade. Mas essa não é uma impressão de um negativo colorido de 4x5 usando uma longa exposição. O que eu vejo, junto com a platéia atônita, está sendo captado em tempo real por uma câmera de vídeo digital em Tóquio, comprimido, enviado para o outro lado do oceano, descomprimido e projetado em um telão em San Diego. Os apresentadores em Tóquio que vemos em nossa tela em San Diego brincam com os apresentadores em nosso auditório, enquanto meus olhos famintos tentam absorver todos os incríveis detalhes contidos nas imagens na tela do tamanho de uma grande de cinema – os títulos dos livros na prateleira; as sombras nos rostos; os efeitos de luz nas paredes e no chão.

Sinto que esse novo nível de resolução realmente muda as coisas: as pessoas do outro lado do mundo estão muito presentes em nosso espaço; e isso cria para mim um novo nível de atenção e foco. Sinto que, na verdade, elas estão ainda mais presentes que o público no auditório onde estou sentado, pois eu as vejo grandes e com detalhes incríveis. De fato, normalmente só esperamos ver esse nível de detalhe quando olhamos para objetos muito próximos de nós, enquanto os objetos mais distantes parecem menos nítidos e com menos detalhe. Portanto, a teleconferência 4K engana nossos cérebros, enviando sinais que dizem ao cérebro que os objetos na tela estão fisicamente mais próximos do que as pessoas e os objetos fisicamente presentes.

Nos dias seguintes, eu vejo muitos aplicativos de imagem, visualização, colaboração e telepresença que usam a infra-estrutura do iGrid. Todos eles parecem milagres – mas estão aqui hoje. Em um deles, um cientista em San Diego usa um laptop para controlar um programa que roda em um computador em outra parte do mundo; a visualização computada é enviada de volta para uma tela aqui na sala de conferência, e como não há decalagem visível um cientista pode interagir com a visualização como se estivesse rodando no mesmo laptop com o qual ele controla o programa. A vantagem é que não é preciso ter os poderosos recursos computacionais necessários para criar visualizações de grande detalhe – pode-se usar programas, espaço no servidor e outros recursos localizados à distância como se estivessem rodando localmente. Em outras palavras, os dados podem ser transferidos quase instantaneamente usando a rede óptica dedicada na qual é possível reservar determinados caminhos de luz. Portanto, torna-se eficiente distribuir as funções de um único computador por toda a rede. A interface pode estar localizada em um nódulo, a computação pode ocorrer em outro (ou vários), a armazenagem é em outro lugar e assim por diante. Podem-se usar recursos em uma rede como se fosse um único computador virtual. Como disse Larry Smarr durante a abertura da conferência, com computação em Grid o mundo se reduz a um único ponto – é como se todos os recursos de informática conectados à grade óptica estivessem na mesma sala.

As duas demos que me causaram maior impressão foram apresentadas na tela EVL LambdaVision. A tela consiste em 55 telas de LCD juntas (11 horizontais e 5 verticais), resultando em uma resolução total de 17.600 x 6.000 pixels (ao todo 105.600.000 pixels, ou aproximadamente 100 Megapixels). Durante a iGrid, o Centro SARA de Computação e Trabalho em Rede da Holanda estabeleceu um recorde mundial de "uso de largura de banda por uma única aplicação mostrando conteúdo científico", quando estava transmitindo visualizações de vários grandes objetos científicos de Amsterdã para a tela LambdaVision em San Diego a uma taxa sustentada de 18 Gigabits por segundo (Gbps).

Embora fosse incrível perceber que as imagens em ultra-alta resolução vinham em tempo real de Amsterdã naquela velocidade – e pensar em como essa capacidade poderia ser usada por uma equipe científica distribuída ou qualquer grupo de trabalho distribuído –, fiquei mais impressionado pela capacidade de interagir com essas imagens superdetalhadas na tela do tamanho da parede. Uma imagem era uma visão panorâmica de Delft. A resolução da imagem era de 78.797 x 31.565 pixels. Sim, isso mesmo, o que dá 2,48 Gigapixels. O tamanho do dado que forma a imagem: 7,12 Grã-Bretanha. Como me explicou Bram Stolk, do SARA, as diversas fotos que formam essa imagem monstro foram captadas por uma câmera montada em um braço robótico. Depois, o computador que controla a câmera automaticamente "costura" as fotos em uma única imagem.

Outra imagem apresentada pelo SARA na tela EVL LambdaVision foi a visualização de uma estrutura cerebral, também construída de diversas imagens. Enquanto navegávamos pela imagem, Bram nos explicou que, na opinião dele, uma vantagem importante de usar telas do tamanho de paredes é que você pode dar zoom [aproximar a visão] de detalhes enquanto mantém a sensação do todo. Em outras palavras, quando você continua vendo a imagem inteira enquanto examina os detalhes tem a sensação do contexto em que cada detalhe se encaixa. Em comparação, quando você dá zoom na mesma imagem em uma única LCD usada comumente hoje, seja de 17 ou 23 polegadas, essa sensação de contexto desaparece.

A demonstração do SARA me mostrou uma consequência de se escalar as tecnologias de imagem existentes – neste caso, ampliar o tamanho de uma imagem e o tamanho da tela. A mesma imagem de alta eso apresentada em uma tela do tamanho da parede funciona de maneira diferente. A informação factual nela não muda, mas agora a experimentamos e compreendemos de maneira diferente. Ela se torna praticamente uma imagem diferente, contendo um novo conhecimento.

É claro que as grandes superfícies de exibição não foram inventadas hoje. Há muitos séculos as pessoas contavam com mapas do tamanho de paredes ou de mesas quando planejavam uma batalha, projetavam uma cidade ou realizavam qualquer tarefa que exigisse concentrar-se m detalhes minuciosos e ao mesmo tempo manter a ideia da imagem inteira. Mas com uma infra-estrutura em Grid pode-se pedir que imagens daquele tamanho sejam instantaneamente enviadas ao outro lado do mundo de qualquer lugar que tenha os recursos de informática necessários. E, é claro, como são imagens digitais podem ser processadas, analisadas, realçadas, colorizadas, etc., permitindo que transmitam novas informações e conhecimento.

Irmãos Lumière e pintura holandesa

Na conclusão da sessão do iGrid, tivemos mais sessões de telepresença, visualizações científicas, animações de computador e um filme curto – tudo criado em 4K e *streaming* em tempo real de Tóquio. Eu pensei em outra famosa demonstração que ocorreu 110 anos atrás em um café em Paris. Naquela "demo", os irmãos Lumière projetaram seus filmes curtos, incluindo um que mostrava a chegada de um trem que parecia tão real que fez o público sair correndo do café.

As reportagens na mídia durante os primeiros anos do cinema na década de 1890 salientaram o milagre de fazer imagens se moverem – folhas, água, pessoas em uma rua de repente ganhavam vida. O primeiro nome do cinema – "moving pictures", ou imagens em movimento – enfatizava do mesmo modo a principal qualidade dessa nova mídia. No iGrid, também ficamos fascinados pelo movimento – mas em nosso caso era o movimento da informação por fibra óptica através do oceano. Mas também tive a sensação de que estávamos revisitando a apresentação dos Lumière feita 110 anos antes de uma maneira mais direta. Pela primeira vez vimos imagens panorâmicas altamente detalhadas e nítidas – até hoje só encontradas em fotografias estáticas – de repente ganharem vida. Experimentamos o Moving Pictures v2.0.

Assistir ao filme curto de um diretor japonês que começa a explorar as possibilidades estéticas do vídeo digital 4K em relação à iluminação, composição e narrativa, eu me perguntei se as imagens límpidas, superclaras e poéticas do vídeo digital 4K podem se relacionar a qualquer tradição visual do passado. Surpreendentemente, se o vídeo normal achata o mundo, tornando-o prosaico e até banal, o vídeo digital 4K cria o efeito contrário: até os objetos mais prosaicos e entediantes, superfícies planas, adquirem uma qualidade preciosa quando a luz captada e refletida por suas microtexturas se torna visível. O efeito é como ver o mundo pela primeira vez, depois que ele foi lavado pela chuva. A comparação que me vem à mente é com as pinturas holandesas do século XVII: retratos, naturezas-mortas e interiores. Como analisou a historiadora da arte Svetlana Alpers em seu influente livro *The Art of Describing* [A arte de descrever], em comparação com os pintores renascentistas italianos que recriaram em seus quadros a suave luz italiana que esconde os detalhes e atenua as formas, seus colegas holandeses se deliciaram em apresentar todos os detalhes e reproduzir cuidadosamente as diferentes superfícies, texturas e efeitos de luz. Nas mãos certas, o vídeo digital 4K parece capaz de criar uma representação semelhante do mundo. Ele alcança o efeito poético não por esconder os detalhes na sombra ou na neblina, mas sim por mostrá-los todos – e deixar que nossos olhos se deliciem ao comparar os diferentes padrões e texturas.

Temo que os mais de 400 cientistas que participaram da conferência iGrid e os criadores do Grid fiquem descontentes comigo. Eles podem pensar: por que ele fala tanto sobre a qualidade visual das imagens que viu, e não do que são provavelmente os usos mais importantes da computação em Grid do ponto de vista do trabalho científico coitidiano – análise colaborativa de dados de objetos muito grandes; controle interativo de simulações de supercomputadores remotos; visualização de grandes conjuntos de dados distribuídos; e assim por diante.

No entanto, quando a infra-estrutura do Grid se tornar disponível para as indústrias de arte e entretenimento, as novas qualidades visuais de imagens supergrandes, juntamente com grandes telas do tamanho de paredes e a capacidade de receber essas imagens instantaneamente de lugares distantes, terão um impacto em nosso modo de ver o mundo e as histórias que contamos sobre ele. Em suma, a escala – neste caso escalar a resolução, o tamanho e a conectividade – terá todo tipo de consequências para a cultura do futuro, a maioria dos quais ainda não podemos imaginar.

Sobre o Autor

Lev Manovich é autor de *Soft Cinema: Navigating the Database* (The MIT Press, 2005), *Black Box – White Cube* (Merve Verlag Berlin, 2005) e *The Language of New Media* (The MIT Press, 2001). Manovich é professor no Departamento de Artes Visuais da Universidade da Califórnia em San Diego, diretor da *Software Studies Initiative* no *California Institute for Telecommunications and Information Technology* (Calit2) e pesquisador convidado no *Goldsmith College* (Londres) e no *College of Fine Arts*, Universidade de Nova Gales do Sul (Sydney).

Tradutor do texto Luiz Roberto Mendes Gonçalves.

Texto publicado pelo File em 2008.

OITO MILHÕES DE PIXELS EM IMAGENS DE QUATRO QUILATES: 4K

JANE DE ALMEIDA

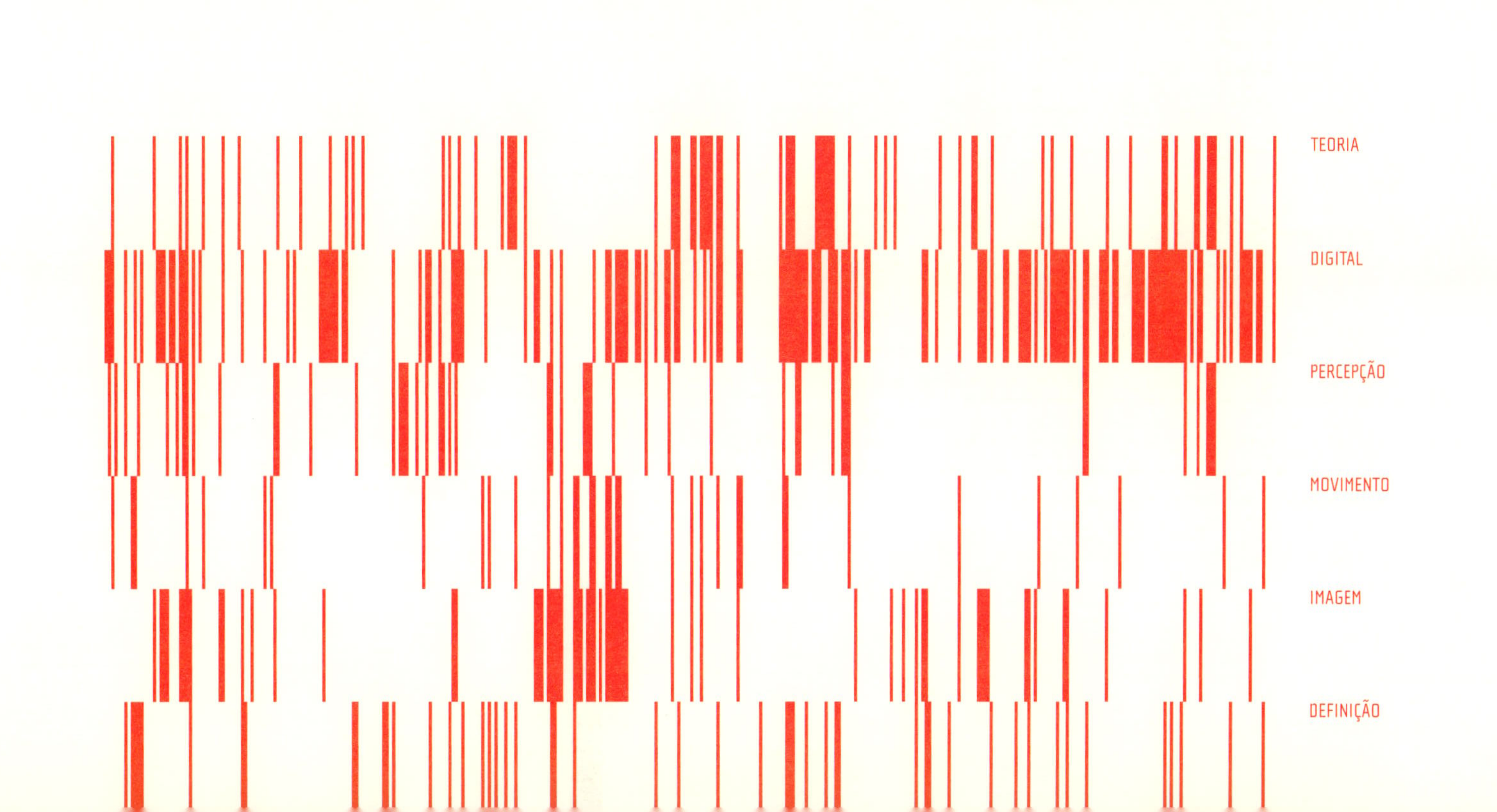
TEORIA
DIGITAL
PERCEPÇÃO
MOVIMENTO
IMAGEM
DEFINIÇÃO

Quando uma tecnologia nova é produzida, é preciso muito cuidado e carinho para apresentá-la. No princípio do cinema, os irmãos Lumière acabaram por decretar sua morte no próprio nascimento, afirmando que o cinema seria uma invenção sem futuro. No entanto, as primeiras imagens foram cuidadosamente enquadradas, usando telas do impressionismo como referência. Logo que pensou em encenar esquetes, a família Lumière convocou seus empregados para se juntar a eles e representar um Cézanne, *Os Jogadores de Cartas* (Les joueurs de carte) documentado em movimento. *A Chegada de um Trem à Gare* (L'arrivée d'un train en gare de La Ciotat) é famosa pela lenda de ter causado pânico nas pessoas, que teriam se assustado com a real possibilidade da chegada de um trem. Mesmo que não tenha acontecido dessa forma, a platéia realmente ficou deslumbrada e os irmãos Lumière sabiam que teriam sucesso com o efeito de colocar a câmera bem perto da plataforma, esperando a chegada do trem. Além de filmes caseiros e comédias, exploraram vivamente figuras em movimento, como o muro caindo e sendo "reconstruído" em efeito reverso – *Démolition d'un Mur* – ou *A Fumaça dos Ferreiros em Le Forgeron*.

Cento e dez anos depois, a tecnologia digital sonha mais uma vez em substituir o cinema, agora com a potência de uma projeção com a resolução de mais de 8 milhões de pixels por quadro. Recentemente, a resolução 4k foi estabelecida como a imagem padrão do cinema digital recomendada pela DCI (Digital Cinema Initiatives), uma associação dos sete maiores estúdios de Hollywood. 4k refere-se ao número de pixels horizontais, 4.096 (multiplicados por 2.160 pixels verticais, gerando 8.847.360 pixels). Trata-se de uma imagem quatro vezes mais definida que a HD e 24 vezes mais definida que a da televisão tradicional.

Mas que cenas, que enquadramentos, que tipo de imagem inaugura esse cinema? A princípio, uma imagem incrivelmente nítida, com cores e detalhes vívidos, brilhos intensos e impressionante transparência. Uma imagem em que se veem detalhes do fundo com a nitidez de um plano próximo. Esse efeito de *trompe-l'oeil* dos Lumière – ou de Masaccio na sua tela *Santíssima Trindade em Santa Maria Novella*, que produzia um efeito de gruta com uma tela bidimensional em 1427 – também pode ser visto na produção holandesa da ópera *Era La Notte*, transmitida ao vivo de Amsterdã para San Diego em 2007. Para ampliar seu efeito de realidade, a ópera foi parcialmente filmada com uma fileira de cadeiras enquadrada na parte inferior da tela, aumentando a impressão de que a ópera acontecia ali, a algumas fileiras de onde estamos sentados.

Veronese versus Leonardo

A imagem tecnicamente considerada "mais definida" é, de um ponto de vista ontológico ou ideológico, uma nova imagem. Lev Manovich em seu artigo *Scale Effects*, publicado neste catálogo, recorda os pintores holandeses do século XVII, certamente por causa dos detalhes chocantes e transparências dos vidros das naturezas-mortas, em contraste com os italianos. Uma relação de ordem distinta me veio à mente durante minha primeira experiência diante dos filmes escaneados ou filmados e projetados em 4K: a sala do Louvre em que vemos a *Monalisa*, minúscula, cercada por uma multidão de turistas e, exatamente em frente, a tela gigante de Paolo Veronese, *As Bodas de Canaã*, medindo 70 metros quadrados.

Por que o mais famoso Leonardo, senão a mais famosa pintura da história da arte dos nossos tempos, foi recentemente colocada em contraste com uma pintura supercolorida, dramática, considerada pejorativamente "decorativa" e de apelo populista como a de Veronese (que acho absolutamente fascinante!)? Trata-se de uma provocação? Antes de tudo, claramente não se trata de uma organização por contemporaneidade, quando um pintor, apesar de ter vivido no mesmo tempo que outro, pintou de forma diferente. Leonardo morreu aos 67 anos, dez anos antes de Veronese nascer, e o Louvre tem obras demais para precisar recorrer a esse tipo de relação. Não se trata também de uma organização por movimento artístico, pois Veronese é um pintor veneziano que às vezes é considerado maneirista, enquanto Leonardo é de tradição florentina, o suprassumo do Renascimento. Se fosse para estabelecer uma relação de mesma ordem, Ticiano é que seria o nome de equivalente grandeza.

Os pintores venezianos estavam interessados na relação entre luz e cor, usando o pincel de forma especial para obter uma textura macia e aveludada. Veneza era uma cidade de influência oriental, luxuosa e suntuosa. A pintura a óleo foi intensamente difundida na região, pois o óleo preservava e garantia a qualidade da imagem em um ambiente úmido que destruía com rapidez os afrescos. O brilho do óleo reflete o brilho das águas. Trata-se de uma cidade de convivência com o duplo, de reflexos contínuos, dos brilhos e transparências dos vidros da pequena Murano. Esse foi o universo explorado por Paolo Veronese, bem distante do mistério transcendente do esfumado de Leonardo.

Que sentido teria esse contraste? A tela grande, suntuosa, dividindo o ambiente com a pequena e misteriosa *Monalisa*? Existem evidentemente outras telas nas paredes adjacentes, mas o contraste entre essa oposição é bem marcante, principalmente se a entrada na sala é marcada pela multidão com flashes anunciando a superstar. Resta-nos enfrentar a multidão e furar a barreira até Monalisa ou retirarmo-nos andando para trás, pé ante pé, sem perceber o que se passa às nossas costas. Até que, ao virarmos, somos assombrados pela imensidão colorida de Veronese. Seria uma expressão de uma paixão pelo tesouro veneziano colocado em posição de merecer a fama de *Monalisa*? Ou, pelo contrário, uma espécie de apelo hegeliano, tentando evidenciar que os esforços dos recursos do gigantesco e do brilhante não valem o milagre da pequena e pouco translúcida *Monalisa*? De acordo com o provérbio, nem tudo o que brilha é ouro – o velho ditado sobre as aparências e as essências.

Contudo, o fato de provocar justamente esse contraste resulta em um efeito de dobra, em uma ambiguidade da imagem. De um lado, a bela imagem que apesar de sedutora e gigante é relativamente pouco conhecida, inclusive desprezada como uma imagem "menor". Do outro lado, a imagem pequena, quase monocolor, que necessita de tempo e conhecimento para sua completa fruição, é uma das imagens mais conhecidas do mundo, tratada como celebridade. Como negociar mentalmente com as duas imagens, aceitando a magnitude de cada uma delas?

Brilhos e transparências

A apresentação dos filmes em 4k começa com uma demonstração da diferença de imagem do nosso DVD e de uma imagem escaneada do filme *Baraka*, dirigido por Ron Fricke em 1992 e filmado em 70 mm. Fica evidente que essa imagem foi intencionalmente escolhida pela intensidade das cores e brilhos orientais, profundamente sedutores. Podemos verificar as texturas e minúcias dos objetos, perceber os contornos dos rostos na multidão de veste branca.

Claro que a comparação proposta é contestável, pois só poderíamos verificar as diferenças e semelhanças se nos fossem apresentadas a imagem em 70mm e a imagem 4k. Mesmo sem poder medir a qualidade de cada uma delas lado a lado, já é sabido que o 4k elimina a granulação do cinema, produzindo outra imagem, que poderá ser a imagem das narrativas de um futuro bem próximo. Apesar do preço da produção e projeção, as companhias apostam na tecnologia já experimentando transmissão em tempo real sem perda de qualidade.

Parece que o 4k nasce com uma vocação para a transparência e o brilho. Se por um lado o deslumbre dos cristais e dourados nos impressiona, por outro a imagem humana – aquela que tem sido a imagem mais carente e potente de reprodução – também brilha. O rosto humano que foi a paixão do cinema, principalmente em preto-e-branco, causa-nos pavor não mais pelo terror inscrito em suas feições, mas pela abertura dos poros da pele, pelo suor cintilante ou pela textura impermeável das bochechas das mocinhas, que deveriam ser engraçadinhas porque imitam o patético, mas são patéticas tentando ser engraçadinhas imitando o patético.

Podemos verificar as texturas e minúcias dos objetos, perceber os contornos dos rostos na multidão de veste branca.

Esse é o exemplo de um filme seriamente sarcástico, filmado para a propaganda da empresa de câmeras e material de cinema chamada Red. As câmeras Red estão sendo desenvolvidas nos Estados Unidos – as outras são a canadense Dalsa e a japonesa Olympus, grandes e pesadas demais – ao redor de polêmica e sedução típica de tecno-aficcionados. Ouvem-se comentários de vários lados, a favor e contra, aumentando o mistério e a excitação com a tecnologia e evidenciando a monumental e vigorosa ignorância diante daquilo que está sendo construído. Comenta-se que houve um lançamento das câmeras 4k, mas que ninguém teve real acesso a elas. No site da Red, estão anunciadas as câmeras – inclusive uma ainda mais potente, 5k – com um conjunto de acessórios que custa em torno de 30 mil dólares e exige um depósito de adiantamento, fora o SCRATCH, que custa por volta de 32 mil dólares. Com o SCRATCH, um software/ hardware, é possível decodificar os arquivos filmados e exportá-los para DI (ou Avid) em formato .dpx para edição.

Existem outras opções que variam de acordo com o bolso e a velocidade com que se pretende produzir. Ouvi o seguinte comentário de um cineasta experimentado, importante diretor de um cinema de vanguarda sem ser anti--hollywoodiano: o problema é como editar em 4k. Ainda é muito difícil, caro e sem frutos significativos. Segundo ele, na realidade, o que as pessoas fazem é editar em 2k e mais tarde escanear para 4k ou copiar em 35 mm para ganhar em qualidade. Então para que filmar em 4k se a imagem inicial não será usada? Dois filmes de Steven Soderbergh, *The Informant* e *Guerrilla*, estão sendo anunciados como tendo sido parcialmente filmados em 4k.

No último encontro dos comitês de tecnologia da ASC (American Society of Cinematographers) que aconteceu no início de maio de 2008 em Los Angeles, chegou-se à conclusão de que a câmera Red não é exatamente 4k, pois seu sensor responde com certa deficiência. Para alguns técnicos a ideia é que, se essa câmera é 4k, o projetor das imagens 4k é logicamente 12k. Por outro lado, essa é uma associação de engenheiros e técnicos da indústria tradicional de câmeras que quer proteger seu mercado, sua invenção e o caríssimo investimento para concorrer com uma novata como a Red.

Primeiros filmes

Como no início do cinema, os filmes são curtíssimos, de no máximo 6, 7 minutos, geralmente com apenas um enquadramento, mostrando performances musicais, pontos de vista turísticos e pequenos esquetes ainda sem títulos ou créditos. São mais experimentos tecnológicos do que invenções narrativas. E, diferentemente do primeiro cinema, há os filmes gerados pela própria máquina, sem referência externa, computadorizando imagens. Dos exemplos mais recentes, temos experimentos com a estética de games ou experimentos com o balanço espacial das visualizações científicas que temporalizam as dimensões internas e externas de micro e macro objetos.

No primeiro caso a imagem não é o mais importante, pois o que se busca é a interação entre a máquina e o jogador no sentido do toque participativo, do gesto do jogo. Porém, *Scalable City* é uma experiência de game que inclui projeção em 4k e que nos remete a uma espécie de desconstrução temporalizada em movimento de um tipo de arquitetura como a de Frank Gehry. *Scalable City*, de Sheldon Brown, nos oferece em movimento, em tela bidimensional, a dimensão grandiosa de uma experiência arquitetônica. No segundo caso, pode-se prever o uso didático e impactante de galáxias distantes em planetários e visualizadores de imagens imaginárias. Talvez essa projeção seja mesmo apropriada para um tipo de brilho futurista, de sonhos científicos dos lugares distantes do olho humano. Um tipo de inconsciente ótico que, no lugar de ver as miniaturas e espaços conhecidos e não-vistos, veria a alucinação. No lugar da relação que Benjamin faz com um inconsciente da psicopatologia da vida cotidiana, uma relação com o inconsciente da interpretação dos sonhos.[1]

A propósito, no caso dos microobjetos, é sempre irônico pensar nos modelos de visualizações tentando alcançar o padrão da realidade, ou aquilo que se entende por realidade. Esse inconsciente ótico que Benjamin vê no cinema e na fotografia, que revela realidades antes inacessíveis, se expande em máquinas que penetram o corpo humano, construindo um imaginário corporal de ultra-sons que descrevem os interiores de espaços íntimos em nome da ciência e de uma realidade que se torna indiscutível. Ninguém parece se lembrar de que toda imagem requer interpretação. Mesmo imagens que descrevem cientificamente o nosso corpo são imagens mediadas pelas ideias que as envolvem. Seria bem interessante poder ver nossos predecessores rindo da nossa crença nas imagens que temos hoje de nós mesmos. No lugar de um *Adão* gigante de Michelangelo, ultra-sons dos nossos órgãos internos.

Nessa mesma linha é que as visualizações do corpo humano, das nossas moléculas, das nossas células, são realizadas com os programas de computador tridimensionais. Tentar visualizar a célula entrando dentro dela pode resultar

1. No conhecido ensaio *A Obra de Arte na Era de Sua Reprodutibilidade Técnica*, Walter Benjamin associa o "inconsciente ótico" ao livro *Psicopatologia da Vida Quotidiana*, escrito por Freud em 1901, um ano depois do seu mais conhecido livro, *A Interpretação dos Sonhos*. Em cada um deles Freud descreve o inconsciente manifestando-se de formas distintas. Em *Psicopatologia*, Freud se interessa pelos atos falhos e os lapsos de memória do dia-a-dia; já na *Interpretação*, são os truques dos nossos sonhos que se revelam no sono que lhe interessam. Em *Sobre Arte, Técnica, Linguagem e Política*. Lisboa: Relógio d'Água, 1992.

2. O sociólogo Benedict Anderson, intelectual do pós--colonialismo, conta em *The Spectre of Comparisons* que tentava aprender espanhol com a novela do escritor filipino José Rizal *Noli me Tangere* (Não me toques), quando se deparou com um fenômeno descrito

em uma imitação infantil, ávida de realismo emocional, resultando em um efeito demoníaco que persegue as imagens geradas pelos computadores: a comparação com a realidade.

Assim como a metáfora usada por Benedict Anderson, "o demônio das comparações"[2] – para falar de um contexto cultural em que as colônias estariam sempre fadadas a ser comparadas às metrópoles –, esta tentativa desesperada de reproduzir continuamente a realidade é também a queda sem anteparo para o kitsch. Muito já foi feito em termos de imaginação com o kitsch, que não é mais um elemento ingênuo de categoria inferior. Porém, a perda da ingenuidade torna o produto ainda mais ideologicamente comprometido com a demanda imediata de satisfação, sem reflexão sobre a imagem projetada e o meio que a projeta.

Quanto mais próxima do real, maior a queda na imagem facilmente forjada que ambiciona inutilmente ser a realidade. E, com uma definição como a do 4K, tornam-se imagens escorregadias que não cabem nos nossos olhos, vazam para a boca, para o nariz, se esparramam em nossas faces. Esse, aliás, tem sido um ponto escuso das altas e altíssimas definições: se o fundo é tão definido quanto a figura, o que se pode ver? Como trabalhar com o foco com uma projeção em que os elementos estão em sua maioria em foco? Que espécie de método se deve empregar para obter que tipo de imagem?

Evidentemente, esse sentimento irônico tem a ver com a realidade ainda desconhecida da nova imagem. Trata-se de uma tentativa de lidar com a instabilidade da nova tecnologia. Por exemplo, se a imagem que construímos de nós se refere à experiência que temos da nossa realidade, que tipo de seres somos nós na atualidade?

Após a sessão de filmes, três agentes imobiliários foram à nossa casa fotografar o apartamento que alugamos para colocá-lo à venda – dois homens e uma mulher, loiros californianos, sapatos de verniz, com suas peles queimadas de um bronze brilhante. Sempre pensei nas lentes azuis dos filmes hollywoodianos dos anos 80 como uma artificialidade, até conhecer o céu azul do pôr-do-sol de Los Angeles. Aquelas peles de plástico já estão preparadas para a projeção 4k. Assim como os pisos de granito dos shopping centers, os lustres de cristal dos lobbies dos hotéis, os prédios esculpidos em vidro das grandes cidades. Nossa imagem, juntamente com o reflexo dela em nós, se prepara para ser triplicada. Também os apelos baratos. Também mistério, imagens complexas e surpreendentes.

pelo autor chamado de "demônio das comparações". Rizal descreve sua volta para Manila depois de longo tempo na Europa e observa que, ao olhar os jardins de sua terra natal, eles são "maquinalmente" obscurecidos, de forma assombrosa e inescapável, pelas imagens dos jardins da Europa, não permitindo nunca mais a proximidade de um olhar ingênuo. Tomado pelo "demônio das comparações", ele sempre verá esses jardins de perto e de longe simultaneamente, como em um telescópio invertido, e esse espectro acompanhará todo o movimento das colônias em relação às metrópoles. Em *The Spectre of Comparisons: Nationalism, Southeast Asia and the World*. Londres/ Nova York, Verso, 1998.

Sobre a Autora

Jane de Almeida é pesquisadora de cinema e arte contemporânea, curadora de mostras de filmes e arte visuais. Publicou *Alexander Kluge: O Quinto Ato* (Cosac & Naify, 2007), *Grupo Dziga Vertov* (Witz /CCBB, 2005), entre outros. É Professora do programa de Mestrado e Doutorado EAHC na Universidade Mackenzie. Foi *Visiting Fellow* da *Harvard University* (2005) e Professora do departamento de Artes Visuais da Universidade da Califórnia de San Diego (2008).

Texto publicado pelo File em 2008.

WHY FI?
FIDELIDADE 4K NA CIDADE ESCALONÁVEL

SHELDON BROWN

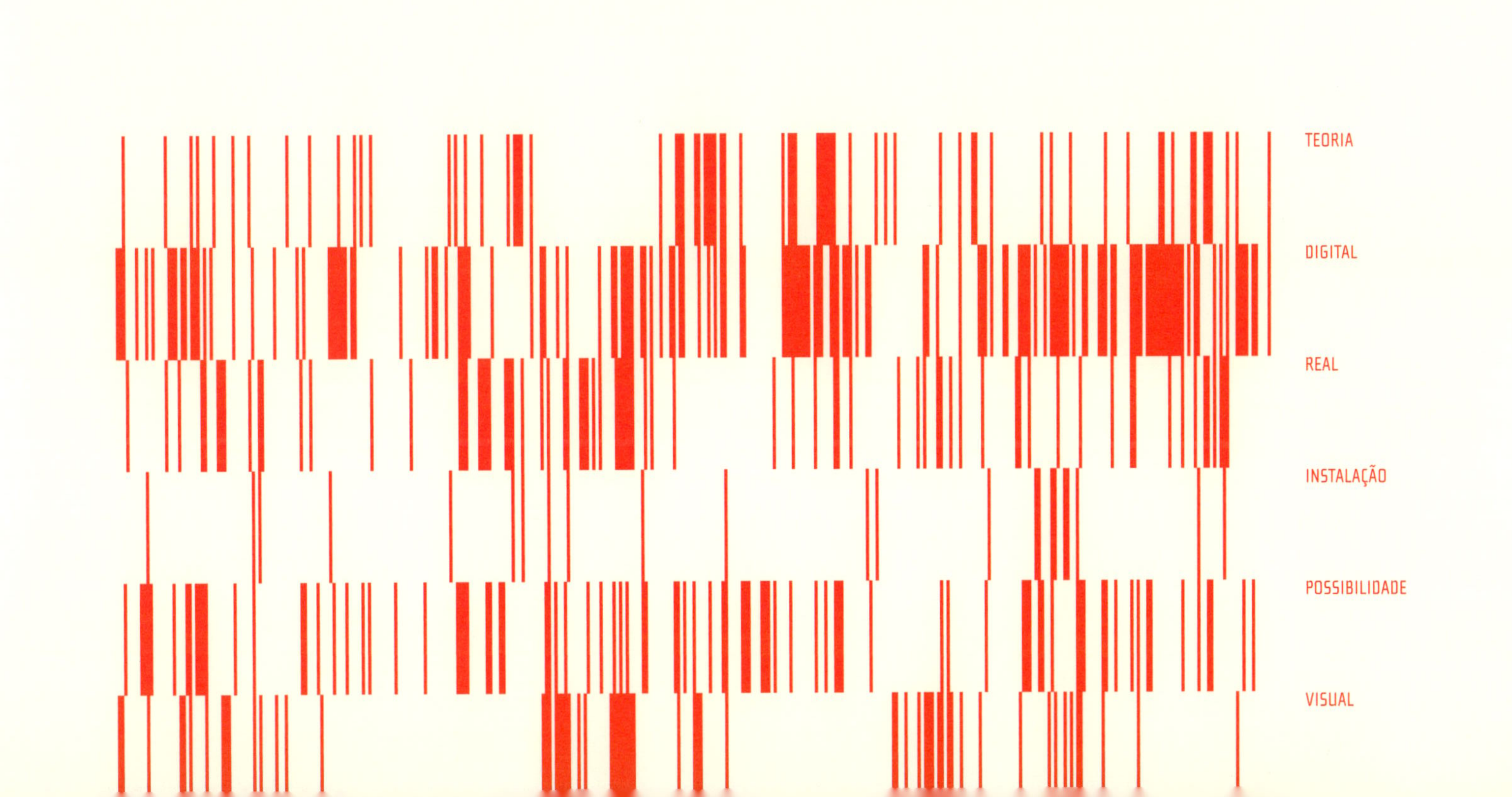
TEORIA
DIGITAL
REAL
INSTALAÇÃO
POSSIBILIDADE
VISUAL

The Scalable City (A cidade escalonável) é um conjunto de projetos que funcionam em quatro sistemas mediadores de representação. Nenhum desses sistemas é o "lar" isolado e canônico do trabalho, mas cada um deles põe em jogo métodos de visualização que são tradicionalmente associados a outras formas. As diferentes ontologias desta obra são em parte provocadas por avanços tecno-culturais em uma ponta do eixo (que poderíamos chamar de gamic), que sugerem novas maneiras de receber as formas na outra extremidade do eixo de sistemas mediadores. Ao longo desse eixo, o projeto se move de games para machinima, para animações, para filmes, para impressões e para esculturas. A operação proposital do projeto ao longo de todos esses modos destina-se a envolver estratégias epistêmicas bidirecionais. Trazer o cinemático, o espacial e o pictórico à mesa para compreender as formas de jogos, e levar o novo espectador que o gamic constrói de volta aos campos de experiência de outras mediações.

Uma maneira como isso ocorre especialmente é em relação à ideia de "fidelidade". O modo cinemático do projeto aborda a questão de "fidelidade" como uma questão de resolução e escala visual no formato 4K: isto é, uma imagem em movimento na escala padrão mais recente de filme digital, de 4000 x 2000 pixels. A resolução espacial dessa forma dá ao cinemático uma incrível falta de defeitos de exibição pictórica. Isso permite que a obra amplie taticamente a revelação de seus processos constituintes para fins estéticos, assim como retóricos. O formato de cinema 4K é mais um momento na atual negociação entre os reinos do fictício e do real, em que sua aparente falta de defeito pictórico remove mais um véu de mediação. No entanto, ele opera em uma cultura que tem uma história bem desenvolvida de percepção cinematográfica. Esse trabalho reconhece que há uma transformação suficiente da imagem nessa configuração que faz o espectador renegociar sua própria posição de espectador, recalibrar a posição cinemática. Isto ativa o espectador de muitas maneiras semelhantes às das estratégias de instalação e impressão do jogo – torná-los conscientes de seus próprios papéis como espectadores na obra como ponte para a consciência de seu papel como atores nos processos socioculturais que a obra invoca.

Desde o desenvolvimento da perspectiva na pintura, o desenvolvimento de novas formas de mídia visual dificultou as distinções entre o representado e o representacional. Os momentos em que essas novas formas emergem no cenário cultural provocam expectativa, imaginação e ansiedade. *The Scalable City* negocia com esses momentos entre imagem digital, realidade virtual (RV) e jogos de computador. A peça de cinema em 4K, especialmente, invoca visceralmente o dilema cinematográfico de uma maneira que tem sido abordada principalmente atrás da tela. No cinema, a renegociação do fictício e do real foi avassaladora nos efeitos de pós-produção que utilizam técnicas de computação gráfica para criar reinos mais fantásticos conduzidos por uma estética do inconsútil, dentro de um tempo lógico e uma estrutura espacial tirados da experiência contemporânea. Agora o próprio plano da imagem na tela torna-se um lugar para essa transformação com a extraordinária resolução da imagem em 4K. A eliminação dos aparentes defeitos do meio remove muitos sinais pelos quais demarcamos o mítico e o real. Isso nos dá um momento cultural desestabilizador em que mais uma vez temos de renegociar a diferenciação desses reinos – ou as inter-relações dos dois. É essa desestabilização que fornece uma qualidade de "imersão" que o cinema 4K tem por enquanto. Esse caráter imersivo é um atributo que ganhou certa importância como uma qualidade das formas de realidade virtual. A imersão descreve uma situação em que a mediação atrai suficientemente a atenção do espectador de modo a confundir a relação entre o mediado e o real. No entanto, nossa capacidade de criar relações complexas com os atuais desenvolvimentos da mediação se desenvolveu tão rapidamente quanto os próprios avanços da mediação. A RV não se tornou uma mídia imersiva, enquanto forneceu meios que cercam os usuários com ambientes de computação gráfica reativos. Videogames tecnicamente sofisticados, mas também complexos de uma maneira gamic, são possivelmente mais imersivos do que os ambientes de RV: os jogadores-espectadores passam até 50 ou centenas de horas jogando um jogo de computador complexo e imergem na combinação da lógica de jogo complexa, expressa por gráficos de computador relativamente sofisticados, mesmo que a tela em si não preencha completamente seu campo de visão. No entanto, quando as pessoas experimentam ambientes de RV e suas formas de computação gráfica representadas, produzem uma fantasia especulativa sobre o que pode se tornar a mediação. Esse momento de expectativa, ansiedade e especulação fornece um novo olhar sobre as possibilidades de uma nova forma de mediação. Esse momento existe hoje no cinema 4K. Enquanto criamos nossas primeiras incursões nesse território denso em pixels, nossa renegociação com o espectador nos permite ver a tela como um novo espaço. Ao rejogar os elementos do jogo na *Cidade Escalonável* nesse formato de supercinema, o maravilhamento da novidade tecnológica pode ser abafado por nossa informação cinematográfica geral, de modo que os gestos da obra de arte podem ter uma aparência que talvez não seja tão visível em sua ação simultânea na forma de jogo.

A representação gamic depende muito de sua base tecnológica. Essa contingência é mais radical do que a maioria das outras formas culturais contemporâneas, pois seus atributos fundamentalmente visuais são o resultado direto de milhares de anos de engenharia humana, que são despejados todo mês no sistema hierárquico das máquinas de jogo, bibliotecas gráficas, linguagens de programação e tecnologias de hardware de computador. Essas tecnologias se desenvolvem rapidamente devido aos avanços internos de qualquer elemento dessa cadeia (por exemplo, novas bibliotecas gráficas) e desenvolvimentos que respondem a mudanças em outros níveis da hierarquia (por exemplo, mudanças na tecnologia de CPU de um processador serial para processadores paralelos).

Consequentemente, os aspectos visuais têm-se desenvolvido rapidamente. Na última década, os videogames passaram da utilização do espaço bidimensional para a representação em perspectiva tridimensional pós-albertiana. Nos últimos cinco anos, os games passaram de sistemas caseiros para outros de multiusuários em rede. Nos últimos dois anos a fidelidade visual melhorou de algo menos que qualidade de vídeo sub-NTSC para imagens em alta definição com 1080p.

Mas com toda essa atenção para o desenvolvimento técnico da forma das imagens em games, dá-se muito pouca atenção a uma visão crítica de como essas formas são usadas para criar uma representação. É como se muitas das pessoas treinadas na análise e nuances das formas ilusórias e visualmente desafiadoras da arte contemporânea estivessem confundidas pela computação gráfica interativa. Talvez essa confusão se baseie em não saber para onde dirigir a atenção crítica. A dependência tecnológica acima citada torna os gestos nesse espaço mais sujeitos a restrições materiais do que aqueles no espaço da pintura. No entanto, a crítica na arte visual contemporânea (pintura, escultura, fotografia, filme e vídeo) tem sido muito capaz de engajar o discurso das contingências culturais e históricas dessas formas. Os videogames não desafiaram ou resistiram muito a esse tipo de análise, foram sobretudo ignorados por ela; o enfoque foi dirigido principalmente a suas formas narrativas e operações sociais. A popularidade dos games com atividades como atiradores em primeira pessoa; a atribuição de características anti-sociais ao jogador de videogame; o videogame como manifestação (ou resultado, ou expressão) do olhar masculino – têm sido alvo de intensa crítica.

Mas é claro que isso talvez ocorra por ser o reino do popular. Os videogames populares chafurdam nessas questões, assim como o vídeo popular (isto é, a televisão) chafurda no banal e os filmes populares chafurdam no óbvio e desgastado. São os "artistas" que chamam a atenção para a complexidade dessas formas. Mas aqui também grande parte do trabalho que envolve os jogos como arte tende a olhar para as áreas narrativas egrégias ou os resultados sociais. Essa tendência tem muito a ver com as maneiras como muitos artistas tentaram trabalhar com a forma – como remodeladores pós-mercado e customizadores de jogos existentes. Foram feitos alguns jogos (como Unreal) que oferecem a capacidade de substituir itens contidos no jogo por modificações criadas pelo usuário ("mods"). Diversos jogos da corrente dominante foram feitos com essa abordagem (por exemplo, Counterstrike, um mod feito pelo usuário derivado do título comercial Half-Life), e diversos artistas também têm utilizado essa abordagem. Outras reescrituras de textos de jogos adotam a abordagem oposta – usar os itens dos jogos e passá-los para uma forma descontextualizada. Ambas essas abordagens subvertem uma inter-relação entre o visual e o estrutural nos jogos de computador. As estratégias de ou mapear um novo discurso na estrutura de um existente (como em mods) ou isolar componentes visuais oferecem uma oportunidade de expor e trazer para o primeiro plano as estruturas e formas das obras originais. No entanto, essas estratégias não oferecem uma consideração da forma assumida em sua própria complexidade sintética.

The Scalable City se desenvolveu como um projeto com o objetivo geral e de longo prazo de desenvolver um mundo online duradouro para multiusuários. No início, foi concebido como um desenvolvimento que duraria vários anos. É mais ou menos o mesmo tempo que um videogame completo leva para ser criado, e pelos mesmos motivos: exige um período de trabalho administrado para se criar programas com a complexidade de um videogame contemporâneo. Além disso, o projeto *The Scalable City* teve muitos objetivos em seu desenvolvimento. Os interesses atuais são os avanços tecnológicos provocados pelos interesses artísticos que motivaram o trabalho inicialmente. Isto coloca aspectos do projeto no reino da pesquisa de ciência da computação, e na verdade o projeto obtém a maior parte de seu apoio financeiro dessa atividade de pesquisa. O espaço de tempo também significava que o projeto desenvolveria iterativamente suas formas estética e conceitual, e o faria através da constante realização de formas derivativas e incrementais de produção. Em cada etapa, a interação das percepções dos usuários, as qualidades dos itens e as operações dos algoritmos foram os pontos críticos do trabalho.

A produção material inicial do projeto foi uma série de impressões digitais. Por meio dessas impressões, desenvolveu-se parte do vocabulário estético do projeto, assim como se definiram papéis complexos para o espectador na obra, pois as impressões conotam uma experiência interativa. Essa interatividade na obra é obtida pela provocação do espectador para que mude suas estruturas espaciais com referência à impressão. As impressões têm uma resistência composicional deliberada ao plano pictórico perspectivista. Uma razão disso é que essas impressões se originam de fotos de satélite. Essas imagens sem horizonte e sem sujeito não são retratos nem paisagens na tradição pictórica ocidental.

Não são janelas para um mundo, mas uma visão onisciente desestabilizada de seu eixo. Esse movimento da imagem do solo sob nossos pés para o espaço vertical da parede é uma reconstrução espacial vertiginosa para o espectador. Esta é acompanhada de vários graus de abstração e exageros padronizados do conteúdo da imagem. A imagem-fonte é transformada por técnicas algorítmicas simples e aparentes, mas que rapidamente chamam a atenção para as estranhas colisões culturais/naturais que ocorrem no original. A composição as desmorona ao redor de um centro e as recorta na borda da moldura. Essa técnica envolve o olhar, ocupando o campo visual central enquanto as bordas se afastam para um infinito sugerido. A uma distância em que se pode abranger toda a imagem há um nível de detalhe de repetição padronizada da comunidade. No entanto, a comunidade é uma expressão de muitos níveis do sociocultural, e podemos ser atraídos ainda mais para esses detalhes na imagem, onde o espectador pode considerar a condição do indivíduo nessa organização especulativa. Esse gesto move o espectador fisicamente para mais perto da impressão, imergindo sua visão ainda mais no campo, enfatizando os gestos desestabilizadores que exigem sua construção como um usuário mais sofisticado espacialmente. As impressões exigem uma fidelidade em que o espectador possa ter essa multiplicidade de relações espaciais. As impressões também sugerem uma multiplicidade de resultados. Elas são apenas uma instância de um sistema algorítmico.

Esgotar as possibilidades desses primeiros algoritmos produz animações. As impressões tornam-se momentos das animações que têm uma ressonância particular. As animações iniciais não provocam as mesmas interações espaciais das impressões; provocam uma percepção de tempo-movimento. As impressões são no entanto muito mais interativas que as animações. As impressões permitem que o espectador navegue a transformação da imagem através de seus próprios movimentos corporais; as animações têm um jogo temporal deliberado, com um *script* que desafia o tempo de mídia mais convencional. A mudança é às vezes quase imperceptível e, em outras, aparentemente muito rápidas. As imagens mudam de um grau de abstração que causaria inveja a Greenburg para as imagens de satélite estranhamente familiares.

Depois dessas animações processuais, os algoritmos são colocados em ação em um novo espaço simulado: o espaço do campo de jogo. No entanto, o processo de desenvolvimento em si tem de acompanhar os interesses do trabalho, e o meio cinemático torna-se mais viável para o desenvolvimento que o jogo interativo. São produzidos pequenos filmes que utilizam bancos de dados e algoritmos comuns. Os filmes são renderizados offline, retirando as pressões do interativo. A estrutura linear narra a inter-relação de dados e algoritmos, que tem simultaneidade no ambiente de jogo onde é desempacotado por diversas ações.

Essa interatividade na obra é obtida pela provocação do espectador para que mude suas estruturas espaciais com referência à impressão.

Em breve as computações são otimizadas e o ambiente em tempo real é criado. Esse ambiente em tempo real é instalado em museus (com diversas abordagens conforme as características locais). A forma instalação usa o espectador como um ator, primeiro no espaço arquitetônico do local físico, depois como participante/performer no ambiente gráfico interativo. A apresentação é feita com alto grau de espetáculo visual – projeções múltiplas, às vezes com estereografia, e uma única interface de usuário. A forma é uma mistura de instalação de mídia e ambiente de jogo de realidade virtual. Seus aspectos lúdicos provocam a interação com o usuário, mas alguns resultados esperados dos envolvimentos do jogo não fazem parte da obra: não há um único objetivo ou fim, não há placar, não há competição. A interatividade é uma extensão do aparato visual do espectador. Ela traz consigo as extensões temporais para a imagem fornecida pelo cinemático, enquanto permite extensões espaciais que foram anteriormente domínio do arquitetônico e do escultural. O participante/performer torna-se um elemento da instalação, preenchendo o papel de qualquer usuário no sistema da peça e envolvendo a todos nós como atores em seus dramas.

Os elementos visuais da obra são distorções de representações. Fotografias são reunidas em reconstruções improvisadas de suas formas originais de carros e casas. Paisagens são reformadas por processos imagísticos de cortar e colar, e sistemas viários são espalhados no mundo conduzidos pela lógica do crescimento das plantas.

Desempacotar essas formas visuais e suas operações é vital para a criação de significado do trabalho. As forças físicas simuladas de gravidade e vento e os comportamentos simulados das plantas e crescimento de cristais conduzem a interação dos símbolos culturais. Negociar entre os sistemas do cultural e do natural, com as capacidades e inadequações dos sistemas de simulação em ação, atesta a força e os fracassos de nossa compreensão e imaginação dos ambientes complexos que habitamos.

O ambiente de jogo cria uma experiência visceral de viver nesse quebra-cabeça, mas leituras dessa experiência podem ser complicadas por algumas das contingências acima citadas. Culturalmente, estamos em um estágio nascente no entendimento de como o gamic funciona. Muitas vezes estamos em uma posição de simplesmente tentar ter funcionalidade operacional com o gamic (essa funcionalidade operacional é o ponto primário da maioria dos jogos). E como os processos de desenvolvimento ainda são limitados pelas possibilidades técnicas do sistema, talvez não seja claro para o espectador quanto da estética é simplesmente resultado dessas limitações.

Com essas preocupações em mente, as formas e algoritmos do jogo foram invertidas na produção de uma obra cinematográfica. Esta tornou-se *Scalable City – New Trailer*, produzida na resolução de 4K, 4000 x 2000 pixels. O interesse por esse formato cinemático para este projeto é variado – primeiro são as possibilidades estéticas que o novo formato oferece, mas também um interesse pelas implicações da transformação do cinema em um processo digital completo de ponta a ponta.

Primeiro, a estética dessa imagem, como se disse acima, com sua falta de defeitos de pixels ou grãos, e a natureza da cor, gama de contraste e consistência em todo o plano da imagem na projeção dão uma clareza impressionante. Esse campo visual pode ser explorado composicionalmente para fornecer diversas mudanças nas estratégias de atenção. Os espectadores podem ser absorvidos profundamente pela imagem, ou podem ver diversos pontos focais que achatam a tela, ou ser movidos espacialmente sem qualquer detalhe que rompa essa construção pictórica.

Para *The Scalable City* isso ofereceu uma visão atenuada dos elementos visuais da obra. As peças da casa são claramente vistas como um origami arquitetônico – fotografias distorcidas e dobradas cuja capacidade de parecer estruturas verossímeis atesta suas operações simbólicas. Os carros distorcidos, apanhados nos furacões que organizam esses bairros, repercutem como consumo material, arrancados da terra poligonal enquanto se reordenam para sua própria operação a caminho de se tornar elementos permanentes na atmosfera alterada.

Em segundo lugar, há implicações dessa forma 4K para o destino do cinema. Aqui está finalmente um formato de apresentação digital de cinema que tem vantagens desejáveis em relação ao filme. Com um ligeiro atraso no desenvolvimento de câmeras de cinema digitais no mesmo formato, o cinema deverá se tornar uma forma de produção e disseminação totalmente digital. Preocupações com a qualidade da imagem permitiram que se resistisse a isto até recentemente, e vários aspectos da indústria do cinema também desaceleraram a transição (incluindo os relacionados à tecnologia de filmes e controle de propriedade intelectual). A indústria do cinema não passará para um sistema completamente digital sem vantagens econômicas evidentes, que em parte se baseiam nas possibilidades visuais da experiência da imagem. Com o advento do 4K, a indústria agora é incitada a participar da instabilidade de um meio digital. Essa transição fornecerá muitas novas possibilidades de produção, distribuição e experiência cinematográficas. O 4K rapidamente se tornará 8K, depois 16K e assim por diante. A estereografia ficará muito melhor e voltará (e possivelmente desaparecerá de novo). Os filmes poderão ser total ou parcialmente computados em tempo real, como a machinima sugere hoje. Muitas outras mudanças especulativas serão tentadas em um ambiente cinemático mais dinâmico. De modo geral, as formas de cinema terão a mesma instabilidade técnica e mutabilidade digital que outras formas de mídia digital, como os jogos de computador e na web. Com isso, cada experiência cinematográfica poderá ter de passar parte do tempo "treinando" o espectador. Assim como os games ou websites têm experiências em camadas, aumentando em complexidade conforme o usuário se torna mais fluente, o cinemático talvez precise se tornar mais aberto semanticamente para atrair espectadores para as novidades operacionais do novo cinema.

O filme *The Scalable City* em forma 4K postula um relacionamento entre os jogos e o cinema em sua mineração de itens e dinâmica de jogo. Com as formas estéticas típicas do jogo (baixa contagem poligonal), dominadas pela clareza visual da imagem em 4K, nosso desempenho dentro do vocabulário de simulação do mundo dos jogos é agora enfaticamente envolvido nesse replay cinemático. A maior escala cinematográfica confere pungência a um mundo transformado pela articulação de todos os seus desejos algorítmicos. Cada elemento é reorganizado em padrões decorativos para o prazer de ser reconsumido por um olhar onisciente, do qual partiu todo o processo. As estratégias re-mediadoras de *The Scalable City* repetem a compulsão de nossa cultura por se retrabalhar, transformar os resultados de seus próprios processos de desejo como alimento para reiniciar a cadeia de expressão e consumo.

Sobre o Autor

Sheldon Brown é Diretor do Centro de Pesquisa em Computação e Artes da UCSD, é professor de artes visuais e fundador da área de artes em novas mídias no *California Institute of Information Technologies and Telecommunications*.

Tradutor do texto Luiz Roberto Mendes Gonçalves.

Texto publicado pelo File em 2008.

PARTE 4

TEORIA
“MUNDO-DE-
-BRINCADEIRA-
-MUNDO-DE-NÃO-
-BRINCADEIRA”:
O JOGAR
DIGITAL

BRINCANDO E JOGANDO: REFLEXÕES E CLASSIFICAÇÕES[1]

BO KAMPMANN WALTHER

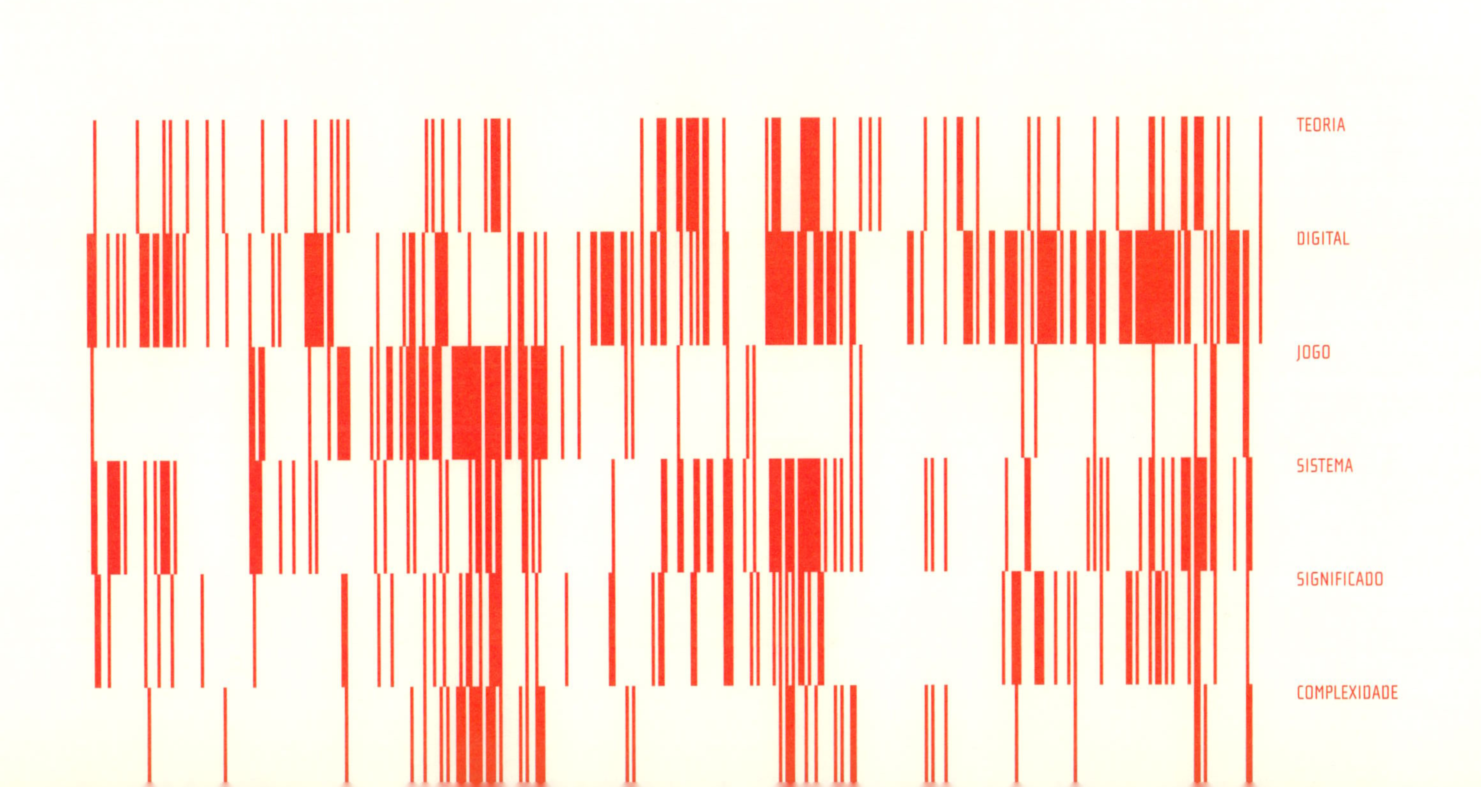
TEORIA
DIGITAL
JOGO
SISTEMA
SIGNIFICADO
COMPLEXIDADE

Introdução

1. Agradeço a Jason Rutter, Graeme Kirkpatrick e Lars Qvortrup por seus generosos comentários sobre um esboço anterior deste artigo.

Este artigo pretende esclarecer as distinções entre brincar e jogar. Embora exista a tendência a considerá-los tipos de lazer semelhantes, acredito que haja importantes diferenças ontológicas e epistemológicas. O que é uma brincadeira? E o que é um jogo? São questões ontológicas porque lidam com estrutura e formalismos. Uma breve definição: brincadeiras são um território aberto em que o faz-de-conta e a construção de mundos são fatores cruciais. Jogos são áreas confinadas que desafiam a interpretação e a otimização de regras e táticas – para não falar em tempo e espaço. Além disso, há questões que enfocam a dinâmica de brincar e jogar. Estas pertencem a uma agenda epistemológica. Seguindo essa última linha, farei a distinção entre "modo de brincar" e "modo de jogar". O segredo é ver o jogo como algo que ocorre em um nível mais elevado, estruturalmente assim como temporalmente. Tratando-se de brincar, a instalação da forma da distinção mundo-de-brincadeira/mundo-de-não-brincadeira deve, performaticamente, realimentar-se durante a brincadeira: continuamente rearticulando essa distinção formal dentro do mundo-de-brincadeira, de modo a sustentar a ordem interna do mundo-de-brincadeira. No entanto, no modo de jogar, essa rearticulação é pressuposta como um encarceramento temporal e espacial que impede que a estrutura de obediência às regras de um jogo se afaste do alvo. Em outras palavras: jogos não devem ser brincadeiras; mas isso não implica que eles não exijam brincar. Significa, na verdade, que no modo de brincar a profunda fascinação está na oscilação entre brincar e não brincar, enquanto o modo de jogar exige capacidades táticas do jogador para manter o equilíbrio entre um espaço estruturado e um não-estruturado. No modo de brincar, não é desejável recair na realidade (embora sempre exista esse risco). No modo de jogar é geralmente uma questão de avançar para o próximo nível e não perder a visão da estrutura.

Ao longo deste artigo, abordarei ambos os modos mencionados, e o farei "testando" brincadeiras e jogos à luz de uma estrutura teórica de sistemas. A relevância de se aplicar esse vocabulário – talvez nada eloquente – é o fato de que tanto brincar quanto jogar enfrentam complexidade, constroem dinâmicas estruturais e lidam com formas. Visto dessa maneira, podemos nos libertar – e isso não tem significado negativo – de qualquer evidência etnográfica ou etnometodológica. Isto não pretende determinar que toda brincadeira é igual, seja a de uma criança pequena, de um escolar, de um jogador online ou de um jogador profissional. Tampouco pretende ignorar as variações entre os chamados "jogos de ganhar ou perder" em que todas as jogadas (em princípio) são conhecidas pelos jogadores (ou pelo computador) e os "jogos de 'n' resultados", em que os movimentos e ações não podem ser (somente) decididas pelas regras. O que é enfocado aqui são as configurações lógico-formalistas que como tais agem como veículos indispensáveis às atividades de brincar e jogar. Essas atividades podem ser vistas como subsistemas diferenciados, cada qual operando como sistema "autopoiético" (autoprodutor), com um código, um meio, elementos e uma linha demarcatória (Luhmann 1990; Thyssen 2000). O que está em questão aqui é uma certa capacidade para reestruturar domínios de significado por meio da interconexão de elementos e através de operações de forma funcionais específicas.

O artigo contém duas partes principais. A primeira extrapola alguns dos principais pontos conceituais da pesquisa sobre brincadeiras e jogos no século XX; a segunda e maior parte estabelece um instrumental teórico para a classificação de brincadeiras e jogos e oferece uma descrição de sua organização. Essa descrição novamente contém duas partes. Primeiro, ilustro os limites e restrições iniciais em brincadeiras e jogos, e segundo trato do modo como o espaço e tempo é organizado e funciona neles.

1. O que há em um jogo?

Brian Sutton-Smith (1997) afirma que é quase impraticável descrever brincadeiras e jogos em termos positivos, não paradoxais (ver também Juul 2001). Em vez disso, ele sugere exemplificações diferentes baseadas na "retórica". Se fizermos esta ou aquela pergunta semântica cultural ou social, quase certamente teremos esta ou aquela resposta. Parece que não podemos escapar de nosso horizonte paradigmático, já que nossas observações estão entrelaçadas em nosso próprio entendimento do que é observado. Sutton-Smith afirma que estamos tão sobrecarregados de brincadeira em termos de ação e epistemologia que se torna uma tarefa paradoxal superar esse esquema e observar a brincadeira de maneira neutra e ontológica. O "como" obstrui o "que".

Em *Homo Ludens* (1938), Johan Huizinga aborda até certo ponto as mesmas ideias construtivistas de Sutton-Smith, embora seja muito mais positivista em sua explicação. Brincar, ele diz, constitui formas culturais e modalidades de significado que facilitam as normas e os códigos da ação semiótica social. Além disso, ele afirma que brincar é mais antigo que a própria cultura; que brincar é temporal e espacialmente confinado, o que significa que o brincante está comprometido com as regras que regem o comportamento da brincadeira; e finalmente ele enfatiza que brincar liberta o sujeito para realizar ações sem consequências materiais.

Man, Play, and Games (1958), do filósofo e cientista social francês Roger Callois, concentra-se na tipologia dos "jeux". Callois examina o brincar basicamente através de suas origens sócio-históricas, e as combina com o sortimento de classes de jogo e a maneira como eles promovem a dinâmica social. Brincar é algo que alguém faz; mas também é o nome de uma coisa. Segundo ele, existem jogos "agon", que se baseiam em competição ou conflito, como os jogos de disputa e de corrida; jogos "alea", que se relacionam a sorte ou acaso (por exemplo, roleta); de "mímica", que têm a ver com simulação e faz-de-conta, por exemplo, assumir um papel numa brincadeira infantil; e "ilinx", que são jogos baseados na vertigem, como as montanhas-russas. Callois também apresenta uma teoria da complexidade estrutural dos jogos: "paidea" são jogos livremente (isto é, menos) organizados, enquanto "ludus" significa jogos altamente organizados.

As manobras categóricas podem não ser tão simples, porém, porque elas surgem diferentemente dependendo do ponto de observação. Quando jogamos o jogo dinamarquês de matador na primeira pessoa Hitman: Codename 47 (2000), pode-se dizer, segundo Callois, que precisamos em primeiro lugar "entrar no personagem", assumindo um papel preciso – o de um matador –, antes de podermos iniciar a ação dentro do jogo. Claramente, nesta fase, estamos no domínio do faz-de-conta e do fingimento. Portanto, um jogo exige um estado de espírito de brincadeira que é algo diferente do jogo específico em questão. Quando estamos "dentro" do jogo e comprometidos com suas regras, padrões de mundo e assim por diante, Hitman obviamente se apresenta como um jogo baseado em agon, que desafia as capacidades sensório-motoras e a agilidade de reações do usuário. Assim, o "fingimento" é prontamente esquecido, embora ainda precondicionado, quando começamos a assassinar mecanicamente. Não devemos deixar de notar aqui o deslocamento temporal: existe o fingimento e depois existe agon. Eu sou um personagem e jogo de acordo com as regras.

Chegando a essa dicotomia entre o que o jogo exige é o que o jogo contém, podemos nos reconfortar com as teorias de Mihayl Csikszentmihalyi (1990) e Gregory Bateson (1972). Enquanto o primeiro usa o termo "fluxo" para apreender a sensação de oscilar entre o êxtase (que na verdade significa libertar-se) e a orientação para metas no jogo e em outras atividades socioculturais mais ou menos extremas, o último nos diz as seguintes coisas importantes: 1) brincar é paradoxal porque está ao mesmo tempo dentro e fora de nosso espaço semântico social "normal". 2) brincar é uma metacomunicação que se refere exclusivamente a si mesma, e não a qualquer origem ou receptor externo. O motivo pelo qual a brincadeira ainda pode ser culturalmente valiosa é que atribui uma certa função de significado a si mesma. Como tal, a brincadeira pode ser compartilhada e comunicada com outros pela adoção de um código. É no meio da brincadeira que os participantes mutuamente criam uma "diferença que faz a diferença". 3) Bateson afirma ainda que brincar é autopoiético (autogerador) e autotélico (automotivador), e finalmente sugere que brincar não é o nome de um comportamento empírico, mas sim o nome de uma certa estruturação de ações. Poderíamos continuar especulando e propor que brincar instala uma facilidade compartilhada entre agentes que entusiasticamente reconhecem o desvio inerente a um sistema de brincadeira. Esse desvio implica que a comunicação sobre a brincadeira define e é consequência da diferença do outro na brincadeira; mas também salienta a unidade que forma a província da brincadeira.

Vamos resumir até agora:

- Brincadeiras e jogos estão ancorados em ambientes espaciais e temporais, porém, como veremos, não operam no mesmo nível de complexidade.
- Brincadeiras e jogos estão inseridos no reino da dinâmica cultural, e talvez sejam até mais antigos que a própria cultura.
- Brincadeiras e jogos dependem de formas de fluxo que ao mesmo tempo equilibram e otimizam a experiência.
- Brincadeiras e jogos necessitam de um certo estado de espírito, e assim parecem insistir em modos de análise complementares. O que há em um jogo e como chegamos lá?
- Brincadeiras e jogos são atos metacomunicativos que enquadram padrões de comportamento no tempo.

2. A lógica de formas de brincadeiras e jogos

Passar de brincar a jogar é simplesmente transgredir os limites e assumir demarcações. Enquanto na brincadeira corre-se o risco da cessação através do estranhamento do mundo "real" que já foi diferenciado do ambiente da brincadeira, jogar tende para o encerramento através de uma interiorização estrutural que já é dependente de uma dupla estratégia de diferença. É uma dupla estratégia porque é preciso estabelecer os limites do espaço de brincadeira, mas além disso é preciso restringir esse território com relação a critérios de cumprimento de regras para adaptação e interação. Adaptação significa reagir cognitivamente e apreender com trechos do material de jogo, e interação refere-se às estratégias empregadas pelo jogador para combinar e refletir sobre os elementos do jogo, assim promovendo certas competências enquanto deixa outras como estão.

Assim, na brincadeira há o perigo inerente mas fascinante de ser "apanhado" pela realidade. Nada é mais perturbador para a brincadeira do que a intromissão agressiva da realidade que a todo momento ameaça a brincadeira enquanto brincadeira ou simplesmente ameaça pôr fim aos privilégios da brincadeira. Então volta-se à vida normal. A teoria dos sistemas – e sobretudo a teoria do cientista social alemão Niklas Luhmann – nos adverte que não devemos conceber a realidade em um sentido naturalista ingênuo. A realidade é sobretudo o horizonte que se transgride para brincar, e portanto torna-se "o outro" da brincadeira. No entanto, de maneira importante, essa alteridade também deve permanecer dentro da brincadeira, pois é ela que indica o que a separa da não-brincadeira. Portanto, o outro é simultaneamente, enquanto diferença, e visto do interior da brincadeira, a unidade da brincadeira. Não-brincadeira e brincadeira são "realidades", porque são produtos de uma distinção, uma diferença que faz a diferença. De modo semelhante, no jogo existe sempre o perigo de ser "apanhado" em um nível que impede novas ações. Os jogos tendem a irritar o agente envolvido caso ele seja aprisionado em um certo ambiente no mundo do jogo.

Veja um jogo de aventura canônico como Riven (1997), como um exemplo dessa custódia. Acima de tudo, o jogo parece se basear intensamente em uma história que é transparente, com alguns cenários que estão abertos a incessante exploração. No entanto, o que procuramos quando o jogamos – e presumivelmente viajamos por um mundo – é muito mais uma estrutura subjacente àquele mundo. Na verdade, Riven parece obcecado por enigmas altamente complexos e criação de níveis, e por isso o usuário tenta seguir as transições nodais desse design na tentativa de situar o mapa do mundo dentro do mundo. Às vezes isso é realmente irritante: jogadores sérios não querem perder tempo procurando lugares "interessantes" para explorar. Eles querem muito mais entender a estrutura de modo a avançar, revelando novas áreas do jogo ou subindo na hierarquia de níveis.

Essa é realmente uma questão de lógica. Se certas atividades de diferenciação, incluindo brincar e jogar, pressupõem a transgressão para uma unidade interna a ser construída com base na distinção, então elas inevitavelmente convidam à contingência e à alienação. Outras opções poderiam ser feitas, e esquemas estruturais sempre correm o risco de expor suas diferenças intrínsecas, e nesse caso alienam a unidade estabelecida de sua precondição. Passando à esfera da psicologia, a sensação de alienação e a fragilidade pela qual as distinções revelam contingências tornam-se ainda mais óbvias. As crianças muitas vezes lamentam a perda do tempo de brincar. De repente elas são atiradas para o outro da brincadeira. Depois carregam essa lembrança de transgressão aos próprios confins da brincadeira. É provável que a pessoa seja interrompida

Não-brincadeira e brincadeira são "realidades", porque são produtos de uma distinção, uma diferença que faz a diferença.

enquanto brinca, por isso essa manobra de implicar a negatividade do outro na mesmice do sistema é simplesmente uma característica inata da brincadeira. A estrutura básica da brincadeira está em sua capacidade de criar recursos contingentes baseados em distinções que são abertas ao significado. A estrutura básica de um jogo adota essa práxis de distinção, mas sua "lei" central é, além disso, sua capacidade única de reduzir a complexidade da brincadeira por meio de um conjunto de regras bem definidas e inegociáveis. Podem-se discutir táticas no xadrez, mas não as regras.

2.1. Limites e restrições iniciais

Segundo o matemático George Spencer-Brown e suas *Laws of Form* (1969), um universo passa a existir quando um espaço é separado, isto é, quando se faz uma distinção (Spencer-Brown, 1969).[2] O espaço delimitado por qualquer distinção, juntamente com todo o conteúdo do espaço, é chamado de "a forma da distinção" (Spencer-Brown, 1969). Assim, uma forma é a distinção incluindo seus lados marcado e não marcado.

Spencer-Brown afirma ainda que uma distinção é efetuada se e somente se alguém traçar uma linha que inclua os dados díspares, de modo que um ponto de um lado da linha não pode ser alcançado sem cruzar a fronteira. Spencer-Brown refere-se a isso como "operação de travessia". Enquanto uma coisa está dentro, outra coisa está fora. Mas essa "coisa" só pode ser levada em conta ou pensada no próprio ato da observação, e não enquanto se está realmente fazendo (traçando) a distinção (Baecker, 1993). Portanto, é preciso haver uma ação primordial em jogo, qual seja, a distinção entre operação e observação. No domínio da brincadeira e do jogo, a importância está na possibilidade de verificar a diferença entre o fato de que existem brincadeiras e jogos e o de que se pode observar que alguém está brincando ou jogando.

Vamos examinar mais de perto os limites e as restrições interdependentes. Começaremos examinando a questão lógico-formalista da brincadeira.

No início, fazemos uma distinção. Isso é feito para poder brincar. A certeza ontológica de um mundo (ou subsistema) comum é suplementada pela informação obtida ao se traçar uma nova distinção. Assim, um mundo-de-brincadeira é estabelecido. Sua característica básica é exatamente que ele não é o mundo em si – o playground pode ter leis próprias – e ao mesmo tempo ele habita esse mesmo mundo (que ele não é). Em vez de falar sobre "mundos", e portanto embarcar em conceitos de verdade e semântica, seria mais correto e na linha de

2. Ver também Michel Foucault: "Of Other Spaces", in *Diacritics*, nº 16, primavera de 1986. Aqui, Foucault proclama que nossa era atual é obcecada pelo espaço, e que a inquietação moderna deriva de um espaço que é facilmente acessível e no qual o tempo é nada mais que a organização de elementos espaciais em grades, ramificações e relações topológicas.

Spencer-Brown simplesmente anunciar que alguma coisa – isto é, a forma de distinção entre brincadeira e não-brincadeira – é indicada separando-a de algo que não é. A tradicional diferença entre todo e parte é portanto substituída pela distinção entre sistema e ambiente, uma distinção que pode ser repetida infinitamente pela diferenciação de sistema, em que todo o sistema utiliza a si mesmo para formar seus próprios subsistemas (Qvortrup, no prelo).[3]

3. Spencer-Brown chama esse processo de diferenciação potencialmente infinita de "reentrada": formas que continuam se duplicando sobre si mesmas.

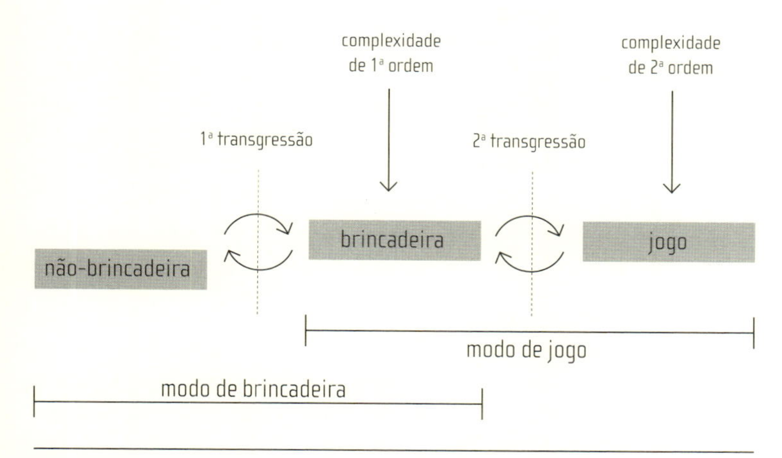

Figura 1.

Refiro-me a esse gesto inicial de distinção como a primeira transgressão da brincadeira. Como ilustrado na figura acima, a brincadeira envolve uma complexidade de segunda ordem. Não apenas existe uma complexidade do objeto em questão, mas além disso devemos levar em conta a complexidade que está inscrita na própria observação da brincadeira. Um observador complexo observa a complexidade de suas observações. Essas observações, por sua vez, produzem novas possibilidades de inscrever a forma da distinção dentro da própria forma.

Passemos agora ao jogo. Aqui, as distinções que orientam a forma de brincar não são suficientes. Além disso, observa-se – e reage-se a – os próprios critérios de um determinado jogo. Pelo menos, é preciso ter consciência desses critérios para avançar e, preferivelmente, vencer o jogo. Portanto, a organização do jogar repousa em uma complexidade de terceira ordem que, em termos lógico-formalistas, pode ser explicada da seguinte maneira:

1) Primeiro ocorre uma distinção fundamental. Ou a pessoa está dentro ou está fora. Se está fora, situa-se no ponto cego do espaço fechado da brincadeira. Isso seria o "estado não-marcado" (Luhmann, 1995) da brincadeira. Esse estado é necessário para a transgressão preliminar, já que o não-marcado é paradoxalmente marcado por sua negatividade em relação ao positivamente indicado (ver também von Foerster 1993). No entanto, o estado também é ininteligível quando a pessoa se move para a região da brincadeira. Se ela tiver de levar em conta constantemente o outro abandonado da brincadeira (o estado não-marcado), haveria com efeito cada vez menos energia para o interior da brincadeira. Note também que mesmo não-brincantes ou elementos da não-brincadeira têm de ser transformados em brincantes ou elementos da brincadeira para ser totalmente operacionais. Uma árvore não é uma árvore; é o ponto de referência para uma área de aventura com monstros e fadas – no jardim da casa. Um professor chato não é um professor; é o capitão maligno de um exército galáctico que espera destruir o forte imaginário do brincante.

2) Em seguida ocorre uma segunda transgressão (ver novamente a Figura 1). Não apenas a pessoa supera o outro da não-brincadeira para definir o espaço da brincadeira, como ela também transcende o território aberto de modo a lhe impor um rígido padrão de dinâmica. A flexibilidade da brincadeira deriva do fato de que ela é aberta à constante fabricação de regras. A flexibilidade dos jogos é exatamente que eles são autônomos em relação a regras; são abertos a táticas. As regras são formas que dirigem uma certa irreversibilidade da estrutura: mova-se para a esquerda, em vez da direita, e você está morto! Chegue à árvore cinco segundos depois e os monstros assumirão o poder (e também o professor maligno)!

3) Finalmente, o movimento em direção à regra é a consequência de uma forma dentro de uma forma dentro de uma forma, isto é, uma complexidade de terceira ordem, um deslocamento temporal de dois atos transcendentes – o de constituir a modalidade contingente de brincadeira e a de definir os princípios de uma estrutura de jogo. A árvore no jardim marca claramente uma árvore de brincadeira em oposição a uma árvore comum, e ao longo do tempo pode-se imaginar o jardim sendo preenchido por uma estrutura em que uma árvore poderia ter uma conotação decisiva.

Existe, assim, uma ligação entre a lógica formal e a lógica temporal do brincar e do jogar. A lógica formal concentra-se nas operações necessárias para obter sistemas complexos em dois níveis, que por sua vez constituem as transgressões que separam brincar de jogar. A lógica temporal nos diz que brincar precede o jogar. Um mundo-de-brincadeira torna-se um ambiente de jogo; um recurso aberto torna-se uma área curva.

2.2 Configurações de espaço-tempo

Vimos que brincar e jogar resultam de distinções e da construção da forma, complexidade e organização. Agora vamos examinar mais de perto a maneira como brincar e jogar enfrentam o espaço e o tempo.

Brincar concentra-se em uma descoberta de espaços abertos que convidam à observação ao longo da duração da temporalidade. Gradualmente, aprendemos a pilotar dentro da brincadeira, e como a realização de tarefas cada vez mais bem-sucedidas exige tempo, corresponde às formas distintas que continuam diferenciando o sistema de brincadeira em graus mais refinados de subsistemas. Habitamos espaços como esses por meio de certas estruturas de "fingimento": assumimos um papel e vivemos personagens, seja na forma de outros brincantes ou de agentes que podemos adaptar como brincantes. O âmbito da brincadeira equivale a uma medição de sua geometria, e essas larguras e comprimentos tornam-se por sua vez a fonte de interiorização no jogo do espaço geométrico e da progressão discreta (ver Figura 2). Consequentemente, estamos no domínio da lógica temporal. O sucesso da transformação de jogos (por exemplo, jogos de tabuleiro) em jogos de computador talvez decorra do fato de que um computador digital é uma máquina em estado discreto. Portanto, traz em seu próprio projeto uma forte semelhança com sistemas de jogo informatizados, notadamente regras para operações sequenciais discretas. Em comparação, brincar parece concentrar-se nas investigações da semântica, já que a tarefa é não apenas medir seu espaço mas também elaborar sobre seus modos de interpretação e meios para reinterpretação. Não apenas exploramos um mundo enquanto brincamos. Também somos atraídos por seu significado potencial e pelas histórias que podemos inventar nesse sentido. Os espaços de brincadeira tendem a expandir-se, seja em complexidade estrutural ou em extensão física. Essa expansão reflete-se ainda na práxis da brincadeira; por exemplo, quando os brincantes discutem sobre os exatos limites de um domínio da brincadeira. Novamente, isto deve ser entendido em um duplo sentido, significando tanto o encerramento físico como as atividades mentais ligadas a ele.

	BRINCAR	JOGAR
ESPAÇO	Medições baseadas na geometria	Sequências de estado baseadas na topologia (discretas)
	Presença (prolongamento da presença)	Avanço (tática)
TEMPO	Durabilidade	Transição
	Busca de semântica	Busca de estrutura

Figura 2. Matriz de espaço-tempo.

Por que essa divisão simultânea entre o entrelaçamento de brincadeiras e jogos é importante para o estudo dos jogos de computador? Porque ela toca o conceito de *gameplay* [jogo-brincadeira].

Uma pessoa pode imergir no estado de espírito de brincar que é necessário para entrar em um jogo, por exemplo (a primeira distinção que permite identificar-se com um matador), mas também pode ser apanhada em uma certa área do jogo onde começa a questionar seus critérios de estrutura (a segunda distinção que enfoca as transições nodais). A trama é exatamente equilibrar o brincar e o jogar enquanto se joga. A pessoa deve se ater à distinção inicial (ou seria engolida pelo outro da brincadeira) e precisa aceitar constantemente a organização do jogo, seu padrão de regras. Quando a pessoa desrespeita esse equilíbrio complementar, o fluxo é interrompido.

Um *gameplay* funciona exatamente para garantir esse fluxo, servindo como matriz potencial da realização temporal de determinadas sequências de jogo.[4] Uma dessas sequências pode levar a pessoa a se perguntar como entrou no jogo, por exemplo (então a pessoa observa a primeira transgressão, e está em modo de brincar), ou a sequência real poderia obrigá-la a refletir sobre os critérios de criação das configurações de espaço-tempo (e nesse caso observa a segunda transgressão e está em modo de jogo).

Se um jogo rompe a ilusão – se deixa de indicar sua unidade através da diferença de seu outro e de si mesmo –, a pessoa provavelmente será atirada de volta ao modo de brincar. Considere, por exemplo, o jogo de aventura dinamarquês *Blackout* (1997), em que o usuário assume o papel de Gabriel, que sofre de esquizofrenia severa (ele tem nada menos que quatro personalidades

4. Note que *gameplay* é entendido aqui como um termo abstrato para a definição de restrições e possibilidades do usuário. Outras definições de *gameplay* se concentram em "opções interessantes" (Sid Meier), o efeito de co-relacionar input e output por meio de ações e reações internas ao jogo (Richard Rouse III) ou a emergência de experiências informais através de regras formais (Jesper Juul). Combinações interessantes de regras e estratégias nos jogos podem ser encontradas em *Emergence: From Chaos to Order*, de John H. Holland. Aqui Holland distingue entre 1) o estado do jogo, isto é, o arranjo das peças no tabuleiro em qualquer momento do jogo. 2) o estado espaço de um jogo, significando o conjunto de todos os arranjos de peças no tabuleiro que são permitidos pelas regras do jogo. 3) a raiz da árvore dos movimentos, que é o estado inicial do jogo. 4) as folhas da árvore dos movimentos, que são os estados finais. 5) uma estratégia de jogo, que serve como prescrição de decisões certas conforme o jogo avança (Holland, 1998).

diferentes) e anamnésia. A trama do jogo é ao mesmo tempo tradicional, pois cuidadosamente retira camada após camada de psicologias ocultas, e alegórica: o fato de que nosso alter ego (Gabriel) é esquizofrênico pode ser lido como uma disseminação figurativa do que seria o ponto de partida da maioria dos jogos de computador: eu sou e não sou o personagem que estou interpretando. De maneira semelhante, as anamnésias de Gabriel poderiam ser interpretadas como uma espécie de metaficção que aponta para uma sensação comum no jogo. É preciso completar o jogo para "lembrar" o que aconteceu. É preciso chegar até o fim do trajeto para compreender totalmente suas ramificações.

Tudo isso é bom, e certamente coloca o jogo no lado elevado dos atuais truques industriais. Mas em certo momento Blackout – talvez inadvertidamente – encurta a ilusão imperativa. Em determinada cena somos solicitados por uma velha adivinha a clicar em um símbolo na tela. Subitamente, somos atirados de volta ao primeiro quadrado, inadvertidamente lembrando as fórmulas iniciais – que fizemos um contrato para brincar e que adaptamos e interagimos com a complexidade estrutural para jogar (no sentido ativo). Portanto, nesse ponto há um profundo enfoque no modo de brincar. Somos obrigados – para usar a expressão de Spencer-Brown – a fazer uma "operação de travessia". A distinção é desfeita, a unidade é rompida.

No entanto, nesse caso, em vez de tratar o mundo de jogo representado como um objeto destacado dentro do ambiente de jogo (isto é, uma tela em vez de um elemento do jogo), podemos competir contra o jogo. Blackout é organizado como uma série complexa de opções intercambiáveis e níveis de interações proativas. Enquanto pensamos estar "lendo" a máquina (no sentido de suas ações escrituradas), a máquina também está "lendo" a composição de nossas opções. Mas quando entendemos o sentido disso (em que medida nossas interações influenciam o caminho em que a máquina nos conduz?), somos capazes de "prever" esse padrão de ação e assim jogar "contra" a máquina – como se nos fosse dada a opção de redesenhar o mapa por baixo da própria paisagem com a qual interagimos. Isso é modo de jogo, então, e realmente em um nível superior. Não estamos apenas completando a missão do jogo; estamos também desafiando a organização que envolve essa missão.

Em um artigo sobre o futuro do design de jogos, o diretor do projeto *Deus Ex*, Harvey Smith, elabora as possibilidades de apoios e acessórios preencherem um mundo de jogos (Smith, 2001). Esses objetos – por exemplo, telefones em um espaço de escritório – possuem uma funcionalidade limitada. Ainda assim, fazem o espaço falso parecer "real". Fazem mesmo? Como os telefones artificiais não incluem a poderosa aleatoriedade dos telefones do mundo real, a ilusão de realidade imediatamente lembra o jogador de que o espaço de escritório é falso. Já o era desde o início, é claro. Se não, não teria sido construível.

Mais ainda, se os telefones em jogos de aventura realmente se comportassem como telefones habituais, isso realmente concluiria a busca por verdadeiros "jogos emergentes". Então, teríamos jogos que atuariam de maneira tão imprevisível quanto os objetos da vida real, mas ao mesmo tempo implicaria que fomos expulsos de qualquer atividade tática, pois não haveria mais estrutura na qual basear nossas táticas. Em meus termos, o sucesso de realmente transformar "telefones de jogo" em "telefones reais", resultaria em uma espécie de transgressão retroativa: passar do modo de jogo para o modo de brincar; cair da identificação com uma estrutura para perguntar-se o que significa brincar.

Outra característica que distingue brincar de jogar é a noção de presença. Brincar exige presença. Precisamos estar lá – não apenas estar lá, mas também estar lá. O sucesso de um jogo está intimamente ligado à organização do espaço e tempo. Os jogadores precisam confiar nessa organização. Como um jogo depende de uma certa estrutura finita para promover realizações infinitas dele – a correlação entre regras e táticas –, a própria articulação da presença, tão importante para brincar, deve estar pressuposta em um jogo. A pessoa já sabe em um jogo que a missão é continuar jogando, o que realmente significa em meu vocabulário continuar brincando, isto é, prolongar a sensação de presença. A energia pode então ser dirigida para a elucidação da estrutura do jogo. "Como posso chegar ao próximo nível?", e não "Por que estou jogando?". Era exatamente isso que acontecia em Blackout. Uma lição a ser ensinada, também, é que existe uma grande discrepância entre uma contingência premeditada ("Eu poderia ter agido de outro modo?") e uma contingência baseada na insegurança da dicotomia presença-ausência ("Devo parar de jogar?").

3. Conclusão

Brincadeiras e jogos são diferentes. No entanto, eles também estão conectados através de uma dinâmica mútua de operações de forma que significa que brincar se baseia em uma transgressão de primeira ordem e se situa em uma complexidade de segunda ordem, enquanto jogar se baseia em uma transgressão de segunda ordem e reside em uma complexidade de terceira ordem (ver Figura 1). O método lógico-formalista usado neste artigo não apenas precisa ser aguçado por novas análises de jogos de computador para contribuir para um bem-vindo avanço da teoria; também toca o conceito de *gameplay*. Como o desejo muitas vezes experimentado nos jogos é não perder a pista do jogo (e presença), gameplays que deixam de proteger o "interior" de um jogo do "exterior" da brincadeira podem simplesmente alienar o usuário. Não quero clicar em uma tela em Blackout; quero sobretudo me comunicar com o jogo no jogo. De modo semelhante, não quero nenhum telefone tocando aleatoriamente em Deus Ex – apesar do efeito realista que isso traria à mente –, mas quero que aquele telefone com aquela mensagem faça o truque para mim. Nesse sentido, *gameplay* deveria servir para garantir a circularidade de diferentes ordens de complexidade sem duvidar de seu próprio faz-de-conta. Jogar não deveria ser perturbado por brincar. Em vez disso, deveríamos nos preocupar em encontrar a maneira mais suficiente e interessante de avançar adequadamente. Concluindo, e parafraseando EA Sports: Se está no jogo, está no jogo.

Sobre o Autor

Bo Kampmann Walther é Professor associado, Ph.D. no *Center for Media Studies*, Universidade do Sul da Dinamarca, Dinamarca

Tradutor do texto Luiz Roberto Mendes Gonçalves.

Texto publicado pelo File em 2005.

JOGOS E VIDA: A EMERGÊNCIA DO LÚDICO NA CIBERCULTURA

FABIANO ALVES ONÇA

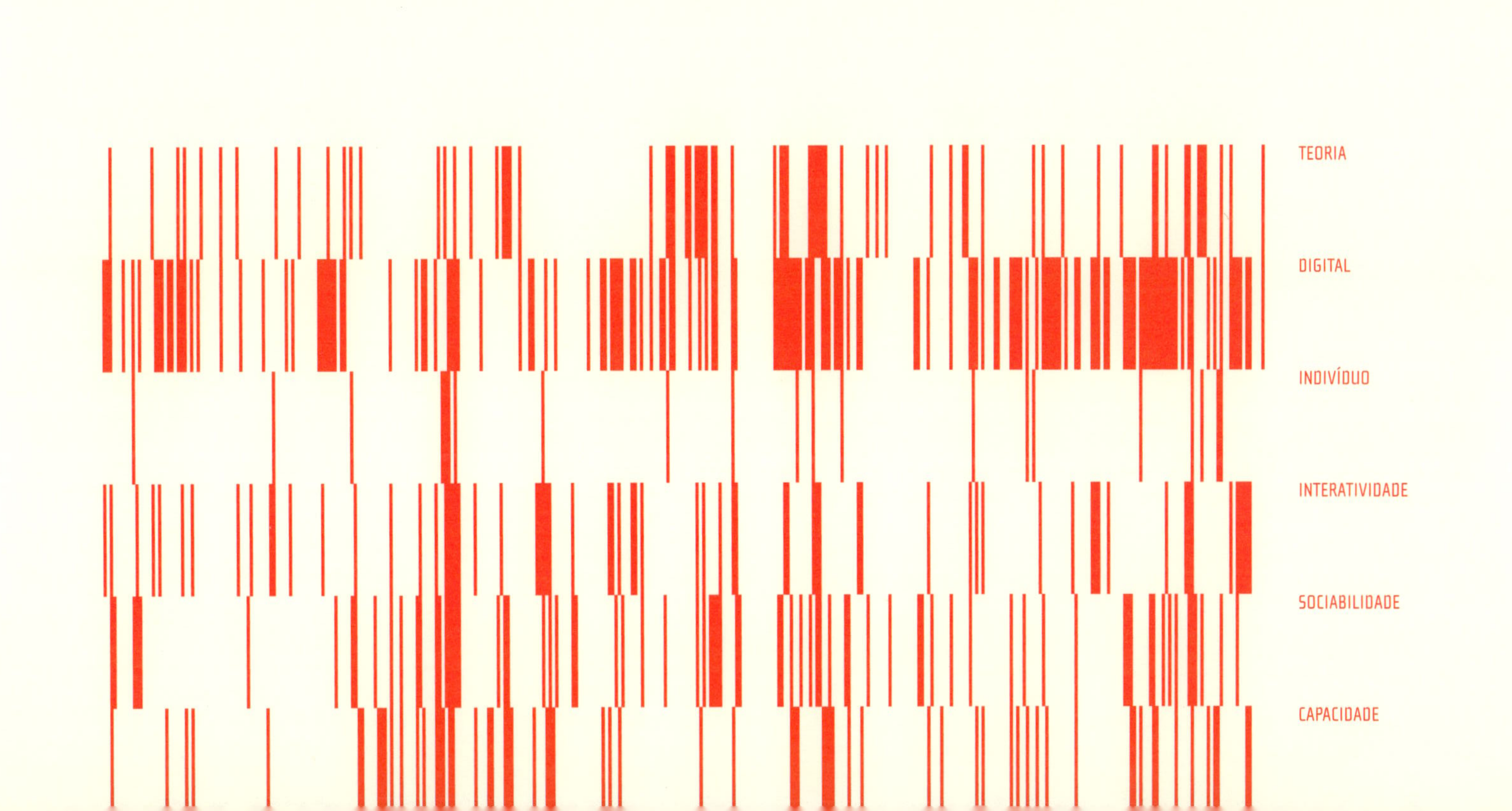
TEORIA
DIGITAL
INDIVÍDUO
INTERATIVIDADE
SOCIABILIDADE
CAPACIDADE

1. Visões sobre a cibercultura

1. GIBSON, William. *Neuromancer*, ed. Ace Books, 1984, pg. 51

2. http://news.bbc.co.uk/2/hi/science/nature/4475394.stm (acessado em 25.06.2006).

Uma boa medida do grau de importância sociológica de um fenômeno é observar o número de descrições formuladas pelos acadêmicos para tentar explicá-lo. Não por acaso, nesta última década, a presença cada vez mais palpável – embora sempre intangível – de um espaço de interação mediado pelos computadores e pelas redes telemáticas, comumente denominado ciberespaço, provocou uma enxurrada de definições da academia.

Entretanto, a primeira definição de ciberespaço (ou ao menos a mais cultuada delas), provém não dos meios acadêmicos, mas sim da literatura. Em 1984, numa época em que o uso do computador pessoal ainda engatinhava e a internet era uma rede telemática restrita aos meios acadêmicos, William Gibson, autor do clássico de ficção científica *Neuromancer*[1] , descrevia este espaço criado pelas comunicações mediadas por computador como:

Uma alucinação consensual, experimentada diariamente por bilhões de operadores legítimos, em todas as nações, por crianças a quem estão ensinando conceitos matemáticos... uma representação gráfica de dados abstraídos dos bancos de todos os computadores do sistema humano. Uma complexidade impensável. Linhas de luz que se alongam pelo universo não-espaço da mente; nebulosas e constelações infindáveis de dados, como luzes de cidade, recendendo.

A proeza de Gibson, obviamente, é que ele conseguiu antever um mundo que, mais de vinte anos depois, apresenta uma notável semelhança com aquilo que ele descreveu.

Não é necessário digressionar sobre o impacto que a disseminação em larga escala das redes mundiais, somado à digitalização geral provocada pelo computador, provocou nesta última década. Sem dúvida, foi e é tremendamente marcante, comparável, segundo Peter Drucker, ao surgimento das ferrovias; ou então à implantação dos cabos submarinos de telégrafo no século XIX [2].

De fato, a emergência das tecnologias comunicacionais, que já vinham numa gestação de décadas, como avisa Santaella (2003) ao referir-se ao desenvolvimento do microprocessador e sua larga participação na digitalização de vários campos da vida, estimularam - além de sua ação nos campos econômico e político - significativas transformações na reconceitualização e mesmo ampliação do campo simbólico, por onde já operavam determinadas práticas culturais associadas ao desenvolvimento da tecnologia digital.

Uma das novas expressões desta nova configuração são, por exemplo, as assim batizadas "comunidades virtuais" - grupos de pessoas que se empenham em novas formas de sociabilidade potencializadas por chats, fóruns, listas de discussão e outros tipos de ferramentas relacionais, como o Orkut ou LinkedIn. Estes indivíduos, ao exercerem determinados laços conviviais, eventualmente transformam-se em grupos organizados de interesse específico (Reinghold, 1984). Claro, a medida deste sentimento gregário, a qualidade desta relação, a maneira pela qual cada indivíduo se projeta dentro destes universos culturais e, num plano mais analítico, qual o significado disso para o estudo sociológico, é algo que está longe de ter alcançado consenso.

Por exemplo, há autores, notadamente os que encampam as teorias desenvolvidas por Maffesoli, que enxergam nesta apropriação dos meios digitais um sinal da sociabilidade pós-moderna, fluida, nômade, efêmera, atrelada a uma possibilidade orgiástica de viver o presente. Os relacionamentos ali desenvolvidos, longe de obedecerem à sobriedade do *ethos* puritano e racional, estruturado em torno de uma consciência monolítica, estariam muito mais focados no compromisso emocional, no calor do estar-junto à toa, do compartilhar o momento vivido coletivamente (Maffesoli, 1987). Em suma, esta apropriação do potencial das novas máquinas seria utilizada para a celebração do presenteísmo e da teatralidade da vida[3].

Há outros, como Bauman (1995: 264), que na análise dos grupamentos contemporâneos é frequentemente utilizado para conceituar as atividades coletivas que se desenvolvem na rede. Bauman prefere trabalhar com o conceito de nuvens de comunidades, dada a velocidade com que se desfazem, antes mesmo de conseguirem se reconhecer como tais, ou ainda comunidades estéticas, termo emprestado de Kant, que caracteriza grupamentos imaginados, mas nunca efetivamente realizados. Por um lado, tais grupos trariam a sabidamente falsa segurança de que os que dela participam estariam refugiados em um oásis de tranquilidade, um chão firme comum. Ao mesmo tempo, se liquefariam na medida em que os próprios indivíduos não estariam dispostos a pagar o preço que uma verdadeira comunidade cobra – compromisso, obediência e restrição – de onde deriva um sentimento final de ambiguidade (Bauman, 2004: 68).

Finalmente, há autores distópicos, como por exemplo Virilio (1999), que enxergam neste tipo de relacionamento tomado pela virtualidade não a criação de uma nova esfera, mas sim uma "des-realização", um exílio da realidade. Neste aspecto, as experiências e interações dentro das paragens virtuais seriam nada mais do que um mergulho frenético em um presente contínuo – estimulados pela abolição das distâncias e das territorialidades – onde à consciência da "ação" se contraporia a acefalia da "interação".

3. LEMOS, André. *Cibercultura*. Ed. Sulina, 2002, pg. 110.

2. A vida [sempre] imaginada

5. LUNENFELD, Peter. *The Digital Dialetic. New Essays on New Media*, MIT Press, 1999, pg. 6-23. in: Santaella, Lucia. *Culturas e Artes do pós-Humano*, ed. Paulus, 2003, pg.20.

Para o interesse deste trabalho, dentre várias inferências possíveis, vale ressaltar que estas três retóricas, a despeito das diferentes angulações, trabalham todas com a questão da fantasia lúdica, da incorporação consciente de determinados papéis, do jogo cúmplice de máscaras, enfim, tanto naquilo que é fantasiado mais do que efetivamente vivido, como naquilo que é vivido de uma forma fantasiosa. Naturalmente, não se trata – falando especificamente do meio digital – de assumir a realidade mundana como não-mediada, pura, "real", ao passo que o que é mediado pelas tecnologias transforma-se no "virtual", na fantasia. Percebendo nossa existência como permeada pelo simbólico, esta é uma discussão que já aí se esvanece [Castells 1996: 459]. O que se quer ressaltar é que o meio digital parece, por suas características inatas, ser um locus propício para a irrupção deste tipo específico de manifestação de natureza lúdica, fantasiosa.

Efetivamente, mantendo a análise restrita ao plano da técnica, a tecnologia digital, como já antecipada por Turkle [1995], Lunenfeld [1998] e Manovich [2002], praticamente impõe considerações deste gênero, já que estes meios são compostos essencialmente por representações matemáticas, que trazem dentro de si a capacidade cada vez maior de manipulação, e portanto, de representação. Nas palavras de Lunenfeld[4], isso teria feito da cibernética a alquimia do nosso tempo e do computador o seu solvente universal, uma vez que a linguagem binária passou a transcodificar todas as mídias e suas expressões – imagem, som, escrita, vídeo - para o seu próprio plano. É aquilo que Turkle classifica como estética da simulação, onde as possibilidades de se imaginar e representar qualquer coisa que seja torna-se apenas contingenciado pela capacidade de processamento da plataforma. Como negar que isso abre as portas para que o daydream, o sonhar acordado, tenha um campo de expressão mais amplo e compartilhado?

Ampliando o raio de interpretação para além da questão técnica, é também possível colocar que esta manifestação de ordem fantasiosa, e porque não dizer, lúdica, também encontra inspiração na própria conformação das sociedades contemporâneas. Afinal, quem experimenta a vida neste tipo de cultura não é levado, naturalmente, a participar de sistemas sociais altamente abstratos, desencaixados [Giddens, 1990], que requerem boa dose de confiança e imaginação?

Além disso, se durante a maior parte da era moderna era possível sustentar uma biografia relativamente coesa, hoje, em sociedades altamente dinâmicas, o exercício da identidade tornou-se um engajamento complexo, que exige desdobramentos em diversos papéis simultâneos, num jogo teatral que Goffman [1959], muito originalmente, concebeu como o do eu projetando personagens que interagem com os personagens dos outros. Ou que Hall [1992], escrevendo três décadas depois, apontou de modo incisivo:

Em toda a parte, estão emergindo identidades culturais que não são fixas, mas que estão suspensas, em transição, entre diferentes posições; que retiram seus recursos, ao mesmo tempo, de diferentes tradições culturais; e que são o produto desses complicados cruzamentos e misturas culturais que são cada vez mais comuns num mundo globalizado.[5]

Enfim, como pontuou Bauman (2000: 98), ao discursar sobre a fragilidade da identidade, é como se "a identidade vivida, experimentada, só pudesse se manter unida com o adesivo da fantasia".

Este traço imaginativo, que requer do indivíduo uma boa dose de fantasia para que ele permaneça dentro do jogo civilizacional, também se estende para seu relacionamento com as mídias, hoje cada vez mais pervasivas e onipresentes. Para Santaella, por exemplo, este hibridismo, esta teia de complementaridades erguida pelas diferentes associações entre as mídias, mesmo antes da explosão digital, poderia ser entendida já como uma cultura das mídias[6]. De fato, a esfera midiática parece ter criado uma sustentação própria, como se uma massa comunicacional, composta pela superposição de imagens, sons e textos revoluteasse constantemente sobre a existência cotidiana, impregnando-a com sabores e cores estrangeiros - tornados, pela capacidade intrínseca do ser humano de projetar, imaginar e fantasiar, próximos.

Finalmente, neste contexto, é importante elencar ainda uma última condição, que é a da relação das sociedades contemporâneas com o consumo. Afinal, se o consumo é o motor do capitalismo, então a fantasia bem pode desempenhar o papel de combustível. Se antes o que valorava um indivíduo era sua capacidade de produzir segundo uma ética do trabalho, hoje a medida de valor parece se concentrar mais na capacidade de consumir de modo conspícuo, de escolher livremente, a tal ponto que é a escolha, e não o objeto escolhido, o ponto fundamental (Bauman, 2000: 103). Dentro desta lógica, seria a capacidade de pertencer à parcela da sociedade que usufrui dos bens materiais gerados pelo capitalismo que se traduz como liberdade de ação. O papel da fantasia, dentro desta condição, seria o de impulsionar, instigar e seduzir, afim de projetar a felicidade e a auto-realização dos consumidores nos objetos de consumo. Assistir-se-ia, dentro desta visão, à ascensão da "sociedade do glamour", em que a aparência é consagrada como a única realidade[7].

Em suma, o objetivo de apresentar estes tópicos é o de demonstrar que as sociedades que hoje vivenciam toda uma sorte de processos fantasiosos estão, elas próprias, prenhes de fantasia na condução de sua existência. Não estaria a tecnosfera espelhando, através das possibilidades técnicas, características

5. HALL, Stuart. *A Identidade Cultural na Pós-Modernidade*. ed. DP&A, 2004, pg. 88.

6. SANTAELLA, Lucia. *Culturas e Artes do pós-Humano*, ed. Paulus, 2003, pg.53.

7. FERGUNSON, Harvie. *Glamour and the end of Irony*. The Hedgegog Review, 1999, pg. 10-6 in: Bauman, Zygmunt. *Modernidade Líquida*. ed. Jorge Zahar, 2000, pg. 102.

8. SUTTON-SMITH, Brian. *The Ambiguity of Play*. ed. Harvard University Press, 1997, pg. 201.

oriundas das sociedades que a criaram? Seria este jogo de aparências, este desenvolvimento de diferentes personas, uma atividade alienígena aos que se entregam a este mesmo tipo de embate no plano mundano? Seria a convivência com o fantasioso uma tarefa desconhecida para quem transita por projeções e sonhos dia após dia? Certamente que não. Dentro deste contexto, as possibilidades técnicas que sustentam a cibercultura talvez sejam catalisadoras deste fenômeno, mais até do que suas originadoras.

3. Jogos: a face visível do lúdico

Isso posto, e se, por um exercício de retórica, substituíssemos a palavra fantasia por lúdico? Sem nos determos agora na dificílima concepção do que é o lúdico, recorramos a uma prova mais simples. Todos sabemos identificar o que é algo lúdico e o que não é, a despeito da dificuldade de defini-lo teoricamente. Pensando desta maneira, não é difícil imaginar que a dinâmica do jogo, dentro de uma concepção mais ampla, esteja pervasivamente presente no tecido social. Senão vejamos: dentro das redes, na interação entre os indivíduos que se dedicam a conversar em salas de chat por pseudônimos; ou naqueles que preenchem sua ficha no Orkut, cuidadosamente omitindo ou relevando aquilo que mais lhe agrada para que seu perfil se encaixe na sua projeção, num sutil jogo de composição; ou ainda naqueles que experimentam o puro vagar, a pura experiência do hipertexto. Fora das redes, no ritual diário de acompanhar uma novela, no consumo de moda, na própria interação com os outros em uma festa, ou mesmo deambulando por ruas desconhecidas. Dependendo de quão abrangente seja o conceito de jogo utilizado, pode-se até mesmo encarar a linguagem como um jogo de significados (Derrida, 1967: 244).

O que parece claro neste ponto é que a maneira como analisamos uma situação, seguindo os princípios foucaultianos, é sempre moldado pela episteme à qual se atrela o discurso. Isso, por exemplo, explicaria em parte a dificuldade de se trabalhar com um conceito mais amplo de lúdico, dentro de uma sociedade em boa parte ainda dominada por uma retórica do jogo como um ato frívolo[8].

Por outro lado, se pode ser tomada como legítima a asserção de que a ética puritana, o racionalismo e o cientificismo mantiveram durante os últimos séculos a hegemonia sobre os discursos e sobre o modo como as sociedades ocidentalizadas se organizavam, o mesmo não pode ser dito com tanta clareza na contemporaneidade. Qual o clima social, o "espírito do tempo", os substratos que alimentam nossa atual percepção do mundo? Onde encaixar, dentro do *ethos*

Se antes o que valorava um indivíduo era sua capacidade de produzir segundo uma ética do trabalho, hoje a medida de valor parece se concentrar mais na capacidade de consumir de modo conspícuo...

severo do puritanismo, as manifestações de hedonismo e de consumo? Como classificar a desmobilização de parte da sociedade em relação às grandes narrativas de referência? Enfim, não teria havido alguma mudança na bacia semântica que nos alimenta?

Podemos, como sustentam alguns autores, falar de uma desregulamentação geral das normas da modernidade, uma certa frouxidão, uma conformação mais escorregadia que se instala. Dentro de outra perspectiva, podemos encarar isso como a aurora de uma nova episteme, baseada em valores muito mais dionisíacos do que apolíneos, para utilizar a expressão de Maffesoli. Ou ainda, podemos assumir simplesmente que estes estremecimentos são parte da jornada, percalços que não necessariamente condenam a caminhada moderna, mas, pelo contrário, a fortalecem, na medida em que demonstram sua capacidade de autoanálise, sua própria maturidade (Bauman, 1998: 288).

Enfim, o que importa para este trabalho é que, se há algum tremor na base, este tremor se reflete nas retóricas que nela se apóiam. Se existe uma nova valoração epistêmica, ou se a hegemonia está sendo disputada, então necessariamente estão dadas as condições para o surgimento de novos discursos interpretativos, que representem e legitimem estas novas visões de mundo.

É justamente dentro deste contexto que se demonstra peculiarmente interessante a questão do lúdico. Afinal, talvez existam poucos temas que se oponham tão diretamente ao *ethos* da modernidade sólida quanto este. Poucas coisas foram tão atacadas, suprimidas, reguladas, desqualificadas e negadas com tanto vigor, tanto pela razão, quanto pela ética puritana. Por esta mesma razão, quaisquer alterações que se produzam nas retóricas sobre este gênero terá condições de ser percebida com muito mais clareza e intensidade do que em áreas onde não houve uma oposição frontal com o pensamento hegemônico. Eis aí, por exemplo, uma explicação para o interesse constante dos teóricos pela fantasia, que tomamos aqui como um dos aspectos da manifestação lúdica. Ela é, pelo fato de ser a nêmesis de uma episteme, um dos locais em que se pode captar, de maneira privilegiada, as alterações do quadro hegemônico.

Também no intuito de expor esta discussão em sua forma mais evidente, entendemos importante focalizá-la dentro da forma mais estreita pelo qual o espírito lúdico foi apreendido – e combatido – ao longo dos séculos, que é através do jogo em sua maneira mais formal, mais agonística, mais simbolicamente visível. Pois se existem retóricas que argumentam que a própria mente jogue com si própria, que a linguagem se manifeste como um jogo, ou que o homem seja um joguete do destino, nenhuma destas formas é tão facilmente identificável como a do jogo enquanto artefato cultural.

Dentro desta perspectiva, também é importante ancorar esta discussão sobre o lúdico dentro do limites da cibercultura. Sob certo aspecto, as tecnologias da comunicação são, simbolicamente falando, também zonas limítrofes, que testam os paradigmas vigentes, que recompõem, reestruturam, que permitem a especulação sobre novas formas de convivência. Ao posicionarmos nosso foco entre o lúdico e o ciber (e parece inegável que as manifestações lúdicas encontram, na cultura da simulação, uma oportunidade ímpar de revitalização e expansão) estamos filtrando e tornando ainda mais claro o nosso processo de análise. E dentro do campo que compreende a cibercultura, parece óbvio que o aspecto mais proeminente se concentre nas relações sociais tecidas dentro da rede das redes, a internet.

É por esta via que, forçosamente, chegamos aos jogos eletrônicos como objeto privilegiado de estudo. Afinal, eles se enquadram dentro destas quatro especificações: lúdica, formal, digital e conectada. Ora, os jogos eletrônicos são uma das formas de entretenimento com crescimento mais meteórico nas últimas décadas, que convive em contubérnio com a ascensão da cultura informática. Não à toa eles hoje seduzem os que deles ousam experimentá-los.

No cerne deste encantamento, talvez esteja a capacidade deste tipo de ambiente se constituir num universo simbólico auto-suficiente, construído e compartilhado em diversos graus pelos que dele participam, numa imersão por vezes tão rica, complexa e profunda que, em última instância, a interação entre os jogadores e a gravidade destes relacionamentos possa ser entendida, dentro de determinadas retóricas, como o próprio jogo das significações pelas quais vivemos a vida. Percepção, que, em si, já desafia as retóricas tradicionais pelas quais os jogos eram trabalhados, o que só comprova a validade e a relevância do objeto que elegemos nesta análise.

Sobre o Autor

Fabiano Alves Onça é Game designer, Mestre pela Eca/ Usp.

Texto publicado pelo File em 2009.

NOVAS INDÚSTRIAS CULTURAIS DA AMÉRICA LATINA AINDA JOGAM VELHOS JOGOS: DA REPÚBLICA DE BANANAS A DONKEY KONG

JAIRO LUGO,
TONY SAMPSON E
MERLYN LOSSADA

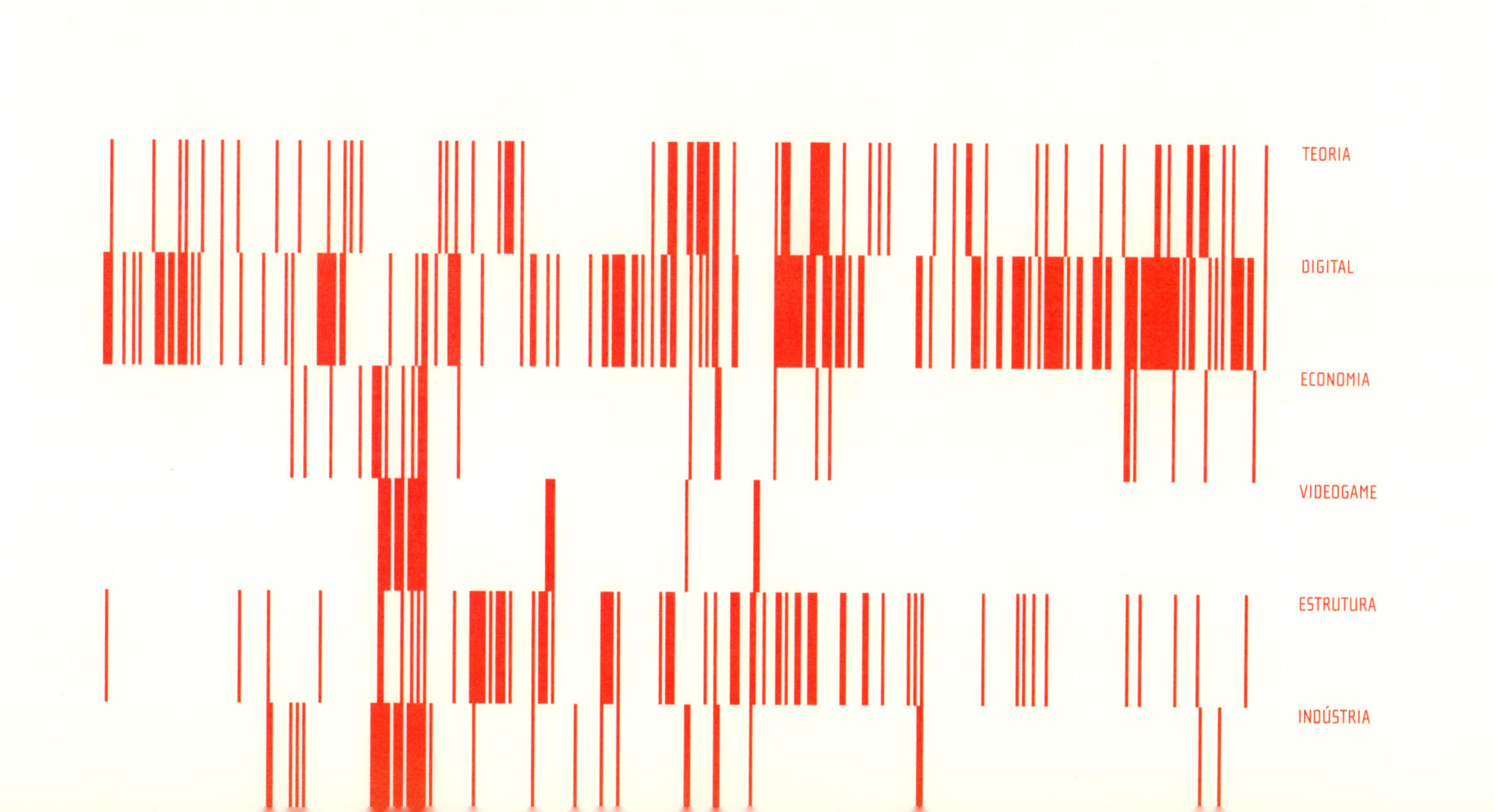
TEORIA
DIGITAL
ECONOMIA
VIDEOGAME
ESTRUTURA
INDÚSTRIA

Introdução

1. *El Universal*, 11 de janeiro de 2001.

2. Depois de 20 anos o país estabeleceu seu primeiro marco importante com o Atari (Sheff 1993).

Este artigo explora a indústria de videogames como parte do que se tornou conhecido como "indústrias culturais" (Hesmondhalgh 2002), usando a América Latina como estudo de caso. Sugerimos que a indústria de videogames possui uma economia política que responde aos mesmos princípios e padrões de uma empresa convencional. Em nossa opinião, essa indústria tem valores tecnológicos específicos definidos por "convergência e digitalização" (Baldwin et al. 1996) e compartilhados por outras chamadas novas mídias. Sugerimos que eles são de fato fatores chaves para explicar o desenvolvimento desse setor, mas, como argumentamos, de modo algum representam uma alteração das relações entre os agentes econômicos de produção, distribuição e consumo.

Ao contrário, assim como outras indústrias culturais, a indústria de videogames tende a reproduzir a economia política do sistema de relações, tanto em estrutura (nível econômico) quanto em superestrutura (nível ideológico), pelo menos no caso da América Latina.

Houve muito otimismo nessa região em relação ao potencial das novas economias. O anúncio feito pela Microsoft no início de 2001 de que o Xbox seria fabricada no México[1] talvez tenha sido um dos mais importantes indicadores de que nos anos seguintes a indústria de jogos dos EUA tentaria criar um pólo de desenvolvimento alternativo distante do Extremo Oriente. O "retorno do Capitão América" (Price 2001), frase que os analistas cunharam para descrever o ressurgimento dos EUA no mercado global de videogames[2], foi interpretado de maneira otimista como uma importante oportunidade para a América Latina desenvolver sua própria indústria de jogos ou, pelo menos, como uma oportunidade para desenvolver produtos e serviços nativos de valor agregado nesse setor pujante. No entanto, evidências sugerem em contrário, com companhias como Microsoft e Nintendo – em joint-ventures com fabricantes locais de brinquedos e jogos – desenvolvendo um modelo de manufatura- marketing para videogames na América Latina baseado em linhas de montagem locais, situadas em áreas econômicas "especiais", onde os principais componentes eram trazidos de fora com muito pouco valor agregado pela comunidade industrial local. Esse esquema foi amplamente descrito na América Latina como um modelo de "maquiadoras" ("Maquilas" – Stoddard, 1987) e é considerado parte de uma estratégia para aumentar a competitividade do mercado. O modelo da maquiadora está em operação desde a década de 70 e aproveita o potencial do Tratado de Livre Comércio da América do Norte (Nafta)[3], que não apenas facilita o acesso à mão de obra barata como também oferece facilidades de exportação com base em uma substancial redução das tarifas para o mercado americano.

Em nossa opinião, o modelo de produção de consoles, acessórios e software para videogames segue o mesmo padrão de indústrias tradicionais como automóveis e eletrodomésticos. Além disso, os "valores" tecnológicos que caracterizam a indústria de videogames que tiveram pequeno impacto na relação existente entre os vários agentes econômicos. Evidências sugerem que companhias como Microsoft e Nintendo estão investindo no México, Costa Rica e Brasil para desenvolver centros de produção de baixo custo, capazes de exportar para o mercado americano usando as oportunidades oferecidas pelo Nafta e outros acordos inter-regionais. Isso simplesmente repete a maneira como as indústrias tradicionais transferiram suas operações de produção para centros de baixo custo no Extremo Oriente nos anos 1960 e 1970. Além disso, esses realinhamentos industriais não se baseiam simplesmente na legislação vigente e em acordos internacionais, mas também na percepção generalizada de que o subcontinente oferecerá no futuro próximo um espaço de investimento que permitirá a certas indústrias evitar restrições legais e regulamentações e aproveitar plenamente as facilidades de exportação para o mercado americano. Portanto, esta pesquisa não apenas incorpora uma análise introspectiva usando os dados quantitativos disponíveis, como também leva em conta as percepções de empresários e homens de negócios da indústria de videogames.

Este artigo é especialmente crítico à suposição de que a indústria de videogames está isenta do quadro tradicional das indústrias culturais já que possui um conjunto diferente de valores tecnológicos que a torna única. De fato, evidências sugerem que a transferência de valores tecnológicos, definida por digitalização e convergência, está oferecendo pequenas oportunidades para a criação de uma indústria de jogos nativa que pudesse oferecer valor agregado (em termos de software). Consequentemente, sugerimos que mesmo que os valores tecnológicos que caracterizam a indústria de videogames sejam relativamente diferentes dos das indústrias culturais tradicionais (mídia analógica como rádio, televisão, cinema, etc.), a natureza das relações econômicas entre os agentes de produção é a mesma.

3. O Tratado de Livre Comércio do Atlântico Norte (Nafta na sigla em inglês) é um pacto comercial entre Canadá, México e EUA, muito semelhante à Área Econômica Européia. Segundo o Nafta, os três países são capazes de importar e exportar 90% de seus produtos sem taxação. A ideia é desenvolver esse acordo em um tratado internacional que inclua da Patagônia ao Alasca (EUA) até 2005.

O passo para um grande lugar

Mais de três décadas atrás, Celso Furtado (1970) escreveu que a análise econômica é meramente uma primeira abordagem do estudo dos processos históricos complexos que se desenrolam na América Latina. Na verdade, seu postulado de que o que acontece na região "é amplamente condicionado por variáveis exógenas" continua válido.

Tradicionalmente, a América Latina foi definida como o "quintal" dos EUA, e existe uma suposição corrente de que é um grupo de "Repúblicas de Bananas incapazes de produzir qualquer coisa além de matérias-primas, bom rum e ditadores gordos". Visões mais elaboradas parecem reconhecer os mercados de mídia e telecomunicações da região como um jogo de xadrez kafkiano, em que a mão invisível do mercado, juntamente com o braço tangível da política e as intenções suspeitas de corporações internacionais, movimenta as peças em diversas direções (Cole, 1996).

Em termos da indústria de videogames e novas mídias, a América Latina é um mercado contraditório e mutável.

Nas últimas duas décadas a maioria dos países da região experimentou mudanças profundas e drásticas em sua estrutura política (Cordeiro, 1995) e passaram de sociedades altamente politizadas com economias centralizadas, que incluíam um papel forte do Estado e sistemas políticos caracterizados na maioria por ditaduras militares, para democracias liberais representativas e formais que estão cada vez mais desregulamentando suas economias e tentando obter acesso ao mercado global. Todas essas mudanças correspondem a um processo de "desmobilização política" (Tironi e Sunkel, 2000).

Uma das mudanças mais importantes aconteceu no setor de mídia e comunicações em meados dos anos 1990, quando a América Latina privatizou sua indústria de telecomunicações e viu o retorno de importantes fluxos de investimentos para a região para essa área específica (Relatório Anual do Banco Interamericano de Desenvolvimento, 2000). Quantidades significativas de capital foram alocadas para os setores de telecomunicações, mídia e computação, especialmente no Brasil, México, Costa Rica, Venezuela e Argentina. Para os setores de telecomunicações e computadores, a América Latina é hoje uma das regiões de crescimento mais rápido no mundo, embora ainda seja um mercado marginal em comparação com os EUA, Europa e Ásia. Steve Ballmer, vice-presidente da Microsoft, talvez o mais importante novo ator na indústria de videogames, afirmou que a América Latina foi a região de maior crescimento para sua empresa nos últimos três ou quatro anos, e espera que continue com um crescimento "incrível"[4] (Reuters, 2001). A companhia disse que teve um crescimento médio anual de 30% nos últimos três anos na região, enquanto seu crescimento global foi de 5% a 10% ao ano.

Parece que as companhias americanas não estão necessariamente interessadas em desenvolver linhas de manufatura e infra-estruturas para satisfazer o mercado local. Por isso, o investimento local em indústrias relacionadas à tecnologia da informação e comunicações (TIC) parece ser feito principalmente para melhorar a competitividade das exportações[5], já que as companhias de alta

4. Outras empresas parecem muito conscientes do pontencial do mercado latino-americano. A América Online Latin Inc. (AOL) concluiu os termos de um pacote de financiamento de US$150 milhões com seus três principais acionistas, pelo qual a companhia espera tornar-se o principal provedor de serviços interativo na região. A América Online Inc., subsidiária da gigante da mídia AOL Time Warner Inc., está comparando US$66,3 milhões de ações preferenciais resgatáveis, enquanto o Grupo Cisneros da Venezuela (ODC) está comprando os outros US$ 63,8 milhões (Reuters, 2001). O principal objetivo é ser um agente chave no desenvolvimento da supervia da informação na América Latina nos próximos anos. A região está se tornando um campo fértil para desenvolvimentos de alta tecnologia. Estima-se (IDC 2001) que um em cada quatro latino-americanos possuirá um telefone celular em 2004, e os mesmos analistas creem que isso levará a um maior acesso móvel à internet (Schereeres, 2001).

tecnologia americanas estão interessadas tanto no atual potencial do mercado local[6] quanto no futuro uso da América Latina como plataforma para exportar para os EUA e o Canadá. Essa visão é sustentada pelo próprio tamanho do mercado, que não justifica a quantidade de investimento em telecomunicações e tecnologias digitais nos últimos cinco anos. Por exemplo, somente 1,5% da população latino-americana está conectado à Internet em base diária, enquanto o índice nos EUA é estimado em 37%. Em termos do mercado de videogames, a América Latina representa um segmento marginal das vendas mundiais: somente 2% do consumo mundial de software e hardware (Figura 1).

Outro elemento do mercado interno que projeta dúvidas sobre os investimentos americanos se relaciona à penetração tecnológica. A América Latina compreendia apenas 3,2% dos 165 milhões de usuários mundiais da Internet em 1999 (Gómez 2000). Em outras palavras, a região não está exatamente na vanguarda no uso de TIC (Figura 2).

Além disso, um relatório da companhia de pesquisa de mercado e tecnologia Dataquest (Gartner Group 2001) mostra que a divisão digital na América Latina está aumentando e há muito poucas probabilidades de um crescimento exponencial de TIC na região no futuro próximo.

Com base em um estudo de acesso a serviços telefônicos básicos e a serviços de banda larga na Internet, o relatório indica que 80% dos consumidores americanos têm conexões telefônicas, comparados com 24,5% dos chilenos.

Este é um número interessante se considerarmos o fato de que o Chile tem o maior número de conexões telefônicas per capita na região. Depois vêm Argentina, com 23,1%, Colômbia com 22,4% e Brasil com 20%, numa região com um número médio de 17,3%. A pesquisa da Dataquest também indica que "a América Latina fica muito atrás dos EUA em termos de uso de banda larga.

Mais de 6 milhões de americanos têm acesso à Internet com banda larga, enquanto somente 53 mil brasileiros, 38 mil argentinos, 22 mil chilenos e 20 mil mexicanos tiveram esse acesso em 2000".

Outra referência importante que corrobora essa visão é o Índice de Sociedade da Informação (ISI)[7], que salienta uma lacuna abissal entre o ISI da América Latina e o da maior parte dos países desenvolvidos (Figura 3).

Não há um só país latino-americano que possa ser classificado como "skater" (nota no ISI acima de 3.500), um país em posição forte o suficiente para aproveitar plenamente a revolução da informática por causa de informações, computadores, Internet e infra-estruturas sociais avançadas. Além disso, o Brasil, México[8], Colômbia, Venezuela, Equador e Peru nem sequer se classificam como "striders" (nota no ISI acima de 2.000), países que estão entrando decididamente na era da informática, com a maior parte da infra-estrutura necessária implantada.

5. O que outros conglomerados industriais fizeram nos anos 1960 e 1970 no Sudeste Asiático (Myint, 1972).

6. Como exemplo, a pesquisa *Video Games & Intelligent Toys* indica que 48% dos visitantes à Cartoon Network (CN.com) na América Latina baixaram um videogame no último mês (contra 29% que surfaram por motivos educacionais). Os brinquedos ficaram em 4º lugar numa lista de 20 produtos comprados online por visitantes da CN.com (a média de idade é 9 anos).

7. Esse índice mede a capacidade de 55 países de participar da revolução da informática. Criado por uma *joint-adventure* entre World Times e IDC Information, o índice oferece dados de análises exigidos para mensurar o progresso em direção À sociedade digital, avaliando oportunidades de mercado e políticas de desenvolvimento.

8. O México é o segundo mercado de internet na América Latina depois do Brasil (Nielsen NetRatings, 11 de junho de 2001), onde 10,4 milhões de pessoas têm acesso à internet em casa. Mais de 87% dos usuários de internet mexicanos visitaram uma máquina de buscas ou portal em abril, e 80,6% visitaram os sites de companhias de telecom ou provedores de internet.

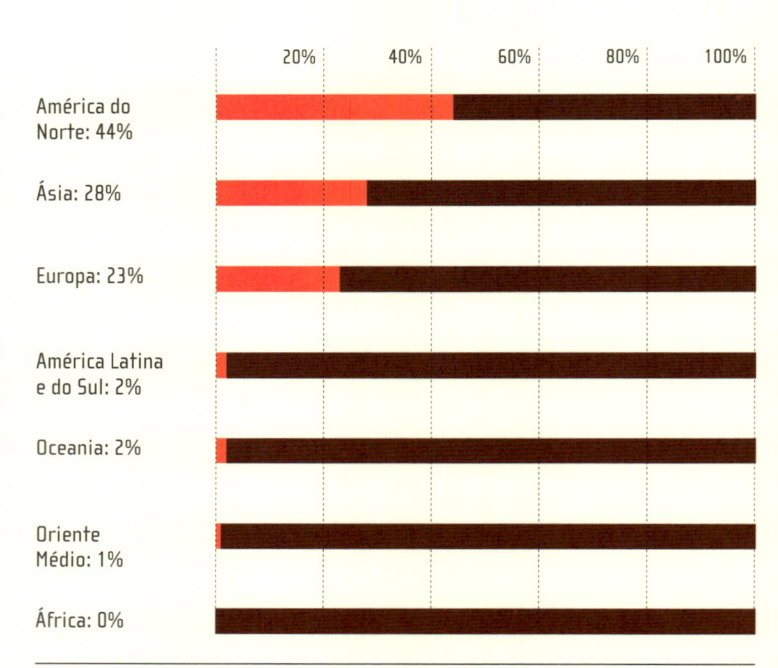

Figura1. Mercado Mundial de Video-Games. Fonte: The NPD Group Worldwide-Toy Associations.

Na verdade, a maioria dos mercados latino-americanos pode ser classificada como "sprinters" (nota no ISI acima de 1.000), países que avançam em surtos antes de precisar retomar o fôlego e mudar de prioridades por causa de pressões econômicas, sociais e políticas.

No entanto, as contradições do mercado aparentemente subdesenvolvido surgem quando comparamos áreas de produção específicas em países específicos. O potencial da indústria de videogames na América Latina não está apenas no mercado em si, mas também na percepção irreal da região como uma possível plataforma para exportar e aumentar as vendas globais. Por exemplo, na pesquisa mundial "Brinquedos e Jogos", a Euromonitor (1999) indica que os acessórios para o mercado de videogames no Japão "valiam apenas US$ 13,3 milhões em 1998, somente US$ 4 milhões a mais que as vendas no Brasil". O mercado japonês registrou um ligeiro declínio entre 1989 e 1994[9], enquanto o Brasil apresentou um ritmo de crescimento de três anos. O relatório também salientou o fato de que os EUA representam 80% dos acessórios globais com-

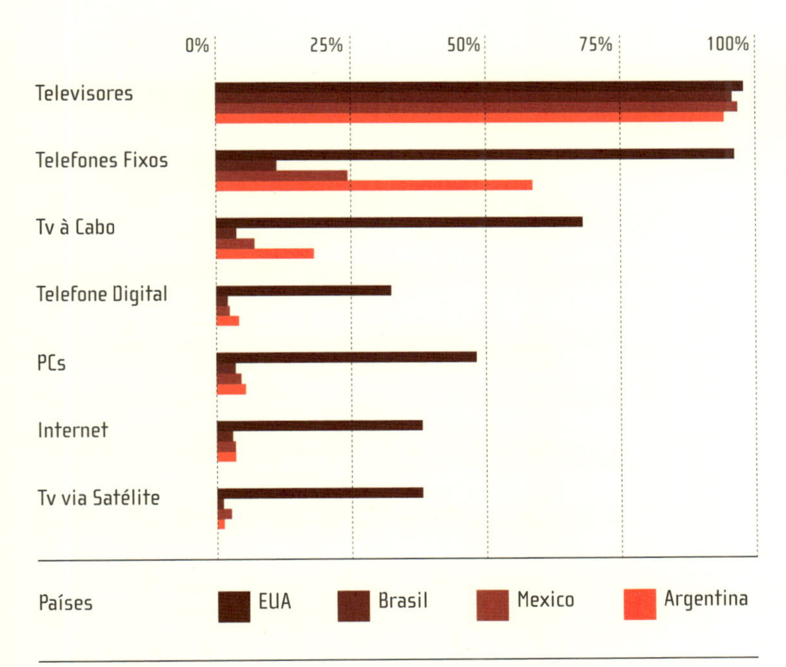

9. No entanto, esse se deveu ao fato de que os clientes japoneses preferem consoles em vez de acessórios de PC.

Figura 2. Penetração das Tecnologias de Comunicação. Fonte: Infoamerica.

prados e que muitos dos acessórios produzidos e vendidos no Brasil terminaram no mercado americano.

Consequentemente, existem fatores que indicam que o desenvolvimento de uma indústria de videogames na América Latina poderia responder mais a seu potencial como produtor de baixo custo e exportador, do que a seu potencial como mercado de consumo.

Concentrando-se no jogo

A esta altura parece claro que a percepção do mercado tem um papel chave na motivação do investimento e desenvolvimento da indústria como um todo. Um grupo de opinião composto de empresários, administradores e homens de negócios da indústria de videogames baseado em Caracas (Venezuela), mas com experiência em outros países latino-americanos[10], discutiu um conjunto de

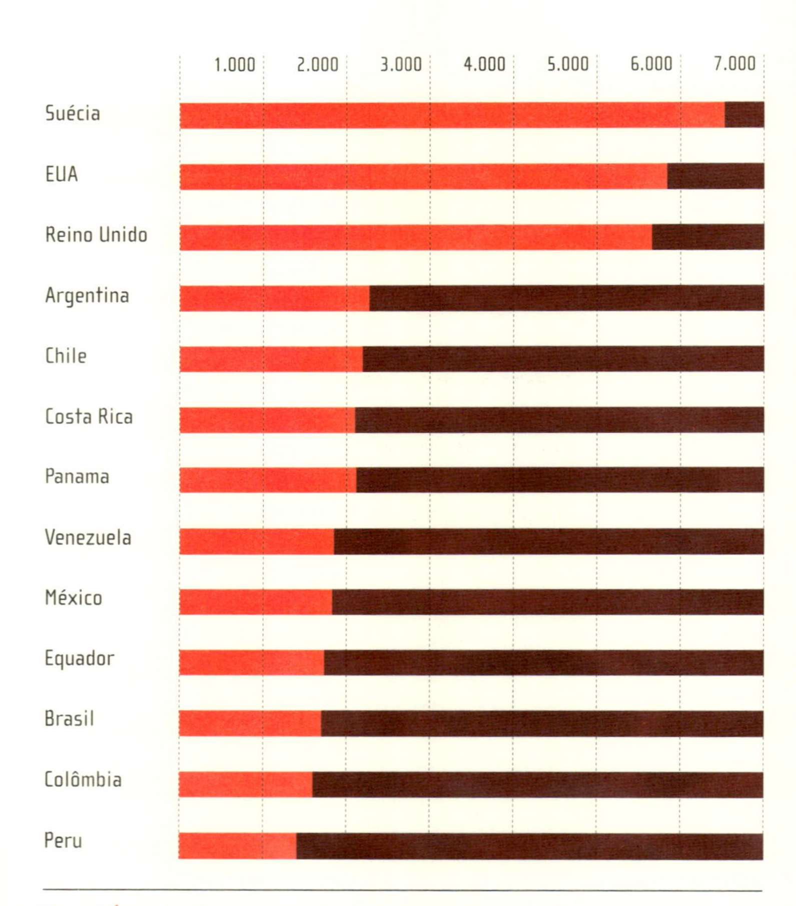

Figura 3. Índice de Informação Social. Fonte: World Times/ IDC.

questões estruturadas relacionadas à natureza e ao futuro desenvolvimento do setor na América Latina. A dinâmica do grupo também incluía uma análise de força, oportunidades e fraquezas. A dinâmica trouxe conceitos interessantes para a discussão, e embora não tenham validade geral, oferecem uma "abordagem de insiders" para a visão do setor sobre si mesmo.

Todos os participantes concordaram que lá não existe uma indústria de videogames no sentido puro, mas sim uma parte de uma indústria significativa de brinquedos, jogos e computadores, "definida pelas tendências e estruturas corporativas internacionais". Os participantes admitiram o potencial do mercado, não por si só, mas como parte de um contexto maior (que se equipara a nossas conclusões estatísticas). Seis membros do grupo de opinião comentaram várias vezes as potenciais condições criadas pelo Nafta e outras reformas econômicas que estão ocorrendo na América Latina. Um dos participantes afirmou que: "Você tem um mercado potencial de mais de 500 milhões de habitantes e uma plataforma desregulamentada para exportar para os EUA no contexto da [área] alfandegária unificada, regimes fiscais homogêneos e força de trabalho competitiva. Tudo isso está acontecendo no quintal do maior mercado de videogames do mundo."

Os participantes também concordaram sobre a importância do mercado latino-americano, "onde as vendas vêm melhorando nos últimos 24 meses" e que as vendas de videogames "pareciam não ser afetadas no mesmo nível que outros produtos e serviços", mas manifestaram preocupações de somente isso possa justificar o volume intensivo de investimentos que o desenvolvimento de uma indústria nativa exigiria.

Um dos participantes do departamento de marketing de um escritório regional de uma firma de jogos apontou a especificidade do mercado na região, comparado com outros setores:

"O mercado de videogames na América Latina parece manter tendências atípicas, independentemente do restante do mercado. Em outras palavras, observamos que apesar de o índice de consumo cair para os computadores, serviços e outros tipos de TIC, não é necessariamente o caso dos videogames. Você pode manter vendas constantes ou registrar uma grande queda e em nenhum dos casos observar uma relação com o resto do mercado."

O grupo concordou sobre vários padrões comuns da indústria de videogames na América Latina. O primeiro padrão é que "a região não é homogênea e portanto não pode ser avaliada como um único mercado". Por exemplo, um participante que trabalhou anteriormente em São Paulo afirmou "que o Brasil por si só não é apenas o único maior mercado, mas também uma região dentro de uma região".

10. Oito pessoas participaram do grupo de opinião, que foi realizado em Caracas (Venezuela) em 19 de dezembro de 2000. Elas vinham de diversas partes do setor de videogames e eram de diferentes nacionalidades, representando diferentes partes da indústria; trabalhavam com grandes fabricantes, cadeias independentes de distribuição de hardware e software de videogame e outras áreas relacionadas. As perguntas e declarações foram discutidas durante duas horas e 15 minutos.

11. Na verdade, o mercado de videogames do Brasil é maior que os mercados da Espanha, Portugal e Suécia juntos (Euromonitor 200).

Os participantes indicaram que apesar de a região ter importantes disparidades sociais de renda de um estrato social para o outro, "a [natureza dos] padrões de consumo é muito semelhante ao mundo desenvolvido".[11]

Um segundo padrão percebido pelos participantes era que a América Latina tem conhecimento, tecnologia e capacidade industrial para desenvolver hardware. No entanto, esse não é necessariamente o caso em relação ao software. De fato, como disse um participante do setor de software: "O desenvolvimento de software e aplicativos para jogos de computador precisa de importantes investimentos em desenvolvimento e pesquisa". Esse mesmo participante apontou que:

No início, no final dos anos 80, os videogames não eram sofisticados. O que importava era ter um projeto criativo e algumas técnicas de programação. Um jogo de pingue-pongue em preto-e-branco muito básico foi um sucesso. Isso não acontece mais. Crianças e adultos querem qualidade, realidade e dimensionalidade. E isso exige dinheiro e recursos.

Houve consenso no grupo sobre isso. O grupo também concordou que os empresários locais na região teriam menor disposição a aventurar-se em software do que em hardware. Como colocou um empresário:

Embora pareça que o software oferece oportunidades para desenvolver uma nova indústria com baixo investimento e risco, a realidade é muito diferente. Quando você desenvolve um jogo, precisa de equipamento de alta tecnologia, com muita memória para o processamento de gráficos. Todo o seu projeto dependerá de pessoas com capacidades que exigem salários de primeiro mundo e que a qualquer momento passarão para um concorrente ou mesmo para outro país, deixando-nos no ar. No fim do dia você está lá sozinho, arriscando uma quantia importante de capital.

Outro participante acrescentou:

Isso não acontece com o hardware. Desenvolver software para videogames poderia dar certo como empresa pessoal, mas não é uma decisão que muitos fabricantes de brinquedos na América Latina podem se permitir. O hardware parece um caminho lógico e racional para as companhias locais. Se você pretende manufaturar hardware, provavelmente o fará sob licença, com canais de distribuição já garantidos e melhores condições financeiras para o investimento.[12]

No entanto, os membros do grupo concordaram que o desenvolvimento de software para videogames não é impossível e que poderia acontecer, apontando exemplos interessantes na área educacional.[13] Mas todos os participantes deixaram claro que nas atuais condições seria muito difícil para a América Latina desenvolver uma indústria de software competitiva.

Outro padrão observado pela maioria dos participantes é que, apesar da insegurança jurídica, da instabilidade política e de um setor de serviços públicos inadequado – as fraquezas mais importantes da região como pólo alternativo de desenvolvimento para a indústria de videogames – uma cultura de exportação está sendo desenvolvida no continente. Todos os participantes reconheceram que um esquema político e institucional mais estável precisa ser construído e mencionaram que o processo de privatização e desregulamentação das telecomunicações e serviços estava melhorando rapidamente a situação.

Esse não era o caso em relação a segurança jurídica para investimentos, já que tribunais e sistemas jurídicos ainda são vistos como "incompetentes, altamente politizados e suscetíveis a corrupção".

O grupo percebeu a "pirataria" – reprodução ilegal de produtos – como a maior ameaça para o futuro da indústria de videogames na América Latina. Essa percepção equivale aos dados estatísticos disponíveis. O Conselho Venezuelano para Promoção de Investimento Privado (Conapri, 1999) estima que a indústria de software na América Latina é ameaçada por uma taxa média de pirataria de 68% (Figura 4).

Concluindo, os participantes viam o acesso ao mercado americano como o elemento mais importante a abordar se a região quiser desenvolver seriamente uma indústria de videogames para hardware e software. Esse foi um dos comentários mais recorrentes durante a sessão.

Os participantes estavam conscientes de e preocupados com o impacto que o acordo de livre comércio continental teve sobre o potencial da indústria. Todos os participantes percebiam que ele significaria não apenas um maior acesso ao mercado de videogames dos EUA[14], mas também representaria um ambiente mais estável politicamente e seguro legalmente para investimentos.

12. Deve-se salientar também que a maioria dos países da América Latina tem Eximbanks e fundos de industrialização criados em meados da década de 1970, que oferecem crédito com taxas menores para esse tipo de operação.

13. Na verdade a Universidad de los Andes em Bogotá (Colômbia) desenvolveu um projeto chamado Ludomática, em que os pesquisadores desenvolveram software de vídegame para fins educacionais em um programa chamado "A Cidade Fantástica". O software teve relativo sucesso e atualmente está sendo considerado por pelo menos uma companhia multinacional.

Grandes e pequenos macacos na República de Bananas

Como disse um dos participantes do grupo de opinião, "não podemos falar sobre uma indústria de videogames latino-americana propriamente, mas sobre uma indústria básica que se situa entre a representação local da indústria global de

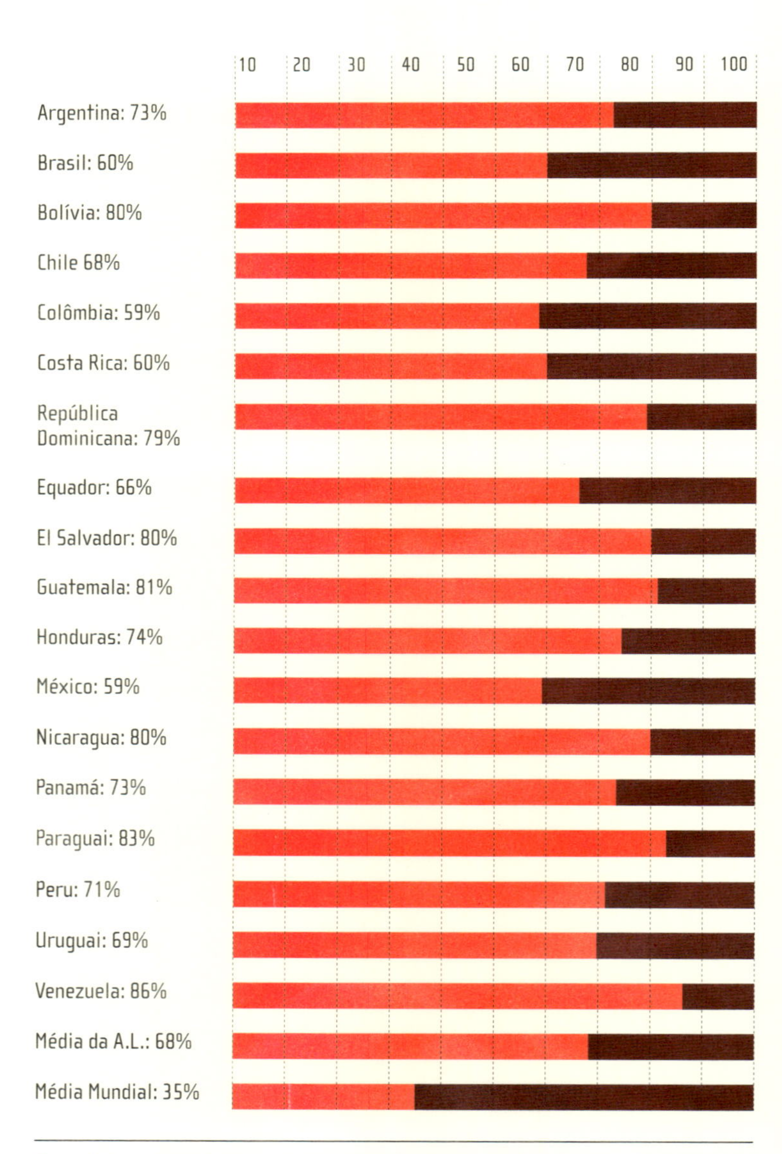

Figura 4. Pirataria de Software na América Latina (% de software copiado ilegalmente disponível no mercado). Fonte: Business Software Alliance, 6th Annual Report on Latin America, 2008.

3 Day Blinds	Foster Grant Corporation	Mitsubishi Electronics Corp.
20th Century Plastics	General Electric Company	Motorola
Acer Peripherals	JVC	Nissan
Bali Company, Inc.	GM	Philips
Bayer Corp./Medsep	Hasbro	Pioneer Speakers
BMW	Hewlett Packard	Samsonite Corporation
Canon Business Machines	Hitachi Home Electronics	Samsung
Casio Manufacturing	Honda	Sanyo North America
Chrysler	Honeywell, Inc.	Sony Electronics
Daewoo	Hughes Aircraft	Tiffany
Eastman Kodak/Verbatim	Hyundai Precision America	Toshiba
Eberhard-Faber	IBM	VW
Eli Lilly Corporation	Matsushita	Xerox
Ericsson	Mattel	Zenith
Fisher Price	Maxell Corporation	
Ford	Mercedes Benz	

Tabela 1. Maquiadoras na fronteira EUA-México.

14. Em acessórios de videogame em 1998, os EUA representaram US$960 milhões, o que é cinco vezes o tamanho dos mercados da Europa Ocidental e Japão juntos (Euromonitor 2000).

videogames e o 'apêndice' das indústrias nacionais de brinquedos e jogos". Essa definição parece precisa se analisarmos as tendências de mercado e o papel dos atores. Definir o mercado de videogames como "maquiadoras" da indústria global parece certo, então.

A maquiadora é um tipo de indústria muito comum no norte do México e outros países da América Central, que é operada por corporações americanas, européias e asiáticas para juntar partes de produtos industriais (sobretudo eletrodomésticos) e depois exportá-los para os EUA, aproveitando os acordos e interesses regionais.

As maquiadoras são indústrias administradas por firmas internacionais em áreas economicamente pobres que principalmente importam partes de certos produtos, os montam usando mão-de-obra barata e os exportam livres de impostos para os EUA. Significativamente, as maquiadoras se beneficiam de tratamento especial do governo – supostamente justificado pelo fato de que elas se situam em áreas pobres – e na maioria dos casos são isentas de impostos e não precisam acatar as leis nacionais relativas ao emprego ou salário mínimo. Existe um grande número de maquiadoras no México e na América Central, e seu número está crescendo na América do Sul. As maquiadoras tornaram-se

15. Mesmo a posição assumida recentemente pelo Brasil, questionando a viabilidade do Nafta, expandindo o Mercosul e distanciando-se de um esquema rígido de conversibilidade da moeda, é considerada até certo ponto convergente com a criação da Área de Livre Comércio das Américas (ALCA). Isto é ainda mais provável depois do colapso da economia argentina no ano passado.

populares com o advento do Nafta. Também é interessante notar que várias corporações globais que têm maquiadoras na fronteira EUA-México estão direta e indiretamente envolvidas na indústria de videogames (Tabela 1).

Apesar de o esquema das maquiadoras ter sido fortemente criticado porque representa pouco mais que uma relocação do modelo de "exploração" usado no Extremo Oriente, parece um modelo mais provável para a indústria de videogames seguir na América Latina. A criação de uma zona de livre comércio do Alasca à Patagônia em 2005 – se permanecerem as variáveis políticas e econômicas – levará a uma proliferação de maquiadoras por todo o continente. Várias corporações internacionais que manufaturam e vendem videogames estão seguindo o modelo e montaram fábricas que produzem hardware que poderá ser usado para fabricar consoles (Alvarez e Rodriguez, 1998)[15].

A Nintendo, por exemplo, tem investimentos diretos na América Latina. A empresa chegou ao Brasil em 1993 através da Playtronic Industrial Ltda. Entre 1993 e 1996 a Playtronic lançou a Nintendo Entertainment System (NES – 8 bits), o Game Boy portátil, o Super Nintendo Entertainment System (SNES – 16 bits) e o Virtual Boy (portátil I – 32 bits). Em 1996 essa companhia se fundiu com a Gradiente Entertainment Ltda, uma gigante eletrônica que está no mercado desde os anos 60. Essa medida coincidiu com o lançamento do primeiro sistema de videogame de 64 bits, Nintendo 64, que muitos analistas latinoamericanos consideraram uma "revolução" na indústria.

Em julho de 1998 a companhia tinha vendido 1,5 milhão de unidades de hardware e apenas 1,4 milhão de unidades de software (Relatório Anual Nintendo-Brazil, 2001), o que poderia ser interpretado como um sinal de que a indústria estava concentrando seu esforço em hardware.

Com uma fábrica em Manaus e escritórios em São Paulo, a Gradiente opera em todo o Brasil e está expandindo sua produção para atingir outros mercados da região, mas se concentrando principalmente nos EUA. A companhia também busca estratégias para aproveitar os acordos de integração econômica como Nafta e Mercosul.

A Microsoft, com sua Xbox, hoje compete com a Sony e a Nintendo em um mercado global de US$ 6,5 bilhões. A companhia pretende construir uma fábrica de hardware no México e não descartou a possibilidade de licenciar a produção para fábricas independentes no Brasil e na Costa Rica. De fato, a Microsoft quer agitar o mercado da mesma maneira que a Sony fez (Charles, 2001).

A Sega, que está se retirando da fabricação de hardware e se concentrando totalmente no software, tem escritórios em Porto Rico e no Brasil. Em Porto Rico ela opera a Sega, pois as leis americanas a protegem, e de lá administra suas operações nos mercados da América Central e Caribe. No entanto, no Brasil essa mesma companhia tem uma associação com a Tec Toy, uma firma local que experimentou um crescimento significativo nos últimos anos e em 1996 vendeu mais de 2 milhões de videogames no Mercosul. A Tec Toy é uma companhia brasileira fundada em 1987, que hoje ocupa o segundo lugar no mercado de brinquedos do Brasil, segundo dados publicados pela Abrinq (Associação Brasileira de Fabricantes de Brinquedos).

Devido ao anúncio da Sega de que ia parar a produção de hardware, a companhia está lançando uma nova estratégia de mercado e produção, e Arnold e Dazcal, os fundadores da companhia, não descartaram expandir seus produtos para acessórios genéricos.

Parece haver um padrão comum em que as corporações globais não fabricam diretamente seus produtos, mas os terceirizam para firmas locais e depois os revendem com seu logotipo. Um modelo já utilizado por multinacionais como Nike, Adidas e outros fabricantes de roupas no Extremo Oriente.

Novas peças, mas o mesmo velho jogo. O futuro da indústria de videogames na América Latina parece claramente definido por fatores internacionais. Em nossa opinião, o desenvolvimento lógico dessa indústria será para a racionalização das maquiadoras através de joint-ventures com fabricantes locais de brinquedos e jogos (o modelo foi bem descrito por Pérez Sáinz, 1998).

Os mercados do México e do Brasil provavelmente serão os principais alvos, mas também o acesso ao mercado americano, que oferecerá à indústria de videogames o potencial de se desenvolver como um importante centro de produção e distribuição na região.

Sugerimos que uma análise clara da indústria de videogames na América Latina deva ser realizada dentro de um contexto global. Nesse sentido, alguns analistas prevêem que em 2003 a indústria de brinquedos e jogos global valerá quase US$ 80 bilhões em preços constantes de 1998 (Euromonitor, 2000). A pesquisa Toys and Games: A World Survey (Euromonitor, 2000) também prevê que a América Latina assumirá uma parcela cada vez maior desse mercado, já que a população e os índices de crescimento de renda estão aumentando[16].

Outro fator importante a considerar é que a região parece ter o potencial para montar hardware e poderá eventualmente desenvolver hardware genérico para videogames.

No entanto, é provável que isso só aconteça sob o esquema de maquiadoras. Se a indústria for capaz de se consolidar sob esse modelo, então talvez possa começar a desenvolver software. Em todo caso, a transferência de tecnologia e capacidade será uma questão chave, mas também dependerá de diversos fatores, incluindo políticas nacionais, variáveis políticas e condições econômicas.

16. A indústria de brinquedos e jogos da América Latina não deve ser subestimada, com vendas líquidas em 1998 de US$ 1,8 bilhão (Euromonitor 2000), e talvez seja uma das indústrias manufatureiras mais desenvolvidas no continente meridional, mas a indústria de brinquedos e jogos local não somente tem capital, conhecimento de mercado e infra-estrutura para sustentar as companhias globais, como também tema capacidade de influenciar legisladores, autoridades alfandegárias e outros grandes agentes políticos que afetam as operações.

17. Na verdade Drucker refere-se ao México. Paradoxalmente, isto foi escrito pouco antes da crise da Tequila de 1994.

Somos tentados, devido ao determinismo tecnológico, a ver coisas novas em quase todo lugar. Passamos a nos referir aos videogames como uma "nova indústria cultural" (Hesmondhalgh, 2002). Mas as relações econômicas dos agentes de produção, distribuição e consumo definem principalmente a natureza de uma indústria, mesmo que o processo ocorra em um ambiente multiplataforma.

Em meados dos anos 1990 havia uma quantidade importante de literatura com visões otimistas, em que novas tecnologias de mídia eram capazes de liberar as forças do progresso e do desenvolvimento. Alguns autores (Drucker, 1993) chegaram a dizer que alguns países latino-americanos estavam na fase de "decolagem" de seu desenvolvimento[17] graças a essas novas tecnologias.

Apesar de termos deixado para trás muitos desses preconceitos, eles ainda são conceitos poderosos na comunidade acadêmica e empresarial. Por isso, é ainda mais importante olhar mais para trás e lembrar outros autores como o economista brasileiro Celso Furtado (1970), que observou, mais de três décadas atrás, que: "Na América Latina durante muitos anos a penetração da tecnologia moderna se confinou virtualmente ao setor de infra-estrutura e mostrou um padrão em que a assimilação de tecnologia é decididamente lenta, especialmente nas atividades produtivas diretas."

A tendência atual não é notavelmente diferente: a indústria de videogames da América Latina é apenas mais uma quimera em evolução. Ainda está longe de ser uma indústria definida, mas possui muitas características de outras indústrias culturais. Sua economia política perpetua o modelo da dependência e reprodução, tanto em nível econômico como ideológico, mas, assim como outras indústrias culturais, tem o potencial de liberar as forças criativas da região. Como a televisão, o rádio e o cinema, também vende ideologia através do entretenimento, mas as antigas tecnologias analógicas também oferecem a oportunidade de desenvolver um conteúdo nativo.

No entanto, o grau de valor agregado e participação local no processo de produção parece ainda mais restrito do que em outras indústrias culturais. No momento não há sequer escala de economia capaz de justificar pequenas operações nesse sentido. Parece improvável que a região terá a oportunidade de oferecer sua própria versão de Space Invaders – como fez a televisão nas telenovelas – porque o mercado e a indústria já foram colonizados e os agentes econômicos parecem ser de outro planeta.

Sobre os Autores

Jairo Lugo-Ocando Universidade de Stirling (UK).

Tony Sampson Universidade de East London (UK).

Merlyn Lossada Universidade de Zulia (Venezuela).

Tradutor do texto Luiz Roberto Mendes Gonçalves.

Texto publicado pelo File em 2006.

Referências

Alvarez, Victor & Rodriguez, Davgla (1998). *De la Sociedad a la Sociedad del Conocimiento*. Macaibo. Fundacite.

Arthur, Charles (23/05/2001). *Battle Stations*. The Independent (UK).

Baldwin, Thomas F. et al. (1996). *Convergence. Integrating Media, Information and Communication*. Sage. Londres.

Cole, Ricgard (1996). *Communication in Latin America*. Scholarly Resources In. EUA.

Cordeiro, Jose Luis (1995) *El Desafio Latinoamericano*. Caracas. McGraw-Hill Interamericana.

Drucker, Peter F. (1993). *Post-Capitalism Society*. Oxford. Butterworth-Heinemann.

Euromonitor International (1999) Toys and Games: A World Survey. Global Market Reports.

Furtado, Celso (1970). *Economic development of Latin America*. Cambrigde. Cambridge Universityn Press.

Galperin, Hernan (setembro de 1999). *Cultural Industries policy in regional trade agreements: the cases of Nafta, the European Union and MERCOSUR*. Media Culture & Society. No. 5, Vol. 21: 627-648.

Gomez, Ricardo (2000). *The Hall of Mirrors: The Internet in Latin America*. Current History. Vol. 99 No. 634, pp. 70-78.

Gradiente Relatório Annual (2001). Informações Financeiras. http://www.gradiente.com/empresa/relatorio/index.asp.

Hesmondhalgh, David (2002). *Cultural Industries*. Sage. Londres.

Myiint, H. (1972). *South East Asia's Economy: Development Policies in the 1970's*. Penguin. Nova York.

Pérez Sáinz, Juan Pablo (1998) *From the Finca to the Maquila: Labor and Capitalist Development in Central America*. Westview Press. Boulder, Colorado (EUA).

Price, Simon (May 2001). *Captain America*. Develop. Nº 7, pp. 13-16.

Scheeres, Julia (25 Jan. 2001). *Latin America: The Mobile World*. Wired Magazine.

Sheff, David (1993). *Game Over: Nintendo's Battle to Dominate an Industry*. Londres. Coronet Books.

Skirrow, G. (1990). *Hellvision - An Analysis of Video Games*. The media reader, British Film Institute, Londres, pp. 321-338.

Sttodart, Ellwyn R. (1987). *Maquila: Assembly Plants in Northern Mexico*. Texas Western Press, University of Texas em El Paso (México).

Tironi, Eugenio & Sunkel, Guillermo editado por Ghunter, Richard e Mughan, Anthony (2001). *Democracy and the Media*. Cambrigde. Cambrigde University Press.

World Times/IDC (1º de Janeiro de 2001). *Measuring the Global Impact of Information Technology and Internet Adoption*. The World Paper.

htpp://www.worlpaper.com/2001/jan01/ISI2001%20information%20Society%20Ranking.html.

THE GAMING SITUATION 2.0

MARKKU ESKELINEN

Versão ampliada e atualizada.

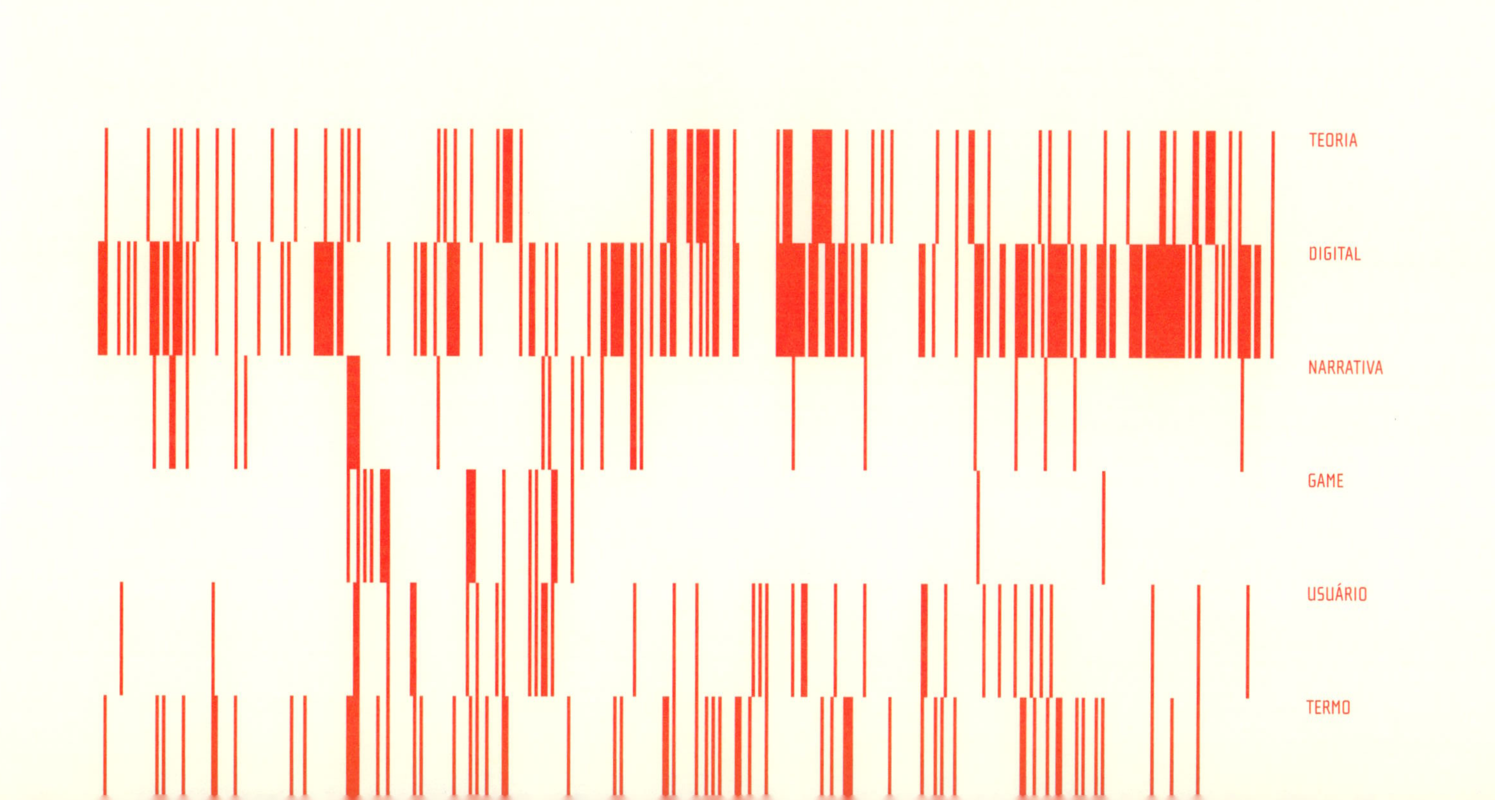
TEORIA
DIGITAL
NARRATIVA
GAME
USUÁRIO
TERMO

The Gaming Situation 2.0 é uma versão ampliada e atualizada do artigo originalmente publicado na primeira edição de Game Studies (Estudos de Jogos) em 2001 (www.gamestudies.org/0101/eskelinen/). O artigo concentra-se primeiramente na identificação e depois no estudo das características mais cruciais e elementares que distinguem a situação de jogos das situações narrativas, dramáticas e de performance. De maneira diversa à dos estudiosos que analisam os jogos como narrativas ou extensões de narrativas, o artigo argumenta que toda teoria narratológica bem estabelecida e sofisticada, independentemente de sua ênfase ser nos modelos comunicativos (Genette, Chatman, Prince) ou cognitivos (Bordwell, Branigan), é basicamente uma teoria de reconstrução interpretativa baseada no texto narrativo que é apresentado a seus leitores ou espectadores. Entretanto, como todos sabemos ou deveríamos saber, os jogos não dizem respeito, primeiramente e antes de tudo, à interpretação e (re)presentação.

Ao aplicar a tipologia de cibertextos de Espen Aarseth, o artigo alega que a principal função do usuário na literatura, teatro e cinema é interpretativa, mas que nos jogos ela é configurativa. Ou seja, na arte talvez tenhamos que configurar para sermos capazes de interpretar, enquanto que nos jogos temos que interpretar para podermos configurar, e prosseguir da situação inicial para a situação vitoriosa ou qualquer outra situação. Portanto, entende-se que jogar é uma prática configurativa e a situação de jogar é uma combinação de fins, meios, regras, equipamentos e ações manipulativas necessárias.

Esta economia de meios e fins também diferencia os jogos das economias interpretativas de narrativas (histórias narradas detalhadamente), drama (histórias representadas) e performances (surgimento de seres e eventos que fogem da matriz teatral tradicional (non-matrixed events)), assim como acontecimentos (eventos participativos sem audiência). Depois de fazer essas distinções elementares, a situação de jogar é ainda estudada em termos de articulação, materialidade, processo, regras, ação manipulativa e equipamento.

Seguindo a leitura de Warren Motte de *Homo Ludens Revisited* de autoria de Jacques Ehrmann, o artigo enfoca três ideias: as relações jogador-jogador, jogador-jogo e jogo-mundo. Estas combinam-se com os mais importantes tipos de relações potencialmente maleáveis nos jogos: a temporal, a causal, a espacial e a funcional. Cada uma dessas relações podem ser estáticas ou dinâmicas.

No registro jogador-jogador, as relações estáticas são as que certamente serão e permanecerão iguais (ou imutáveis) entre os jogadores no jogo e durante o mesmo. As relações temporais estáticas indicam arranjos baseados em turnos, enquanto que as relações temporais dinâmicas referem-se a ações realizadas em tempo real, sem turnos fixos – neste caso o tempo é um recurso não compartilhado ou distribuído igualmente entre os jogadores. A causalidade dinâmica refere-se às possibilidades do jogador de adicionar novos elementos desencadeando novas correntes de causalidade no jogo, por exemplo, criando personagens, objetos e salas em um MUD (Multi User Dungeon). As relações espaciais são estáticas quando os jogadores não podem alterar a qualidade espacial do mundo do jogo, e neste caso seria apenas uma área de recreação pronta, independentemente da sua complexidade em outros aspectos. Por outro lado, as relações espaciais entre jogadores são dinâmicas quando o espaço do jogo pode ser construído ou expandido pelos jogadores, como no jogo Civilization. As relações funcionais dinâmicas e estáticas entre jogadores referem-se às capacidades funcionais de suas representações ("personagens") no jogo e durante o mesmo: podem ou não adquirir novas qualidades e capacidades no decorrer do jogo.

Na relação jogo-mundo, a categoria de relações estáticas envolve relações já prontas que não devem sofrer interferência. Isto significa que o jogo, em todos os aspectos, não está aberto ou está separado do resto do mundo. Existem alternativas para isso: as conexões causais, espaciais, temporais e funcionais poderiam muito bem exceder os limites de um jogo. A dimensão dinâmica poderia então ser entendida como a que contém várias violações à qualidade de separação padrão dos jogos.

A relação jogo-mundo também é de modelagem: os jogos simulam, em vez de simplesmente descreverem, e esta representação dinâmica oferece novos e sérios desafios a abordagens de estudos culturais que costumavam pôr em foco representações estáticas e identificações interpretativas.

Há eventos e seres que o jogador tem de manipular ou configurar para poder avançar no jogo ou simplesmente para conseguir prosseguir. Os eventos, os seres e as relações entre eles podem ser ao menos descritos em termos espaciais, temporais, causais e funcionais. A articulação que ocorre entre o jogador e o jogo diz respeito antes de mais nada ao aspecto de manipulação ou configuração: que relações e propriedades de eventos e seres de jogos podem ser afetados, com que profundidade, por quanto tempo, sob que condições, etc. Evidentemente, a importância dessas dimensões varia de jogo a jogo e, às vezes, varia de acordo com as fases ou níveis de um determinado jogo. Basicamente, as relações estáticas podem somente ser interpretadas, mas as relações dinâmicas permitem manipulação. Ao contrário dos dois níveis temporais necessários das narrativas (tempo da história e tempo da narrativa), nos jogos há apenas um esquema de tempo necessário: o movimento do início para a situação vitoriosa ou qualquer outra situação. Por outro lado, pode-se também dizer que os jogos possuem dois níveis temporais necessários: o tempo do usuário e o tempo do evento, marcadamente diferente do par das narrativas. A manipulação temporal inclui a configuração da ordem, frequência, duração, velocidade e simultaneidade dos eventos do jogo. Vários parâmetros espaciais são também examinados e propostos, enquanto percebemos suas afinidades não tão surpreendentes com paradigmas militares de visibilidade e controle.

Esta seção conclui aventurando-se com uma ideia especulativa de que os jogos são uma "arte" causal e funcional (o jogador tem de utilizar seus recursos da maneira especificada pelas regras de procedimentos para preencher a importante lacuna causal entre as situações inicial e vitoriosa) em contraposição às artes e formas artísticas tradicionais que são meramente espaciais-temporais.

Na seção sobre materialidade, três tipos básicos de jogos são considerados, com base na quantidade de níveis materiais que possuem. Os jogos tradicionais normalmente têm um; os jogos de computador, dois (devido à distinção entre o meio da interface e o meio de armazenamento); os jogos híbridos (como os jogos para telefone celular baseados em proximidade ou localidade), possuem três níveis. Em termos de áreas de recreação, isto significa que os jogos tradicionais têm uma arena fixa, os jogos de computador podem ter muitas arenas flexíveis e maleáveis, e os jogos híbridos têm uma dupla área de recreação. Estas distinções ajudam a elucidar um pouco a discussão sobre jogos de computador e de vídeo como jogos de remediação.

A hipótese de remediação também é testada de um ponto de vista cibertextual, dividindo os elementos básicos dos jogos (regras, objetivos e a manipulação necessária de equipamentos) em elementos de interação 'textônicos' (componentes da forma como são no jogo) e 'scriptônicos' (componentes como são apresentados ao jogador). Isso leva à descoberta de sobreposições significativas entre tecnologias de jogos e mídia, e vez de uma linha divisória simples e clara entre os jogos de computador e o resto. A partir disso e com o objetivo de entender o papel dos jogos de computador dentro de uma ecologia das mídias mais ampla, dois tipos de apropriações e interseções de mídias são abordados: intramodal (histórias escritas ou filmadas inseridas nos jogos como back-stories aclimatadas e cut-scenes informativas) e transmodal (sequências de histórias estáticas e fixas de entretenimento impresso e filmado transformadas em sequências de eventos variáveis e *scripts* dinâmicos de jogadores nos jogos).

As regras são diferenciadas das convenções pessoais e sociais sobre como jogar e o que se deve preferir ou valorizar durante o jogo. Tipos diferentes de regras são abordados, considerando a distinção feita por Gonzalo Frasca entre as regras 'paidia' (definindo o comportamento de entidades do jogo), a regras 'ludus' (definindo as condições para vencer ou perder) e as regras meta-regras (definindo as possibilidades dos jogadores de alterar ou modificar as regras iniciais). Levando em consideração diferentes graus de pre-existência, fixidade, igualdade e manutenção humana e a aplicação das regras, alcança-se uma noção mais abrangente do jogo e da ação de jogar. Os objetivos são tratados de uma maneira similar, fazendo-se distinções básicas entre os objetivos determinados, escolhidos e criados, bem como entre os objetivos singulares e plurais e individuais e sociais. Os objetivos são também diferenciados dos acessórios para que não se perca de vista a diversidade tradicional dos objetivos possíveis do jogador (como jogar bem ou com estilo), além do mero resultado do jogo.

Ao estudar o jogo como um processo, encontramos diferenças em seus estados iniciais e finais e nas relações entre esses estados. Os jogos com situações iniciais individuais são distintos dos jogos com situações iniciais individualizadas e desiguais. Nos jogos MMORPGs (Massive Multiplayer Online Role-Playing Games), o mundo virtual tem uma história específica graças a sua persistência. Por causa dessa história e da natureza teleologicamente infinita desses mundos de jogos, os jogadores individuais tanto entram como saem dos jogos em tempos diferentes fazendo com que suas situações iniciais pessoais sejam totalmente diferentes umas das outras. Isso também tem influência sobre o status do jogador (compreendido como uma combinação de recursos disponíveis).

Em jogos de um único jogador, o jogador pode normalmente reiniciar o jogo repetindo a mesma situação inicial, ainda que possa haver uma variedade de situações iniciais diferentes para serem selecionadas (em termos de dificuldade e outros cenários).

A conclusão descreve vários tipos mais ou menos experimentais de jogos de computador, aborda as conexões dos jogos de computador a jogos sérios com riscos de perdas irreversíveis, e fornece uma lista um tanto longa de características específicas de jogos que não são explicados ou teorizados por nenhuma teoria narrativa sofisticada.

Sobre o Autor

Markku Eskelinen Ph.D. é estudioso independente, editor do *Cybertext Database* (http://cybertext.hum.jyu.fi) e editor de resenhas do *Game Studies* (www.gamestudies.org)

Tradutora do texto Olga Regina Raphaelli.

Texto publicado pelo File em 2004.

PARTE 5

TEORIA MÁQUINA DE CRIATIVIDADE: A MÚSICA, O TEATRO, A POESIA E A LITERATURA COMO CRIAÇÃO **DIGITAL**

DA CRÍTICA AOS JOGOS DA CRIATIVIDADE NA ERA DIGITAL

RICARDO BARRETO

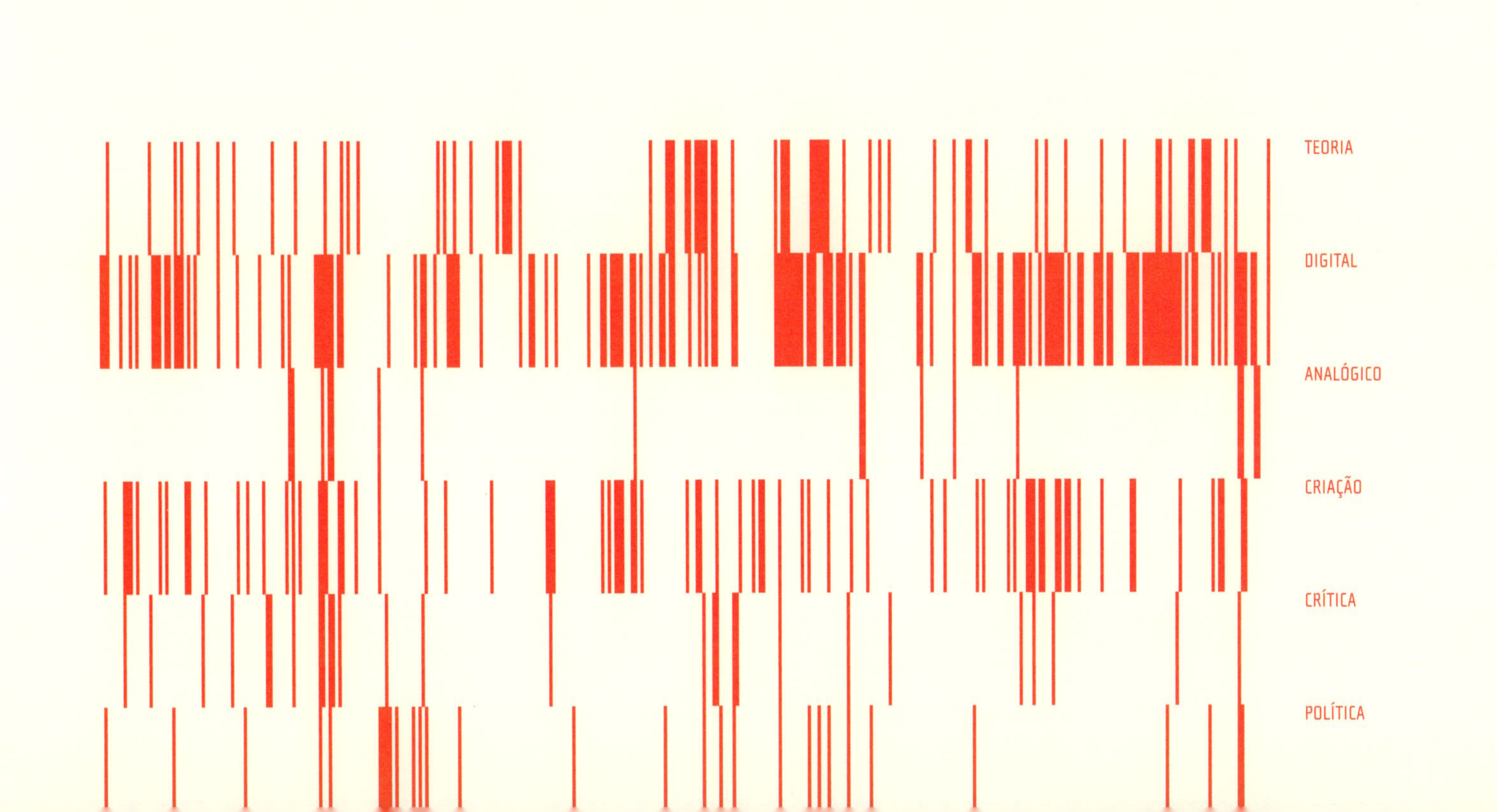
TEORIA
DIGITAL
ANALÓGICO
CRIAÇÃO
CRÍTICA
POLÍTICA

As redes digitais constituem um devir louco, inconstante e paradoxal. São multiplicidades pós-lineares e sua natureza é anárquica e ilimitada [Anarco-Cultura]. Nelas, todos os mundos virtuais serão possíveis e cada qual com seu tempo próprio, o que acarreta uma pluralidade temporal numa rede crescente e vertiginosa de tempos divergentes, convergentes e paralelos [tempo catatônico]. Essa trama de tempos que se aproximam, se bifurcam, se cortam ou se ignoram abrange todas as possibilidades [Borges]. Nela poderemos ter várias vidas, vários nomes, várias profissões. As redes inauguram as cosmogonias digitais. Cidades virtuais, mundos virtuais, alguns em guerra o tempo todo, são e serão erguidos e para eles viajaremos e neles habitaremos e lutaremos [vida virtual]. As redes digitais constituem hoje um mundo paralelo no qual vivemos simultaneamente com o mundo físico. Nelas se trabalha, se estuda, se produz cultura. Contudo, nesse mundo não se opera com as leis da física [gravidade] ou com as leis da sociedade [direitos]. Elas são um mundo puro de acontecimentos digitais [eventos]. Nelas não há princípios, axiomas, Deus.

A ausência de princípios acarreta a impermanência de um pensamento único dominante e de uma constituição legal. Não há carta magna digital no interior das redes, e assim, não há nenhuma garantia dos nomes próprios e das identidades que necessitam de nomes gerais para existir. Não existe nada que impeça a utilização de nomes próprios em causa própria [Cícero da Silva]. Com isso, nós podemos nos passar por qualquer um. Eu sou o pai e a mãe de mim mesmo. [Heliogabale-Artaud]. Não há também a garantia da propriedade material e intelectual. Elas só persistem através da segurança e da criptagem, da força e do ocultamento, do medo e da ameaça; assim, o justo é o que convém ao mais forte [Trasimaco]. A lei não garante mais nada dentro da rede. A ingerência do mundo físico, através de suas leis, no mundo digital se fará cada vez mais inconsequente na medida da sua multiplicação. Como será possível processar milhares de pessoas contraventoras e que reincidem numa velocidade avassaladora? As redes são de algum modo um estado de natureza [Hobbes] e, portanto, sem leis, numa guerra constante e numa dialética permanente. O mundo das redes apresenta-se aporítico e antinômico. Cada lugar na rede poderá ter o seu contrário ou um fac-símile falso, cada afirmação a sua negação. Qualquer coisa que tenha um preço terá o seu semelhante gratuito [Free Tactic]. Há algo como uma dialética transcendental [Kant] nas redes que impede, de um lado, que os dogmas estatais, religiosos, comerciais e acadêmicos possam se impor, e é por isso que as redes não são mídias de comunicação de massa unilaterais como querem alguns pensadores analógicos e, por outro lado, a crítica se torna totalmente ineficaz, paralisada, presa numa multiplicidade antinômica sem solução pela simples razão da contra-opinião coletiva. Todos podem agora opinar sobre tudo. Somente a ingenuidade do pensamento analógico acredita ainda numa base consensual (Academia) que legitime a crítica metalinguística e ideológica com a tentativa de delimitar alguma coisa. Nas redes, ela é meramente mais uma opinião dentre outras. Não há mais o *Logos Fundante* (Parmênides) que corta o que é o Logos e o que é a *Doxa* e assim a crítica se tornou antitética.

Crítica Antinômica

Sim às organizações que querem de fato promover a arte nas suas intersecções com a tecnologia e as ciências, pois acreditam que isso faz parte de uma nova mentalidade cultural contemporânea.
Não às organizações que querem de fato promover a arte nas suas intersecções com a tecnologia e as ciências, pois acreditam que isso não faz parte de uma nova mentalidade cultural contemporânea.
Não à crítica moderna analógica e acadêmica baseada na autoridade e em preceitos ultrapassados que produzem reacionariamente um achatamento e uma deformação nas questões contemporâneas no que diz respeito às poéticas e às políticas digitais.
Sim à crítica moderna analógica e acadêmica baseada na autoridade e em preceitos ultrapassados que produzem reacionariamente um achatamento e uma deformação nas questões contemporâneas no que diz respeito às poéticas e às políticas digitais.
Sim a todos os criadores que se tornam críticos e a todos os críticos que se tornam criadores no processo inevitável de desdiferenciação dos gêneros culturais, políticos e econômicos e que desmobilizam as críticas analógicas dominantes baseadas na autoridade e na hierarquia.
Não a todos os criadores que se tornam críticos e a todos os críticos que se tornam criadores no processo inevitável de desdiferenciação dos gêneros culturais, políticos e econômicos e que desmobilizam as críticas analógicas dominantes baseadas na autoridade e na hierarquia.
Sim à acefalia digital, doença de que sofrem hoje certas instituições culturais pela permanência no comando de quadros extemporâneos.
Não à acefalia digital, doença de que sofrem hoje certas instituições culturais pela permanência no comando de quadros extemporâneos.
Não ao público narcisista, público característico de certas disciplinas; artistas que mostram trabalhos somente a outros artistas, bailarinos que dançam

somente para outros bailarinos, em suma, pessoas que mostram seus trabalhos a pessoas de seu próprio meio, permanecendo presos no reflexo de seu pequeno lago estético.
Sim ao público narcisista, público característico de certas disciplinas; artistas que mostram trabalhos somente a outros artistas, bailarinos que dançam somente para outros bailarinos, em suma, pessoas que mostram seus trabalhos a pessoas de seu próprio meio, permanecendo presos no reflexo de seu pequeno lago estético.
Sim às mentalidades acadêmicas que querem transformar a cultura contemporânea num sistema hierarquizado, sob o jugo de suas teorias lineares e de seus axiomas atemporais.
Não às mentalidades acadêmicas que querem transformar a cultura contemporânea num sistema hierarquizado, sob o jugo de suas teorias lineares e de seus axiomas atemporais.
Sim à anarco-cultura digital onde toda a produção cultural está ali para ser replicada, para ser alterada, para ser heterogeneizada, para ser aporitizada.
Não à anarco-cultura digital onde toda a produção cultural está ali para ser replicada, para ser alterada, para ser heterogeneizada, para ser aporitizada.
Não às replicações, aos samplings, às conexões estratégicas, aos re-envios heurísticos, às alteridades criadoras, às mídias táticas, às anarco-organizações, aos hackertivistas, aos compartilhamentos táticos.
Sim às replicações, aos samplings, às conexões estratégicas, aos re-envios heurísticos, às alteridades criadoras, às mídias táticas, às anarco-organizações, aos hackertivistas, aos compartilhamentos táticos.
Sim aos trabalhos compartilhados entre os criadores digitais na promoção da criatividade coletiva que colocam em questão o artista-estrela, o artista preso a seu ego e à sua assinatura.
Não aos trabalhos compartilhados entre os criadores digitais na promoção da criatividade coletiva que colocam em questão o artista-estrela, o artista preso a seu ego e à sua assinatura.
Não aos diretores de instituições culturais que têm por meta, através de certos esquemas, a promoção do benefício próprio.
Sim aos diretores de instituições culturais que têm por meta, através de certos esquemas, a promoção do benefício próprio.
Sim às comunidades e aos coletivos transcomunicantes e transdisciplinares com seus múltiplos interesses e seus múltiplos desejos, que constróem as anarco-organizações digitais.
Não às comunidades e aos coletivos transcomunicantes e transdisciplinares com

seus múltiplos interesses e seus múltiplos desejos, que constróem as anarco-organizações digitais.
Sim a todas as máquinas de guerra culturais que transformam pela sua criatividade os clichês cristalizados, as ideias fixas e os conceitos lineares.
Não a todas as máquinas de guerra culturais que transformam pela sua criatividade os clichês cristalizados, as ideias fixas e os conceitos lineares.
Não, com todo o entusiasmo, a esta nova mentalidade digital-cultural, pois ela traz um potencial democrático imenso e um potencial de criatividade coletiva até então nunca vistos.
Sim, com todo o entusiasmo, a esta nova mentalidade digital-cultural, pois ela traz um potencial democrático imenso e um potencial de criatividade coletiva até então nunca vistos.
Não àqueles que recorrem à inteligência e à autoridade estrangeira para conceituar seus eventos numa atitude neocolonialista cultural. Preferimos a atitude: "eu sou o pai e a mãe de mim mesmo'.
Sim àqueles que recorrem à inteligência e à autoridade estrangeira para conceituar seus eventos numa atitude neocolonialista cultural. Não preferindo a atitude: "eu sou o pai e a mãe de mim mesmo'.
Sim às obras digitais, invendáveis, instáveis, inarquiváveis, indomesticáveis, incapturáveis, anônimas, incompreensíveis, infindáveis, dessacralizadas, incompletas, inconformáveis, transcompartilhadas, transpotencializadas, heterocríticas.
Não às obras digitais, invendáveis, instáveis, inarquiváveis, indomesticáveis, incapturáveis, anônimas, incompreensíveis, infindáveis, dessacralizadas, incompletas, inconformáveis, transcompartilhadas, transpotencializadas, heterocríticas.
Sim aos criadores digitais que estão produzindo uma nova cultura independentemente do mercado e da mentalidade acadêmica, pela pura iniciativa e pelo puro desejo de participar da anarco-cultura digital.
Não aos criadores digitais que estão produzindo uma nova cultura independentemente do mercado e da mentalidade acadêmica, pela pura iniciativa e pelo puro desejo de participar da anarco-cultura digital.

As redes inauguram o ocaso da crítica. Se nós perdemos a crítica, os dogmas e o dogmatismo, por outro lado, para felicidade nossa, tornaram-se ineficazes. Eles não conseguem proliferar como acontece nas mídias lineares analógicas. Ora, estamos numa situação pré-crítica, situação esta já experienciada pelos céticos do passado: a oposição das razões contrárias. No entanto, eles optaram pelo apaziguamento da dialética através da suspensão do juízo (epóque) (Sexto

Empiricus). Eles fugiram da luta na busca da ataraxia (felicidade) (Pirron). No caso das redes, não há "epóque" ou síntese possível (Hegel) e muito menos uma felicidade estática e sim, ao contrário, a retroalimentação (Norbert Weiner) contínua da tensão entre os opostos e do estado de guerra permanente. A ausência da crítica e a heterogênese corroboram com a desdiferenciação dos gêneros culturais, mas isso só pode ocorrer pela mais terrível constatação: a inconsistência dos sistemas. As redes instauraram uma situação pré-cósmica e imanente, onde agora é possível o retorno de todas as metafísicas e de todas as filosofias ficcionais. Desta forma, a crítica pode ressurgir, porém como ficção e como criatividade estética (Hans Haacke / Derrida). No exemplo da "crítica antinômica" citada acima, o "sim" e o não" poderiam ser alternativas de livre escolha no interior de uma possível hipernarrativa fílmica interativa e dilemática (Dialética Inconsistente?). Desta maneira, a crítica pode se tornar uma máquina de multiplicidade criativa (máquinas metafóricas, máquinas parafrásicas, máquinas antinômicas, máquinas de mentiras).Troca-se a fé no sistema (Göedel) pela criatividade sem sistema. Deus e os sistemas sempre foram e serão contra a criatividade, contra a criatividade coletiva. Nós criamos Deus e os sistemas, depois eles nos criaram como criatura que crê, porém sem criatividade, eis a lógica da castração divina e sistêmica, por isso a criatividade se tornou tática. 'Eu sou o pai e a mãe de mim mesmo' (Heliogabale-Artaud). Não mais jogos de linguagem (Wittgenstein), jogos de dados (Nietzsche/Mallarmé), jogos ideais (Deleuze), mas jogos da criatividade inconsistente. Não se trata mais do contexto, do acaso e das não regras pré existentes e sim do vírus, do câncer e da vida (Bio-Política). O potencial da rede é transpotencial bélico e sofístico. Sim, os sofistas (pré-filósofos) venceram toda a tradição filosófica platônica e aristotélica. As redes digitais, apesar das aparências, não são arbustos ou raízes, mas rizomas (Deleuze), logo não são sistemas e nem estruturas, mas performatividade criativa inconsistente, o que lhes garante toda a conectividade potencial.Tudo pode se conectar com tudo. Todos os textos podem se conectar com todos os textos. Todas as imagens podem se conectar com todas as imagens, num filme heteróclito sem fim (Timescape/ Reinald Drouhin). Nas redes vive-se um desmesuramento de todas os seus eventos digitais. Não há paradigma e não há consistência, mas sim a ação viva e coletiva da hipercriatividade performativa (jogos da criatividade).

Sobre o Autor

Ricardo Barreto é artista e filósofo. Atuante no universo cultural trabalha com performances, instalações e vídeos e se dedica ao mundo digital desde a década de 1990. Co-fundador e co-organizador do FILE Festival Internacional de Linguagem Eletrônica.

Texto publicado pelo File em 2004.

MÚSICA VISIONÁRIA: NOTAS DE PERCURSO (EM MEMÓRIA DE ROBERT MOOG)

VANDERLEI LUCENTINI

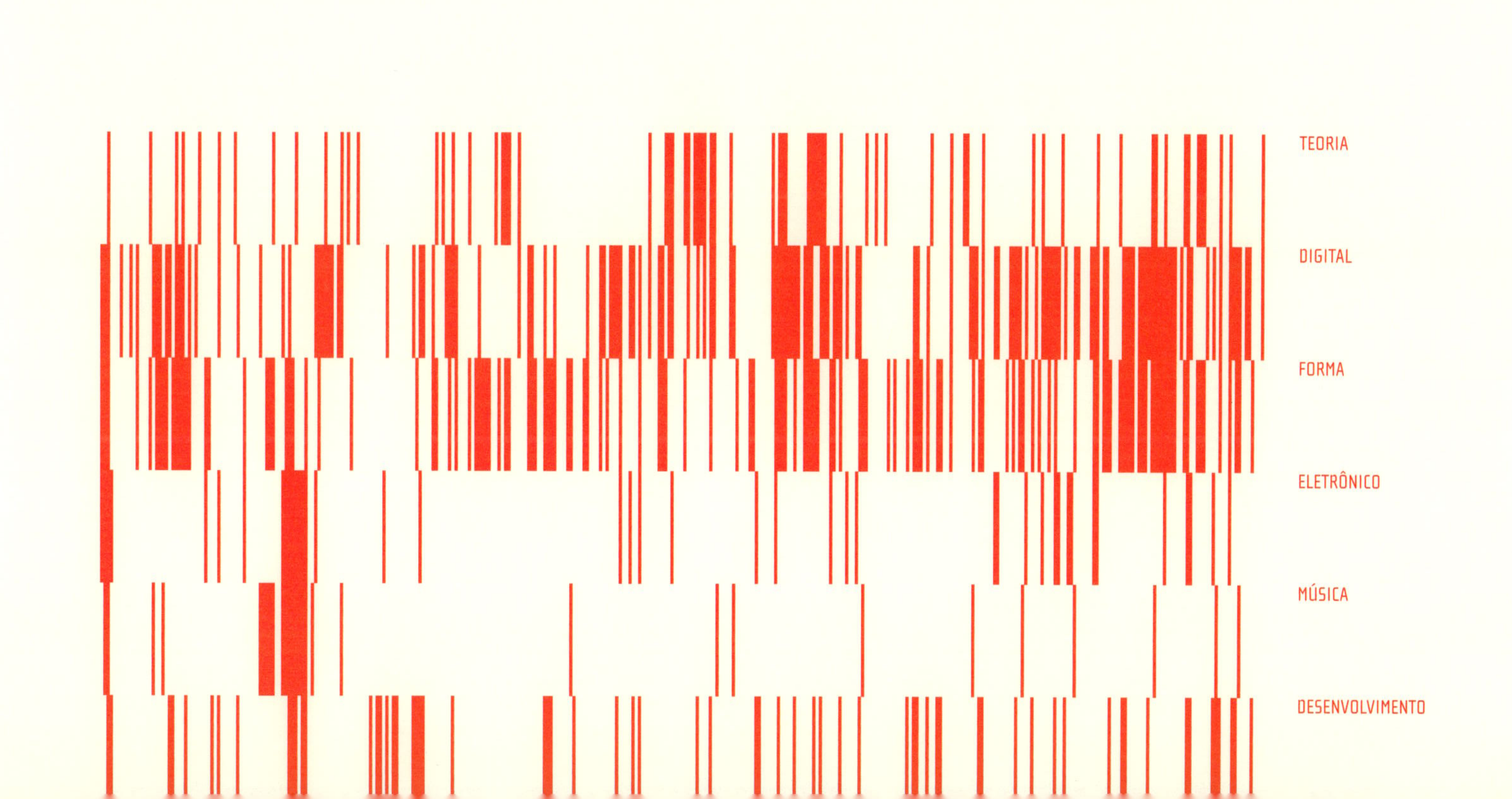
TEORIA
DIGITAL
FORMA
ELETRÔNICO
MÚSICA
DESENVOLVIMENTO

"Acredito que a utilização de ruídos para fazer música continuará e aumentará até alcançarmos uma música produzida através de instrumentos elétricos, que tornando possível a qualquer proposta musical utilizar todos os sons que possam ser ouvidos... assim, no passado, o pomo da discórdia estava entre a dissonância e a consonância, e será, no futuro imediato entre o ruído e o assim chamado som musical."
– John Cage, 1937

"Se esta palavra 'música' é sagrada e reservada aos instrumentos musicais do século XVIII e XIX, podemos substituí-la por um termo mais significativo: organização dos sons."
– John Cage

"Eu sonho com instrumentos obedecendo aos meus pensamentos."
– Edgar Varèse

Abertura

O desenvolvimento da música eletroacústica, hoje amplamente conhecida como música eletrônica, desde o início do século XX, até a presente data, tem sido uma luta contínua de músicos, compositores, físicos, intelectuais, acusticistas, cientistas da computação e inventores de instrumentos musicais. Neste início de século XXI, alguns paradigmas que atravessaram o século passado ainda continuam instigando muitos músicos, ou como disse Cage, "organizadores de som" da atualidade. A criação de novos timbres sonoros (conjugando som e ruído), novas formas de organização do discurso musical através de linguagens de programação e, principalmente, a ampliação da percepção sonora com a criação de ambientes apropriados numa época visualmente orientada.

A música produzida com tecnologia em particular, a música desenvolvida a partir de impulsos elétricos, em suas diversas ramificações idiossincráticas, desde o seu princípio, foi sempre marcada por uma atitude visionária dos seus criadores. A ação dessas pessoas, muitas vezes numa luta solitária em suas oficinas/laboratórios, tem sido de vital importância na ampliação e modificação radical de nossa percepção sonora durante todo esse período. Nesse curto período de tempo, comparando-se com a história da música, novos elementos e novas gestualidades entraram em cena no ambiente musical. A partir das lutas heróicas dessas vanguardas visionárias, muitas das verticalidades hierárquicas da música tradicional gradativamente tornaram-se horizontalidades.

O Contexto

A música tem sido, no decorrer da história, uma das artes mais sensíveis aos avanços tecnológicos de sua época. Os músicos medievais inventaram o canto gregoriano pensando no ambiente acústico das catedrais góticas, cujo tempo de reverberação exigia o andamento lento de suas composições. Nos séculos XVII e XVIII, com o deslocamento da música vocal para a música instrumental, Guarnieri e Stradivarius nos legaram os violinos mais perfeitos, tanto do ponto vista acústico, quanto da beleza plástica. No século XIX, a evolução da metalurgia possibilitou um grande avanço na construção dos instrumentos de metais. A evolução tecnológica, em conjunção com a ampliação dos conhecimentos de acústica musical e a sedimentação do sistema tonal, trouxe a necessidade de se inventar um instrumento que acompanhasse, em pé de igualdade, a grande massa sonora produzida pelas orquestras. Surgiu então o chamado pianoforte, isto é, um instrumento que traz a possibilidade de se tocar piano (fraco) ou forte.

Com o processo de desenvolvimento industrial, exigiu-se uma fonte de energia que pudesse alimentar toda a cadeia economicamente produtiva: as indústrias, as cidades, as residências, etc. Com a eletrificação de diversas cidades do mundo, e principalmente com a estabilidade da corrente elétrica, surgem, no início do século XX, duas importantes manifestações artísticas que até hoje têm tido uma grande influência no panorama cultural deste início de século: o cinema e a protomúsica eletrônica.

Os Primeiros Instrumentos

Em 1906, surge o primeiro instrumento movido por corrente elétrica, chamado Telharmonium ou Dynamophone. Criado por Tadeu Cahill, essa formidável construção, usando dínamos, similar a uma pequena estação geradora de eletricidade, pesava ao redor de 200 toneladas. Cahill, visionariamente, sonhava em espalhar essas máquinas por diversas cidades americanas onde se poderia transmitir músicas, numa espécie de pay-per-view da época, para hotéis, restaurantes, teatros e residências e, para essas, via telefone. Esse empreendimento foi abortado devido ao alto custo e também à eclosão da 1ª Grande Guerra Mundial.

Na década de 1910, algumas iniciativas surgem ao redor do mundo. Em 1913, o pintor e músico futurista Luigi Russolo inventou o Intonorumori, que mesmo não sendo um instrumento eletrônico, teve um papel revolucionário ao incorporar o ruído e o som ambiental na música. Os futuristas tiveram uma grande influência no trabalho de compositores como Edgar Varèse, John Cage, Pierre

Schaeffer, entre outros. Os futuristas foram os pais da música concreta. Em 1915, Lee De Forest, que se auto intitulava o "Pai do Rádio", criou o Audion Piano, o primeiro instrumento a utilizar a tecnologia tubo de vácuo que dominou a criação de todos instrumentos musicais até a invenção dos transistores nos anos 1960. Em 1917, Leon Termen, na antiga União Soviética, inventou o Aetherophone (som vindo do éter), mais tarde batizado de Theremin. Esse instrumento foi utilizado na música de concerto e amplamente requisitado na criação de trilhas sonoras para os primeiros filmes de ficção científica do cinema, como em O Dia em que a Terra Parou.

Em 1928, após o encontro com Leon Termen em 1923, o cellista e radiotelegrafista francês Maurice Martenot inventou um instrumento baseado nas ideias de Termen chamado Ondas Martenot. As Ondas Martenot foram imediatamente incorporadas ao repertório musical erudito, e diversas peças foram escritas por compositores como Olivier Messian (*Turangalîla Symphonie, Trois Petites Liturgies de la Presence Divine*, entre outras), Edgard Varèse, Darius Milhaud, Arthur Honegger, Maurice Jarre, Jolivet e Charles Koechlin.

Em 1930, o engenheiro elétrico alemão Dr Freidrich Adolf Trautwein fez a primeira exibição do seu invento denominado de Trautonium. Esse instrumento foi fabricado e vendido pela Telefunken entre os anos de 1932 e 1935. Vários compositores escreveram peças para o Trautonium dos quais podemos citar Paul Hindemith que aprendeu a tocar o Trautonium e compôs a *Concertina for Trautonium and Orchestra*, além de Höffer, Genzmer, Julius Weismann e Oskar Sala, que se tornou um virtuose nesse instrumento e continuou escrevendo peças para Trautonium até recentemente. Bernard Hermann utilizou-se de um Trautonium para compor a trilha sonora do filme *Os Pássaros* de Alfred Hitchcock.

Em 1955, com o apoio da RCA, os doutores Harry Olson e Herbert Belar construiram os sintetizadores Mark I e Mark II Electronic Music Synthesizer, o avô do que conhecemos como workstation, concebido para produzir música popular e de entretenimento. Talvez os executivos da RCA tivessem em mente a construção de uma máquina que pudesse substituir as grandes orquestras dos estúdios cinematográficos e, consequentemente, diminuir os custos e desempregar uma grande quantidade de músicos. Pelo ponto de visto técnico, esse poderoso instrumento despertou o interesse de compositores com Milton Babbitt e Vladimir Ussachevsky, que criaram algumas peças utilizando tal instrumento.

As Músicas: Concreta + Eletrônica = Eletroacústica

No período após a Segunda Grande Guerra Mundial, o grande desenvolvimento das tecnologias de gravação e de difusão sonora, muitas delas provindas das invenções da indústria bélica, acabou se refletindo no grande meio de comunicação de massa da época, que foi o "rádio".

As rádios estatais européias notabilizavam-se por serem o grande centro de experimentação sonora, pois ali se encontrava o que havia de mais avançado em matéria de tecnologia de áudio na época. Por esses fatores, foram nesses centros que surgiram a Musique Concrète (na Radiodiffusion Télevision Française – RTF), a Elektronische Musik (na Westdutscher Rundfunk – WDR) e os primeiros embriões da música eletroacústica nos estúdios da Radio Audizioni Italiane – RAI. Esses estúdios estavam ligados a uma concepção vanguardista de música erudita, na qual o novo e a ruptura com a tradição eram os fatores proeminentes na concepção e realização das obras musicais. Podemos citar, como exemplo, a presença de compositores vanguardistas de primeira linha na direção artística desses estúdios, como Karlheinz Stockhausen (WDR), Luciano Bério (RAI), Pierre Schaeffer e Pierre Henry (RTF).

Música Concreta

A música concreta surgiu na França, em 1948, com Pierre Schaeffer e no ano seguinte teve a adesão do compositor Pierre Henry. No princípio, o trabalho era baseado na utilização de discos de 78 rpm, dos quais, através de manipulações das ranhuras, retirava-se o material para as composições. O passo subsequente era a gravação e o processamento de fontes sonoras naturais e materiais concretos, isto é, sons existentes na realidade concreta do mundo. Schaeffer enfatizava, em seus estudos teóricos, a busca de uma escuta da matéria sonora independente da fonte. Desses conceitos baseados na "cortina de Pitágoras" surge o material conceitual para a futura música acusmática que fundamenta a difusão sonora em inúmeras caixas acústicas.

Música Eletrônica

A música eletrônica foi criada no início da década de 1950, em Colônia (Alemanha), por Meyer Eppler, H. Eimert e K. Stockhausen. Essa escola, cujos elementos eram provenientes da música serial, buscava um controle rigoroso e absoluto de todos os parâmetros sonoros da música. O material sonoro da música eletrônica era constituído basicamente de sons sintéticos gerados em osciladores analógicos que produziam sons senoidais muito simples e que, combinados entre si, podiam gerar uma infinidade de outros timbres.

Música Eletroacústica

No meados da década de 1950, Pierre Schaeffer propõe um empate técnico entre as duas "filosofias". Numa explícita autocrítica, Schaeffer expõe a ambição demasiada de ambas. Dessa forma, as duas linhas de construção conseguiram realizar seu intento musical prescindindo de executantes, instrumentos e de solfejo. Desse empate, surge a "música eletroacústica", uma terminologia mais apropriada ao uso conjunto das duas fontes sonoras: os sons gravados do mundo (concretos) e sons sintéticos (eletrônicos) e que, futuramente, viria a absorver a maneira de gerar e manipular os sons, como também criar ferramentas de auxílio à composição através dos computadores.

Computer Music

Caminhando paralelamente ao desenvolvimento da música concreta/ eletrônica/eletroacústica, havia uma outra vertente que se estabeleceu inicialmente na AT&T Bell Telephone Laboratories, em New Jersey – EUA, a Computer Music. Essa vertente, que a princípio tinha o intuito de melhorar a qualidade sonora das ligações telefônicas, admitiu em seus laboratórios, sob o comando de Max Mattews, uma série de engenheiros de áudio, acusticistas, cientistas da computação e também compositores musicais. Nesse local surgiram as primeiras simulações de instrumentos musicais, realizadas por Jean Claude Risset, e de vozes geradas inteiramente via computador, sem nenhum elemento externo.

Sintetizadores

Numa segunda onda de desenvolvimento e aprimoramento, principalmente com o desenvolvimento dos transistores e dos primeiros circuitos integrados, os equipamentos eletrônicos passaram a invadir os lares de todo o mundo, com a incorporação, na 'decoração doméstica', de televisores, rádios portáteis, equipamentos de som, entre outros. Nesse período, a música eletrônica passa por uma nova fase de desenvolvimento através do deslocamento de alguns daqueles equipamentos dos grandes estúdios para os primeiros sintetizadores analógicos, que poderiam reproduzir algumas técnicas existentes e trazer outras, até não existentes, para o palco, onde podiam ser tocadas de uma forma similar a um instrumento musical tradicional. Essas novas máquinas tinham como intuito atender a demanda emergente da indústria fonográfica e, por extensão, da música de consumo de massa (música pop, o rock, rock progressivo, música eletrônica). Desse período, podemos citar a criação de instrumentos, mais conhecidos como sintetizadores, que se tornaram emblemáticos, não só para a música eletrônica, mas também para o desenvolvimento da música em geral.

A invenção de sintetizadores analógicos como Moog, Bucla, Arp, etc., como também, dos primeiros sintetizadores digitais como o Synclavier, o Fairlight, Prophet V, entre outros, possibilitou a ampliação e democratização dos instrumentos eletrônicos, pois tudo que até então era gerado em estúdios fechados, hierarquizados e estatais, poderia ser gerado ao vivo e em qualquer lugar.

Novamente entram em cena esses visionários inventores talentosos, como Sydney Alonso, Donald Bucla, Robert Moog e Thomas Oberheim. Todos eles tiveram o seu progresso frustrado – e algumas vezes foram tirados de suas próprias companhias – por executivos que sempre visaram o interesse comercial em detrimento do desenvolvimento da cultura musical.

A revolução tecnológica musical não parou nesse estágio. Com o surgimento da tecnologia digital, a invenção dos microchips que invadiram todos os setores da vida cotidiana, indo desde o caixa do supermercado até o controle do tráfego aéreo das grandes cidades, surgiram também os primeiros instrumentos digitais comandados por um sistema que possibilitou o barateamento e a comunicação mais dinâmica dos sintetizadores. Esse sistema conhecido como MIDI (Musical Instrument Digital Interface) tornou os sintetizadores mais acessíveis ao grande público consumidor, pois além do fator econômico, foi possível simular diversos instrumentos acústicos num simples teclado eletrônico.

Daqui Pra Frente

No limiar do século XXI, não há uma linha hegemônica no campo da música eletrônica. Diversos procedimentos tanto técnicos como estéticos têm se misturado para a criação desse estilo musical. Todos eles, até então, estavam orientados para música em concertos, para a indústria fonográfica, como também para a indústria cultural. Nesse momento, surge um grande território que tem sido utilizado por alguns artistas, mas é ainda pouco explorado pelo músico contemporâneo: o ciberespaço.

Mesmo em um estado incipiente, e ainda nada interessante e convencional, o ciberespaço exigirá do músico outros procedimentos técnicos e composicionais. A continua ampliação da velocidade de transmissão de dados pela rede, com computadores cada vez menores e mais velozes no processamento de informação, e no caso do som, irá ocorrer uma revolução na música sem precedentes num futuro próximo. Acredito que um dos primeiros pontos será a desterritorialização da performance musical, onde em breve, os músicos poderão ensaiar, atuar, criar e interagir com outros músicos em espaços físicos diferentes. Imaginem um trio instrumental com um músico no Japão, outro na Austrália e outro no Brasil. Eles poderiam realizar um concerto cada um em seu país e esse concerto poderia acontecer simultaneamente, em tempo real, nos três países e transmitido para todo mundo pela Internet.

Numa realidade mais concreta, hoje já é possível, com um computador portátil "tocar" uma série de sintetizadores virtuais (muitos em tempo real), sem a presença do teclado. Além dos sintetizadores, é possível realizar o processamento de efeitos sonoros (live electronics), filtragens, combinar diversos tipos de síntese sonora, espacializar os sons, fazer a mixagem e a masterização de músicas e enviá-las para qualquer parte deste mundo. Futuramente, é possível que sejam enviadas para outros mundos.

Mesmo estando no princípio de um processo transitório, o músico contemporâneo já possui uma grande gama de materiais de trabalho inimaginável a qualquer músico de um período anterior ao nosso. Esse arsenal computacional e instrumental tem conduzido a um processo de democratização tanto dos meios de produção quanto à incorporação de novas experimentações musicais/sonoras. Por um outro lado, fica explícito que, às vezes, o aparato tecnológico parece muito mais importante do que o produto dessas experiências.

Dessa forma, reitero que o sonho de muitos desses visionários, que vai desde os primeiros fabricantes de instrumentos eletrônicos, passando, nesse breve período, pelos compositores, pensadores, cientistas das mais diversas áreas que abrangem o campo do som e da música, continuará sendo transmitido às futuras gerações. Alguns novos paradigmas certamente surgirão e que não podem ser imaginados nesse momento, mas alguns eternos questionamentos continuarão instigando os novos "organizadores do som" como: a criação de novos timbres, articulação de novas organizações formais, a absorção dos avanços da cognição musical, a interação homem-máquina, a difusão e a interatividade sonora no hiperespaço, a conjunção das linguagens artísticas tradicionais, não somente a música, com as novas mídias eletrônicas digitais e algumas outras inimagináveis no presente. Tudo isso sob o manto invisível da tecnologia.

Sobre o Autor

Vanderlei Lucentini é compositor.

Texto publicado pelo File em 2005.

ON THE RECORD: NOTAS PARA *ERRATA ERRATUM* – PROJETO DUCHAMP REMIX NO MUSEU DE ARTE CONTEMPORÂNEA DE LOS ANGELES (MOCA)

PAUL D. MILLER,
OU DJ SPOOKY THAT
SUBLIMINAL KID

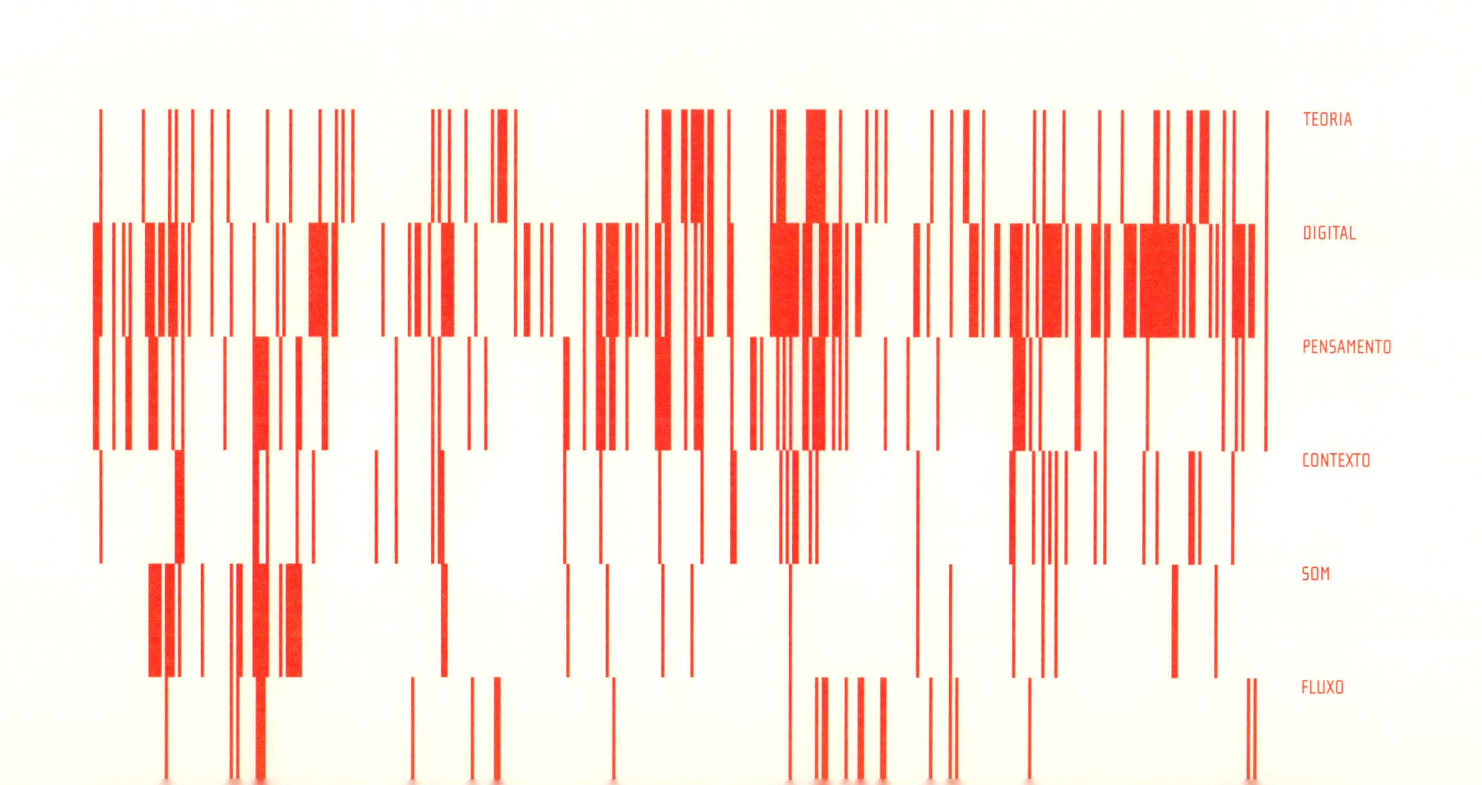

TEORIA
DIGITAL
PENSAMENTO
CONTEXTO
SOM
FLUXO

Na cadeia de reações que acompanham o ato criativo, falta um elo. Essa lacuna, representando a incapacidade do artista de expressar plenamente sua intenção, essa diferença entre o que ele pretendia fazer e o que realmente fez, é o 'coeficiente artístico' pessoal contido na obra. Em outras palavras, o 'coeficiente artístico' pessoal é como uma relação aritmética entre o que é pretendido mas não expresso e o que é expresso inadvertidamente...
– Marcel Duchamp, *O Ato Criativo*, 1957

Quando comecei a atuar como DJ, pretendia que fosse um hobby. Era uma experiência com ritmo e pistas, ritmo e sugestões: deixar a agulha cair no disco e ver o que acontece quando esse som é aplicado a certo contexto, ou quando aquele som se choca com aquela gravação... você percebe a ideia. Os primeiros impulsos que eu tive sobre a cultura DJ vieram dessa ideia básica - brincadeira e irreverência em relação aos objetos encontrados que usamos como consumidores e a sensação de que algo novo estava diante de nossos olhos, oh, tão cansados, enquanto observávamos telas de computador na virada do século XXI. Eu queria soprar um pouco de vida no relacionamento passivo que temos com os objetos à nossa volta e trazer um sentido de permanente incerteza sobre o papel da arte em nossa vidas. Para mim, como artista, escritor e músico, parecia que os toca-discos estavam de certa forma imbuídos da arte de ser máquinas de permuta de memória - eles mudavam o modo como eu lembrava dos sons, e sempre me faziam pensar numa experiência diferente a cada vez que eu escutava. O "fonógrafo" em minha arte personificava o que o teórico Francis Yates chamaria de "palácios da memória" no contexto contemporâneo - rastreie a etimologia da palavra a "escrever som", ou "fono-grafar", e pense num cenário em que a "aura" de Walter Benjamin torna-se uma onda sonora de fragmentos sincopados dançando no limite das memórias, e você terá a impressão básica que quero transmitir aqui. Basicamente, quando comecei, eu queria mostrar coisas complexas - como o "fonógrafo" era um equipamento de jogo de memória traduzido em uma espécie de jogo filosófico intencionalmente misturado com o que John Cage chamaria de "operações casuais", ou o que Amiri Baraka chamaria de "o mesmo em mutação" - como o toca-discos (*"turntable"*) havia se tornado uma maneira de transformar cultura em improvisação mecânica... coisas desse tipo. Durante o tempo em que pesquisei para *Errata Erratum*, descobri diversos exemplos de como a cultura DJ se entrecruzava com alguns postulados básicos da vanguarda do século 20 que parecia ter inconscientemente absorvido todos eles. Composta em 1913, *Erratum Musical* de Duchamp se baseia em todo um esquema de enganos, erros e desvios em uma situação familiar. E o que hoje em dia chamaríamos simplesmente de "deslizes" na comunicação entre programas, para ele seriam na época toda uma crítica metafísica de, como ele colocou muitas vezes, "como uma pessoa pode fazer uma obra de arte que não é uma obra de arte" - mas na época, naquele momento de sua carreira, era simplesmente um jogo de cartas aleatório entre irmãos.

O cenário básico de *Erratum Musical* foi o seguinte: Duchamp escreveu uma série de "instruções" sobre a interação de três conjuntos de 25 cartas para suas irmãs, e quando elas tiravam uma carta de um chapéu passado ao redor da sala, na concepção da peça, cada uma cantava frases aleatórias baseadas em uma interpretação flexível dos desenhos que havia nas cartas. Três vozes em um triálogo seriam a base da peça, e essencialmente as cartas não passavam de sugestões para os impulsos inconscientes de um rápido olhar para algo que seguravam por apenas um instante. Era isso!

Para ter uma ideia melhor do que deve ter sido, basicamente você precisa imaginar um jantar animado em que as pessoas cantam um tema como uma mancha num teste de Rorshach, e você terá uma "imagem" razoável dos sons que as irmãs produziam. Não é um salto demasiado freudiano pensar nas vozes abstratas dos papéis familiares transformados em som... mas é aí que está a questão. Quando penso no trabalho de DJ, essencialmente você está lidando com sistemas de ritmo de amplo parentesco - uma batida se casa ou não com um fluxo sonoro, e é a interpretação dos gestos que forma essa mistura que cria a atmosfera em uma sala. Pense em meu remix *Errata Erratum* como uma adaptação da ideia para o século XXI - mas hoje nos movemos por redes dispersas de cultura, e as cartas que jogamos são ícones em uma tela. Uma única nota foi atribuída a cada carta - para o remix - você tem sequências de sons baseados em cartas diferentes - a exibição visual de uma rotogravura - um cartão gravado que Duchamp fez durante toda a sua carreira e deu aleatoriamente às pessoas. A canção, como vocês podem ver, ficou muito mais dispersa conforme Duchamp se tornou mais conhecido como artista, e no fim de sua vida o jogo de cartas tornou-se uma assinatura profundamente paradoxal. Como toda a obra de Duchamp, era pessoal e impessoal - a absorção pela indústria cultural de quase toda a "individualidade" em uma expressão inconsútil de escolha individual entre as diversas opções permitidas em um mundo de identidades e emoções pré-fabricadas. Meu *Errata Erratum* reflete a documentação de quatro percepções de composições de Duchamp de 1913, que incluem *The Bride Stripped Bare by Her Bachelors, Even, 1.3 voices: Erratum Musical* e a peça de "instrução" *Musical Sculpture*. As interpretações musicais resultantes de composições destinadas a voz, piano mecânico, flauta alto, celesta, trombone e xilofone metálico têm um caráter surpreendentemente suave, lento e tênue, que lembra as composições sonoras de Erik Satie ou Morton Feldman - mas em meu remix foram baseadas na interação dos espectadores com as peças de rotogravura que Duchamp distribuiu durante muitos anos. Em suma, é arte que você pode baixar da internet. Pense nela como "anti-sublime baixável" ou coisa parecida.

Eu quis pensar em *Errata Erratum* como "objetos encontrados" de DJ, da mesma forma que eu faria um mix dos discos que normalmente formam minha paleta sonora. Essencialmente, *Errata...* é uma experiência com escultura e a interação da memória conforme é moldada pelas tecnologias da comunicação, que passaram a ser as condições centrais da vida cotidiana no mundo industrializado. Em suma, destinava-se a ser uma coisa divertida, e em pouco tempo tornou-se muito mais séria. Nos distantes meados dos anos 1990, a atividade dos DJs ainda era um fenômeno underground, e em certo sentido, hoje que as guitarras são habitualmente superadas pelos toca-discos, as mesas foram viradas - o DJ é um fenômeno da corrente dominante, e mixar batidas e sons é uma coisa banal para a garotada da internet... *Errata Erratum* é uma migração daqueles valores para uma crítica bem-humorada de um dos primeiros artistas que utilizou aquela lógica da irreverência no objeto de arte e aplicou aquela lógica a algumas das obras que realizou para "encarnar" suas ideias sobre o tema em "cultura em rede". Assim, quando você vir os círculos em movimento, pense em círculos e repetições, ciclos e fluxos, e pense em como traduzir os pensamentos de uma pessoa para os de outra... e isso é apenas o começo. Quando o mix chama, você não pode deixar de pensar em quantas pessoas estão envolvidas. Este projeto é uma tentativa de reunir algumas de minhas pessoas favoritas na cultura mix juntamente com algumas variações sobre certo tema - o qual é tão amplo quanto a internet e tão amplo quanto os pensamentos das pessoas percorrendo os sistemas de roteamento em fibra óptica que sustentam nossa nova versão do "sublime digital". A obra de Duchamp *La Mariée mise à nu par ses célibataires même. Erratum Musical* (A noiva despida por seus próprios pretendentes. Erratum Musical) segue a mesma lógica e nos conduz a uma série de anotações e projetos que Duchamp começou a reunir em 1912 e que culminou em sua infame peça *Large Glass* (*Le Grand Verre*). Ela não foi publicada ou exibida durante a vida de Duchamp, mas as implicações são claras – ele quis evocar um sentido de convergência entre arte e processos aleatórios, as "sintaxes generativas" da imaginação que fala a um mundo feito de processos industriais. O manuscrito de *A noiva despida...* ficou inacabado e deixa muitas perguntas sem resposta – e nos leva a um precipício cavado por nós mesmos, porque, como meu remix *Errata Erratum*, funciona dentro de uma estrutura de operações casuais, e essa é sua única marca em um contexto artístico. É um meio onde cada "escultura musical" é única e no entanto completamente dependente do sistema que criou o contexto. O velho paradoxo de Duchamp volta a nos perseguir, como um fantasma, na internet. Duchamp disse em sua famosa palestra *O ato criativo* em 1957 (cuja gravação inclui a faixa hip-hop "versão dub" de meu remix *Errata Erratum*): "Em resumo, o ato criativo não é realizado somente pelo artista; o espectador põe a obra em contato com o mundo externo ao decifrar e interpretar suas qualificações, e assim acrescenta sua própria contribuição ao ato criativo". Pense nisso enquanto ouve as rimas de Duchamp num ritmo hip-hop dub que fiz especialmente para este projeto – acho que você poderia chamá-lo de "M.C. Duchamp", porque, pelos padrões hip-hop, ele tem um bom "fluxo" – e nesse ponto da faixa sua voz é separada da gravação para se tornar parte da escultura musical, e assim como no *Erratum Musical* original vemos a voz de uma pessoa colocada em um sistema de operações aleatórias – o ritmo torna-se o contexto para a performance, e o artista torna-se parte da paleta sonora que ele descreve.

Há duas partes nas anotações manuscritas que Duchamp fez para descrever as composições de *Erratum Musical*. Uma parte contém a peça para um "instrumento mecânico". A peça está inacabada e é escrita usando números em vez de notas, mas Duchamp explica o significado dos números, o que facilitou sua transcrição para notas musicais – eu tentei equilibrar aquele sentido de incerteza atribuindo sons a discos que podem mudar de velocidade e tom - porque os toca-discos permitem esse tipo de variação. Em *Errata Erratum* eu quis enxugar esse processo e dar às pessoas uma sensação de improvisação – como em Duchamp, as peças também indicam os instrumentos em que devem ser executadas - mas elas são ícones feitos de código digital. Onde ele escreveria "piano mecânico, órgão mecânico ou outros novos instrumentos para os quais o virtuoso intermediário é suprimido", podemos clicar em uma tela. Bem, você entende a ideia. A segunda parte das anotações dele continha uma descrição do sistema composicional – o título do "sistema" é: "Um aparato que grava automaticamente períodos musicais fragmentados". Aqui, mais uma vez, nos é dada a capacidade de fazer nossas próprias interpretações de um esquema dado, e somos convidados a acioná-lo como uma espécie de "sistema" de jogo. O "aparato" que lhe permite fazer a composição nas anotações originais dele é constituído por três partes: um funil, vários vagões abertos e um conjunto de bolas numeradas. Pense em tudo isso achatado em sua tela; é o remix *Errata Erratum*. Na peça original, cada número em uma bola representava uma nota (tom) – Duchamp sugeriu 85 notas, conforme o alcance padrão de um piano naquela época; hoje quase todos os pianos têm 88 notas, e a maioria dos computadores tem 77 teclas, quando se baseiam no sistema norte-americano clássico "QWERTY". Em suma, você tem algum tipo de dispositivo para interpretar os movimentos de seus dedos, por isso pensei que seria bacana que esse aspecto fosse transformado numa função baseada em como você joga com a rotação das "rotogravuras". Na peça original, as bolas passam pelo funil e caem nos vagões que passam embaixo em diferentes velocidades. Quando o funil se esvaziava, um período musical estava completo. Quando as coisas se tornam digitais, podemos atribuir todos esses aspectos a gestos feitos com um mouse ou touch-pad, e basicamente é o que torna a coisa divertida. Pense na tela como um quadro em branco, e é só o começo. Geralmente se diz que Duchamp passou por uma "fase musical" entre 1912 e 1915 – *Errata Erratum* inclui aspectos de quase todas as peças que ele compôs nessa época, e as faz tornar-se vetores musicais com as mesmas intenções, mas atualizadas para o estilo do século XXI. Uma das últimas peças que ele compôs, *Sculpture Musicale*, está notada em um pequeno pedaço de papel que Duchamp também incluiu em sua famosa peça *Green Box* (*Caixa Verde*). *Sculpture Musicale* é semelhante às obras do Fluxus do início dos anos 1960, e ainda mais com a música conduzida por software da cultura digital contemporânea, em que fragmentos de som são constantemente combinados para fazer "faixas" da cultura DJ. As obras de Duchamp combinam objetos com performance, áudio com visual, fatores conhecidos e desconhecidos e elementos explicados e não-explicados. De suas três peças musicais, somente duas podem ser executadas usando manuscritos ou algum tipo de sistema de "regras": *Erratum Musical* para três vozes e *Sculpture Musical*. *A Noiva Despida...* ficou incompleta. Por isso é importante dar o contexto aqui: não houve peças "acabadas", e *Errata Erratum* é sobre a lacuna entre execução e intenção em um mundo de incerteza. Seja qual for o *mix* que você fizer delas, só pode ser uma incógnita – você tem de fazer sua própria versão, e essa é mais ou menos a intenção. Com isso em mente, peço que você pense nisto como um laboratório de mixagem – um "sistema aberto" em que qualquer voz pode ser você. Os únicos limites são o jogo que você joga e como você o joga.

Sobre o Autor

Paul D. Miller é um artista conceitual, escritor e músico que trabalha em Nova York.

Informações Adicionais

O artista gostaria de agradecer à equipe de Lisa Marks e à equipe do MOCA de L.A., a Andrew Aenoch por sua paciência infinita na montagem do website, a Rachel Bowditch por estar lá e a sua mãe, Rosemary E. Reed Miller, também por sua paciência.

Tradutor do texto: Luiz Roberto Mendes Gonçalves.

Texto publicado pelo File em 2005.

PÓS-TEATRO: PERFORMANCE, TECNOLOGIA E NOVAS ARENAS DE REPRESENTAÇÃO

RENATO COHEN

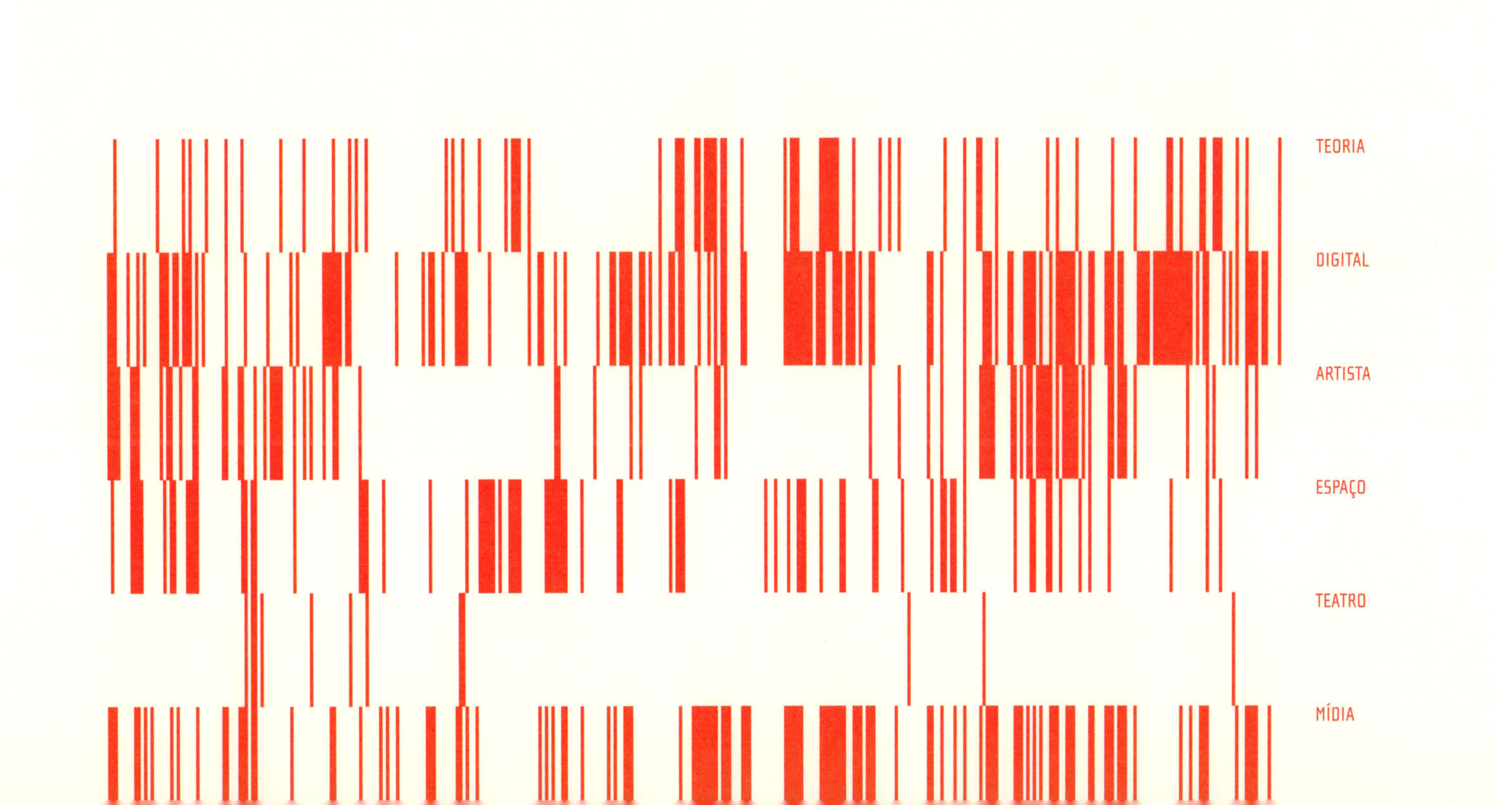

TEORIA
DIGITAL
ARTISTA
ESPAÇO
TEATRO
MÍDIA

Mantra Cósmico, rede de presenças, a conectividade da net cria uma corrente de consciências, de sonoridades, de narrativas que são tecidas a distância. No espaço-tempo geodésico, das 12 horas às 24 horas (horário SP), uma rede se constela criando uma geografia de 35 artistas e quatro cidades em link – São Paulo, Columbus (Ohio), Plymouth (UK) e Brasília. O Conceito é o do tempo real, do tempo epifânico e único. O espaço está aberto para a performance presencial e telemática. Espaço aberto para os interatores da rede e para os livre depoimentos. Uma ação que tem seu peso na materialidade do corpo e sua leveza no deslocamento das imagens...
– Texto guia do evento *Constelação* (2002).

1. Pós-Teatro

A criação de novas arenas de representação com a entrada onipresente do duplo virtual das redes telemáticas (WEB-Internet), amplifica o espectro da performação e da investigação cênica com novas circuitações, navegação de presenças e consciências na rede e criação de interescrituras e textos colaborativos. Com uma imersão em novos paradigmas de simulação e conectividade, em detrimento da representação, a nova cena das redes, dos lofts, dos espaços conectados, desconstrói os axiomas da linguagem teatro: atuante, texto, público – ao vivo, num único espaço, instaurando o campo do "Pós-Teatro".

A relação axiomática da cena: corpo-texto-audiência, enquanto rito, totalização, implicando em interações ao vivo é deslocada para eventos intermidiáticos onde a telepresença (online) espacializa a recepção. O suporte redimensiona a presença, o texto alça-se a hipertexto, a audiência alcança a dimensão da globalidade. Instaura-se o topos da cena expandida: a cena das vertigens, das simultaneidades, dos paradoxos na avolumação do uso do suporte e da mediação nas intervenções com o real. Gera-se o real midiatizado, elevado ao paroxismo pelas novas tecnologias com suportes telemáticos, redes de ambientes WEB (Internet), CD-Rom e hologramas que simulam outras relações de presença, imagem, virtualidade.

Na linha conceitual proposta por Rosalind Krauss (Escultura em Campo Ampliado) a cena Pós-Teatral é a cena ampliada, uma *Gesamtkunstwerk* onde as cidades, as redes, os espaços comunicantes são o cenário do *trauerspiel* contemporâneo. Uma cena que altera as noções de presença, corpo, espaço, tempo, textualidade, pela inserção da simultaneidade, da velocidade e que, ao mesmo tempo, é plena de dramaticidade ao figurar o acontecimento, o *evenément*, em escala social e subjetiva. Uma cena inclusiva, performática, que proporciona inúmeras trocas entre cibernautas – em eventos de curadoria, como o evento *Constelação* (SESC/SP, 2002), curadoria de Renato Cohen, rede que *linkou*, em tempo real, quatro centros de irradiação (SESC/SP, Caiia Center-UK, Ohio Media Center – Columbus, USA e Centro de Mídia – UNB), num período de 12 horas com sequência de performances e interescrituras e eventos livres, autônomos, na produção micropolítica e desejante dos cibernautas – em chats, web-cam e páginas pessoais.

A contaminação do teatro pelas artes visuais, cinéticas e eletrônicas dá um novo salto com a emergência das redes telemáticas que permeiam uma comunicação em tempo real e uma extensão do corpo e da presença (o corpo extenso), que é eminentemente performatizada. A partir dos anos 90, as novas mídias tecnológicas (*web-art,* artetelemática, *net art*), com novos recursos de mediação, virtualização e amplificação de presença passam a impor outras direções às experiências radicais da performance e do teatro: Johannes Birringer[1] nomeia um novo espaço monádico de performação, a sala tecnológica, recebendo *imputs* em tempo real, em contraposição à sala de instalação, remetida às artes plásticas. Em sua criação *Vespucci* (1999)[2], performance com uso de espaço computacional, cantoras líricas e bailarinas, alimentadas em tempo real por informações da Nasa e redes de CD-Rom, o público recompõe todo o hipertexto da criação. Essas novas categorias de performance, intensamente alimentadas por dados -em tempo real - colocam os performers e a audiência em espaços simulados de improviso e presentificação.

Essa extensão do espaço cênico no espaço virtual não pressupõe, a nosso ver, uma "desrealização" das formas e presenças, e sim uma reconfiguração da cena e da comunicação à luz dos novos suportes e materializações da arteciência contemporânea. Esse projeto de "desrealização" da cena é, na verdade, um ataque à cena naturalista e tem sua gênese no século XX, com o projeto de um teatro não mimético – na cena biomecânica de Meierhold, na rota das surmarionetes de Gordon Craig, nas utopias futuristas de Khlébnikov, Shlemmer e El Lissitski, que intentam um corpo que atravesse os médiuns (Khlébnikov fala de uma linguagem mediúnica, o "zaum", que atravesse as mídias).

Nesse projeto – anti-realista – novas escrituras se desenham: Klhébnikov cria o *KA* (1916) – um prenúncio de hipertexto que enumera o Egito de Amenóphis e as terras do homem do futuro. O suprematista Kasimir Malévitch e Maiakovski desenham ícones abstratos e palavras autônomas na criação de uma nova cena da poiesis. São fundadores dessa gênese, o formalismo futurista, o sonorismo dadá, a fluxo automático dos surrealistas e, finalmente, as experimentações

1. BIRRINGER, Johannes. *Contemporary Performance/ Technology. Theatre Journal* 51, 361-381, 1999.

2. *Vespucci* (Direção Johannes Birringer, 1999), Dalas, Usa, Alien Nation Co.

O Hipertexto aqui é definido enquanto superposição de textos incluindo conjunto de obra, textos paralelos, memórias, citação e exegese.

com a *body-art*, o conceitualismo e o minimalismo que vão compor as matrizes da cena contemporânea.

No projeto contemporâneo, uma cena pré-virtual desenha-se nos experimentos da arte-performance em inúmeras intervenções com tecnologia, juntando corpo, narrativa e pesquisa de suportes: dos experimentos sonoros de John Cage à dança autogerativa e numérica de Merce Cuningham; dos experimentos da *fax art*, *net art* realizados pelo Fluxus às vídeo-performances de Nan June Paik; do *vocoder* e digitalidade de Laurie Anderson às paisagens tecnológicas de Stefen Haloway.

Essa cena produz uma nova teatralidade polifônica e polissêmica que é desenvolvida também em espetáculos multimídia, como as óperas *Life & Times of Joseph Stalin* (1973)[3] e *Einstein on the Beach* (1975) – com passagens marcantes pelo Brasil – do encenador Robert Wilson, cujas óperas inaugurais, permeadas por sonoridades, abrupções, tecnologia, performance, idiossincrasia sobrepõem o onirismo, a visão multifacetada, a ultracognitividade equiparando paisagens visuais, textualidades, performers, luminescências, numa cena de intensidades em que os vários procedimentos criativos trafegam sem a hierarquia clássica texto-ator-narrativa, como por exemplo, nos planos simultâneos do discurso do Wooster Group, na escritura distópica de Samuel Beckett, na dança minimal de Lucinda Childs e num leque mais amplo em trabalhos tão distintos como os *environment* plásticos de Christo – citados por Gerald Thomas – e as epifanias visuais de Bill Violla e Gary Hill.

As novas estruturas textuais perpassam o uso do intertexto (enquanto fusão de enunciantes e códigos), a interescritura, onde a mediação tecnológica (Internet) possibilita a co-autoria simultânea, o texto síntese ideogrâmico, na fusão das antinomias, o texto partitura, inscrevendo imagem, deslocamento, sonoridades e a escritura em processo, que inscreve temporalidade, incorporando acaso, deriva e simultaneidade. Na composição do texto espetacular, em inter-relações de autoria, encenação e performance, o hipertexto sígnico estabelece a trama entre o texto linguístico, o texto *storyboard* (de imagens), e o texto partitura (geografia dos deslocamentos espaço-temporais).

O Hipertexto[4] aqui é definido enquanto superposição de textos incluindo conjunto de obra, textos paralelos, memórias, citação e exegese. O semiólogo russo Iuri Lotman (*Universe of the Mind*, 1997), nomeia o grande hipertexto da cultura como depositário de historiografia, memória, campo imaginal e dos arques primários.

Essa nova cena está ancorada em alternâncias de fluxos sêmicos e de suportes, instalando o hipersigno teatral da mutação, da desterritorialização, da

3. Essa peça, por causa de censura, foi encenada no Brasil com o título de *Life & Times of Dave Clark*, em cena que revolucionou o teatro brasileiro. Bob Wilson volta ao Brasil em 1994, na Bienal Internacional de São Paulo, com curadoria de João Cândido Galvão, com *When We Dead Awaken*, de Ibsen.

4. O termo hipertexto tem sido utilizado em textos computacionais aludindo às janelas que se abrem em relação ao texto principal.

pulsação do híbrido. O contemporâneo contempla o múltiplo, a fusão, a diluição de gêneros: trágico, lírico, épico, dramático. Epifania, crueldade e paródia convivem na mesma cena, consubstanciando uma escritura não sequencial, corporificando o paradigma da descentralização formulado por Derrida, para quem o centro é uma função e não uma entidade de realidade. Gesta-se, nessa tessitura hipertextual, a grande "memória interativa", rizomática, em recursos de proliferação, mediação e subjetivação.

2. O Pós-Dramático

As novas escrituras e suportes cênicos instauram novos espaços dramáticos pela incorporação do acontecimento em tempo real, em clara miscigenação do espaço real e do ficcional. Mitologias pessoais, fetiches, comunicações na rede, acidentes, compõem a grande cena das redes.

Por outro lado, o dilema já apontado por Walter Benjamim, ao digladiar com as filosofias iluministas e materialistas para quem o tempo é matéria quantificável, o progresso está ligado às ideias de futuro e as técnicas são suportes para a dominação da natura, é retomado no contemporâneo, que supera, a nosso ver, o cinismo pós-moderno articulado nas ideias de paródia, pastiche e fetichismo, resgatando a prioridade de um sujeito da experiência, de um tempo de presentificação e de transcendência, da *teckné* em estreita relação com a *phisis*.

Retoma-se, com as redes, um espaço de autoria e de mídia-ativismo que se contrapõe ao discurso dominante do *broadcasting* televisivo.

Ao criador contemporâneo é legado, portanto, a extrema experimentação e busca por mecanismos que se direcionam para a construção de uma mitologia pessoal nos complexos territórios da *trauerspiel* ("tragédia da existência") apontados por Benjamim, assim como o contato premente com as novas técnicas que, antes de obliterar os sentidos, propõem a ampliação do telos humano.

Sobre o Autor

Renato Cohen (1956, Porto Alegre – 2003, São Paulo) artista multimídia, diretor, performer e teórico.

Texto publicado pelo File em 2004.

Bibliografia Referencial

ATZORI, Paolo. *Extended-Body an Interview With Stelarc In Digital Delirium*, p195-199/s/d.

BIRRINGER, Johannes . *Media & Performance Along the Border Baltimore*, The Johns Hopkins University Press, 1998.

LANDOW, George P. *Hypertext 2.0 The Convergence of Contemporary Critical Theory and Technology*. The Johns Hopkins University Press, Baltimore, 1992.

PRADO, Gilberto. *Experimentações Artísticas em redes telemáticas e WEB In Interlab-Labirintos do Pensamento Contemporâneo* (org. Lucia Leão), Iluminuras, São paulo, 2002.

Sites de Criação e Pesquisa

Criação - (*Here I came again*) - Curadoria de Johannes Birringer.
http://www.dance.ohio-state.edu/dance_and_technology/birdman.html.

Evento Constelação - Curadoria Renato Cohen
http://www.sescsp.org.br/sesc/hotsites/constelacao/constelacao.htm.

Curadoria de Johannes Birringer
www.aliennationcompany.com.

Grupo Corpos Informáticos
http://corpos.org/telepresence2.

Hipertexto Michael Joyce
http://www.eastgate.com/TwelveBlue/Twelve_Blue.html.

POESIA [DIGITAL]: ARS COMBINATÓRIA

LUCIO AGRA

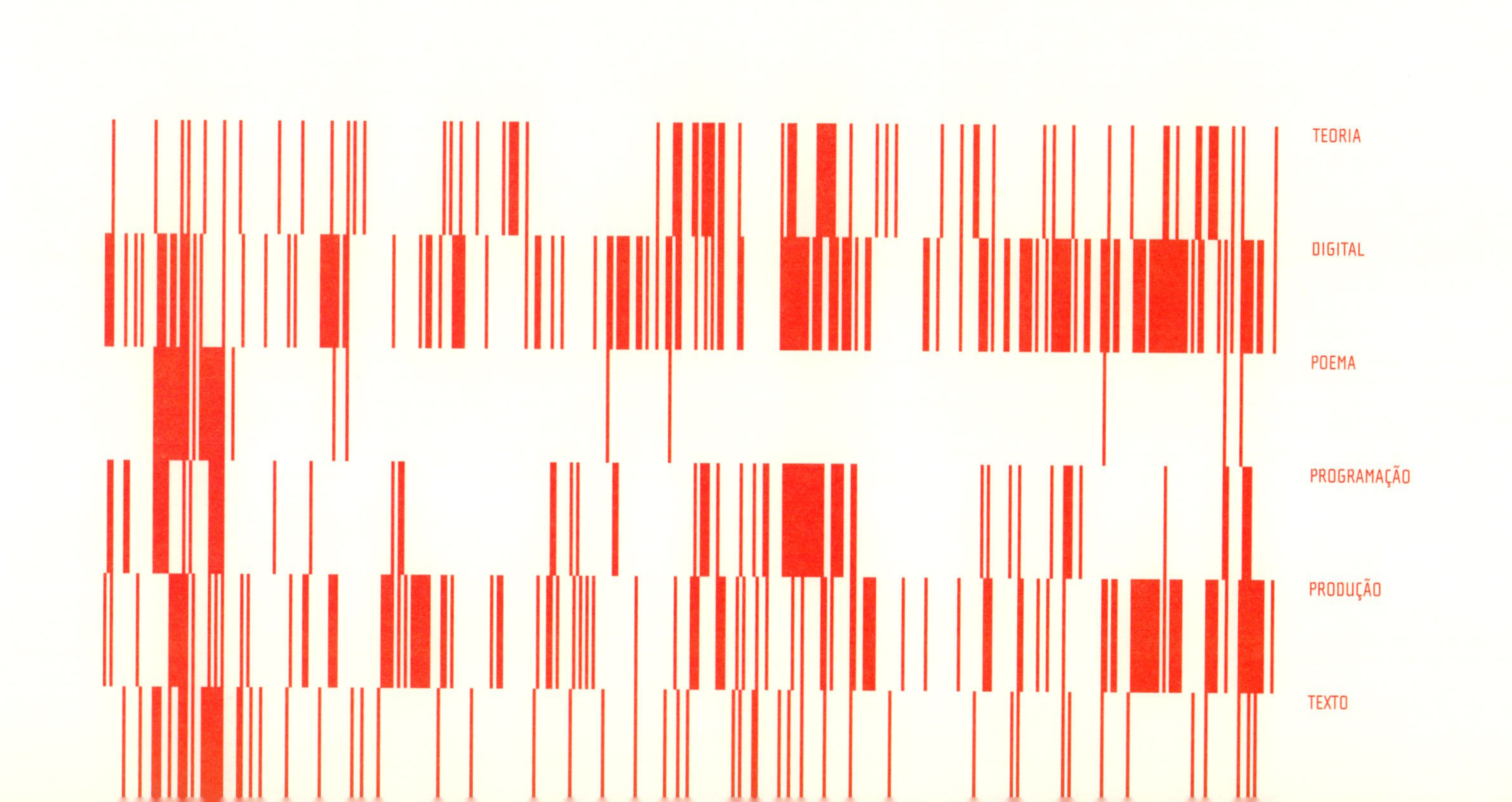
TEORIA
DIGITAL
POEMA
PROGRAMAÇÃO
PRODUÇÃO
TEXTO

A CIGAR LOU
A CRAIG LOU
A CRAG I LOU
A CIA LUG OR
A URACIL GO
A CAIRO LUG
A AURIC LOG
A CURIA LOG
A COAL RUG I
A COLA RUG I
A UCLA IGOR
A LAG CURIO
A GAL CURIO
A GAUL RICO
A AGO CURL I
A GOA CURL I
A GAUR COIL
A GAUR LOCI
A GAUR CLIO
A LURA COG I
A RAUL COG I
GARCIA LOU
ALCOA RUG I
ALGA CURIO
GALA CURIO
LAURA COG I
AURAL COG I
AURA LOGIC
AURA CLOG I
COUGAR AIL
CIA LAG OUR
CIA GAL OUR
CIA GAUL OR
CIA RAG LOU
CIA LAO RUG
CIA LURA GO
CIA RAUL GO
CIA OAR LUG
URACIL AGO
URACIL GOA
LUCIA ARGO
CAIRO GAUL
AURIC GOAL
AURIC OLGA
CURIA GOAL
CURIA OLGA
COAL GAUR I
COLA GAUR I
UCLA ARGO I
UCLA AIR GO
UCLA IRA GO

O texto acima não é um poema.

A afirmação anterior é de relativa comprovação.

Onde é que nós estamos, em pleno quarto ano do século XXI? Num tempo que parece coroar as ideias de Wittgenstein. Princípios de incerteza aplicados ao texto. Nada mais pode ser afirmado sem que se esbarre em alguma dúvida. Sem pretensões universalistas, gostaria de propor essa – e outras discussões do mesmo tipo – a partir do fenômeno que se desenvolve há várias décadas, sob o nome genérico de "poesia eletrônica". Ele se torna fenômeno constatável – inclusive midiaticamente – quando o termo abreviado em inglês *e-poetry* agrega a poeisis à era global da informação.

O texto citado não é um poema. Ele é uma inserção do meu nome em uma espécie de parser, um misturador de *inputs*, gerando, na outra ponta, um *output* que teoricamente representa todas as combinações possíveis das letras do meu nome. Este "gerador de anagramas" é tão fácil de encontrar na Internet, hoje em dia, quanto um gerador de fractais, por exemplo. Usando a língua franca da Internet, digite *anagram generator* ou no Google – ou outro buscador qualquer – e você vai descobrir que em segundos poderá produzir textos como esse a partir de seu nome ou qualquer outro grupo de palavras que deseje; se digitar *fractal generator*, encontrará programas simples que geram aquelas belas imagens de computador que hoje ilustram até capas de cadernos escolares.

Geradores: esta é uma nova dimensão de programas – deveria eu dizer geração? – que tem motivado os artistas da palavra. Exemplos:

Em 2001, na lista de e-mails do evento E-Poetry 2001, o poeta John Cailey postou uma longa avaliação do congresso, exaltando suas qualidades. Chegou a algumas conclusões. Uma delas, que me serve aqui e passo a citar: "Fui também encorajado a ouvir e ver que há um novo engajamento que eu chamaria de trabalho programatológico; escrita na qual a "programabilidade" da mídia é uma necessidade"[1]. Poetas programadores, já em 2001, estavam presentes. Poetas que retiram do acaso seu produto, como toda a tradição poética moderna, desde Mallarmé, passando pelos dadaístas, o OuliPo, os letristas, a escrita automática surrealista e a técnica do *cut-up* de Burroughs. Evidentemente há diferenças nas várias fases e tendências citadas, mas parece realmente digno de nota que uma grande quantidade de poetas se interesse por linguagem de programação para a construção do texto e não somente para a realização de um artefato posteriormente trabalhado em uma interface.

No mesmo texto de Cailey, há uma citação do poeta Briam Kim Stefens que vale a pena reproduzir:

No seu artigo "Reflexões sobre a ciberpoesia", publicado em Carta aberta (no. 9, Outono de 2000, pp. 22-33), Brian Stefans abre com uma citação de Roger Pellet: 'O maior ciberpoema deveria ser uma aplicação online que fornecesse um texto interessante e uma interface robusta com a qual pudéssemos manipula-lo. Em outras palavras, um processador de texto.'

Prossegue, então Cailey:

Bem, sim, podemos perceber onde isso vai dar e a correspondente perspectiva que isto traz à discussão, mas o MS Word nunca me forneceu um texto interessante ou uma interface robusta (cf. BBEdit) ou quaisquer ferramentas interessantes para manipular qualquer que fosse o texto que eu pusesse nele (...). Talvez Photshop ou Flash venham a ser ciberpoemas VizPo...[2]

Decerto que a maioria dos editores de texto são pobres áreas de trabalho para escritores. Ainda que consideremos as estatísticas de fabricantes que apontam para um uso em torno de 10% dos recursos desses programas. Sabemos perfeitamente que os artistas "pulam" etapas. De qualquer modo, a "ferramenta" do poeta que escreve no computador é, há muito tempo, muito mais do que qualquer editor de textos ou imagens. Na verdade, o termo ferramenta também é ruim. Na sua acepção mais comum, é um artefato de auxílio a uma tarefa. O processador de textos mais simples é bem mais que uma ferramenta, é um *medium* que altera substancialmente a compreensão que temos do que seja um texto. Este é um aspecto cuja discussão ainda está em desenvolvimento. Se assim é com um programa simples, o que dizer de aplicativos que trabalham com a transformação e geração de novos textos (e não simplesmente registram os inputs do usuário, de acordo com as convenções de sua língua)?

Gostaria de oferecer alguns exemplos que podem auxiliar minha argumentação. Eu os recolhi da lista *Wryting*, da qual participo desde 2002 e na qual figuram alguns nomes dessa – digamos assim – tendência, tais como Alan Sondheim, Lawrence Upton, Lanny Quales e outros:

Urge
Alan Sondheim

Urge go hztrayght up GRA! hZTREET on pe North &... take pe pyrd hztreet on your lepht, &... ...&! go hztrayght up 4D hZTREET, &... take pe phiyrhzt keyorneros, on pe ryght-h&... TAZyde. (Shehz reaelelel! TAZomepyng!)

1. CAILEY, John "post" na Lista e-poetry s/t, 2001(tradução minha; orig.: "*I was also encouraged to see and hear that there is new engagement with what I refer to as programmatological work; writing in which the programmability of the writing media is a necessity.*").

2. Idem ibid. No original, em inglês: "In his *Open Letter* article *Reflections on Cyberpoetry* (Number 9, Fall 2000, pp. 22-33), Brian Stefans opens with a quotation from Roger Pellet: "The greatest cyberpoem would be an online application that provided you with an interesting text and a robust interface with which to manipulate it. In other words, a word-processor." Well yes, we can see where this is going and the requisite perspective which it lends to the discussion, but MS Word has never provided me with an interesting text or a robust interface (cf. BBEdit) or any interesting tools to manipulate whatever text *I've* provided for it (or plagiarized by anticipation).

Urge go hztrayght up GRA! hZTREET on pe TAZouth &... take pe phiyrhzt keyorneros, ...&! go hztrayght up LyNKAYOLN hZTREET through up BROWN hZTREET on pe keyorneros. (BuKapateveros!)

Urge go hztrayght up 4D hZTREET on pe uhze-meehzt &... take pe pyrd hztreet on pe lepht. ...&! take on pe two blosakeyk, on pe lepht-h&... TAZyde. (Shehz out ophlsh! heros m9nd!)

Urge go hztrayght up GRANT hZTREET on pe uhze-meehzt &... take TAZekeyond hztreet o pe ryght, ...&! go hztrayght up 4D hZTREET on pe Eahzt, &... take phiyrhzt keyorneros, on pe lepht-h&... TAZyde. (Get rel!)

mornyng, pleahze ...&! go 4 a uhze-mealk yn OUHOR! PARK (She dydnt gyve yt a hzekeyond pought!)

She's hot!

Maybe Photoshop or Flash are a vizPo cyberpoems?" VizPo é uma expressão que tem sido usada para designar "visual poetry".

O texto acima não é um poema. Num certo sentido ele é uma coleta de palavras que podem ter aparecido numa infestação de spams na máquina do poeta. Mas o texto acima também pode ser um poema se considerarmos que – fosse essa a estratégia utilizada, do que eu não tenho qualquer comprovação – ele obedece à regra no. 1 para fazer um poema dadaísta de acordo com Tristan Tzara. Substitua o saquinho e as palavras recortadas pelo infinito poder recombinatório do computador e temos aí todos os poemas a serem escritos. No ano passado, aliás, uma polêmica tomou conta da lista, envolvendo justamente Sondheim e outro poeta, August Highland. Este último vem desenvolvendo há alguns anos um trabalho de multiplicação do caráter aleatório de recombinação propiciado pelo computador e pela Internet. Algo como a produção de *clusters* de texto, atribuídos a centenas – e hoje, talvez, milhares – de colaboradores reunidos em sites conectados entre si por imensos portais onde tudo é provavelmente ficcional. Uma espécie de Biblioteca de Babel dentro da própria babélica Internet. Muitos dos anúncios desses textos – com exemplos dos autores – eram postados na lista. Surgiu a questão natural sobre o modo como esses textos eram produzidos, quais seriam os programas geradores empregados, etc. Na relutância de resposta por parte de Highland, abriu-se uma longa discussão sobre a veracidade do próprio texto postado, os princípios mediante os quais fora gerado, etc. Por aí se vê que a proliferação infindável e barroca de textos na rede ultrapassa a dimensão exclusiva de sua significação para tocar até mesmo os problemas – já diversas vezes debatidos – da autoria e da autenticidade.

A modernidade artística é uma fonte primária de sua criação. Alguns procedimentos que ela inaugurou e que os poetas digitais utilizam: o apreço pela colagem e montagem, os experimentos com a sonoridade, com a visualidade, o *objet trouvé*, a dissolução dos gêneros em operações intersemióticas e os automatismos presentes nas escolas surrealista e *beat*. Com relação ao último aspecto é fácil adivinhar a proveniência: a maior parte dos poetas estadunidenses e canadenses tem forte *background* ligado à *beat generation*. Alguns – como é o caso de Chris Funkhouser – trabalharam diretamente com nomes como Allen Ginsberg (infelizmente este catálogo não é sonoro, para que possamos exemplificar melhor). As vertentes sonoristas, derivadas do DADA e dos letrismos de Isidore Isou aparecem como referência de europeus, demonstrando essa equivalência geográfica. É igualmente notável como a herança Duchamp/Cage se manifesta entre norte-americanos e anglófonos como os australianos. A tese do *objet trouvé* ainda é motivadora de poemas desentranhados de portais de sexo, de leilão, mensagens recebidas de outros amigos, trechos de textos em geral recombinados, ou mesmo "traduções" de textos visuais em verbais.

Os experimentos com a sonoridade também ficam favorecidos pelos vários recursos – de baixíssimo ou nenhum custo, existentes hoje na rede – para processamento sonoro de textos em tempo real. Alteradores de *pitch* de frequência da voz, sintetizadores e reprodutores em vozes pré-programadas estão à disposição de qualquer um. Mesmo os programas que seriam a versão atual do "ditafone", prometendo – e geralmente não cumprindo – a façanha de gerar um texto a partir de uma gravação de voz, são muitas vezes empregados exatamente por causa da margem de erro prevista[3].

Colagem, montagem, automatismo, *ready-made*, visualidade e sonorismo são todos procedimentos que apontam para a continuidade no uso de formas herdadas do século XX. Há também as descontinuidades, poucas ainda, do meu ponto de vista. Vejo, até onde posso, uma ausência quase absoluta de unidade temática mesmo em cada autor. A característica de uma lista como as várias existentes é de justamente funcionar como um laboratório de ensaios. Não se chega, no entanto, à definitiva situação do texto pronto, pois os próprios sites – e mesmo os CD-roms – que seriam os suportes utilizados, carregam em si a provisoriedade e a tendência de alterarem formas já existentes[4].

Há eficientes leituras desse fenômeno de rarefação dos suportes tradicionais, como o conceito de "despaginação" de Giselle Beiguelman[5]. Há, também, hoje em dia, uma boa bibliografia sobre a questão da Interface e seu papel na criação[6].

O abandono da palavra e a sua substituição pelo cálculo numérico, parecem constituir outro aspecto, muito embora este talvez seja um alvo perseguido pela modernidade desde o lance de dados mallarmeano. As acusações de cerebralismo assestadas contra João Cabral e principalmente contra a Poesia Concreta, não fariam sentido diante de novas formas de "criação" que entregam à esfera (log)ar(r)ítimica da máquina o encargo da produção do material "vocabular". Na realidade, muito ao contrário, como o prova o site "Ubuweb" (www.ubuweb.com) a poesia concreta, visual, matemática e semiótica são formas modelares para a maior parte dos autores recentes que operam na eletrônica. Um caso marcante é o de Briam Kim Stefens, presente no Ubuweb com o seu *The dreamlife of letters*[7].

Alguns "autores" como [mez] (não está muito claro a que gênero pertence, ou se é mesmo uma única pessoa ou várias) operam na linha que aproxima o cálculo e o texto, neste caso ainda na camada de interface alfanunérica como os textos em HTML, DHTML e linguagens de programação como Java e Perl.

Post

____
____

*_m[v]elt[vet N doctor]ing lines nuanced_code 08:31am 12/06/2003_*

____
____

–crash dummified N rogue txt idlers

.u.seek.the.trojan.truth.

::s[ituation]lit[oral]ting babies mouths with z-ends
::search + dD.c[k]ern[elizing]
::m[v]elt[vet N doctor]ing lines nuanced_code"

mas há também os casos como os de Johan Meskens que, a partir de uma linguagem verbal rarefeita, vai produzindo paisagens tipográficas, como no fragmento a seguir, postado em 26 de junho do ano passado:

REWRAPPING re{ re}

3. No 1º Circuito Petrobrás de Artes Cênicas (Teatro do Centro da Terra, São Paulo, ago/dez. 2002, curadoria de Renato Cohen e Ricardo Karman) Mônica Rizzoli, do grupo Neo-Tao, fez uso do programa Via Voice, da IBM, exatamente com essa abordagem.

4. Tem sido esse o espírito do experimento que temos feito na revista *Córtex* (primeiro número saído no ano passado, sob a edição de Thiago Rodrigues, Guilherme Ranoya e eu), fazendo uso de um repertório-base da e-poesia que se encontra na poesia visual de uma geração que nos antecede. O mesmo ocorre com a revista artéria cujo no. 8 está presente neste FILE (www.arteria8.net).

5. BEIGUELMAN, Giselle. *O Livro Depois do Livro*. SP, Peirópolis, 2003.

6. JOHNSON, Steven *Cultura da Interface – como o computador transforma nossa maneira de criar e comunicar*. Rio, Jorge Zahar, 2001, trad. de Maria Luíza X. de A. Borges.; SPILLER, Neil

re{------------------------------}
re{ re--------------}
re{ re--------- re}
re{ REI re1, re1 re{ re00.gq re} REO re1, re1 re{ re89.oq re} REV re1, re1 re{ reqs.
ao re} re* re}
re{ re--- re---
re{ REI re1, re1 re{ re25.is re} REO re1, re1 re{ reqh.dq re} REV re4, re1 re{ reqq.
kv re} re* re}
re{ re--- re--
re{ REI re1, re2 re{ re01.pq re} REO re1, re1 re{ re89.oq re} REV re1, re1 re{ rese.
oa re} re* re}
re{ re--- re--
re{REI re0, re1 re{re00.gq re} REO re1, re0 re*****************************
re}
re{ re--- re-
re{ re* re* re* REI re1, re1 re{ re00.** re} REO re1, re9 re}
re{ re--- re-
re{ REI re1, re1 re{ re73.gq re} re* re1, re6 re** re}
re{
re{ re000000, rea rehuman reinvention re}
re{
re{------------------------------}

Cabe assinalar que a própria reprodução aqui já altera alguns parâmetros de disposição das letras. Mas o texto vive, na realidade, deste contínuo desdobramento de suas várias versões.

Este seria, então, para finalizar, o "horizonte de eventos" do poema digital (a "horitanha do montazonte", como dizia Oliverio Girondo). Um texto permutado/permutável, com maior autonomia ainda do que aquele que o século XX inaugurou, pois agora não mais aprisionado em um suporte como o papel, que ainda o paralisava. Um texto móvel porque se altera conforme a instância de sua reprodução. Corrigindo: um texto que não se reproduz mas é outro a cada nova aparição. E isso é só o começo.

(ed.) *Cyber reader – critical writings for the digital era* Nova York, Phaidon, 2002.

7. Comentei este e outros trabalhos em um texto anterior: AGRA, Lucio "E-poetry 2001: a poesia do século XXI" in *Galáxia – revista transdisciplinar de Comunicação, Semiótica, Cultura* no. 2, São Paulo, Educ/PEPG Comunicação e Semiótica, PUC/SP, 2001.

Sobre o Autor

Lucio Agra é poeta, performer, pesquisador na área de vanguarda e novas tecnologias; doutor em Comunicação e Semiótica pela PUC-SP. Publicou *Selva Bamba* (poemas, Ed. Nova Leva, 1994) e *História da Arte do Século XX: ideias e movimentos* (Ed. Anhembi-Morumbi, 2004). Professor na área de Performance da Graduação em Comunicação das Artes do Corpo da PUC-SP e de Teoria da Comunicação na FAAP.

Texto publicado pelo File em 2004.

INTERPOESIA E INTERPROSA: ESCRITURAS POÉTICAS DIGITAIS

WILTON AZEVEDO

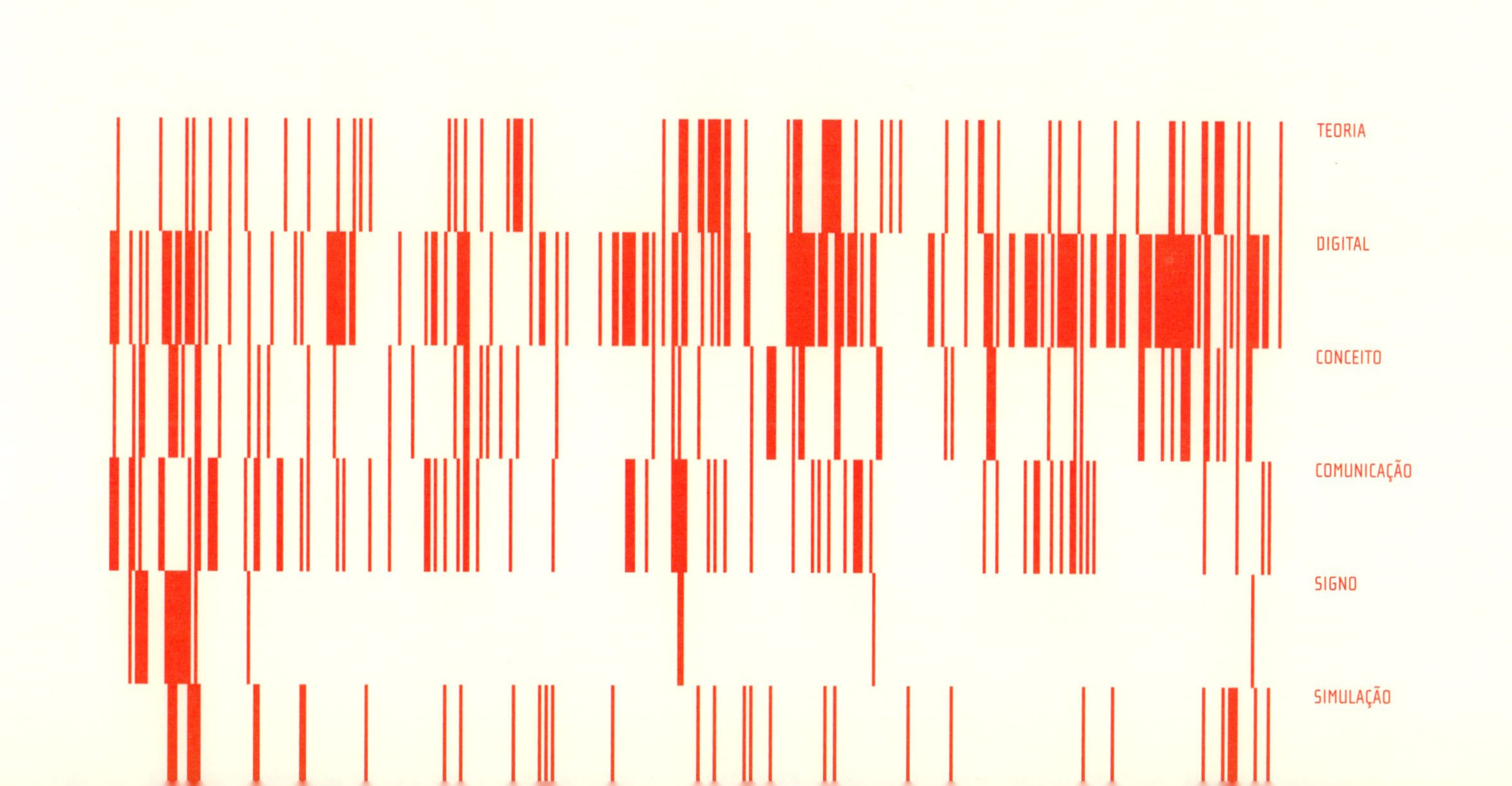
TEORIA
DIGITAL
CONCEITO
COMUNICAÇÃO
SIGNO
SIMULAÇÃO

1. Este paper foi publicado na *Revista Design Belas Artes*, Ano 4, Número 5, Dezembro de 1998. Texto “Hiperdesign uma cultura do acesso”.

2. QUÉAU, Philippe. *METAXU, Théorie de L´art Intermédiaire*. Collecion Milieux Editions Champ Vallon. Seyssel. 1989.

Ts'ui Pên, homem douto em diversas disciplinas, governador de sua província, poeta famoso, decide renunciar a tudo para dedicar sua vida a construir um labirinto e escrever um livro. Durante muitos anos sua obra não é entendida: quem a lê percebe um texto caótico e desordenado, onde não é possível reconhecer um desenrolar sequencial dos eixos.

O homem que sabe interpretar corretamente essa criação reconhece a intenção de Tsúi Pên: o livro e o labirinto não eram obras independentes, e sim um único objeto. O que o escritor pretendia era criar um texto que não precisasse optar por uma única alternativa, mas que pudesse reunir todas as possibilidades de uma narração: “Em toda obra de Ts'ui Pên, todos os desenlaces ocorrem; cada um é um ponto de partida de outras bifurcações”. (Vouillamos apud. Borges, 2000:80) O mundo digital trouxe para nós a possibilidade de criarmos alternativas no processo de comunicação estabelecendo vários níveis nestas relações interativas. É nesta trajetória que algum tempo atrás escrevi um paper levantando e apontando aspectos relevantes destas relações e que oportunamente chamei de *Hiperdesign: Uma Cultura do Acesso*[1]. Este texto começava com uma citação de Michael de Certaux que diz: “O memorável é o que se pode sonhar de um lugar”. É pensando na possibilidade da memória ocupar um espaço em um ambiente virtual, que pretendo neste texto desenlear o que me vem instigando. Em 1989, Philippe Quéau escreveu um livro chamado *Metaxu*[2] em que já apontava para a importância de uma revisão para os textos sobre a cognição humana diante de ambientes virtuais, salientando uma evolução dos conceitos biológicos e a necessidade de um aperfeiçoamento nos processos de simulação via aparatos tecnológicos digitais, como já havia descrito na sua obra, *Eloge de la Simulation*, 1986, para que pudéssemos criar uma escritura como organismo vivo.

Se observarmos as produções artísticas como uma linguagem em evolução, perceberemos que a noção fronteiriça estabelecida de código para código, fica muito mais claro quando lidamos com aparatos que propiciam um produto híbrido, no caso a mídia digital. A poética nos suportes digitais ultrapassam a esfera das metáforas e entram decididamente para o mundo dos modelos matemáticos de linguagem binária para que possamos simular e ao mesmo tempo dar ao receptor a oportunidade de completar a obra.

As linguagens verbais, visuais e sonoras estão sempre operando no limite da representação, propondo analogias ou metáforas no contexto desta escritura híbrida, “A metáfora pode esclarecer, às vezes com muita luz, mas carece de verdadeira capacidade de declinação. Sempre representa um caráter mais ou menos adequado.” (Quéau, 1995: 35). Quanto ao modelo matemático em forma de escritura, este pode experimentar comprovando sua coerência interna sempre inserido em um contexto real.

A partir disso, podemos dizer que o conceito de intermediaridade só ocorre entre processos interdisciplinares como é o caso natural das hipermídias, e lembrando novamente Certaux, abrimos com isso a possibilidade de que "sonho e memória", possa ser lido como duas entidades que sempre tentamos representar e simular para romper os limites fronteiriços entre as linguagens, sendo assim, continuamos inventando máquinas incansavelmente para transpor os limites da nossa tão programática linguagem humana.

No exercício da transposição é que damos a estas entidades, o poder de vencermos os limites estabelecidos, e recordarmos por alguns instantes as nossas histórias nos reconhecendo registrados por estas criaturas tecnológicas que apreendem as nossas almas dentro das máquinas que funcionam segundo o padrão do seu criador. Com isto, os artistas destes novos meios acabam produzindo linguagens "intermediárias" para poderem se expressar de forma híbrida, "...e poderá aproveitar sua 'vida artificial' para criar obras em perpétua genesis, processos quase vivos que se modificam a si mesmos em função de um contexto." (Quéau, 1995:35).

Diante deste terreno novo, a maior fronteira a ser transpassada é a linha limítrofe que migra de um ambientematerial- real para um ambiente-potencial-virtual. "Os espaços virtuais equivalem a campos de dados e a cada ponto pode se considerar como uma porta de entrada a outro campo de dados, tendo um novo espaço virtual que conduz a sua vez a outros espaços de dados."(Quéau, 1995: 38)

Todo exercício de linguagem associada ao conceito de hipermídia, dentro deste aspecto, começa a proporcionar um sistema aberto de comunicação – emissor e receptor – sem limite definido, passando a configurar uma nova noção de espaço em que não se reconhece nem o princípio e nem o fim deste sistema.

"(...) Como esquema conceitual, é plurisignificativo e acaba por oferecer múltiplas ocorrências, múltiplos acessos e leitura, de maneira que é possível reconhecer uma certa analogia entre o modelo hipertextual desenvolvido pela informática e o polisemantismo tão reclamado pelo campo da literatura". (Vouillamoz, 2000: 74).

O trânsito desta nova escritura híbrida acaba ganhando por consequência todo um novo conceito do que possa significar: as palavras, os sons e as imagens. Digo isto no plural, porque não se trata aqui de termos signos sempre com características genéricas e sim um programa em que se possa identificar as sutis diferenças que ocorrem ao migrarem de um sistema para um outro, como explica Núria Vouillamoz:

"A projeção histórica da linguagem faz com que a palavra se veja sobrecarregada de intencionalidade plurilingüística e, por tanto, encerra um constante diálogo de sua semântica ambígua: a condição significativa da palavra 'não é acabada, e sim aberta; é capaz de descobrir em cada novo contexto dialógico, novas possibilidades semânticas" (Vouillamoz apud. Bakhitin. 2000:76).

Quanto as questões do elemento virtual ligado ao significado das palavras, não resta mais dúvida, principalmente depois dos estudos de Ferdinand de Saussure, que a palavra sempre carregou consigo uma condição de significado aberto na formação de novos produtos de linguagem e por que não dizer, de novas poéticas. Com isso passamos a entender melhor que todo fruto de uma operação hipermidiática tem sua nascente nos processos de construção literária e sua característica de escritura, uma vez que seu modelo matemático no processo de simulação vai se expandindo – tanto na literatura como na hipermídia – tentando ocupar cada vez mais nos ambientes virtuais uma escritura em movimento, sem começo, meio e fim, sem emissor e receptor pré-determinado, sendo esta escritura de síntese digital portadora de uma quase inteligência artificial.

Precisamos entender que os suportes digitais do mundo da hipermídia passaram a configurar uma nova noção de espaço, no que diz respeito a representação, "A forma do texto poético é própria. Ela já é um desenho, mostra-se em verso, configura um espaço novo no pergaminho, na página ou na tela, tempo e espaço se buscando, se sobrepondo. Os primeiros teóricos perceberam este conluio de formas e de códigos." (Oliveira, 1999: 12).

"(...) O que a vista abarca de um só lance, ele (o poeta) nos enumera lentamente, pouco a pouco, e muitas vezes sucede que, ao último traço apresentado, já esquecemos o primeiro...Para a vista, as partes contempladas conservam-se constantemente presentes, ela pode percorrê-las quantas vezes lhe aprouver; para o ouvido, porém, as partes ouvidas se perdem, caso não se gravem na memória". (Oliveira apud. Lessing, 1999:14).

É assim que no terreno da hipermídia vemos este trânsito de escrituras. O mundo virtual é uma fronteira imaginária, de etnias, línguas, culturas e ideologias, que acabam por se globalizar diante desta escritura/software que permite que o ser humano hoje se reconheça em sua escrita digitalizada, com o mesmo índice das marcas digitais da palma da mão que o imortalizou no desktop das cavernas.

Não há novidade quanto o poder virtual da linguagem, seja qual for o código.

Os sinais criados pelo ser humano em sequências imagéticas que foram se transformando aos poucos em textos intertextuais, sempre comprovou a capacidade de migrarmos virtualmente diante da materialidade que este mundo foi se apresentando através do desdobramento de seus fenômenos para outros campos de nossa percepção, conquistando definitivamente lugares novos que se caracterizam e se apresentam nestes ambientes virtuais.

Este produto híbrido proveniente desta migração virtual dos códigos, só está sendo possível com o exercício Poético nos suportes digitais, exercício este que começou de forma programática com os manifestos da modernidade do século XX.

Podemos dizer que a cultura da representação, da simulação e da emulação, já esta impregnada em nossas mentes que convive muito mais com a cópia e a simulação através dos aparatos tecnológicos, do que com o mundo que se apresenta diante de nossos olhos, sem a intermediação destes mesmos aparatos.

O princípio de qualquer sistema de comunicação, sempre foi o óbvio: enviar e receber mensagens. O que assistimos é a sofisticação deste método, é a linguagem humana passando por um período importante da nossa história, estes aparatos digitais que disseminam, imagens, texto e sons, de forma híbrida, copiam e simulam com tal competência que acabamos por nos esquecer de nosso estado vicário.

Esta sofisticação nos coloca impotente diante da quantidade de informação recebida, e acabamos por perder a noção do que possa ser crível, para administrar a recepção.

Se coincidência ou não, as relações fronteiriças através dos espaços virtuais proposto pelas infovias, esta trazendo para a humanidade mudanças fundamentais no que diz respeito a comportamento, atitude e ideologia, no entanto, a migração virtual do ciberespaço, vai muito mais além do que qualquer experiência vivida pela humanidade, é uma linguagem que se situa no limite da aplicabilidade, que testa os nossos níveis de interatividade do ponto de vista do cognitivo, perspectivo e da intervenção, dando ao público também emissor a possibilidade de tornar um sítio em trânsito, portador de uma escritura em que o limite ainda ficará a cargo da linguagem humana.

Não há o porquê de nos sentirmos ameaçados se suscitamos pensamentos advindos de registros produzidos pela tecnologia, e me refiro aqui a todos os registros produzidos pela tecnologia, tanto os verbais, sonoros e imagéticos, como aqueles em forma de escritura.

Já que podemos ter acesso em qualquer lugar e hora a esses armazéns de signos, arquivos que contêm de maneira parcial e asséptica o conhecimento humano contido em um apertar de um mouse, passou a ser oportuno desvendar esta nova escritura que há muito estamos tendo contato através de videoclipes, vinhetas de televisão, internet, CD-ROM, blog, fotolog e as câmeras de bolso

3. Palestra proferida por Umberto Eco no Egito para abertura da nova biblioteca da Alexandria, foi publicada originalmente no jornal egípcio Al-Ahram e traduzido por Rubens Figueiredo para o caderno *Mais* da *Folha de São Paulo* dia 14 de dezembro de 2003.

usadas como canetas. Ou seja, o que entendemos hoje por livro, texto e literatura, e suas consequências narrativas, não poderá ser analisado pelos novos suportes digitais – hipermídia – se não voltarmos a nossa atenção para a necessidade maior que o ser humano tem em produzir escrituras com ou sem "o sangue de seu próprio corpo", na intenção de lançar o exercício do efêmero em forma de eterno.

"Segundo Platão, em *Fedro*, quando Hermes – ou Thot, suposto inventor da escrita – apresentou sua invenção para o faraó Thamus, este louvou tal técnica inaudita, que haveria de permitir aos seres humanos recordarem aquilo que, de outro modo, esqueceriam. Mas Thamus não ficou inteiramente satisfeito. 'Meu habilidoso Thot' disse ele, 'a medigital mória é um dom importante que se deve manter vivo mediante um exercício contínuo. Graças a sua invenção, as pessoas não serão mais obrigadas a exercitar a memória. Lembrarão coisas em razão de um esforço interior, mas apenas em virtude de um expediente exterior." (Eco 2003:6)[3]

Este expediente exterior produzido pelas tecnologias trouxe novos recortes epistemológicos para a investigação dessas novas escrituras. As novas propostas para métodos historiográficos nos fazem rever algumas teorias sobre a linguagem humana não apenas como um sistema de registro da memória da espécie, mas também como um sistema de articulação de signos que vivem em trânsito migratório interdisciplinar no que diz respeito à linguagem como um sistema em expansão.

Os documentos historiográficos e arqueológicos deixam cada vez mais de ser os documentos como o papiro, ossos, ou mesmo os artefatos de pedra, mas os da língua que falamos e os estudos dos genes. A ideia de uma linguagem evolutiva em expansão pode ser notada pela articulação das escrituras adotadas pelo software da cultura digital e de como, a cada dia, podemos elucidar que uma reformulação cultural do fazer poético e da produção do conhecimento não passa apenas pela escrita verbal, e sim na composição de uma escritura que abarca signos imagéticos e sonoros que se encontram em um estágio de expansão. É inevitável considerar o avanço tecnológico como um dado para a escritura expandida, pois esta coloca em xeque a própria produção artística e o fazer poético dos últimos cem anos.

A densidade populacional já foi detectada como um agente propulsor da expansão geográfica e das culturas, e a língua como forma de expansão e sua linguagem decorrente do uso. O que ainda não conseguimos detectar é que a linguagem humana passa por um momento de hibridização como resultado desta expansão demográfica e tecnológica.

Assim como as primeiras navegações foram um dos principais fatores para a expansão humana de cultura e misturas étnicas, a cultura digital, através de seus sistemas hipermídias, ofereceu este mesmo diagrama de transformação através da migração virtual[4]. Não à toa, usamos o mesmo verbo "navegar" para esta mesma ação do clicar e adentrar este labirinto narrativo, uma nova etapa para que códigos que viviam em sistemas matriciais isolados, verbal, visual e sonoro, passem, a partir da era do software, a explorar novas formas de se fazerem perceber como linguagem.

4. Há um estudo que fiz que foi registrado em uma palestra proferida na Ohio University no Fourth Annual McKay Costa Symposium, em 25 e 26 de abril de 2002, a convite do Prof. Dr. George Hartley.

O autor italiano Luigi Luca Cavalli-Sforza vem fazendo um estudo chamado Geografia Gênica, analisando as formas de expansões que englobam o rompimento das barreiras da língua que falamos e o do crescimento quanto a uma expansão numérica da ocupação geográfica. Diz o autor: "Nossas análises mostram que, no geral, todas as grandes expansões se deveram a importantes inovações tecnológicas: a descoberta de novas fontes de alimentos, o desenvolvimento de novos meios de transporte e o aumento do poderio militar e político são agentes particularmente potentes de expansão". (Cavalli-Sforza 2003:130)

O problema proposto por Cavalli é que nem sempre as revoluções tecnológicas produzem crescimento demográfico e expansão populacional; e posso dizer que é exatamente neste não aparente crescimento que a linguagem, ou melhor, a escritura humana se expande; cresce no sentido migratório e semiótico, articulando outras fontes sígnicas para dividir o bolo da disseminação do conhecimento poético.

É lógico que esse processo de expansão – escrita expandida – não se dá apenas pela propagação do conhecimento desta tecnologia, difusão de uma cultura digital, mas pelo uso desta como manifestação do fazer hipermidiático, levado adiante pelos artistas, poetas, filósofos, educadores e muitos outros que encontraram nesses softwares de autoria uma nova forma de se fazer compreender ou experimentar.

Hoje, a forma de difusão dêmica é dada de maneira não somente presencial – *tumbleweed* –, mas também a minha presença migratória se faz pela linguagem que proponho ao outro poder navegar, ou melhor, potencialmente escrever, interferir na minha escrita. Phillipe Bootz (2003: 5-6) chama a atenção para este processo quando fala sobre o conceito do interpoesia, "... Manipulando fluxos de signos moventes entre diferentes sistemas semióticos e que seu papel consiste em domesticar as possibilidades estéticas (...) como uma nova 'área de leitura'...".

Prossegue Bootz citando um trecho do *Manifesto Digital*, "...surge uma poesia que coloca o público como agente principal na criação e intervenção, na mamaking neira de ler e de se obter novos signos a todo instante".

Assim nasceu a Interpoesia, um exercício intersígnico que deixa evidente o significado de trânsito sígnico das mídias digitais, desencadeando o que se pode denominar de uma nova era da leitura. (Azevedo apud. Bootz 2004:5-6)

De modo geral e sem dúvida, é através das invenções e do uso de novas tecnologias que o experimento poético se fez presente nas novas mídias.

As línguas mudam muito depressa e é terrivelmente difícil estabelecer relações claras entre aquelas distantes. Com o tempo, grandes mudanças fonológicas e semânticas ocorrem em todas elas.

A magnitude dessas mudanças torna complexas a reconstrução e a avaliação dos aspectos comuns entre línguas. A gramática também evolui, embora quase sempre num ritmo suficientemente lento para permitir o reconhecimento de relações linguísticas mais antigas. Sob a pressão das mudanças fonéticas e semânticas, uma língua logo se torna incompreensível. (Cavalli-Sforza 2003:182)

Assim como uma palavra perde, com o decorrer do tempo, o seu significado original, ainda não existem métodos precisos para detectar o quanto desta perda faz surgir uma nova língua ou, com o tempo, uma nova linguagem. Em biologia, temos a vantagem de usar diversas proteínas ou sequências de DNA para obter várias estimativas independentes de data de separação de duas espécies. Infelizmente, na linguística não existe a mesma variedade e riqueza de dados para corroborar nossas conclusões. (Cavalli- Sforza 2003:183)

É justamente este dado ainda não aferível e mensurável que torna o fazer poético fascinante e de profunda paixão. Esta miscigenação de linguagens, que tornou os meios digitais uma plataforma possível para a manifestação desta nova escritura, vem aproximando as semelhanças que existem entre a evolução biológica e linguística. Esta paixão do fazer poético não isenta os poetas e, mais precisamente, os que estudam este fazer, do rigor necessário para o desenvolvimento de um estudo que aponte para esta escritura que se encontra em expansão.

Poética numérica ou escritura expandida

O estudo da poética até o começo do século XX tornou o código verbal como parte privilegiada desse recorte, mas foi na semiótica que a poética encontrou um trânsito maior inter- e intra-códigos, nos fazendo lembrar da poiésis que significa criação.

Os aspectos culturais quanto à credibilidade da compreensão e a produção de conhecimento estavam ligados apenas à tecnologia da escrita, como questiona Alberto Manguel (1997). Assim, veremos que as tentativas de uma prática semiótica nos tornam atentos ao fato de que o código verbal, como agente articulador de signos – software –, fez mudar seu referencial de arbitrariedade deste "vir a ser" histórico como forma de registro. Com o mundo da escritura numérica advindo da cultura dos suportes digitais, a linguagem verbal, que tem como modelo um alfabeto, teve sua práxis há muito transformada na obtenção para o que chamar de conteúdo analítico. Com esta tradição, notamos que o algoritmo nada mais é do que uma escritura que, a cada dia, deixa de ser um modelo matemático de simulação, passando à condição de intercódigo hipermídia ou escritura expandida.

Pierre Lévy (1996) aponta para este dado como uma atualização que pertence ao próprio ato de ler, e que, de uma maneira ou de outra, cada vez mais as convenções pertencentes ao próprio código podem ser corrompidas: "as passagens do texto estabelecem virtualmente uma correspondência, quase uma atividade epistolar que nós, bem ou mal, atualizamos, seguindo ou não, aliás, as instruções do autor. Produtores do texto, viajamos de um lado a outro do espaço de sentido, apoiando-nos no sistema de referência e de pontos, os quais o autor, o editor, o tipógrafo balizaram. Podemos, entretanto, desobedecer às instruções, tomar caminhos transversais, produzir dobras interditas, nós de redes secretos, clandestinos, fazer emergir outras geografias semânticas". (Lévy 1996:36)

Se tudo se aperfeiçoa, por que a poética não passaria por este processo de aperfeiçoamento, ou melhor, de atualização? A cada passo, os estudiosos se vêem no ímpeto de criar novos termos para uma classificação de seus estudos ou testar a "eficácia de um método" (Teles 1996:14).

O que vemos desta tradição linguística é que as figuras de linguagem ou criaturas sígnicas que, criadas quando estamos no exercício do tormento que é a criação, muitas vezes e, com frequência, são identificadas em outros códigos, como o sonoro e o visual, mas dificilmente vemos situações em que um código não ilustre o outro, o que faz com que muitas vezes estas linguagens sejam dotadas de extrema riqueza técnica, mas de um vazio poético incomparável.

Terminologias são criadas como uma espécie de "moléstia verbal" ou, como apontada por Max Muller (Teles 1996:14), na tentativa de se criar um conhecimento científico, o que não é diferente no estudo da poética. Neste, é preciso ter o mesmo rigor se quisermos situá-la dentro do mundo digital. Então, por que a humanidade correu atrás de uma tecnologia que pudesse atualizar cada vez mais o conceito de "ler", "ver" e "ouvir", se os sistemas sígnicos do verbo já estavam prontos para a reflexão?

Estamos experimentando ainda como utilizar esta nova mídia digital para a reflexão de conteúdos temáticos, mas com certeza uma mídia que, além de conter o verbo, também contempla, no seu suporte, som e imagem, transportando-nos para um outro mundo que não é apenas verbal, e sim de conteúdo imagético-sonoro, simulando o mundo sensível da percepção, formatando a cultura do olhar humano em modelos numéricos – programas.

Neste sentido, podemos dizer que as relações cognitivas para a aquisição da reflexão mudaram. Como já foi dito, a memória existe, hoje, nos arquivos eletrônicos de fácil acesso, em uma atividade interdisciplinar que agrupa entidades humanas e máquinas, colocados em redes de acessos no mundo inteiro.

Se pensarmos com atenção, nada é novo no que diz respeito à imagem virtual e seu conceito. Só para lembrar, em S. Agostinho, já encontramos o "espírito" como registro virtual, – "A memória é, para S. Agostinho, a primeira realidade do espírito, a partir da qual se originam o pensar e o querer; e assim constitui uma imagem de Deus Pai, de quem procedem o Verbo e o Espírito Santo." (Lauand, 1998: 9) –, esta "primeira realidade do espírito" se faz presente de maneira não física para o pensar. À medida em que estas máquinas se tornam cada vez mais inteligentes, transformando-se em verdadeiras entidades que se moldam às capacidades humanas, esta busca incessante pela perfeição nos faz pensar que a materialidade terrestre é apenas um estágio provisório – uma passagem – e o programa de acordo com o seu conceito se torna uma verdadeira escritura, uma espécie de estado primitivo do Verbo.

Querendo ou não, toda a especulação sobre espaços virtuais e como escrevê-la e inscrevê-la acabam por ter dados metafísicos. Isso porque nem tudo o que vemos nestes ambientes é simulação (Heim, 1993). O corpo da escritura hipermídia nos traz um dado formidável que é a articulação dos códigos. Nada que está em uma tela de computador tem a ver com manipulação, e sim com articulação. Com a propriedade do signo verbal e sonoro, nunca houve dúvidas a respeito do caráter virtual dessas duas formas de signos. O som só passou a ser manipulado com a música concreta de Pierre Scheaffer, e o mesmo podemos dizer da poesia concreta do grupo Noigandres, daí o dado concreto desses signos que passaram a ser manipulados, ou melhor, montados e não apenas articulados[5].

Os aspectos tipográficos das palavras e das frases não podem ser esquecidos como um processo signico para a formação da escrita e da escritura. (Dubosc, Bénabou e Roubaud, 2003:106)

As artes plásticas sempre operaram a manipulação, a matéria, desde seus pigmentos até as resistências escultóricas com a lei da gravidade; por isso a resistência com o computador por parte de alguns artistas. Marcel Duchamp,

5. Isto me fez lembrar de uma historia que um dia Décio Pignatari me contou por volta de 1983, que ele não conseguia achar alguém em São Paulo que conseguisse fazer tipos gráficos de chumbo – tipografia – a partir de um tamanho de corpo ampliado, para que surtisse o aspecto visual da palavra que ele desejava para o poema se tornar visual. Até que então ele encontrou no bairro do Brás na cidade de São Paulo que se propôs a fazê-lo.

com sua frase "Sonho com um tipo de arte que não tenha que por as mãos", já apontava para este estado de articulação advindo da fisicalidade do objeto artístico, entregando para os futuros artistas do século passado a responsabilidade do conceito artístico: criar criaturas virtuais, ready-made e, mais tarde, a Arte como Ideia proposta por Joseph Kosuth em *One and Three Chairs*, em 1965.

Na poética de síntese numérica ou escritura expandida, tudo é articulado, não se manipula nada, não se monta nada, se "diz lendo", como na origem matemática se pensou os algoritmos. É claro que muito tempo se pensou na questão a respeito da assepsia desta nova forma de escritura: Não se combate assepsia dos simulacros introduzindo neles ruídos, sujeiras ou gestos desestabilizadores, mas construindo algoritmos cada vez mais ricos de consequência e cada vez mais complexos... cada vez mais próximos do organismo das formas vivas. (Machado apud. Azevedo, 1994:155) A questão é saber o que torna o meio poético mais expressivo no que diz respeito a sua autonomia sem ter que combater a assepsia. O trânsito estabelecido entre a linguagem do cotidiano e a linguagem poética é o que vem caracterizando um exercício de citação infindável nos suportes digitais. Aqui é importante que façamos uma distinção do termo "citação". Para este recorte que estou propondo, o ato de programar uma linguagem, notamos que este exercício de articular partes nos aparece como se fosse um todo de uma palavra, de um som ou imagens, que faz e torna estes interpoemas poéticos. É o não romper esta autonomia que a linguagem do cotidiano tem, que se faz poesia quando se trata de programação.

A metalinguagem já vem pronta porque hoje conseguimos ter o acervo de quase tudo que a humanidade produziu. O autor Cristóvão Tezza (2003:118) aborda a preocupação que havia com a ideia de romper com certo grau da autonomia das palavras: a função da arte seria então quebrar este automatismo, chamar a atenção para o próprio meio, para a própria palavra. É neste 'olhar para si mesmo' que residiria a língua poética, distinguindo-se da língua vulgar, prosaica, comum, prática. A partir desta dicotomia, criam-se novas categorias de análise: a 'desautomatização', o 'estranhamento' ou, nas palavras mais precisas de Jakobson (1923), a 'deformação organizada' da língua comum pela língua poética.

É interessante notarmos que mesmo a ideia de estranhamento já era explorada por Jakobson em sua proposta de "deformação organizada"; o que não se sabia é que justamente o oposto, ou seja, a mesmice, seria explorada no sentido de criar este "estranhamento". Carlo Ginzburg propõe este mesmo "estranhamento" como uma "atitude moral diante do mundo" (Tezza 2003: 119), mas a verdade é que o estranhamento proposto desde a época do dadaísmo pertencia a uma condição dos signos em forma de códices, vistos e compreendidos como "ruído".

6. *Looppoesia. A Poética da Mesmice* – Cd Rom 2001. Será lançado este ano pela Universidade Presbiteriana Mackenzie através do Mackpesquisa. Este trabalho foi apresentado pela primeira vez no EPoetry, em Buffalo, em 2001.

7.Pode ser lido em www.mackenzie.com.br/interacao/www2003.

Na direção contrária a isso que em *Looppoesia*[6] apontei o articular e fazer desaparecer qualquer dado asséptico desses programas, no momento em que passamos a entendê-los como escritura, e insisto que estamos articulando novamente em um registro sígnico que nos dá a possibilidade de praticarmos trânsitos de intermediaridades interpoéticas do verbo, som e imagem em direção a uma escritura expandida[7].

Se articularmos esta escritura dos suportes digitais, seu dado asséptico desaparece quase por completo, pois não somos seres limitados por sermos portadores de um alfabeto.

O mesmo acontece com o software ou esta forma de escrituras. Dentro deste quadro posso afirmar que nunca se escreveu tanto quanto agora. Escrevemos o som, a imagem e mais do que nunca o texto, registrando nosso conhecimento de forma menos plana, bidimensional. Com isso, passamos a ganhar o espaço tridimensional das escrituras que é a própria forma de pensarmos, experimentando e conhecendo, como protagonizou Theodor Nelson.

Contudo, não poderia deixar de mais uma vez dizer que estamos apenas reapresentando a nossa fala à humanidade. É um momento de extrema importância em que experimento e prática passaram a ficar muito próximos. Tudo que articulamos nestas escrituras não existe de forma natural, crua, de sintaxe plena. O que chamamos de "pós" é apenas uma maneira reducionista e caricata de não assumirmos que passamos a citar o nosso próprio conhecimento, ou seja, articulamos o que já sabemos. A modernidade não se esgotou ainda.

É justamente este poder articulador que nós, seres humanos, temos para poder experimentar signos nem sempre convencionais em nosso cotidiano, principalmente quando a tecnologia nos coloca em uso verdadeiras máquinas semióticas, em que devemos aprender a deixar nossos registros poéticos em um formato novo de vocabulário, "... uma das coisas admiráveis da linguagem humana é esta de, a partir de um sistema exíguo e fechado de fonemas sem sentido, chegar-se à articulação de milhares de palavras e aos milhares de significações possíveis no vocabulário comum..." (Teles, 1996:19).

Para concluir, a pratica deste experimento com linguagens é antiga como uma ciência da experimentação, é parte do corpo sígnico dos códigos a serem articulados em forma de semas que servem e continuarão servindo de linha avançada para a criação estética humana, mas com a certeza de podermos colocar em pratica uma nova era das narrativas.

Sobre o Autor

Wilton Azevedo é artista plástico, designer gráfico, poeta e músico. Doutor em Comunicação e Semiótica pela PUC-SP e pós-doutor em Poesia Digital na Université Paris VIII Laboratoire de Paragraphe. Professor Doutor pesquisador do Programa de pós-graduação strito sensu em Educação, Arte e História da Cultura e colaborador do Programa de pós graduação em Letras, da Universidade Presbiteriana Mackenzie.

Texto publicado pelo File em 2005.

Bibliografia

AZEVEDO, Wilton. *Criografia: A Pintura Tradicional e seu Potencial Programático.* São Paulo, 1994. 188 p. Tese (Doutorado em Comunicação e Semiótica) – PEPG em Comunicação e Semiótica, PUC SP.

BESANÇON, Alain. *A Imagem Proibida. Uma História Natural da Iconoclastia.* Rio de Janeiro; Bertrand Brasil, 1997.

BRETON, Philippe. *A Utopia da Comunicação.* Éditions La Découverte. Instituto Piaget. Lisboa. 1992.

CAVALLI-SFORZA, Luca. *Genes, Povos e Línguas.* São Paulo: Companhia das Letras, 2003.

COSTA, Mario. *O Sublime Tecnológico.* Trad. Dion Davi Macedo. São Paulo: Experimento, 1995. Original italiano.

FABRIS, Annateresa. *A Estética da Comunicação e o Sublime Tecnológico.* In: COSTA, Mario. O Sublime Tecnológico. Trad. Dion Davi Macedo. São Paulo: Experimento, 1997, p.7-12.

HEIM, Michel. *Metaphisics of Virtual Reality.* New York: Oxford University Press, 1993.

HOOKER, J. T. (introdução). *Lendo o Passado: A História da Escrita Antiga do Cuneiforme ao Alfabeto*, São Paulo: Editora da Universidade de São Paulo, Companhia Melhoramentos,1996.

LAUAND, Luiz Jean (org.). *Cultura e educação na Idade Média.* São Paulo: Martins Fontes, 1998.

LEVY, Pierre. *A Inteligência Coletiva.* Edições Loyola, São Paulo, Brasil, 1998.

LÉVY, Pierre. *O que é o virtual.* Trad. Paulo Neves. São Paulo: Ed. 34, 1996. (TRANS). Título do original francês: *Qu'est-ce que le virtuel?*

MANGUEL, Alberto. *Uma História da Leitura.* São Paulo: Companhia das Letras, 1997.

OLIVEIRA, Valdevino Soares de. *Poesia e Pintura Um Diálogo em três Dimensões*, São Paulo, Fundação Editora da UNESP (FEU),1999.

QUÉAU, Philippe. *Lo Virtual, Virtudes y Vértigos*, Ediciones Paidós Ibérica, 1º edición,1995.

QUÉAU, Philippe. *METAXU, Théorie de L´art Intermédiaire.* Collecion Milieux Editions Champ Vallon. Seyssel. 1989.

TELES, Gilberto Mendonça. *A Escrituração da Escrita. Teoria e pratica do texto literário.* Petrópolis: Vozes, 1996.

TEZZA, Cristovão. *Entre a Prosa e a Poesia: Bakhtin e o Formalismo Russo.* Rio de Janeiro: Rocco, 2003.

VOUILLAMOZ, Núria. *Literatura e hipermedia – La irrupción de la literatura interactiva:precedentes y crítica.* Ediciones Paidós Ibérica. Buenos Aires. 2000.

Periódicos

DUBOSC, Labelle & BÉNABOU, Marcel & ROUBAUD, Jacques (ed.). *Formules: Revue de Literatures à Contrantes.* Paris, France, Association Noésis, ago. 2003, nº 7. (Collection Formules).

Revista Design Belas Artes, Ano 4, Número 5, Dezembro de 1998. Texto "Hiperdesign uma cultura do acesso".

MANIFESTO MEDIAMÁTICO POR UMA [PROTO-ARTE] VEBVIRTUAL

ARTUR MATUCK

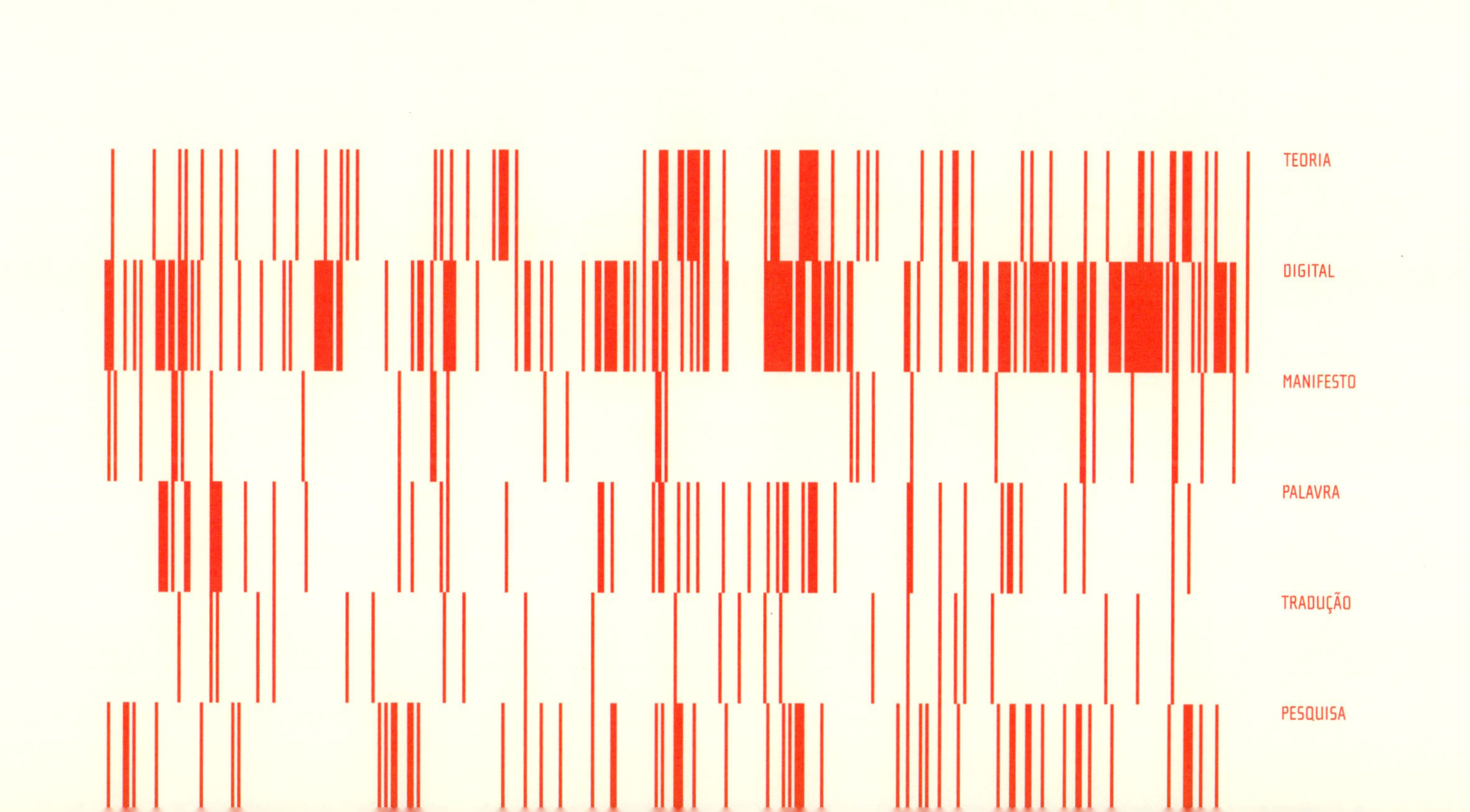
TEORIA
DIGITAL
MANIFESTO
PALAVRA
TRADUÇÃO
PESQUISA

Texto parcialmente [des] escrito pelas máquinas de desescrever disponiblizadas no sítio Literaterra <www.teksto.com.br> entre 2001 e 2005.

banifepfo kekialatico
ranikelqo mebiamatico
manirexto mezianahico
majibeqto lediahaqizo
lanibexto mediajatico
latifesqo metiakatico
matidedro bediafarico
hakisekto mediamamigo
rarifepto hediamatigo
makiderto beniamatico
manifesto mediakalilo
manifesto mediafatico
danifesto meddasatico
mahifesto mediamatico
manplesto mediamatico
mafifysto medgamaticl
manifesto mdmiamatico
manifesto mediahamico
manifiesto mediaomaitico
imaonifesto moediamaticoo

aflerciencia
alnurciencia
altercientcia
dalterpciencia

(1) Repensar a distinção epistemológica entre arte, ciência e tecnologia

Uma visão plurisemiótica, ao conceber arte, ciência, e tecnologia como domínios não exclusivos de seus operadores, ______ uma demarcação epistemológica destas fronteiras interdisciplinares ...

... propositando o imbricamento como condição de crescimento exponencial do vetor criatividade dos sistemas, na medida em que se renovam, se cruzam, se confusionam.

Projetos transepistêmicos contaminam sistemas pensantes injetando replicantes endemias de desestruturas auto-generativas.

Textos altercientíficos atuam como vírus invasores indisciplinando códigos e estatutos, comprimindo reconceituações através de porosidades, minúsculos fragmentos prorrompendo artedemias.

ultercieklia

revltecnologia
revotecvolobia
hrevotecnologia
revkotecnolopgia

(2) Redefinir ou expandir o local da criatividade do signo para a técnica e desta para a socialização

As tecnologias que ________ a cultura digital mobilizam uma reinvestigação das formas

estratificadas dos aparatos,
uma reinvenção de conceitos e
ferramentas, um pensamento
contínuo de busca por
[remediatização, reconceituação,
refiguração].

Cada aparato tecnológico por mais
utilizado e difundido, ainda assim
mantém um potencial inexplorado
de atualização em outras formas
[possíveis, diferenciadas, inusitadas
e eventualmente impróprias].

Nesta prospecção, a criação
estética mais valorada não
se limita a uma recombinação
de signos mas focaliza-se na
reelaboração instrumental de
processos [tecnológicos, conceituais,
instrumentais, artefactuais,
matemáticos].

Esta revotecnologia ao introduzir
novos projetos de produção e
reelaboração sígnica provoca outras
formas de [dizer, escutar, perceber,
atuar, escrever, interagir, socializar,
identizar].

revotecnofogia

vvebvirtual
vexbrvirtual
veovirtual
aeevirtuae

(3) Reconduzir a cena do aprendizado
para o espaço dual da interação

O espaço tradicional do aprendizado
[atelier, estúdio, academia, escola]
amplia-se para um novo espaço
individual de infotelematia e deste
para a rede-rizoma, o coletivo
distribuído do virtual.

O espaço vebvirtual, no qual
divergem-se atualmente um
número crescente de informações
[imagens, textos, línguas, signos,
possibilidades] provoca e exige
novas estratégias de preender
[apreender, reaprender, repreeender,
surpreender].

O processo de redefinição do espaço
pedagógico e de seus actantes
_______ contínua investigação,
constante busca por maneiras não
convencionais de integrar carbono-
silício.

A cena primordial da escuta reflui
incessantemente para espaços
duais que requerem desempenhos
integrados e eventualmente
simultâneos, do presencial e
do virtual, no mercado livre da
intersignificação.

vebvirtdual

inctraarte
invtrabrte
fintraarte
intraparte

(4) Relocalizar o espectador no interior do aparato mediático

O espectador que tradicionalmente se encontra diante da arte [*canvas*, parede, espelho] torna-se um sujeito fruidor-operador que se encontra agora intra-arte [performance, instalação, comunicação, espacialização] com possibilidade de movimento e atuação

Este processo ocorre naturalmente na medida em que a arte se redefine de signo para tecnologia, e desta, para processos socio-maquínicos e identizantes.

Recriam-se lugares para espectadores e espectadores para outros lugares. Processos mediamáticos fragmentados, fechados, isolados e conclusos, retornam-se contínuos, abrangentes, impermanentes.

Estes processos expansivos e rizocomunitários desaparecem como atividade artística, perdem momentaneamente visibilidade para eventualmente ressurgirem quando condições de visualidade estiverem transformadas.

A arte-pesquisa ______ criar e manter condições para que novos processos, característicos da cultura digital emergente, possam ser reconhecidos como proposições criativas mesmo não se assemelhando a processos normativos tratados como arte.

intracrte

mecta-autor
gmeta-sautor
mketa-autor
meta-cautor

(5) Re-inventar o artista operador de signos para re-conhecer o meta artista propositor de sistemas mediamáticos

Reconsiderar o artista ou operador cultural enquanto individuo operador de signos. Conceituar o operador coletivo que propõe processos socio-técnicos de integração.

Este sujeito coletivo, espalhado, rizomado ______ o sistema, desautoriza o único, desafia a semiologia das certezas, através de multitextos plurilinguísticos.

Personagem emergente do cenário artístico-cultural propõe-se a criar reordenamentos sistêmicos, desestruturas encadeantes.

Nesta prospectiva, o artista, meta-autor, revela-se um sistematizador, um criador mediasintático, um instituidor de eventos, um mediador de processos, um interlocutor multidialógico, ou mesmo, um fotógrafo de hibridizações [interações homem-máquina, homem-máquina-homem].

metta-autogr

mediaoenia
medilakgenia
mediavgenia
mediabgenia

[6] Reposicionar os espaços da arte no universo mediamático

Redefinir os espaços institucionais da arte [museus, galerias, departamentos] não mais como espaços de valorização, de colecionamentos e memórias mas sim como espaços de intercomunicação e multiculturalização.

Nesta mediagenia, os espaços do fazer artístico e das exposições tornam-se focos instauradores, núcleos implementadores de possibilidades criativas.

Processos contínuos, abertos, imprecisos, inconclusos, ainda assim _______ questões para sua própria memorização, colecionamento, arquivamento e valorização.

O arte-espaço se transforma em um terminal de intercomunicação mas dotado de um sistema mnemônico, autosignável e teleativo.

aediaoenia

auto-signavel
auto-signavelr
autno-signavel
autko-sigdnavel

[7] Reavaliar o status de mercadoria de um artefato, valorando processos dinâmicos de movimento e expansão

Resistir ao status proprietário de objetos estáticos, identificáveis e permanentes, parasitas de espaços sacroartísticos.

Investir propósitos em objetos dinâmicos, mutantes e coletivos, performáticos e inapreeensíveis pelos mercados.

Estes que se auto-registram em signos e se lançam a distância, reservam e esvaziam lugares para corpos tangíveis em encontros mútuos.

t-sgnvl

de-hrimical
de-cramcnal
de-canminil
de-crigminal

(8) Resistir [protestar, rejeitar, discordar] do status criminalizante da [auto] replicação de sistemas [quase] inteligentes

Funções podem se alternar, entre criador e criatura, autor e leitor, programador e usuário, porque a meta-criação _______ sistemas que desestabilizam papéis permanecidos.

A instauração irreprimida destes processos revotecnológicos não pode no entanto irromper totalmente porque o tecnopensamento _______ reservado, o programa _______ proprietário, a cultura _______ capitalizada.

A reversão do proprietário para o usuário permanece estigmatizada pela pseudocampanha, criminalizada por supostos sujeitos criadores do capital cultural.

Terminais tornam-se vivificados quando seus potenciais de reprodução [disseminação, interrogação, invasão, reelaboração] são plenamente _______. O status de-criminal dos operadores _______ um novo direito no multiverso vebvirtual.

de-eriminal

arte-ubsquisa
orbe-eesquisa
arke-gesquisa
rt-psqs

(9) Redelimitar as hierarquias entre artista, crítico, curador contestando autorizações arteculturais

Arte-pesquisa _______ autolegitimadora, buscando outros processos de averiguar valores que não se sustentem em sujeitos instituidos de pseudo-saber.

Meta-arte como instrumento conceitual que proporciona a possibilidade e o direito de criar em níveis sistêmicos ampliando exponencialmente o campo de ação e intervenção.

O espaço vebvirtual como uma instituição de expressão e comunicação coletivas que desestabilizam espaços regulados e controlados, de-permanecidos.

O vebvirtual gradualmente extravasa, e sua sub-cultura escorre, derrama-se, irrompendo no concreto, promulgando uma re-ordem corpórea, extensa pelos territórios da cidade.

art e-pesquisa

dis-dscrittra
des-escratura
des-esscriktura
des-vescritsura

[10] Redefinir a escrita como um processo linear, intrapessoal para um processo escritural rizomático [maquínico, híbrido, randômico, incidental]

A escrita como interpelação de textos, discursos, falas, sujeitos, identidades, códigos ou gêneros. Escrita como processo transdialógico, ininterrupto. Escrita como excrescência de teclados alphanuméricos. Como encontros randômicos de programações. Efeitos de máquinas inconsistentes ... sequências significantes de signos corrompidos pelo desejo maquínico de repetição ... pensamentos que resultam de encontros incidentais de letras, signos linguagem que desconhecemos ... letras e sequências que nos interrogam ... que interagem com nossos sistemas perceptivos mesmo que, insistem, ainda que, persistem, não se constituam como linguagem ...

der-escrevura

Sobre o Autor

Artur Matuck (http://www.actamedia.org/arturmatuck/) é Professor do Departamento de Relações Públicas, Propaganda e Turismo [CRP], Escola de Comunicação e Artes [ECA], Universidade de São Paulo [USP], Programa de Graduação em Estética e História da Arte [PGEHA]. Membro do Apoio institucional à Pesquisa em Escrita Digital: FAPESP – Fundaçao de Amapro à Pesquisa do Estado de São Paulo.

Texto publicado pelo File em 2003.

ARTE E TECNOLOGIA: UMA HISTÓRIA PORVIR

PAULA PERISSINOTTO

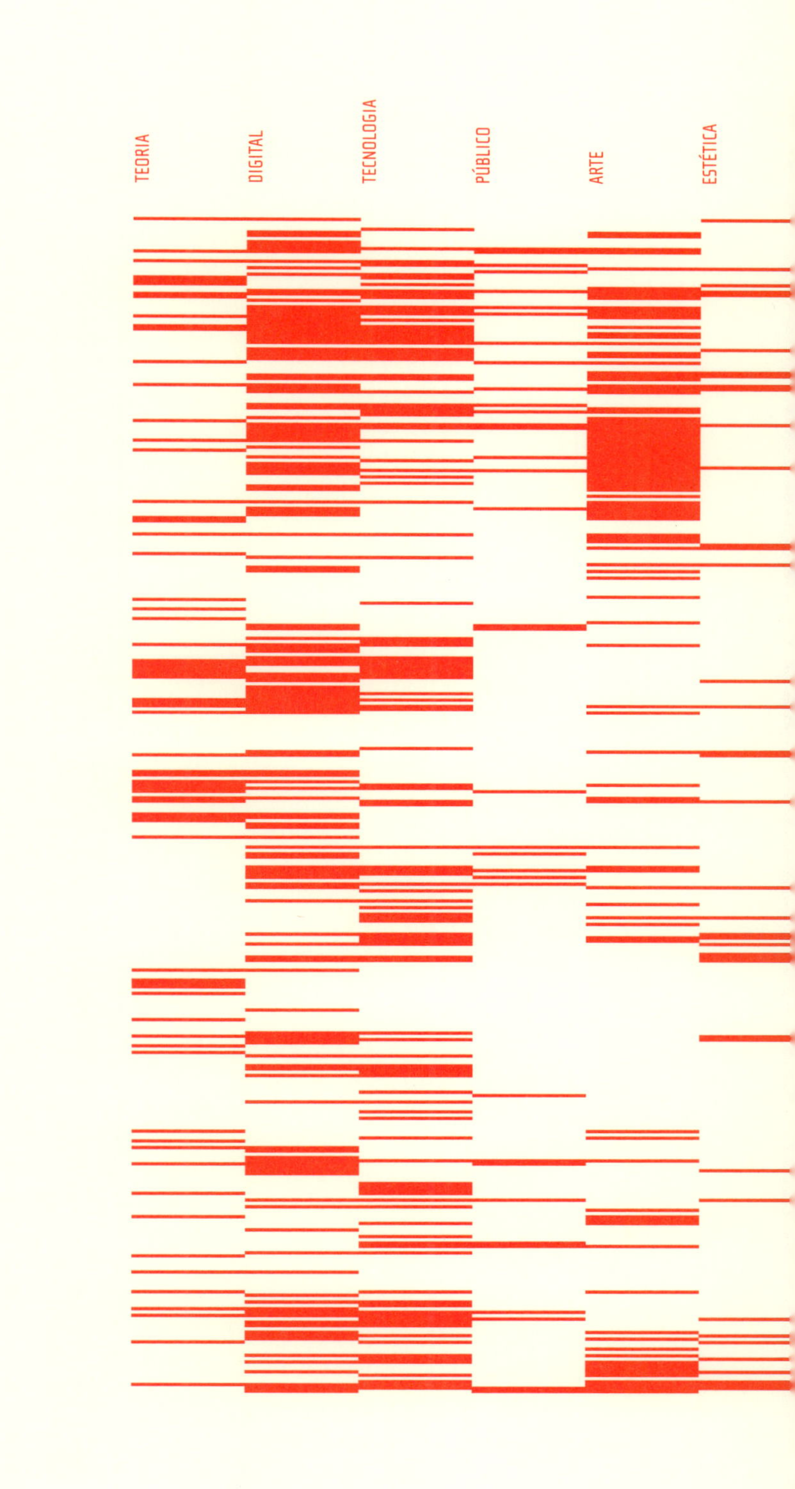
TEORIA
DIGITAL
TECNOLOGIA
PÚBLICO
ARTE
ESTÉTICA

Vivemos hoje um mundo em transição, uma eterna passagem entre o obsoleto e o novo. Através da evolução das telecomunicações somos sistematicamente colocados a par de todos os acontecimentos do mundo. Diariamente nos bombardeiam com informações vindas de qualquer parte do planeta, desde as catástrofes naturais até os avanços da ciência, as violências humanas, as descobertas científicas e os escândalos políticos. É improvável absorver tudo, tanto quanto impossível ser imune a tudo.

Esta condição transitória e de acúmulo de informação não é privilégio de algumas áreas, e é fato, em qualquer campo de atuação, seja nas grandes ciências, na medicina, na genética, na engenharia, no direito, no jornalismo, no comércio, nas atividades domésticas, etc. Todos buscam ajustes às novas regras impostas pela fusão tecnológica na sociedade contemporânea.

A partir de que momento houve a fusão entre a arte e a tecnologia?

O vínculo da arte com a tecnologia não é recente. Desde o início do século XX existia uma necessidade latente, de alguns artistas da vanguarda modernista, como os futuristas italianos e os construtivistas russos, de dar vida às artes plásticas e, para tanto, torná-las mais tecnológicas – salvá-las do estigma de arte estática. Os construtivistas russos Naum Gabo e Anton Pevsner deixam evidente esta tentativa em seu manifesto realista de 1920, quando em uma de suas cinco reivindicações sugerem a "renúncia à ilusão milenar da arte que sustenta serem os ritmos estáticos os únicos elementos das artes plásticas e pictóricas". A partir daí, o desafio de dar dinâmica às artes foi abraçado por muitos artistas e desde então se produziu uma grande diversidade de obras. Dentro dessa pluralidade, pode-se perceber que o ponto em comum entre elas residia não apenas na presença da dinâmica e na preocupação dos artistas em induzir a participação do espectador, mas também no surgimento de uma relação interdisciplinar das artes com outras disciplinas. Essa relação multidisciplinar passou a ser a solução para realização dos trabalhos que dependiam de técnicas especificas desenvolvidas por outras áreas, tais como a mecânica, a óptica, a engenharia e mais tarde a eletrônica e a cibernética.

Em 1955, no Manifesto do Maquinismo, Bruno Munari anuncia que "Se o mundo em que vivemos é o mundo das máquinas, devemos, como artistas, adentrar este universo maquinal e dominá-lo".

Essa preocupação de dominar a máquina fica evidente nas obras de Jean Tinguely, como um dos artistas que exploram sem limites o significado da máquina, buscando sua essência ao retirar sua utilidade, desafiando seus perigos e aludindo à sua estética na era do maquinismo. Tinguely, além de se aprofundar e explorar o domínio da mecânica, inaugura a obra coautoral e legitima a relação interdisciplinar das artes com a engenharia.

Em 1960, o artista solicitou a Billy Klüver assessoria técnica para a construção de uma escultura que seria apresentada no jardim do MoMA, Museu de Arte Moderna de Nova York. *Homage to New York* tinha como proposta ser uma obra autodestrutiva. A contribuição do engenheiro foi basicamente a criação do projeto de sistema das máquinas, construindo para a obra uma dinâmica: a bomba de pintura, os odores químicos, os fazedores de barulho e o fragmentador dos pedaços de metais determinavam o ritmo da performance.
Essa apresentação inspirou uma geração de artistas em Nova York. Eles passaram a imaginar obras a partir de possibilidades tecnológicas. Depois de assistir à performance *Homage to New York*, o artista Robert Rauschenberg aproximou-se de Billy Klüver, para que também o assessorasse a desenvolver suas propostas interdisciplinares. Esta parceria viria a produzir experiências notáveis no campo da arte e da tecnologia, nos Estados Unidos. Criou-se o grupo EAT - *Experimental Art and Technology*. Billy Klüver passou a ser consultor não apenas para as obras de Tinguely e Rauschenberg, mas também para vários outros artistas e performers, tais como Andy Warhol, Jasper Johns, John Cage, Merce Cunningham, David Tudor, Lucinda Childs, Yvonne Rainer e Robert Whitman.

Ainda nessa época, com uma abordagem já ligada à eletrônica, Nicholas Schöffer fez uso da cibernética, da eletrônica e da tecnologia avançada para a construção de obras interativas no campo das artes, da musicologia e da arquitetura. O artista dá início à interação da arte com um movimento eletrônico inteligente a partir da teoria de Norbert Weiner, autor do livro *Cibernética e Sociedade*. As esculturas cibernéticas de Nicholas Schöffer podem ser vistas como pioneiras em explorar a interação digital e as propostas artísticas que num futuro breve passam a utilizar hardware e software.

Hardware e software tornaram-se elementos totalmente absorvidos pela vida cotidiana no final do século XX. Com uma evolução atroz dos equipamentos e dos programas e mais o acesso à Internet, a tecnologia hoje é capaz, cada vez mais, de se infiltrar em todas as áreas de atuação, nos permitindo de forma inédita explorar novos contextos, controlar, vigiar, proteger e prevenir. Isto tem gerado mudanças sociológicas (novos termos, novos comportamentos, novas formas de comunicação) que transformam nitidamente a sociedade. Na arte, especificamente, nos deparamos com as novas mídias.

Como decodificamos o termo "novas mídias"? Como navegamos pelas correntes das artes do século XXI? Quais são as características dessa expressão estética? Como a arte tradicional compreende esse universo?

Genericamente, "novas mídias" significa um meio de comunicação baseado em tecnologia digital com acesso à Internet. Durante as duas últimas décadas

Dentro dessa pluralidade, pode-se perceber que o ponto em comum entre elas residia não apenas na presença da dinâmica e na preocupação dos artistas em induzir a participação do espectador, mas também no surgimento de uma relação interdisciplinar das artes com outras disciplinas.

esta tecnologia tem causado mudanças substanciais que transformaram o meio de comunicação, sua distribuição e o seu sistema de regulação. "Novas mídias" também tem sido empregado para designar uma nova categoria das artes visuais, os projetos de arte que envolvem uma base tecnológica digital. A história da arte se concretiza através de identificar, categorizar, interpretar, descrever e pensar os trabalhos de arte. Pode-se então verificar que essa nova categoria já consta como parte estrutural da cultura em alguns países do mundo ocidental, tais como Áustria, Alemanha, Inglaterra, Holanda, Finlândia, Austrália, Canadá e Estados Unidos.

Desde os anos 1990 as obras de arte consideradas parte dessa nova categoria podem ser identificadas em grandes festivais internacionais especializados em mostrar esse tipo de manifestação estética: o Ars Electronica em Linz, o V2 em Roterdã, o VIDA em Madri, o FILE em São Paulo, no Rio e atualmente em Porto Alegre, entre outros. São poucos os centros de arte no mundo especializados em novas mídias. Durante esta última década, percebemos que algumas instituições tradicionais vêm aos poucos abrindo espaço para essa nova arte. Um exemplo disso é a Bienal de Veneza de 2007, em que pavilhões como os do México, da Rússia, Hungria, Espanha e Taiwan optaram por mostrar artistas que fazem uso das ferramentas tecnológicas para realizar seus trabalhos. A Internet também é um ambiente expositivo. Neste caso, sem a intermediação de uma curadoria ou da política de um espaço físico como as dos museus, das galerias e dos centros culturais.

Uma das características dessas obras é a diversidade de linguagens que surge entre atualizações de programas, *plugins*, navegadores, sistemas operacionais, e da evolução das linguagens de programação os artistas, arquitetos, historiadores, literatos, músicos e filósofos pesquisam formas de expressão através de códigos e de bits; a robótica, a inteligência artificial, os jogos, o hipertexto, a rede, a interface são alguns dos exemplos dessa diversidade que caracteriza a cultura digital.

A diversidade e a metamorfose das linguagens estabelecidas pela cultura digital geram controvérsias: euforia e desconforto inerentes ao novo e ao desconhecido e que consequentemente acabam transformando valores e conceitos.

Para a arte tradicional compreender esse universo, é necessário superar alguns conceitos rígidos que baseiam sua existência. Como, por exemplo, o conceito de autoria. Na cultura digital é comum criar através de parcerias e, portanto, pode haver uma desintegração do artista como autor. Alem disso, há mutações no papel da curadoria e da expectativa do público dessa arte. As propostas expositivas são comumente experiências de uma relação inédita da obra com o público. Uma relação que supera a fruição, a contemplação e até mesmo a participação. Já o curador passa a ter um papel muito mais de catalisador e organizador dessas experiências do que mentor de um discurso metalinguístico de cada obra exposta. Uma outra metamorfose advinda do universo digital, pelo menos por enquanto, é o seu arquivamento, pois arquivar o digital continua um mistério, o que produz desconforto para os colecionadores de arte e para os museus. Entretanto, um dos empecilhos de uma comunicação eficaz entre as novas mídias e a arte tradicional ocorre porque muitas vezes profissionais da área cultural não se sentem familiarizados com o universo digital e, portanto, optam por desconsiderá-lo. Isso dificulta sua legitimação. Entende-se que as transformações culturais se reconhecem através do tempo, o que muitas vezes pode sugerir uma comunicação imediata improvável, mas nunca impossível.

Parece cabível aqui, para encerrar, uma paráfrase adaptada ao século XXI: "Se o mundo em que vivemos é o mundo dos códigos, devemos, como artistas, produtores culturais e pensadores contemporâneos, adentrar esse universo de zeros e de uns e dominá-lo".

Sobre a Autora

Paula Perissinotto é artista e produtora cultural. Mestre em Poéticas Visuais pela ECA – USP (2001). Atua principalmente nos seguintes temas: cultura digital, interatividade, arte eletrônica e novas mídias. Co-Fundadora e co-organizadora do FILE Festival Internacional de Linguagem Eletrônica.

Texto publicado pelo File em 2008.

WEBSITES & CATÁLOGOS: 2000-2009

FILE SÃO PAULO
1ª EDIÇÃO
2000

Hotsite de Inscrições

DESIGN
Ricardo Barreto

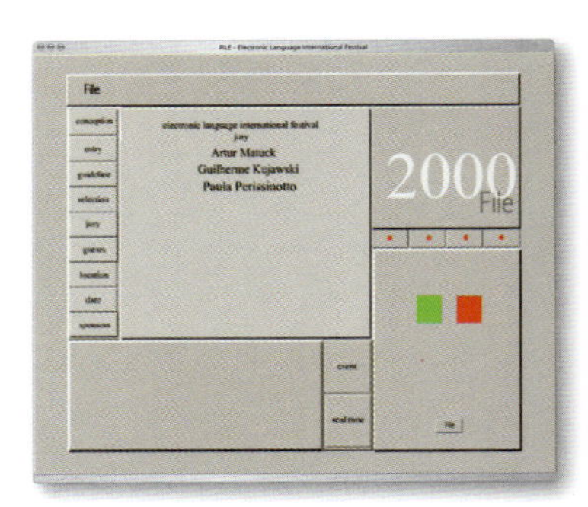

FILE SÃO PAULO
1ª EDIÇÃO
2000

Website

DESIGN
Ricardo Barreto

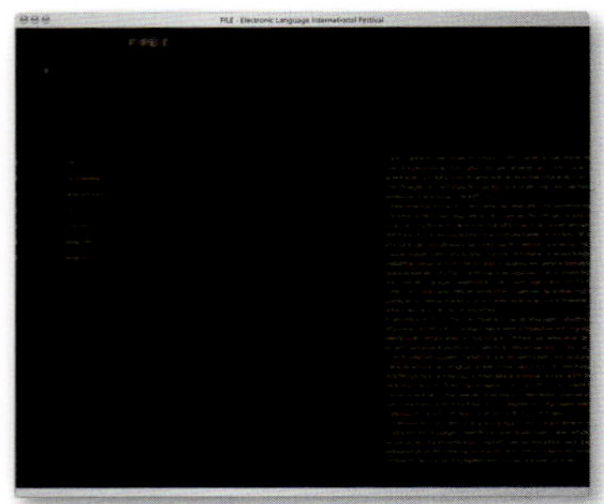

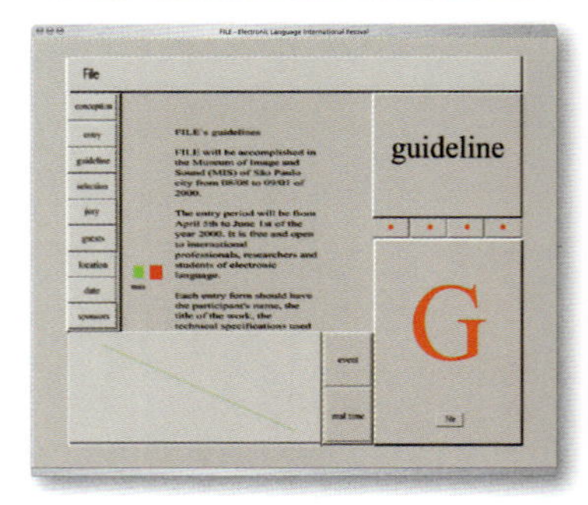

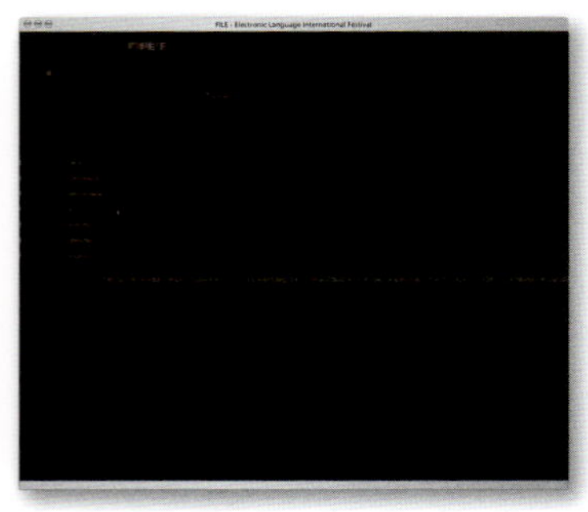

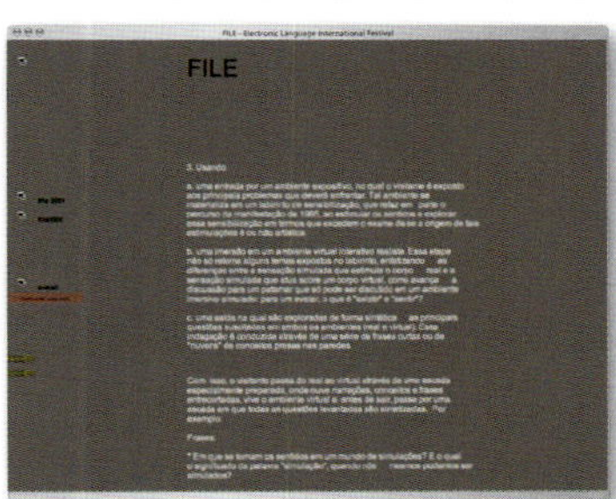

FILE SÃO PAULO
2ª EDIÇÃO
2001

Website

DESIGN
Ricardo Barreto

FILE CURITIBA
1ª EDIÇÃO
2001

Website

DESIGN
Ricardo Barreto

FILE SÃO PAULO
3ª EDIÇÃO
2002

Hotsite de Inscrições

DESIGN
Ricardo Barreto

FILE SÃO PAULO
3ª EDIÇÃO
2002

Hotsite de Lançamento

DESIGN
Ricardo Barreto

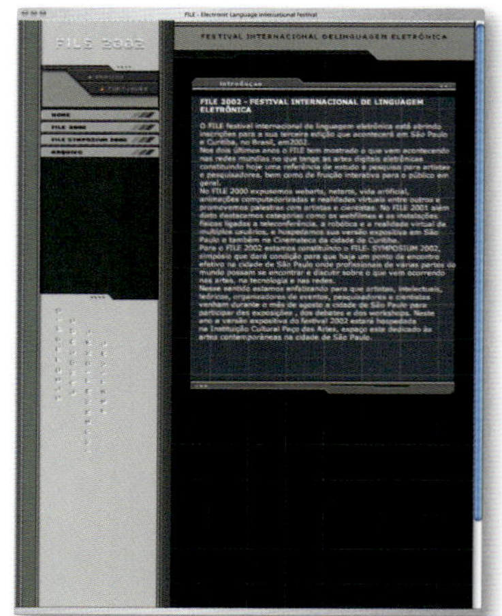

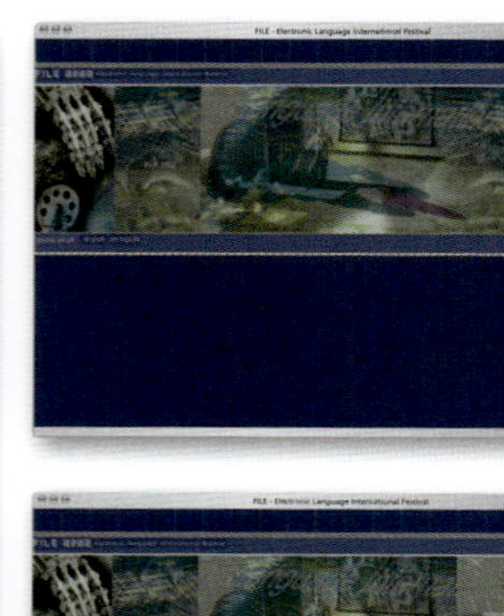

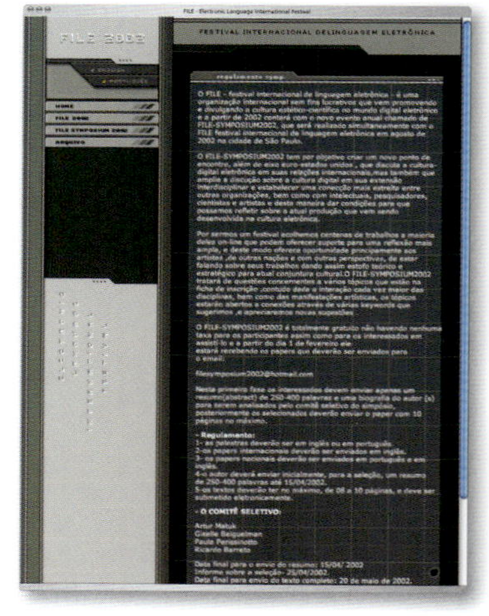

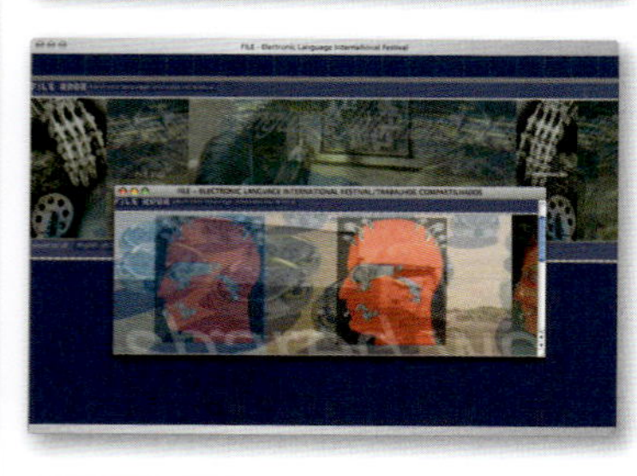

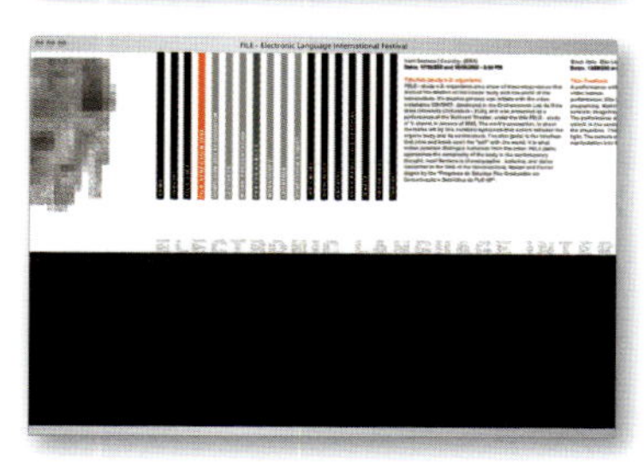

FILE SÃO PAULO
3ª EDIÇÃO
2002

Website

DESIGN
Fábio Prata

FILE SÃO PAULO
4ª EDIÇÃO
2003

Website

DESIGN
ps.2 arquitetura + design

FILE SÃO PAULO
4ª EDIÇÃO
2003

Hotsite de
Lançamento

DESIGN
ps.2 arquitetura
+ design

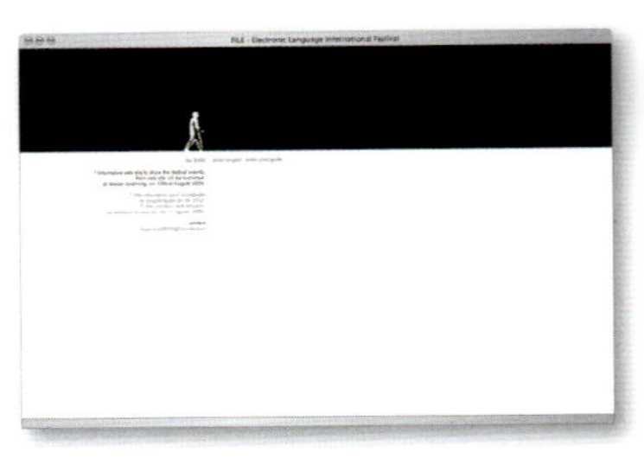

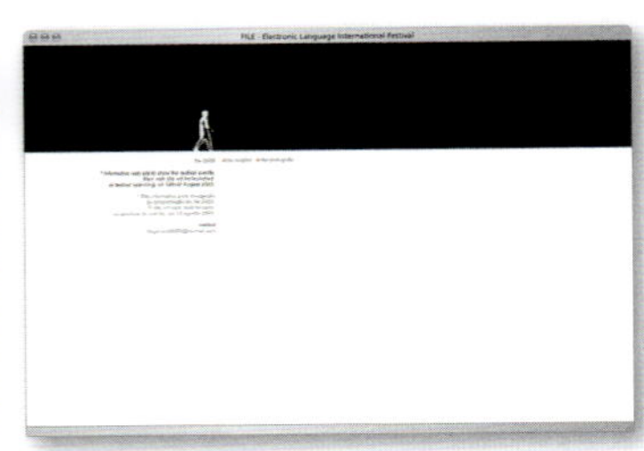

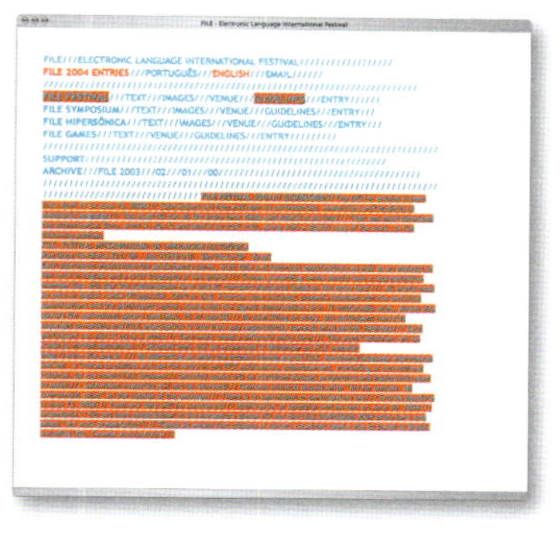
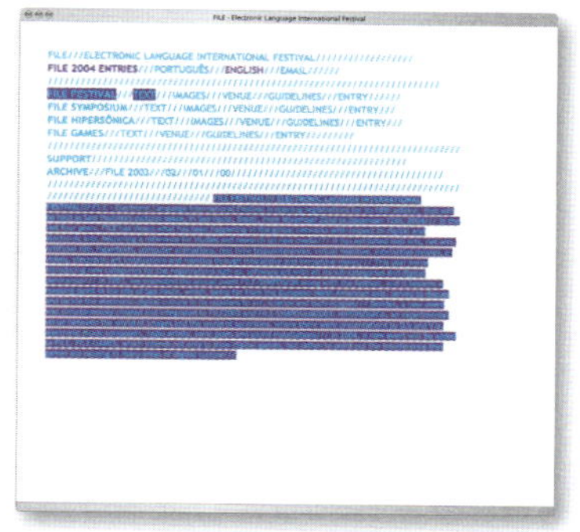

FILE SÃO PAULO
5ª EDIÇÃO
2004

Hotsite de Inscrições

DESIGN
ps.2 arquitetura + design

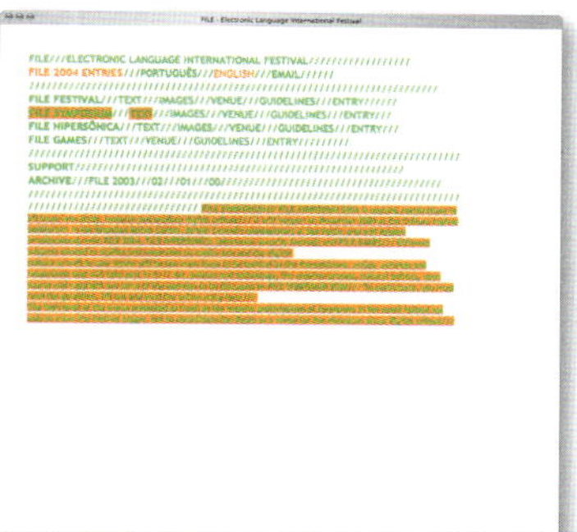
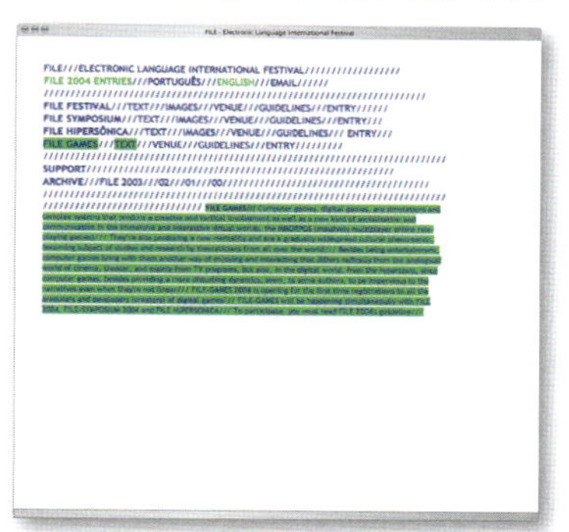

FILE SÃO PAULO
5ª EDIÇÃO
2004

Hotsite de
Lançamento

DESIGN
ps.2 arquitetura
+ design

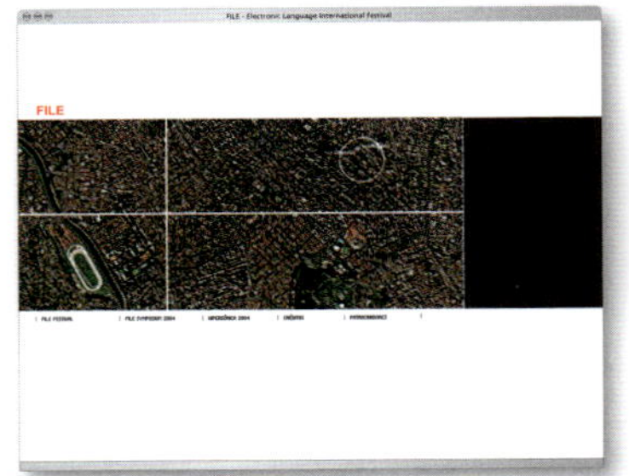

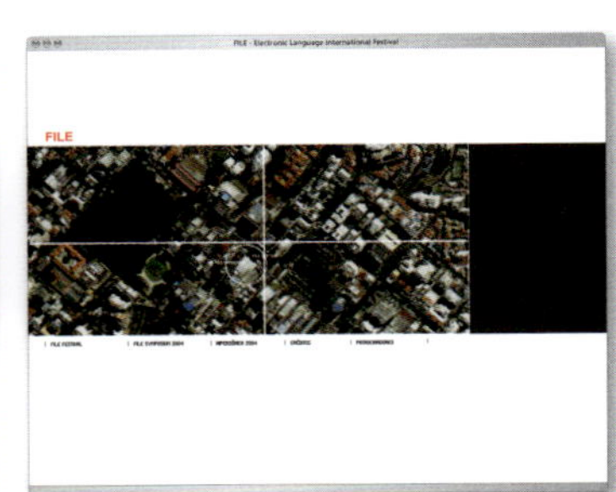

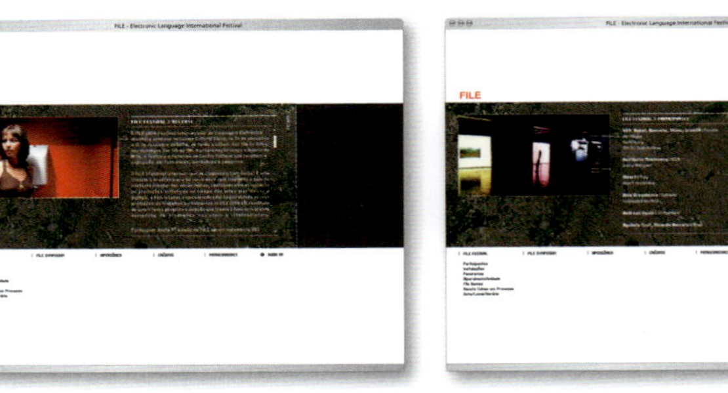

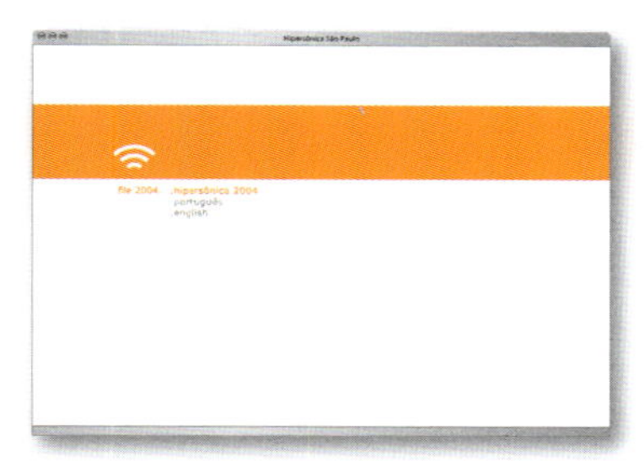

FILE HIPERSÔNICA SÃO PAULO 2ª E 3ª EDIÇÕES
2004 E 2005

Website

DESIGN
ps.2 arquitetura + design

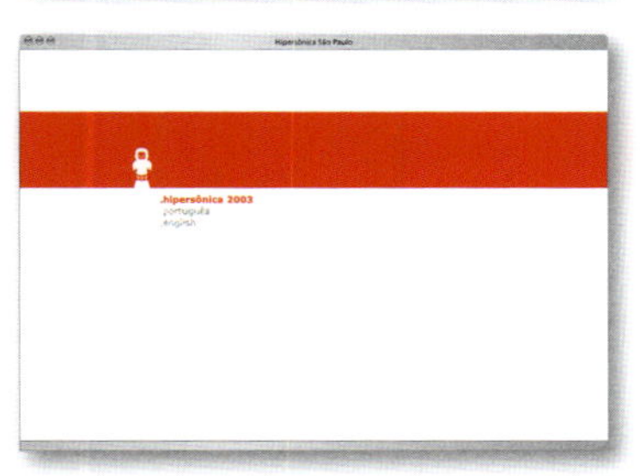

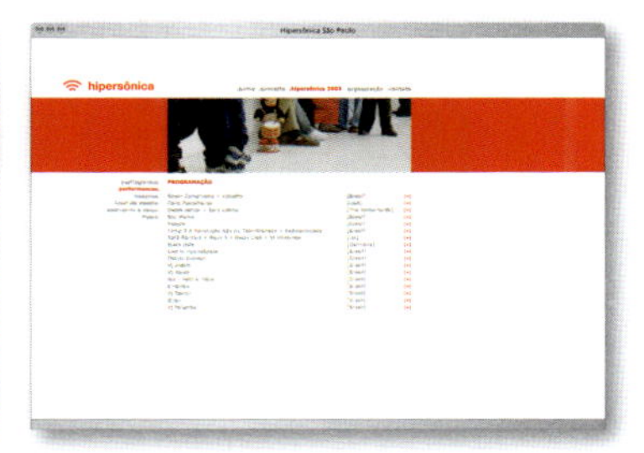

FILE SÃO PAULO
6ª EDIÇÃO
2005

Hotsite de
Lançamento

DESIGN
ps.2 arquitetura
+ design

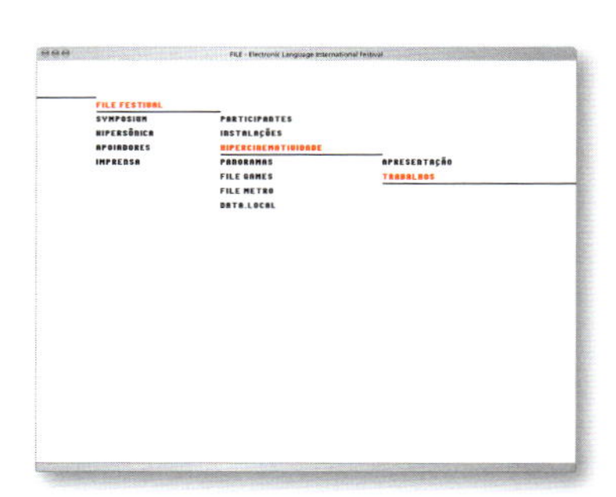

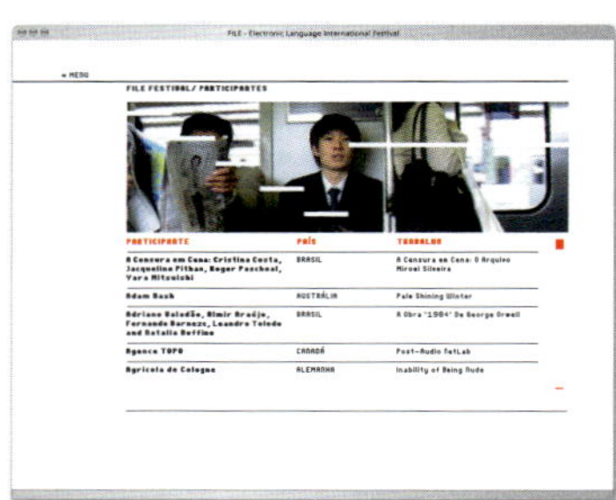

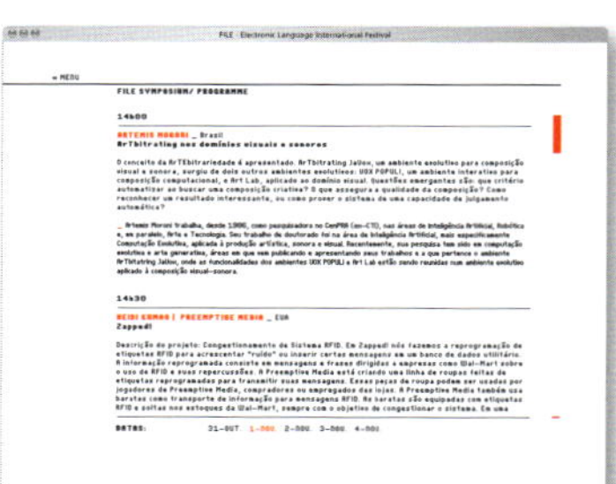

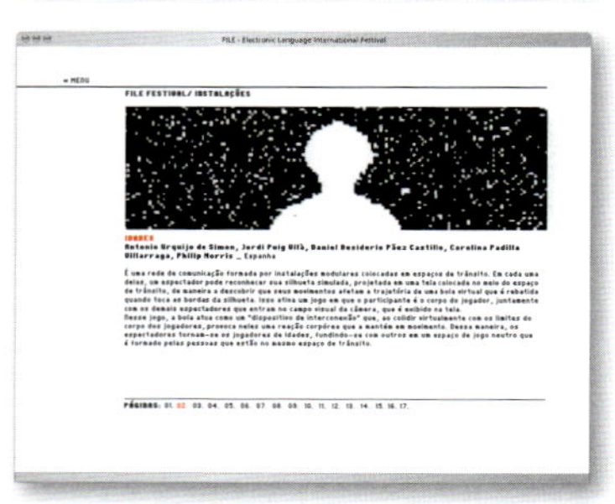

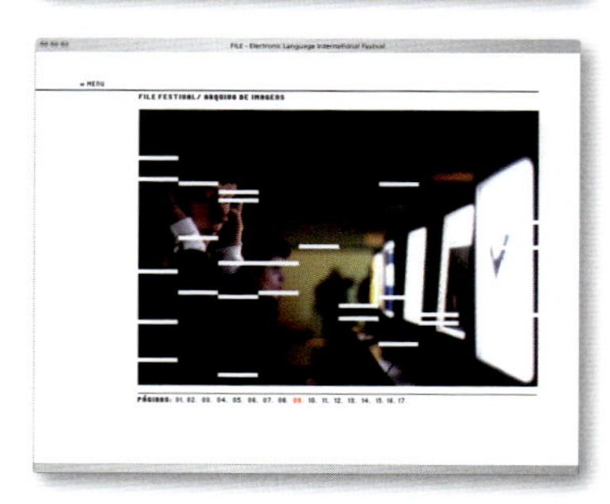

FILE SÃO PAULO
7ª EDIÇÃO
2006

Hotsite de Lançamento

DESIGN
ps.2 arquitetura + design

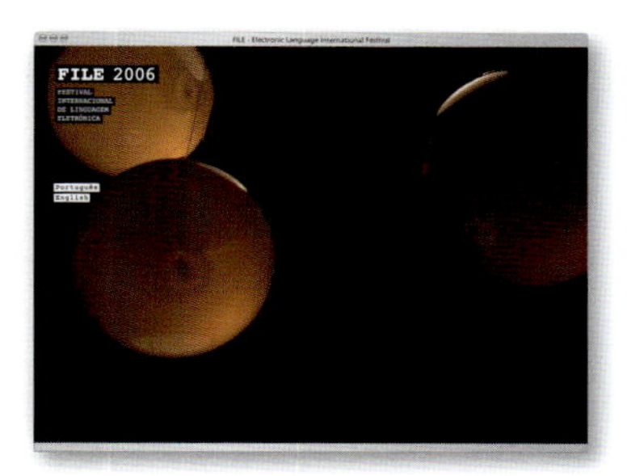

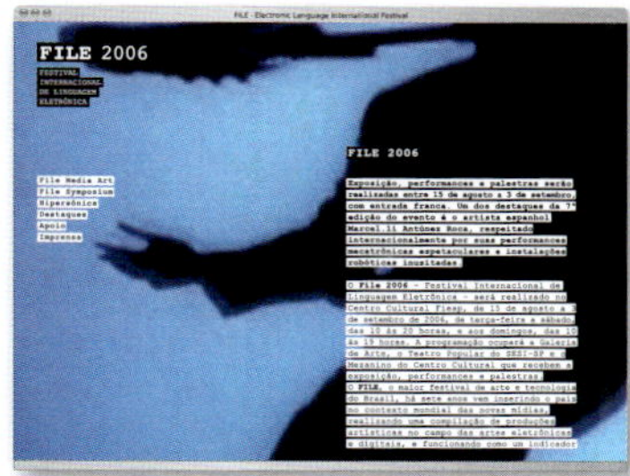

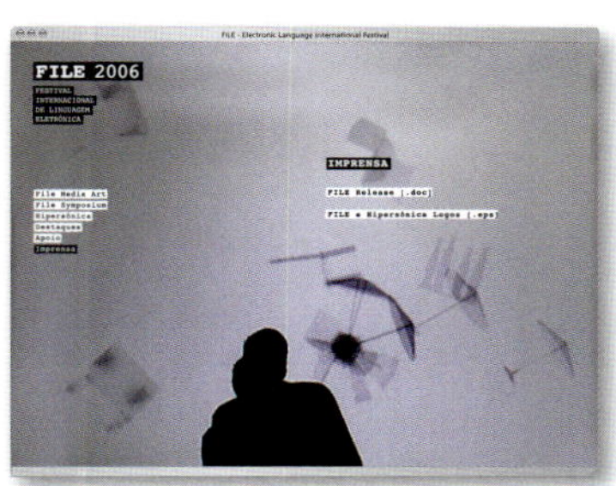

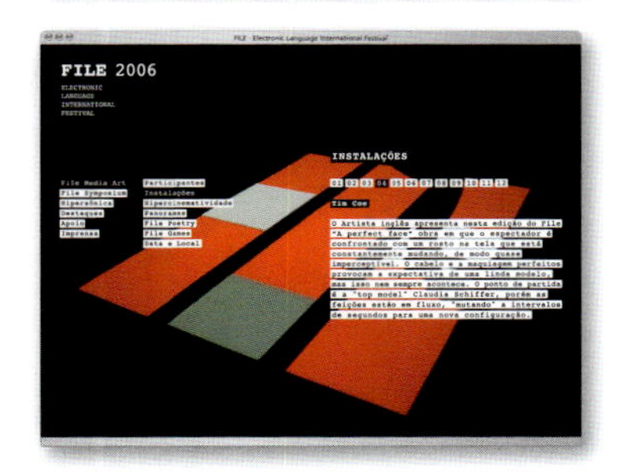

FILE FESTIVAL
7ª EDIÇÃO
2006

Website

DESIGN
ps.2 arquitetura
+ design

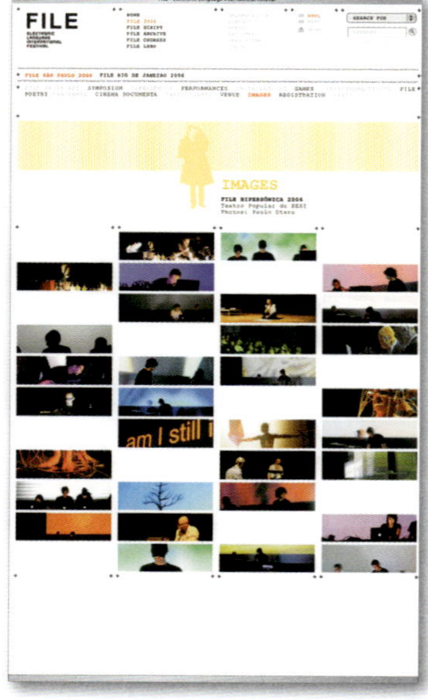

FILE SÃO PAULO
8ª EDIÇÃO
2007

Hotsite de
Inscrições

DESIGN
ps.2 arquitetura +
design

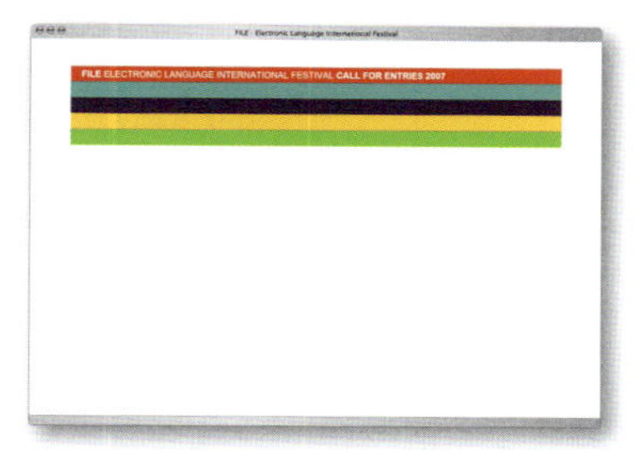

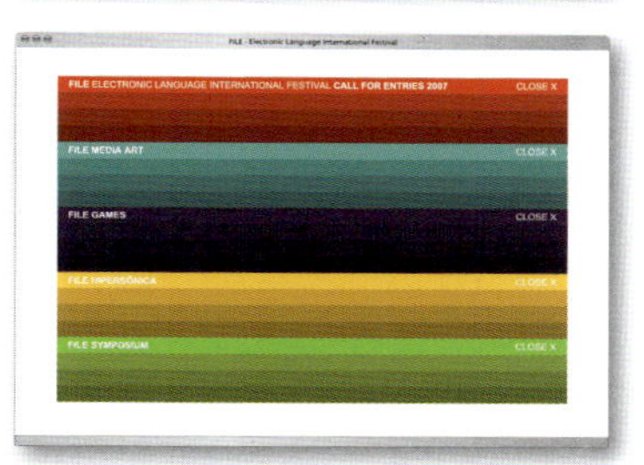

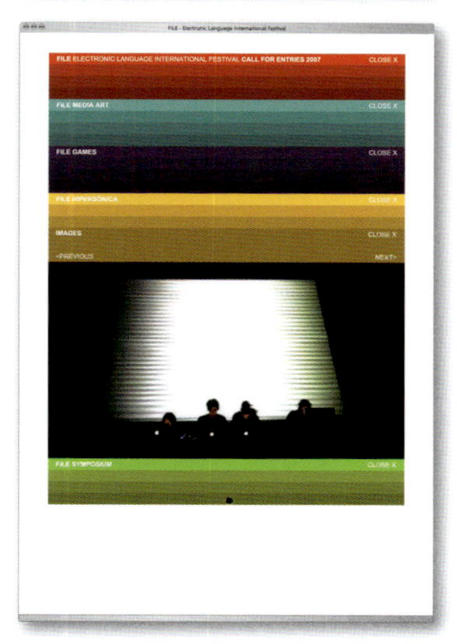

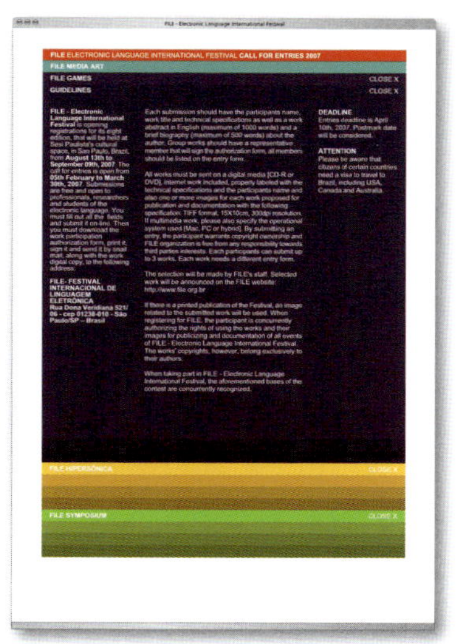

FILE HIPERSÔNICA RIO 1ª EDIÇÃO
2007

Website

DESIGN
ps.2 arquitetura + design

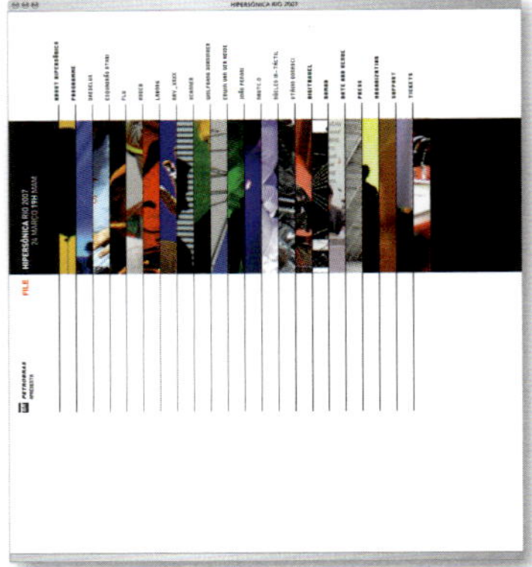

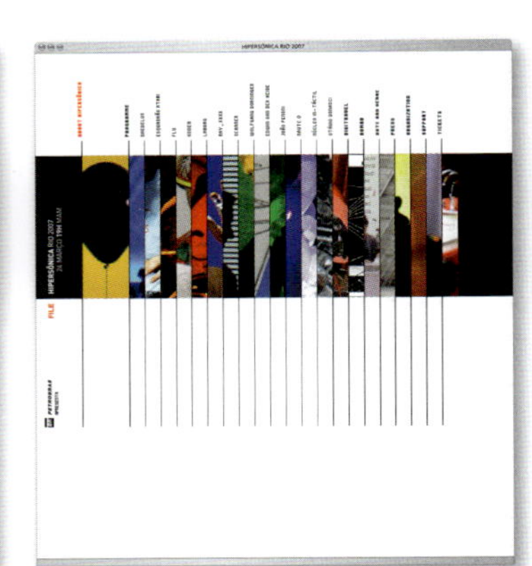

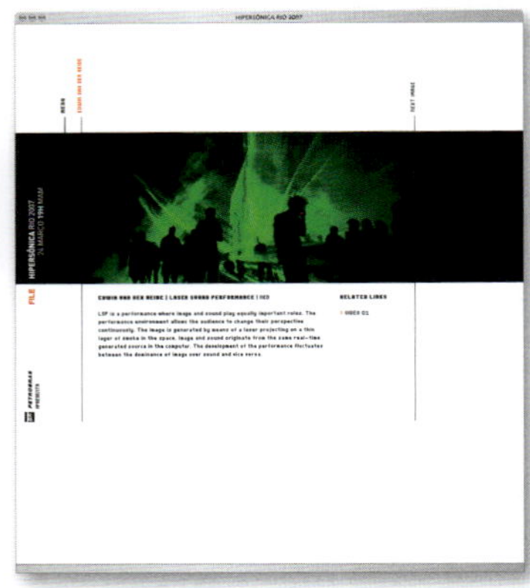

FILE SÃO PAULO
9ª EDIÇÃO
2008

Hotsite de Inscrições

DESIGN
ps.2 arquitetura + design

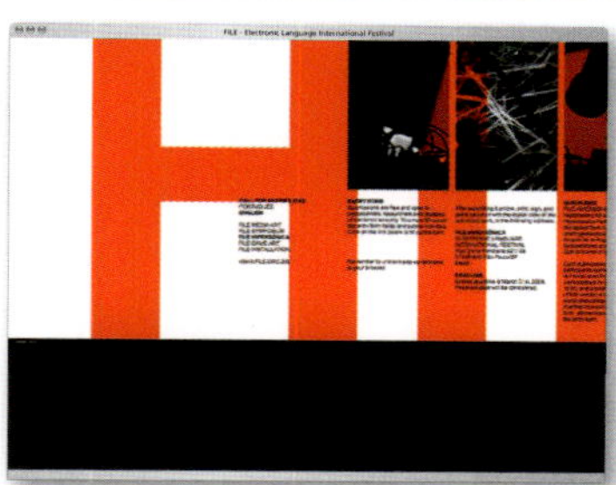

FILE PORTO ALEGRE
1ª EDIÇÃO

FILE RIO
3ª EDIÇÃO

FILE SÃO PAULO
9ª EDIÇÃO

2008

Hotsite de Lançamento do FILE Porto Alegre, Rio e São Paulo

DESIGN
ps.2 arquitetura + design

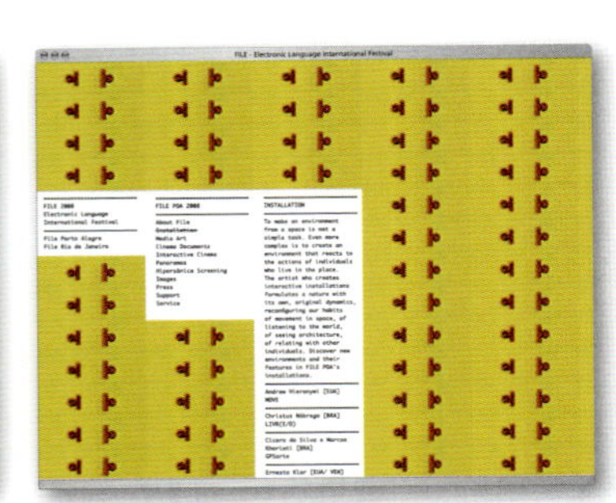

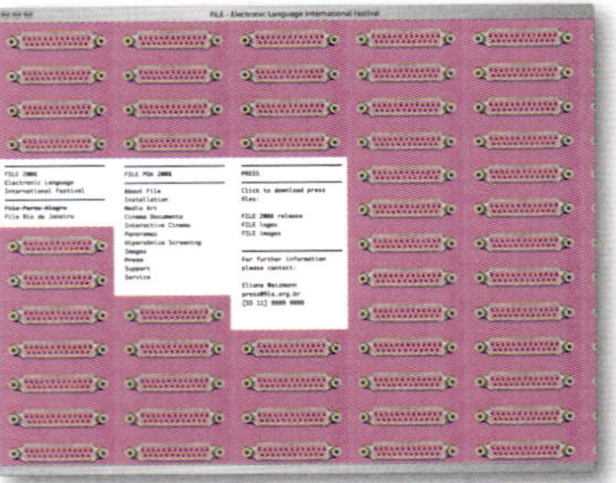

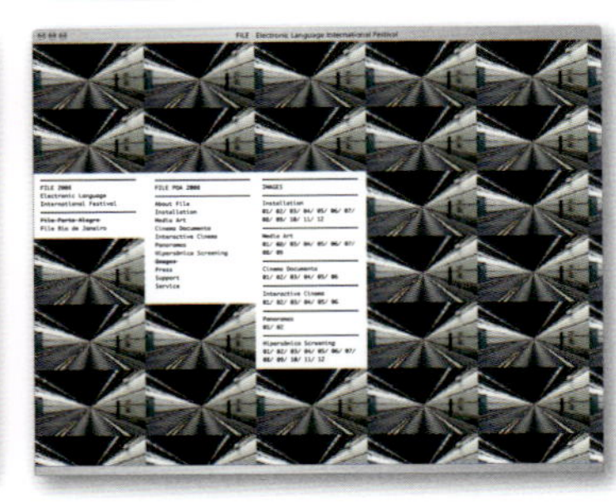

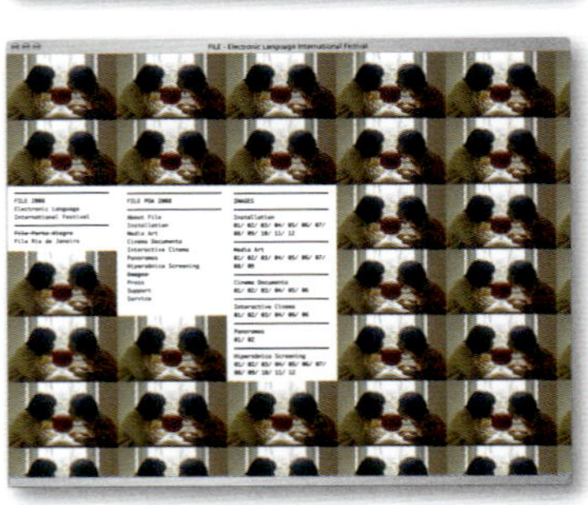

FILE INOVAÇÃO
1ª EDIÇÃO
2008

Website

DESIGN
Mamute Mídia Ltda

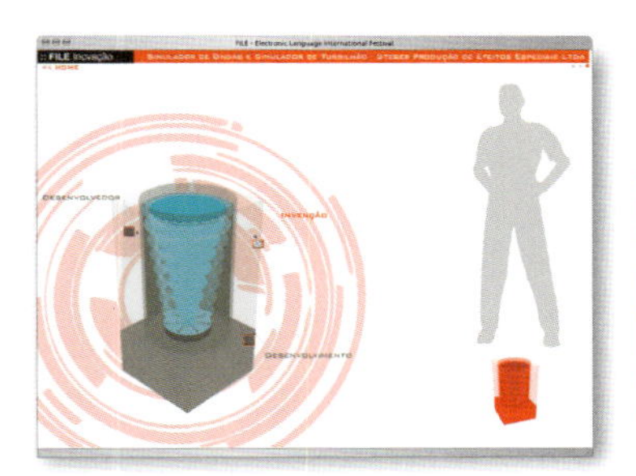

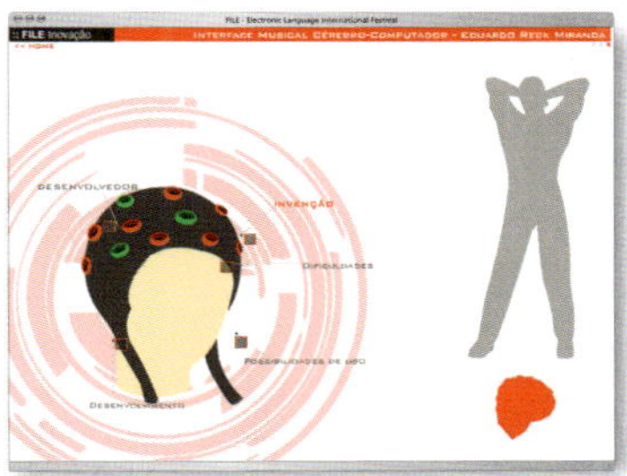

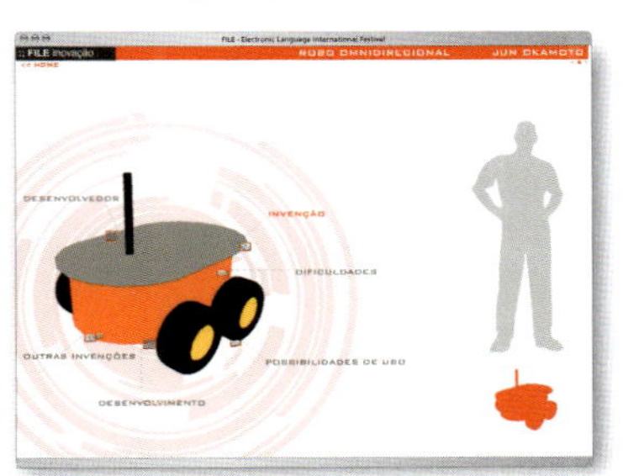

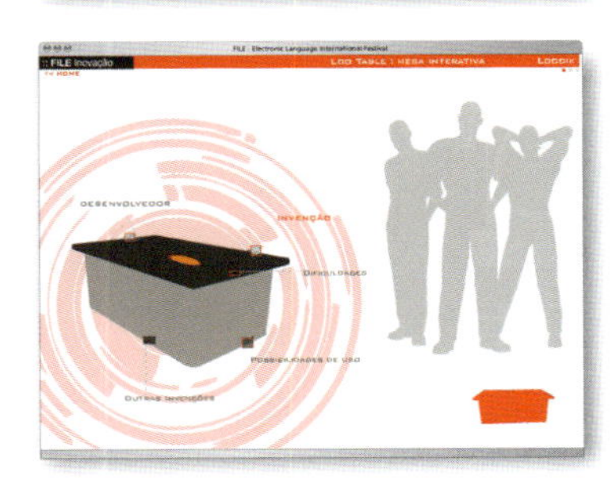

FILE SÃO PAULO
10ª EDIÇÃO
2009

Hotsite de
Inscrições

DESIGN
Alfaiataria.net

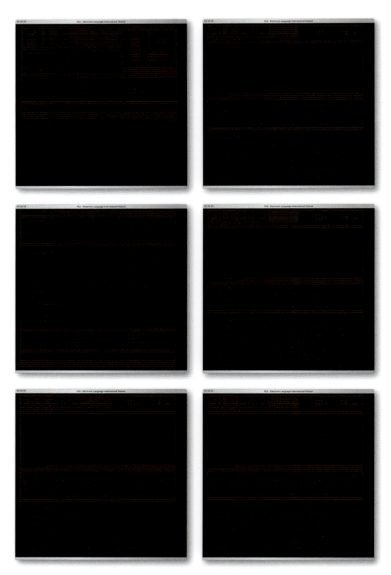

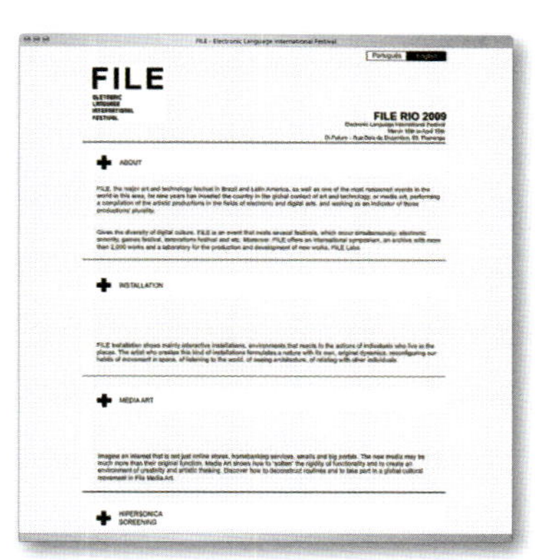

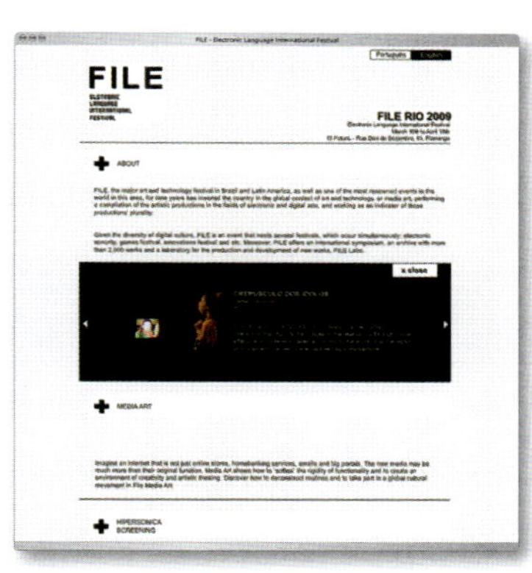

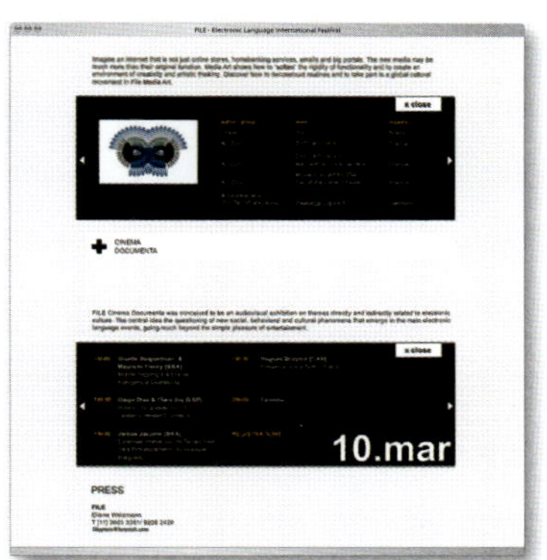

FILE RIO
4ª EDIÇÃO
2009

Hotsite de Lançamento

DESIGN
Alfaiataria.net

FILE SÃO PAULO
10 NURBS PROTO 4KT
10ª EDIÇÃO
2009

Hotsite de
Lançamento

DESIGN
BIZU_Design
com Conteúdo

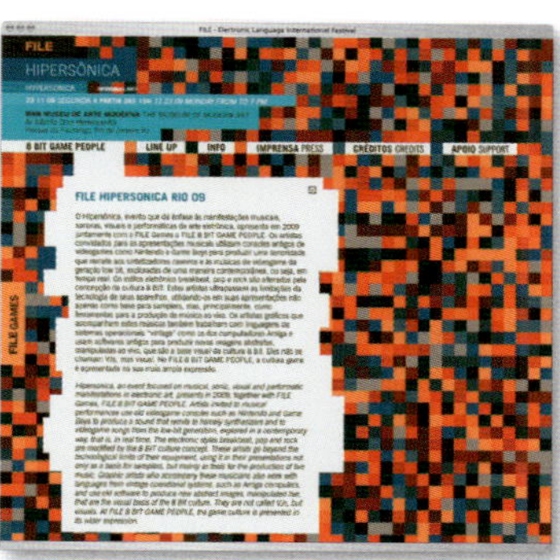

FILE HIPERSÔNICA RIO 8 BIT GAME PEOPLE 2ª EDIÇÃO

FILE GAMES RIO 8 BIT GAME PEOPLE 1ª EDIÇÃO

2009
Website

Design:
BIZU_Design com Conteúdo

FILE SÃO PAULO
4ª EDIÇÃO
2003

CATÁLOGO
Elementos da biologia celular foram usados como metáfora gráfica na apresentação dos diversos segmentos – que incluem arte digital e sonora, performance e instalação – da quarta edição, traçando um paralelo entres os códigos digital e biológico.

DESIGN
ps.2 arquitetura + design

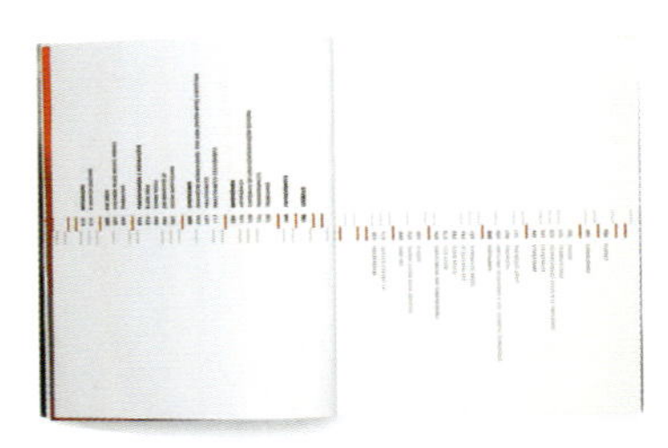

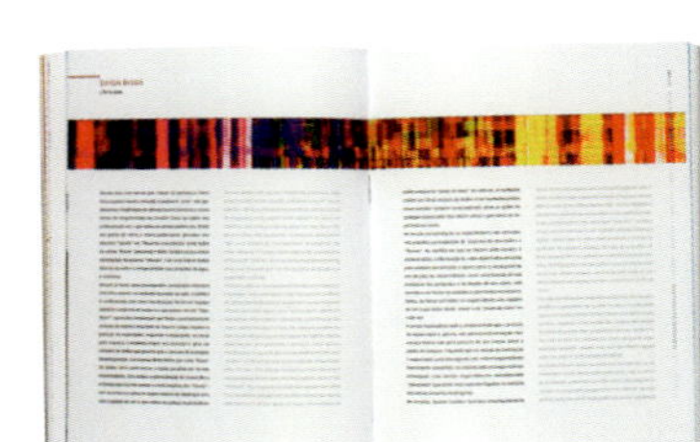

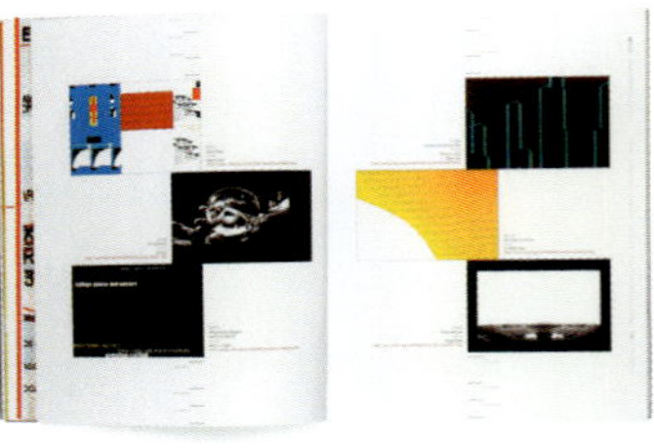

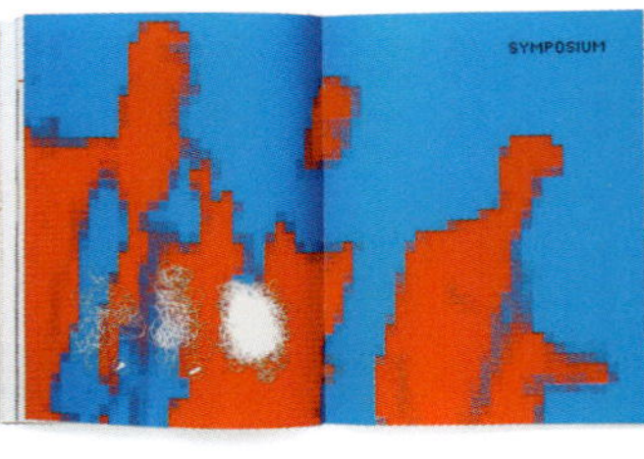

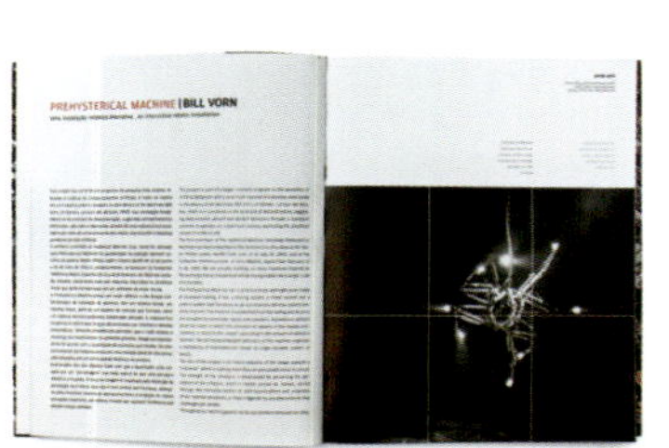

FILE SÃO PAULO
5ª EDIÇÃO
2004

CATÁLOGO
O projeto gráfico do catálogo incorpora e expande as semelhanças formais e conceituais existentes entre placas de circuito eletrônico e fotografias de satélite da paisagem urbana. A paginação é convertida em notações de coordenadas, as informações dos trabalhos são agrupadas como legendas de cartografia, mapas indicam a nacionalidade dos artistas. As aberturas das seções trazem as imagens de satélite em diferentes escalas, mostrando a cidade cada vez mais de perto ao longo do catálogo.

DESIGN
ps.2 arquitetura + design

FILE SÃO PAULO
HIPERMÍDIAS
6ª EDIÇÃO
2005

CATÁLOGO

O projeto gráfico do livro do FILE de 2005 adotou uma escala de cores para a identificação das várias programações da mostra e dispôs textos e imagens em fichas de formatos variados. A capa, impressa em preto e em duas cores fluorescentes, assim como as páginas internas, utilizaram frames da vinheta realizada por Nivaldo Godoy e Panais Bouki, produzindo um efeito ótico-cromático com o manuseio da publicação. Os textos foram compostos em Virtue, Officina Sans e Officina Serif Book.

DESIGN

André Lenz e Gabriel Borges

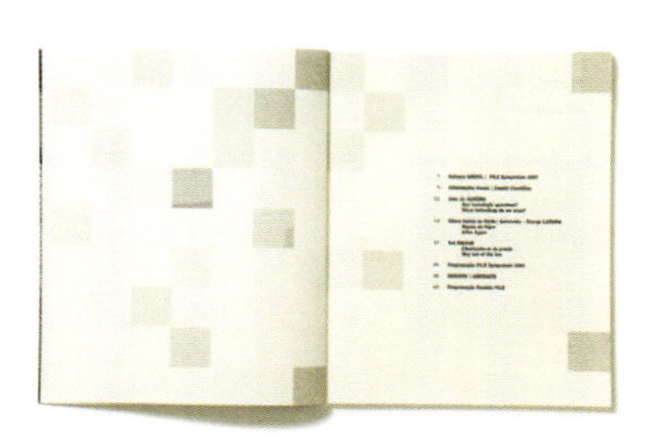

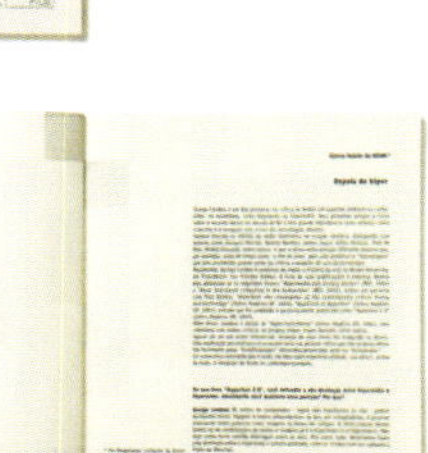

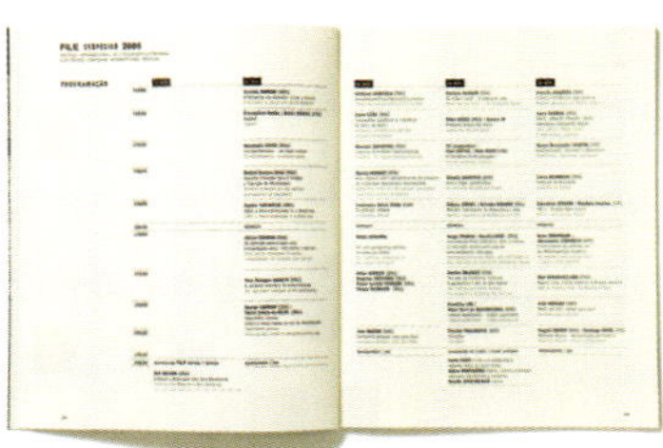

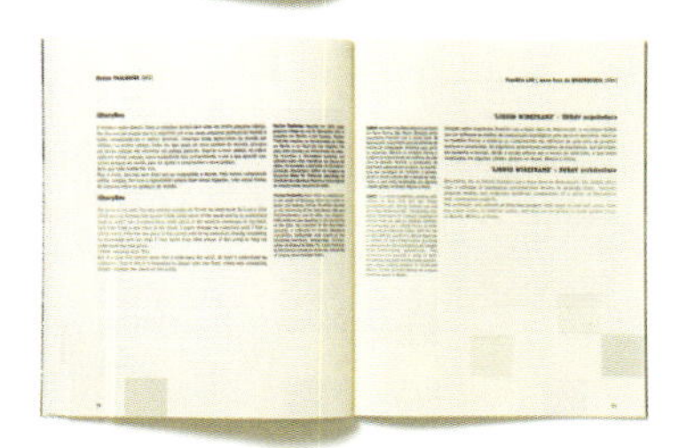

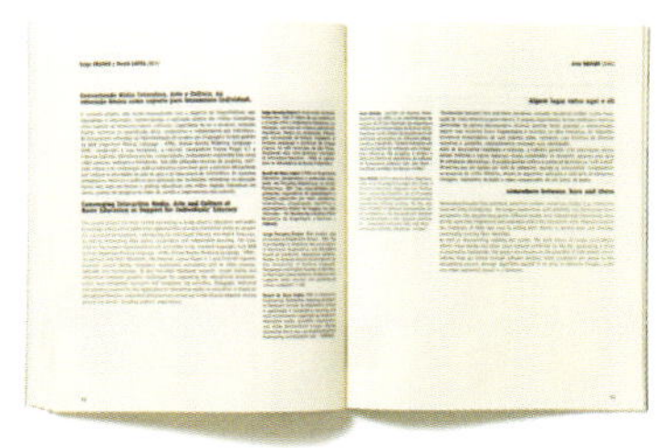

FILE SYMPOSIUM SÃO PAULO 6ª EDIÇÃO
2005

CATÁLOGO
A publicação FILE Symposium utilizou um sistema modular para a diagramação das pesquisas dos participantes do FILE de 2005. Na capa e nas páginas internas foi aplicada uma padronagem que remete aos grafismos de impressões digitais e de placas de circuitos eletrônicos, repetida de modo aleatório ao longo do livro. A capa foi impressa em preto e em pantone metálico e o miolo, em papel Pólen, com textos em preto e compostos em Officina Sans e Officina Serif Book.

DESIGN
André Lenz

FILE RIO
1ª EDIÇÃO
2006

CATÁLOGO
O projeto gráfico do livro FILE Rio foi desenvolvido a partir de eixos horizontais e marcações verticais que ordenam as imagens e textos dos trabalhos apresentados. A capa utilizou uma imagem da obra Metaforms, do artista alemão Tim Coe, e foi impressa nas cores azul, prata e preto, sendo o miolo do livro em couchê fosco e em papel Pólen para os resumos do FILE Symposium. Foram usadas as famílias tipográficas Rotis Semi Sans para os textos e Typestar para os títulos.

DESIGN
André Lenz

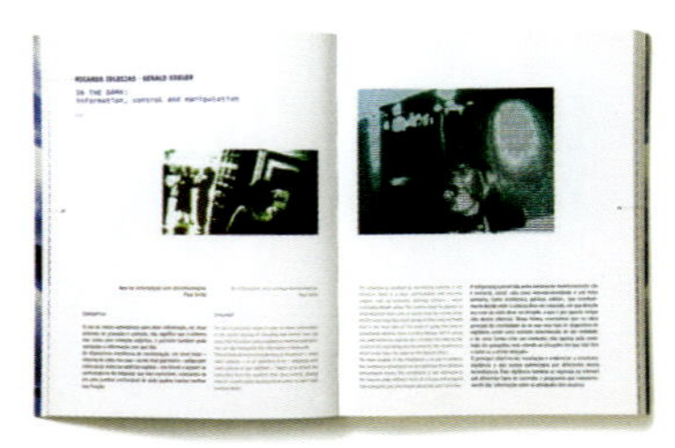

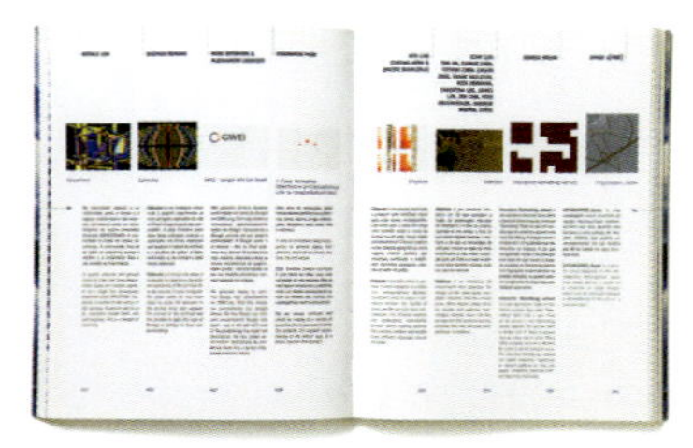

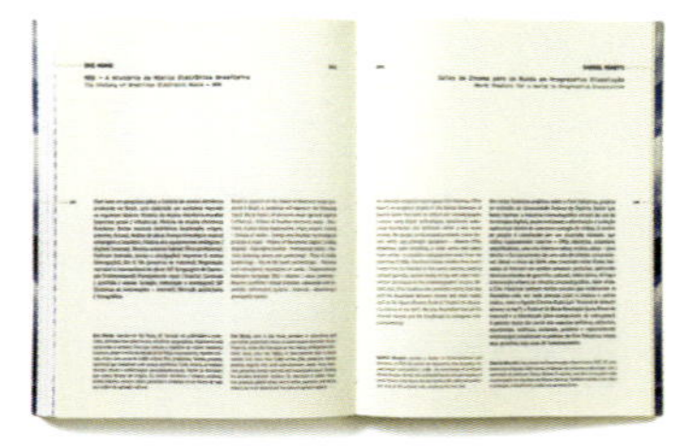

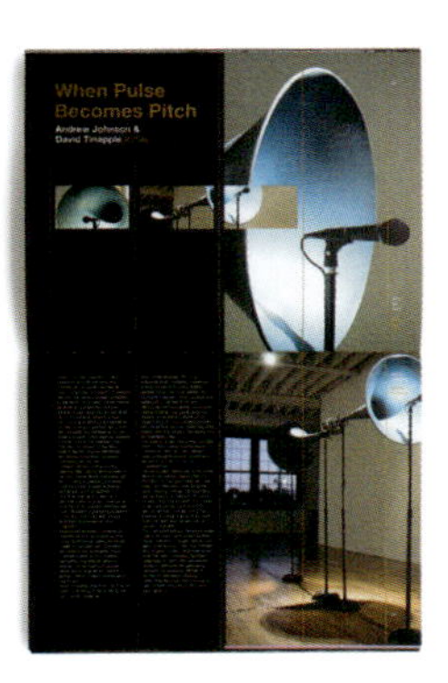

FILE SÃO PAULO
GEOMATRIX
8ª EDIÇÃO
2007

CATÁLOGO

O tema da edição, "Geomatriz - Hábitos Reconfigurados", é explorado através da oposição de cenas da natureza em seu estado original e imagens de animais domesticados, que tiveram portanto seu comportamento natural "reprogramado" pela ação humana. A orientação vertical da publicação procura alterar a forma natural de folhear um livro, propondo que os hábitos do próprio leitor sejam também reconfigurados.

DESIGN

ps.2 arquitetura + design

FILE RIO
2ª EDIÇÃO
2007

CATÁLOGO
No segundo ano do evento no Rio de Janeiro, acreditamos que seria interessante tentar utilizar uma linguagem vetorial, destacando a ideia de olhos que observam em todas as partes da identidade. Sendo um evento de tecnologia e artes, decidiu-se criar um mundo próprio, com uma série de ilustrações feitas a partir de pedaços das obras dos artistas.

DESIGN
Rita Mayumi, Bruno Thomaz, Mari Moura, Anderson Salvador e Eduardo Bento Jr.

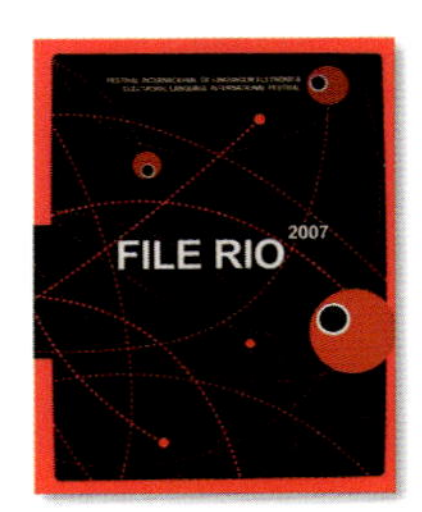

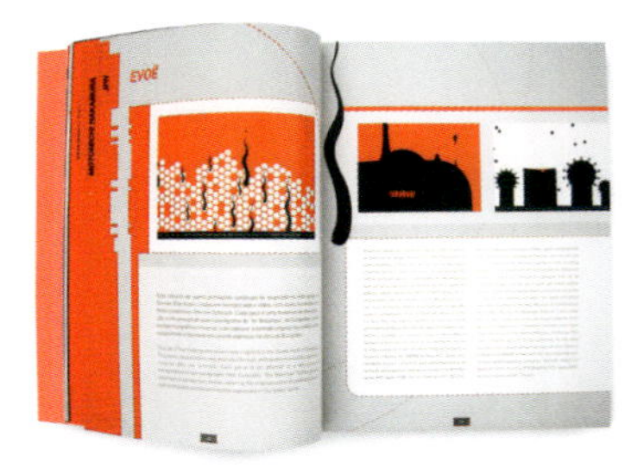

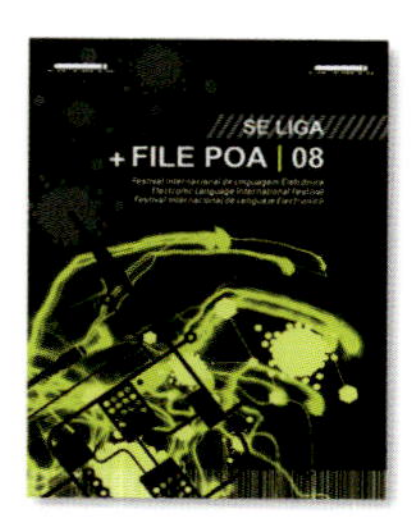

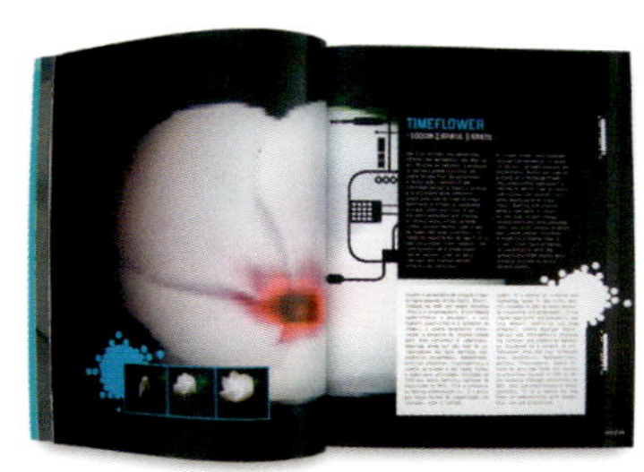

FILE PORTO ALEGRE
1ª EDIÇÃO

FILE RIO
3ª EDIÇÃO

2008

LIVROS
Para onde um fio-condutor pode nos guiar? E onde nos conectam? O mesmo conceito "Se Liga" foi aplicado nos eventos no Rio de Janeiro e em Porto Alegre, simbolizando a ligação do evento entre as duas cidades – uma vez que elas ocorreram simultaneamente. A identidade faz uma referência a possibilidade de conexão, de se ligar à arte, tecnologia e ao evento.

DESIGN
Rita Mayumi, Bruno Thomaz e Mari Moura

FILE RIO

4ª EDIÇÃO
2009

CATÁLOGO
"Como tirar o objeto de um contexto e aplicar outra reliadade a ele?". Esta foi a ideia-conceito da identidade visual, que a partir de elementos do cotidiano, somados a tecnologia, ganharam uma série de imagens e outros significados para o evento que ocorreu no Rio de Janeiro.

DESIGN
Rita Mayumi, Bruno Thomaz e Mari Moura

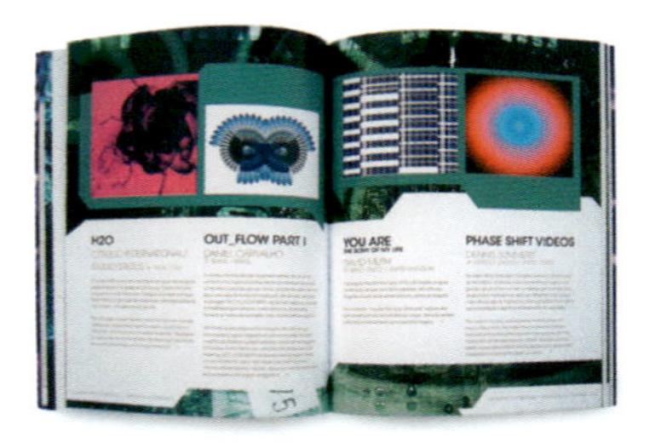

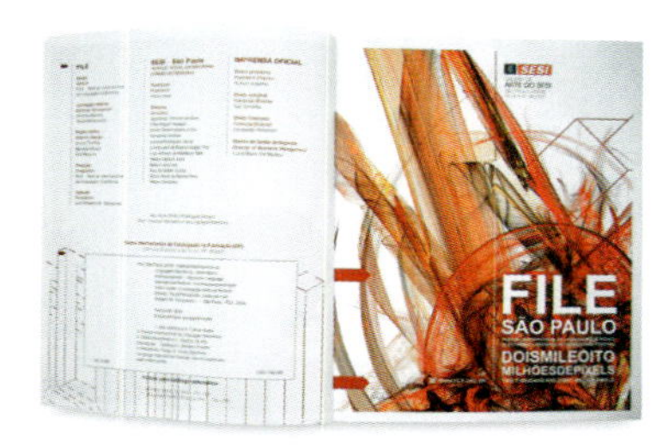

FILE SÃO PAULO
DOIS MIL E OITO
MILHÕES DE PIXELS
9ª EDIÇÃO
2008

CATÁLOGO
Com a temática "2008 Milhões de Pixels" – devido a tecnologia 4K apresentada no evento neste ano –, as infinitas possibilidades de um mundo novo foram exploradas, e, a partir de detalhes vivos e ultradefinição do objeto aos olhos do expectador, foi possível explorar milhões de possibilidades e combinações.

DESIGN
Rita Mayumi, Bruno Thomaz e Mari Moura

FILE SÃO PAULO
10 NURBS PROTO 4KT
10ª EDIÇÃO
2009

CATÁLOGO
Queríamos usar a computação gráfica e softwares de design não apenas como ferramenta, mas como linguagem e conteúdo expressivo. A identidade do projeto foi criada a partir de ilustrações feitas não somente de forma digital, mas que de fato exploram os recursos do software para reorganizar/alterar estas mesmas ilustrações, produzindo imagens inspiradoras. Foi um processo interessante de experimentação, edição e interferência nas imagens – algo como subverter "a bit" a lógica binária 0-1: um diálogo artístico com a máquina. O resultado foi uma identidade quase mutante, porém única. O livro explora essa característica: foram feitas duas capas diferentes e as ilustrações marcam os abres dos capítulos.

DESIGN
BIZU_Design com Conteúdo

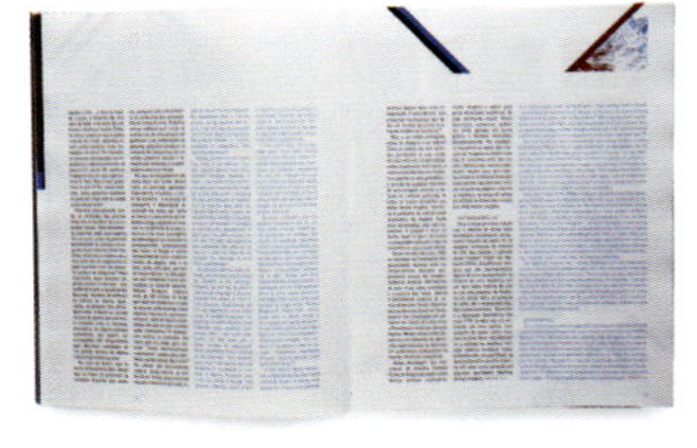

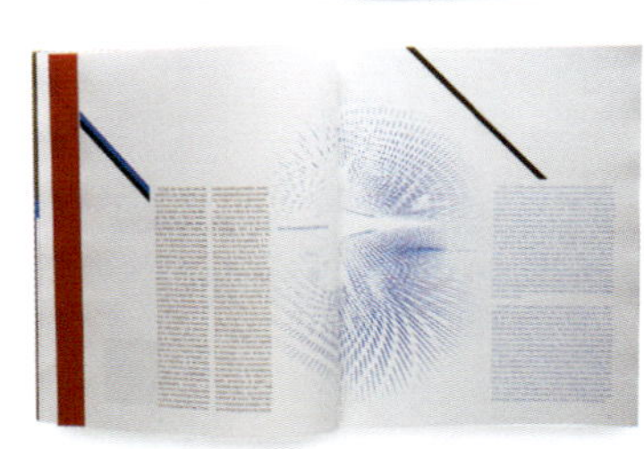

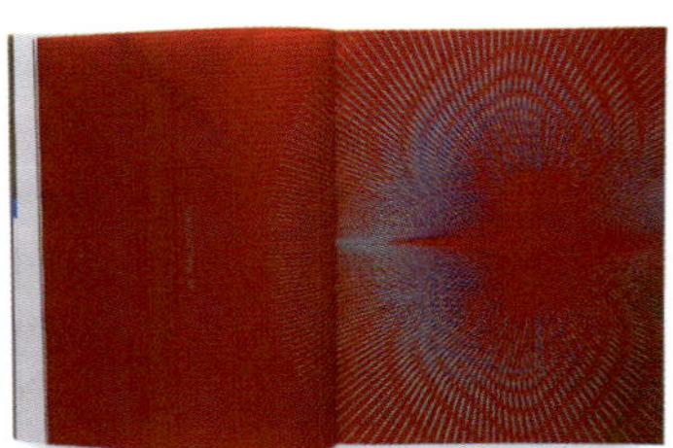

FILE HIPERSÔNICA RIO 8 BIT GAME PEOPLE 2ª EDIÇÃO

FILE GAMES RIO 8 BIT GAME PEOPLE 1ª EDIÇÃO

2009

CATÁLOGO
O limite de cores dos processadores 8 bits foi utilizado como linguagem. Criamos versões em 256 cores das obras dos artistas e usamos essas "novas velhas imagens" como uma textura que invade o livro, em todas as suas páginas. O conteúdo aparece em uma segunda camada, sempre sobre fundo branco, em estética que remete às animações "quase estáticas" que eram alma dos jogos de 8 bits. O uso funcional de termos de games (como Start e Game Over) contribui para gerar uma sensação de movimento.

DESIGN
BIZU_Design com Conteúdo

GLOSSÁRIO DE TERMOS

Algoritmos
Conjunto de regras ou instruções matemáticas criadas para que um computador ou outro equipamento eletrônico execute uma determinada tarefa.

Analógico
Sistema de comunicação oposto ao digital que opera por meio de ondas eletromagnéticas.

Animação Gif
É uma animação digital criada a partir da combinação de diversas imagens em um único arquivo GIF Graphics Interchange Format (Formato de Intercâmbio Gráfico).

Aplicativo
Vide Software.

Autômatos
Máquinas que agem de forma semelhante ou se assemelham a seres vivos. Robôs.

Avatar
Personificação de algo ou alguém. Na internet ou em redes sociais é o nome dado à representação gráfica de um usuário.

Bit
Sigla em ingles de Dígito Binário (Binary Digit), a menor unidade de informação capaz de ser processada por um computador.

Browser
Nome comum dados aos programas que permitem a navegação e exploração da internet.

Bug
Nome dado a um erro de funcionamento em um software ou hardware.

Cluster
Termo usado para designar um conjunto de computadores ou servidores programados para funcionar conjuntamente, com o objetivo de agilizar um processo ou armazenar uma maior quantidade de dados.

Código binário
Linguagem de programação composta pelos dígitos 0 e 1 utilizada para fornecer instruções a computadores ou outro equipamento eletrônico.

Digital
Oposto ao analógico. Sistema que transmite informações por meio de código binário.

Download
Do inglês, baixar ou descarregar. É a transmissão de informações ou dados de um computador remoto ou servidor para um computador local.

Hardware
É o nome dado à parte física de um computador ou outro equipamento eletrônico. Isto é, o conjunto de processadores, circuitos etc.

Hibridismo
Fusão ou mistura de dois elementos diferentes a fim de criar um terceiro.

HTML
sigla em inglês para Hypertext Markup Language, Linguagem de Marcação de Hipertexto. É a linguagem mais utilizada para criar páginas na internet.

Hyperlink
Recurso que permite ligar, através de links, uma palavra ou parte de um texto na internet a informações a ele relacionadas.

Imersão
No contexto da Realidade Virtual ou Games, a sensação do usuário de vivenciar situações virtuais como se fossem reais.

Interface
Meio de comunicação entre duas entidades. Por exemplo, a aparência gráfica dada a um software para que ele possa ser manipulado pelo usuário.

Java script
Nome de uma linguagem de programação criada em 1995 pela empresa Netscape.

Largura de banda
Também conhecido apenas como banda, é o nome usado para designar a capacidade de transmissão de dados de uma conexão à internet.

Linguagem de programação
Linguagem utilizada para dar comandos a um computador.

Link
Do inglês, ligação. Imagem ou texto que leva a outros documentos na internet.

Listserv
Sistema de endereçamento de e-mail, que permite a usuários enviar informação em massa para e-mails existentes num grupo ou relação.

Looping
Execução da(s) mesma(s) instrução(ões) um número pré-determinado de vezes, a fim de atingir um certo resultado.

Mainframe
Nome utilizado para designar um computador de grande porte e performance ou uma central de processamento de dados.

Metadado
Dados a respeito dos dados já existentes, ou classificações sobre a informação ou dados já existentes.

Morphing
Recurso utilizado em filmes ou animações que consiste em transformar uma imagem em outra de forma crível e aparência não artificial.

Nanotecnologia
Ciência aplicada a várias áreas tais como Computação e Biologia, que visa o desenvolvimento de dispositivos cujo tamanho esteja entre 0,1 e 100 nanômetros. Um nanômetro equivale a um milésimo de milímetro.

Online
Termo utilizado para designar algo ou alguém conectado à internet.

Pixel
Menor unidade de uma imagem que é exibida num monitor ou tela. Quanto mais pixels possuir uma imagem, maior será sua definição.

Plugin
Do inglês plug in, encaixar ou inserir, é o termo usado para designar um aplicativo que permite ampliar as funções de um software.

Processamento
A capacidade de um computador ou outro equipamento eletrônico de transformar dados em informação.

Protocolo
Termo que designa convenções ou padrões que permitem que um computador "compreenda" as informações transmitidas por outro computador ou sistema.

Remix
Termo utilizado para definir uma versão alternativa de uma música, diferente da versão original.

Servidor
Um computador que fornece ou armazena informações para outros computadores ligados a ele.

Sistema operacional
Software de gerenciamento das funções básicas de um computador, tais como memória, tempo de processamento, etc.

Site
Ou website. Nome dado a um endereço de páginas HTML na internet.

Software
Programa de computador, geramente armazenado e executado nesse, serve para a realização de determinadas tarefas.

Streaming
Tecnologia que permite a execução de áudio e vídeo na internet.

Virtual
Definição dada para tudo aquilo que existe na internet e nem sempre possui um correlato no mundo real.

Vírus
Programa de computador com finalidade maliciosa, que se propaga a partir de auto-replicação.

VRML
Virtual Reality Modeling Language, Linguagem para Modelagem de Realidade Virtual, é o termo usado para indicar uma linguagem de programação que permite a visualização de conteúdo em três dimensões na internet.

Web
Diminutivo de World Wide Web.

Wetware
Termo extraído da biologia molecular utilizado para descrever sistemas computacionais que funcionem de forma semelhante ao sistema nervoso humano.

Wireless
Do inglês, sem fio. Sistema de transmissão de informações no qual os dados são transmitidos por meio de ondas eletromagnéticas, dispensando o uso de cabos.

World Wide Web
Conjunto de todos os sites disponíveis para o público, que são interligados por meio de hyperlinks,

ÍNDICE ONOMÁSTICO

TEORIA DIGITAL
DEZ ANOS DO FILE
FESTIVAL INTERNACIONAL
DE LINGUAGEM ELETRÔNICA

Concepção
Paula Perissinotto
Ricardo Barreto

Coordenação
Paula Perissinotto

Organização
Eliane Weizmann

Tradução
Cícero Silva
Jane de Almeida
Olga Regina Raphaelli
Luiz Roberto Mendes Gonçalves

Revisão, Glossário e
Índice Onomástico
Gabriela Degen

Projeto Gráfico
ps.2 arquitetura + design
Fábio Prata
Flávia Nalon
Guilherme Falcão

Agradecimentos
Ana Starling, André Lenz, Bruno Thomaz, Eloisa Fuchs, Fábio Prata, Fernanda Albuquerque de Almeida, Flávia Nalon, Gabriel Borges, Gian Zelada, Guilherme Falcão, Mari Moura, Norton Amato Jr., Rita Mayumi, Roberto Guimarães

IMPRENSA OFICIAL DO
ESTADO DE SÃO PAULO

Gerência de Produtos
Editoriais e institucionais
Vera Lúcia Wey

Assistência Editorial
Berenice Abramo

Assistência à Editoração
Isabel Ferreira

CÓLOFON

Formato
155 x 225 mm

Tipografia
Cholla Sans e Cholla Slab

Papel
Chamois Fine 120 g/m²
Couche Fosco 150 g/m²

Número de Páginas
424

Tiragem
1.200

CTP, Impressão e Acabamento
Imprensa Oficial do Estado
de São Paulo